許士軍

管理學

東華書局

國家圖書館出版品預行編目資料

管理學 / 許士軍著 .-- 11 版 .-- 臺北市：臺灣東華，2019.03

436 面；19x26 公分

ISBN 978-957-483-965-0（平裝）

1. 企業管理

494　　　　　　　　　　　　108003397

管理學

著　　者	許士軍
發 行 人	陳錦煌
出 版 者	臺灣東華書局股份有限公司
地　　址	臺北市重慶南路一段一四七號三樓
電　　話	(02) 2311-4027
傳　　眞	(02) 2311-6615
劃撥帳號	00064813
網　　址	www.tunghua.com.tw
讀者服務	service@tunghua.com.tw
門　　市	臺北市重慶南路一段一四七號一樓
電　　話	(02) 2371-9320
出版日期	2019 年 3 月 11 版 1 刷

ISBN　　978-957-483-965-0

版權所有・翻印必究

序　言

這是一本供大學使用的「管理學」教科書。

依作者的瞭解，一本教科書所應該做到的，乃是將一門學科內的重要理論和原則，加以有系統歸納整理，給予平衡而明白的說明；它既不應囿於任何一家之言，也不可有太多的主觀論斷。這樣，它才能提供讀者一個較為完整而切實的基礎知識，支持他做進一步的深入探究。

充分做到上述地步，不是一件容易的事；但毫無疑義的，它們代表本書作者所努力以赴的目標。在這一篇短序中，將本此認識，對於這本書的基本觀念及組織結構，做一整體說明。希望如此能在讀者，本書及作者之間，多增加一分溝通和瞭解。

首先，要說明管理和組織機構的關係。

管理學係指人們研究「管理」問題所累積的有系統知識。從歷史觀點來看，「管理」問題之產生，乃屬於一種文化的演進結果；易言之，管理乃是人類社會為了適應、解決及滿足某種當時需要所產生出來的。而造成人類社會對於管理需要的，乃是各種組織機構──尤其是企業機構──的發展。我們幾乎可以說，沒有組織機構，就沒有「管理」問題可言。

多少年來，人們每有一種印象：所謂「管理」，乃是空洞的、多餘的和不切實際的。因為在一企業內，他們所看到的，只是製造、行銷、財務、研究發展以及人事、會計之類的活動──也就是本書中所稱之「業務活動」或「經營活動」。但是隨著組織規模擴大，業務內容複雜化後，人們發現，這些眾多活動之有效進行，有待規劃、組織、領導及控制之類的活動──也就是本書所稱的「管理活動」。

在表面上，這些管理活動和業務活動之間，似無直接關係；但在實際上，它們卻對於業務活動之效率及效能，具有決定性影響。因此，在一組織內，「管理」被認為是一種賦予組織「活力及效能」的器官。

既然，管理學是探討上述管理問題的學問，其發展過程如何呢？

管理學本身的發展歷史甚為短暫，迄今不過百年左右。但隨著人類生活環境，科技進步及組織機構本身之迅速改變，使得管理學內容也不斷發生改變：

首先、從早期偏重實務性及特定性經驗，發展到科學性及一般性理論，使得所獲得的知識，能夠明白說明、討論、核驗、修正、甚至推翻。

其次、從早期依賴規範性演繹及理性假定，發展到容納心理及社會因素，容許實證性歸納，使得管理學中對於成員行為的瞭解，更為完整和切實。

第三、從早期以一特定時空條件下組織為研究對象，發展到動態狀況下之組織，探討其適應及成長之能力與過程，正是屬於今後人類機構所面臨最重要，也最棘手的管理問題。

第四、近年以來，管理學所涵蓋及適用的範圍，也有基本上突破，既不侷限於企業機構，也不囿禁於一國文化社會系統之內，這樣使得管理知識具有更大的普遍性。

以上所舉，可代表數十年來管理學之基本發展趨向，也是本書所要表達的幾點基本觀念。

在結構上，本書共計二十章，但可分為七大部分加以說明。

第一部分，包括：組織及管理概論、管理理論的演進及管理與外界環境三章。除了對於若干基本觀念，如組織、組織效能、管理、管理功能等，做較有系統之說明外，並對於管理思想之源流及其演進，加以扼要闡述。同時，基於人類組織屬於開放系統之認識，深受外界環境之影響，則有關外界環境與管理間之關係，自應加以探討。

第二部分，包括第四至第九章，代表本書最主要部分——規劃與控制。在這一部分中，乃就一規劃與控制系統之構成、功能及程序，做一完整說明。同時扼要介紹有關之若干技術及工具，俾使所討論之原理及原則，獲得具體有效之應用。再者，無論規劃或

控制,均賴管理者之選擇適當方案,亦賴有即時可靠而經濟之資訊。因此,有關決策及管理資訊系統,亦構成規劃與控制系統中不可缺少之兩部分。

第三部分,包括第十、十一兩章,屬於正式組織結構及其功能問題之討論。主要項目計有:組織結構、控制限度(幅度)、指揮路線、直線主管與幕僚、授權及分權、部門化等,都是非常基本的問題。

第四部分,包括第十二至十五章,也有四章之多。一般而言,所討論者,屬於組織行為問題。本章之基本觀念是:任何組織均有其本身任務及目標,而組織成員也有其個人需求及目標。管理之一項重要功能,即建立在有關人員需求及行為之知識上,利用工作設計、領導及溝通,使個人目標與組織目標發生整合作用。

第五部分,包括第十六、十七兩章。所探討者,乃有關一組織在動態環境下之組織發展、組織成長及改變等問題。其中特別涉及管理人才之培育、組織結構之調整,以及進步科技之引入等。

第六部分,亦即第十八、十九兩章,乃顯示管理學應用範圍之擴大。一為擴大應用於國際環境;在一多種文化社會背景下,管理哲學、實務及方法等,有那些普遍性與特殊性問題。另一為擴大應用於種種非營利組織,如大學、醫院或其他文化、宗教機構;如何將發展於企業機構之管理原則及方法,轉移應用於解決此類機構之種種特殊管理問題。

第七部分,也就是第二十章,乃討論管理之未來發展。此方面之發展,主要仍導源於管理環境之改變。在未來所面臨之管理問題中,無疑地,有關「創新」之管理將愈趨複雜而重要;此即如何將「創造改變之程序」納入管理範疇。同時,隨著管理環境及任務之改變,未來之管理者也要隨著改變。究竟他們需要具備怎樣的特色和能力呢?這不但是一個極饒趣味的問題,對於目前有志管理事業的青年人來說,尤其具有重要涵意。

如本序言開首所言,本書內容並不拘於一家之言;而且在事實上,也沒有那一管理學派能夠對如此廣泛的管理問題,提出一整套有系統之解答。本書所說明者,乃係累積無數實務工作者及學者之經驗、分析及研究,從中選擇已獲普遍接受或具有代表性者,予以適當表達。

但由於各派學者所提出之理論或研究成果，各有所重，很自然地，使得書中討論不同問題時，亦有不同倚重。如第二及第三部分，討論規劃與控制、組織、管理資訊及決策各問題時，主要根據管理程序學派及管理科學學派之貢獻；第四及第五部分，有關組織行為及組織發展與改變問題時，又多採擷行為學派之理論及研究成果，而若干經濟學者之貢獻亦未能忽視。不過整個而言，貫穿全書者，應為「系統觀念」及「情境（權變）觀念」，相信讀者也會發現此點。

最後要說明者，為有關本書撰寫之經過。五、六年前，作者在國立政治大學企業管理研究所擔任「組織理論與管理」一課，曾有計畫，除課堂以外，與選修研究生就有關管理學之基本問題，每週舉行專題討論。雖然此一計畫未能完全實現，但撰寫本書之動機及基本架構，卻萌芽於斯。其後，作者應邀赴美研究及講學，較有餘暇，乃利用密西根大學企管研究院及維吉尼亞詹姆斯梅迪生大學圖書館之資料，本書大部完成於此期間。而本書定稿，卻於作者擔任新加坡南洋大學客座期間，亦即該校併入新加坡國立大學前夕，人世滄桑，可見一斑。

作者停留美國密西根大學期間，適政大同事高熊飛、何永福兩兄亦均在安阿堡研究，因此有關本書撰述，得以切磋研討，時有啟發，現值此全書付梓之際，憶及當時，不勝懷感。又本書在國內出版，涉及種種編輯及校對工作，因作者身在海外，多承東華書局徐總編輯萬善先生細心籌劃將事，特別是國立工業技術學院陳明璋先生於百忙中給予莫大協助，本書今得問世，二君功不可沒，特誌此以表示衷心感謝。

當然，書中如有舛誤失當之處，均由作者負責，並懇望海內外先進方家多所賜教以匡不逮，俾日後得以補正，則屬萬幸。

許士軍

民國六十九年十二月

於新加坡國立大學

目　次

序言／許士軍 i

第一章　組織及管理概論 1

　　　第一節　現代組織之發展及性質 3
　　　第二節　管理功能 5
　　　第三節　專業管理者 11
　　　第四節　管理學 15

第二章　管理理論的演進 21

　　　第一節　傳統之管理理論 22
　　　第二節　較近管理理論 29
　　　第三節　系統觀念和管理理論 34

第三章　管理與外界環境 39

　　　第一節　科技發展與管理 40
　　　第二節　政治環境與管理 43
　　　第三節　社會環境與管理 45
　　　第四節　國際環境與管理 49

第四章　規劃的意義及性質 55

　　　第一節　規劃之基本觀念 56
　　　第二節　系統觀念與規劃 60
　　　第三節　整體規劃之結構及程序 62
　　　第四節　規劃工作之組織 70

第五章　規劃之有效執行 ……………………………………………… 73
- 第一節　目標管理 ……………………………………………………… 74
- 第二節　策略 …………………………………………………………… 81
- 第三節　政策、規定及手續 …………………………………………… 85

第六章　控制 …………………………………………………………… 91
- 第一節　控制之意義及程序 …………………………………………… 92
- 第二節　管理控制系統 ………………………………………………… 96
- 第三節　控制之行為面 ………………………………………………… 99
- 第四節　會計控制及審計 ……………………………………………… 102

第七章　規劃與控制技術 ……………………………………………… 109
- 第一節　預測 …………………………………………………………… 110
- 第二節　預算 …………………………………………………………… 114
- 第三節　其他數量方法及技術 ………………………………………… 119

第八章　決策 …………………………………………………………… 127
- 第一節　決策之意義及其程序 ………………………………………… 128
- 第二節　決策模式與決策理論 ………………………………………… 133
- 第三節　開放系統與群體決策 ………………………………………… 140

第九章　管理資訊系統 ………………………………………………… 145
- 第一節　資訊與決策 …………………………………………………… 146
- 第二節　管理資訊系統 ………………………………………………… 149
- 第三節　資料處理系統 ………………………………………………… 154
- 第四節　管理資訊系統之組織 ………………………………………… 158

第十章　正式組織結構 ………………………………………………… 163
- 第一節　組織結構之基礎觀念 ………………………………………… 164
- 第二節　結構之設計 …………………………………………………… 167

第三節　控制限度及指揮路線 ……………………………………… 175
第四節　直線主管與幕僚人員 ……………………………………… 179

第十一章　授權與分權 …………………………………………………… 185

第一節　授權之意義及行使 ………………………………………… 186
第二節　分權與集權 ………………………………………………… 189
第三節　部門化與分權 ……………………………………………… 193
第四節　情境理論與組織研究 ……………………………………… 196

第十二章　組織中的個人行為 …………………………………………… 203

第一節　動機理論 …………………………………………………… 204
第二節　工作群體 …………………………………………………… 211
第三節　組織氣候 …………………………………………………… 217
第四節　工作滿足 …………………………………………………… 221

第十三章　管理哲學與工作設計 ………………………………………… 227

第一節　管理哲學——人性假定 …………………………………… 228
第二節　參與管理 …………………………………………………… 231
第三節　傳統之工作設計觀念及方法 ……………………………… 235
第四節　工作設計觀念及方法之較近發展 ………………………… 240

第十四章　領導 …………………………………………………………… 247

第一節　領導的意義及性質 ………………………………………… 248
第二節　各種領導理論 ……………………………………………… 251
第三節　領導方式與情境 …………………………………………… 259
第四節　有效的領導者 ……………………………………………… 263

第十五章　溝通 …………………………………………………………… 267

第一節　溝通的意義及性質 ………………………………………… 268
第二節　非正式溝通 ………………………………………………… 275

　　　　　第三節　組織角色與溝通 ………………………………………… 278
　　　　　第四節　促進有效之組織溝通 …………………………………… 282

第十六章　管理人才發展 ……………………………………………………… 287
　　　　　第一節　管理人才之人事管理 …………………………………… 288
　　　　　第二節　管理人員發展及訓練 …………………………………… 293
　　　　　第三節　組織發展 ………………………………………………… 298
　　　　　第四節　管理績效評估 …………………………………………… 302

第十七章　組織成長及改變 …………………………………………………… 305
　　　　　第一節　組織成長 ………………………………………………… 306
　　　　　第二節　組織改變 ………………………………………………… 310
　　　　　第三節　組織改變之實施及問題 ………………………………… 314
　　　　　第四節　科技改變 ………………………………………………… 320

第十八章　國際環境下之管理 ………………………………………………… 323
　　　　　第一節　管理與文化 ……………………………………………… 324
　　　　　第二節　比較管理研究 …………………………………………… 332
　　　　　第三節　國際管理 ………………………………………………… 337

第十九章　非營利組織及其管理 ……………………………………………… 343
　　　　　第一節　非營利組織之範圍及其特色 …………………………… 344
　　　　　第二節　非營利組織之類型 ……………………………………… 349
　　　　　第三節　改進非營利組織之管理 ………………………………… 352

第二十章　管理之未來 ………………………………………………………… 355
　　　　　第一節　管理環境的演變 ………………………………………… 356
　　　　　第二節　創新的管理 ……………………………………………… 360
　　　　　第三節　未來之管理者 …………………………………………… 367

參考資料	373
索引	397
漢英索引	397
英漢索引	411

第一章　組織及管理概論

第一節　現代組織之發展及性質
第二節　管理功能
第三節　專業管理者
第四節　管理學

什麼是「管理」？

　　雖然這已經是一個普遍應用的名詞，但其內涵意義，卻往往隨應用場合而異；有時，我們強調它所代表的，屬於一種需要，例如說，某某機構應加強「管理」；有時，它所包括的，屬於人類一類活動：例如說，某人擔任管理工作或職務；還有在某些情況下，管理代表一種有系統的知識，描述、解釋有關管理的現象，例如說，管理理論，原理及技術之類。

　　但是，究竟管理是怎樣的一種需要、活動及知識，這是我們首先應加探討的問題。

管理的意義及重要性

　　簡單地說，管理代表人們在社會中所採取的一類具有特定性質和意義的活動，其目的為藉由群體合作，以達成某些共同的任務或目標。換言之，管理乃是人類追求生存、發展和進步的一種途徑和手段，自這意義上看，管理之存在於人類社會，由來已久；譬如，我國古代長城之興建、運河之開鑿、外國巴比倫城之興建與金字塔之修築，莫不動用萬千人力，通力合作而成。

　　不過，當時人們從事這種偉大的建築，皆非出自勞動者之自願，係在高壓和鞭策之下達成。自今日眼光看來，不僅有違人道精神和個人自由意願，而且所浪費和犧牲的代價，遠超實際上所必須者。這和今日我們所討論和講求的管理，有基本上的不同。但是，人類為求提高生活水準、改善社會福利，端賴群體合作這一點，應屬無可置疑。為了求群體合作效果之提高，遂產生管理之需要；滿足這種需要，導致管理工作；而有關此方面知識的累積，遂發展而為一門學科——管理學。

　　從歷史的眼光來看管理，它並非固定一成不變的。隨著人類生活環境的改變、科技工具的發展，管理所擔負的任務和內容，以及有關的觀念和理論，也是不斷在演進之中。因此，我們要探究「管理現象」，必須要配合當時的社會、文化和經濟環境，加以整合考慮。換言之，我們應將管理視為整個社會文化系統之一部分、它和系統中的其他部分，具有持續不斷的互動關係；譬如說，一個社會中人們流行之價值觀念和生活方式的改變，將影響管理的觀念和行為。反之，管理制度和方法之發展，也可影響一社會的結構和人們行為方式。

以近代管理之發展而言,所受影響最大者,應推各種組織或機構[1]之出現。因此,以下將首先討論現代組織之發展及其意義。

第一節　現代組織之發展及性質

一、現代組織之發展

杜拉克(Drucker, 1974: 3-4)曾說過,在過去五十年中,世界上所有已開發國家都已轉變為一「機構性社會」(society of institutions)。任一重要社會任務,不論是從經濟生產或衛生保健,教育或環境維護,新知識之追求或國防安全,都交由一些大型組織擔任。這些機構所發揮的績效高低,直接影響了整個社會的生活、福利和安全。在這種社會中,如何謀求這些機構發揮效能,達成任務,乃是一項基本而重要的問題。

事實上,即使是開發中國家,也莫不向這種境界發展,以臺灣目前狀況來說,一個人從醫院的產房出生開始,經歷幼稚園、各級學校、圖書館、運動及遊樂場所、結婚禮堂……到醫療所、保險公司、養老院、殯儀館,幾乎生老病死,都和某種機構脫離不了關係。這和過去這許多事情多數仰賴個人或家庭設法解決,大異其趣。儘管目前這些組織中,很多未能使人滿意。但這僅僅表示,人們應設法改進及加強這類機構及其服務效能,而非說,捨除它們,還有其他更好途徑。

然而,如何能加強這眾多機構所能發揮的效能呢?

在沒有進一步探討這問題前,讓我們先分析這類現代組織的基本性質。

二、組織構成要素及組織環境

儘管平時我們所看到或接觸的組織,所從事的業務性質各異,而規模大小、結構方式,各有不同,但是,在基本上它們都應包括以下各種要素(Hodge and Johnson, 1970: 4-5):

第一、人員:組織必然由若干人組合而成;雖然其人數,可能少僅三兩人,多達數萬、數十萬;但無人員,則將不可能有任何組織。

---

[1] 在此併稱組織或機構,後文中常係交換使用,皆指人類社會中一種目標導向之組合或團體而言,包括企業、政府、軍隊、教會等在內。

第二、目標：代表一組織所追求達成的境界或努力方向，它們是一組織存在的理由，也是結合組織成員的主要力量。

第三、責任：透過責任分配，才能根據組織目標，將所要採取的活動範圍及具體工作，分配給各組織成員。使後者知道，自己應如何努力及作為，以有助於組織目標之達成。

第四、設備及工具：所謂「工欲善其事，必先利其器」，要使組織成員有效擔負責任，某些工作上所必須的設備、工具和場所，也是不可缺少的。

第五、協調：要使以上所列各種要素之間，獲得良好配合，發揮最大效果。有賴在組織內，建立各種政策、程序、職權、溝通途徑等，俾組織工作，得以有條不紊地進行。

任何在本書中所討論的機構，都應具有以上各項基本構成要素。不過，我們也要瞭解，僅僅具備這些要素的組織，等於是一部構造完備的汽車；如要真正使其發揮功能，尚需加入動態因素，一方面指示其努力的方向，另一方面提供其運作所需之動力及資訊等。而這些因素均非組織內部因素所能決定，而要看當時的外界環境需要和條件而定。因此，要完整地瞭解一機構之意義及功能，必須將其置於其所依存的外界環境中，加以分析和評估。換言之，我們所關切的「現代組織」，並非獨立存在於一真空狀態之中，而是屬於當時外界環境中之一部分。其努力方向及任務，係決定於當時環境和社會的某種需要，而其運作所需之資源和材料，也是得自外界環境。這種對於外界環境關係之重視，乃代表近年來人們對於機構所採的一種新的觀點。

譬如以企業機構而言，其所依存的「外在環境」可包含兩個層次：

1. 為基本環境：如文化、政治及經濟環境。
2. 為直接環境：如市場、競爭、科技、分配、傳播、運銷、各種社會壓力團體等。

任何這些環境發生變化，對於相當的企業組織之生存和發展，都可能產生重大影響。其他類型的組織，也有其相關的環境。不過，在基本環境的層次上，屬於同一社會內的組織，所面臨的外在環境大致是共同的，有關組織與環境之進一步討論，讀者可參考本書第三章內容。

三、組織效能與管理

我們既已對於機構之構成要素及其與外界環境的關係，做一簡略說明，現在可回過頭來，討論有關加強組織效能的問題。

究竟是什麼決定一組織之效能大小？

這是一個極其困難和複雜的問題，但在此只準備做一較基本的討論而已。依古典經濟學理論，生產因素為：勞力、土地和資本三種。但在事實上，同樣的生產因素條件，未必能產生同樣的結果；這和生產因素間之運用和組合方式有關。因此，自馬先爾（Alfred Marshall）以後，乃在原有三種生產因素以外，增加組織一項，代表組合運用之方式。

自基本意義而言，此處所稱之組織因素，實際上即係日後所稱之管理；此即使一機構中之人員能夠協調合作，有效運用所掌握之資源和工具，以達成預定之目標。具體言之，在一組織中，有賴管理達成者，有三項基本任務（Drucker, 1974: 39-43）：

第一、決定一組織之目的與使命；此種目的及使命，應建立在社會的需要之上，但亦反映本身的能力與條件。

第二、設計工作，並使其配合組織成員之需要及能力，俾後者可產生最大生產力。

第三、考慮組織本身之存在及行為所造成之社會影響作用，設法導引及掌握此種影響作用，俾可符合社會福利之要求。

對於現代組織而言，不論其為企業或其他性質機構，都必須努力追求這三方面基本任務之有效達成，而衡量一組織之效能大小，很顯然地，也就是根據這三方面任務達成之程度而定。而後者主要即取決這組織之管理是否良好而定。因此，我們如將管理視為組織內之一種器官，所掌管之基本功能，即係組織效能之達成。

究竟管理是什麼？為什麼能擔負上述任務？將於次節中說明。

第二節　管理功能

人類社會需要各種各樣的機構，以擔負各種不同的任務。但僅僅設立這些機構，並不能保證所擔負的任務能有效地達成，而有賴對於這些機構，能加以良好的管理。這樣一來，使得管理成為賦予一機構活力與效能的器官。但是依同樣的道理，管理乃依附機

構而存在；脫離一具體的機構，管理也失去其意義和作用，這是我們對於組織與管理二者之間的關係所應有的基本認識。

一、管理程序

管理本身，可視為一種程序（process）；經由這種程序，一組織得以運用其資源，以求有效達成其既定目標（Connor, 1974: 22-27）。在這種程序中，包括有性質不同的若干功能（functions）。多年以來，人們探討管理的內容及方法，最常採取的一種研究途徑，即係自這些功能入手，因此，本書亦擬在此先對管理程序所包含的幾種基本功能，做一概括說明，俾供讀者進一步瞭解之基礎。

唯應強調者，將管理程序劃分為若干種功能，乃是一種抽象化或概念化的分析方法。事實上，它們之間具有不可分割的互動關係；所謂「牽一髮而動全身」，任何一種功能發生變動，其他功能也必然受到影響。或者說，要瞭解個別功能之作用，必須自整個管理程序著眼。這就好像研究人體的生理作用，不能將各部的器官隔離來看一樣。

對於管理功能之區分，學者之間並不一致。譬如，可將其分為「規劃—執行—考核」（行政三聯制），也可以分為「規劃—控制」，還有細分為「規劃—組織—領導—用人—溝通—激勵—控制」等，不一而足。如前所述，管理功能本來只代表一種概念化的產物，而非客觀事物之描述，自難求其一致。

在此，為便於說明起見，乃在簡繁之間，取其折衷，將管理功能分為：規劃、組織、領導與控制四方面，分別說明於次：

（一）規劃（planning）

規劃者，乃代表一種針對未來所擬採取的行動，進行分析與選擇的程序。具體來說，就是管理者在沒有採取他們負責的行動之前，先行採尋可能採取的方案；一方面考慮本身所要達成的基本任務，另一方面，基於未來面臨的環境狀況與內在資源條件，比較各方案之成本與效益關係，然後選擇最佳之方案。

可供規劃的方案性質，包括極廣。自時間觀點，可以是十年，甚至二十年或更長的長期計畫，也可能是一年或一季、一月或更短的短期計畫。自涵蓋範圍觀點，可以是一機構之整體計畫，也可是某一部門或某項專案之局部計畫；自一企業經營功能（business function）觀點，可以是屬於一種生產日程，也可以是有關行銷或財務方面的活動。但是只要可供採行的途徑或方式有一個以上，它們都需要經過規劃程序，以期所選定的，乃是最佳的一個方案。

唯請讀者注意者,在本書中,「規劃」(planning)與「計畫」(plan)乃用以代表兩種相關但不相同的觀念或內容。規劃代表一種程序,而計畫乃是規劃的產物或結果。平常我們所看到經核定或通過的預算或文件,乃是計畫。但自管理觀點,真正重要的,乃是在這些計畫背後,並導致這些計畫的規劃程序;我們認為,良好的計畫,乃是藉由有效的規劃程序而產生的。

(二)組織(organizing)[2]

管理所包括的組織功能,其作用為建立一機構之內部結構,使得工作、人員及權責之間,能發生適當的分工與合作關係,以有效擔負和進行各種業務和管理工作。

首先,應將達成一機構之整體目標所需從事的工作,依據某種基礎,加以組合為若干部門或單位。如果一機構之任務範圍狹小且單純,這種工作並不困難;但在多數情況下,由於牽涉工作項目眾多,且性質複雜,所設置的部門常不限於一層,而是較大單位內,還有較細分的工作單位,可達數層之多。一般我們所看到的組織系統圖,就代表這種基本組織結構。不過,組織問題,除了建立組織系統外,還要劃分各部門職掌,確定彼此權責關係,建立適當溝通途徑以及選用適當人員等等。

組織結構是否良好,影響一機構之效能和效率甚大。組織不佳,將會造成工作重複或遺漏,畸重畸輕,人員之間不能合作,或決策遲緩等等不良後果。因此,任何機構之管理,僅有良好的計畫是不夠的,它還靠有良好組織之支持,才能將計畫付諸實施。

再者,什麼是良好的組織,也不是一成不變的。隨著一機構任務及外界環境的改變,其組織也要配合相應改變,這樣使得管理中的組織功能成為一項繼續不斷的工作,而非僅限於機構創立時才需要。

(三)領導(leading)

領導代表管理中一種影響力的發揮和運用,其目的為激發工作人員之努力意願,引導其努力方向,以增加他們所能發揮的生產力和對組織的貢獻。

如前所述,管理的基本意義為「藉由群力達成目標」,而一組織主要由人所組成,這樣使得領導功能在管理中佔有一極重要地位。讓我們想像一個機構,有了良好的計畫和組織,但如個個組織成員垂頭喪氣,沒精打采,則再好的計畫和組織,也都成為具文和形式,不能發揮其作用。

---

[2] 此處所稱之組織,也是指一種程序或功能,而非靜態的組織(organization),如組織章程或系統圖所代表者,後者最多只能說是組織程序的產物。

尤其在一民主社會中，要影響成員的行為，已不能只靠權威或命令。要真正激發人員的工作意願和潛在能力，涉及眾多社會心理因素，同時也隨任務性質、外界環境等狀況而改變，使得領導成為管理中一項十分複雜而困難的功能。

首先，領導有賴良好的溝通，包括雙向的溝通：主管所要傳遞的信息，能夠準確而及時的抵達其下屬；下屬的意見和態度，也同樣能傳達給適當的上級。這種溝通的方式包括有正式和非正式的，其對於行為的影響各有不同的作用。

其次，領導有賴對於員工的激勵，此即瞭解員工的需要和動機，如何使其追求個人需要滿足同時也達成組織需要；或換言之，使他藉由達成組織所分配的任務而獲得個人的滿足。

再則為領導的方式，自嚴厲或專斷的領導方式，至自由放任的領導方式，其間還有許多其他領導方式。其中以那種方式較有效，或在什麼情況下有效，這也是極其複雜的問題。

（四）控制（controlling）

不管一組織擬訂多麼良好的計畫，一旦付諸實施，都會發現，種種事實發展或結果，不是原來所假定或預期的。這種差距或意外狀況，不是靠改進規劃程序所能完全消除的。因此有賴管理中另一種功能，以應付和解決這種問題，一般就稱這種管理功能為「控制」功能。

基本上，控制代表一種偵察、比較和改正的程序。此即建立某種反饋（feedback）系統，能有規則地將某種實際狀況──包括外界環境及組織績效──反映予組織，並藉由管理人員或電算機，和預期狀況或標準做一比較，如比較結果顯示，其間差異超出一定程度，則管理者必須探討原因，並採取改正行動。這樣希望能保持一機構所採行動及實際發展，不致與原有目標及計畫，背道而馳。

控制並非事後檢討，因為，等到事後才發現差錯，往往事過景遷，為時已晚。管理上所強調的控制功能，乃是希望在採取行動之前或當時，就能發生引導或匡正的作用。譬如靈敏的資訊反饋，可有助於達成這種目的；而如能藉由控制系統之建立──譬如評估標準之選擇及實施等──事先即能影響人們之行為，使其朝向特定方向努力，更是代表控制所能發揮的積極作用。

事實上，控制功能和規劃功能之間，具有密不可分的關係。有計畫而無控制，有如脫韁之馬，難以把握其奔馳方向；而如缺乏計畫，控制亦失去其憑藉，漫無目的。因此，討論管理程序時，一般常將規劃與控制相提並論，俾能表現一較完整的作用。

表 1-1　企業機構之業務功能與管理功能

業務功能＼管理功能	規劃	組織	領導	控制
行銷				
生產				
財務				
研究發展				
公共關係				
人事				
會計				

二、管理功能與業務功能（business functions）

　　以上所說明的管理功能，一般認為具有普遍應用之性質，不僅可適用於企業機構，也可同樣適用於其他類型機構，如學校、軍隊、醫院及其他文化社會機構等。當然，由於管理功能最初係發展於企業機構，而企業係以營利為其基本目的，因而在實際制度及實務上，主要配合企業的需要和狀況而來。因此，要將這些制度及實務移用於非營利機構時，必須要加以某種程度的調整和修改。

　　這種調整和修改方式之一，即為配合一機構之業務性質之需要。不同性質的機構，所採取的業務功能也不同。以我們所熟悉的企業機構而言，其業務功能，一般有：行銷、製造、財務、研究發展、公共關係以及人事、會計之類。如係批發或零售業，則可能以採購代替製造。但如是一所大學，則其業務功能，又可能是：教學、研究、出版、學術活動、學生課外活動以及設備發展、總務之類。再如是醫院、農場等等，其業務功能之構成，自又不同。

　　我們不可將這類業務功能和管理功能混為一談。業務功能乃配合一機構之業務目的及手段而發展，隨機構性質而異；而管理功能則可普遍應用於不同業務功能之上，不限於那一類業務性質的機構。我們可視兩類功能具有一種交叉關係，使其構成一矩陣，如表 1-1 所示者，即係一企業機構中之業務功能與管理功能間之關係。

　　依上表，我們可將各種管理功能應用於行銷、生產等等業務功能，導致所謂各種企業業務功能之管理，如行銷管理、財務管理……之類。同樣道理，如將這一系列管理功能應用於一所大學，也一樣可導致教學管理、研究管理……之類。

三、管理和管理者

在一機構中擔負管理功能性質工作者，一般稱之為管理者。不過，在此必須說明者，並非所有管理者的工作，都屬於管理性質。他們也常包括若干非管理性工作，例如一位銷售經理自行訪問客戶，推銷產品，這時他所做的，乃是銷售──一種業務功能──工作，而非管理工作；一位總經理應邀參加外界盛典，發表演講，這時他所做的，乃是公共關係──也是屬於業務性質──工作，而非管理工作；一位醫院院長，可能為病人進行手術，這也屬於一種業務性質工作，而非管理工作；一位大學校長從事教課或研究工作，這也是屬於大學的業務性質工作，而非管理工作。但是，就這些機構內的職位──如銷售經理、總經理、醫院院長或大學校長──一般乃認為是屬於管理性質的職位。

由管理者擔負部分非管理性工作，在實際狀況中，常是難以避免的，而且這種安排也未必就是錯誤的。問題是管理者的時間和精力有限，在兩種性質工作無法兼顧，且發生衝突時，我們必須要問：究竟什麼是他的主要任務？管理工作或非管理性工作？那種工作必須由他親自負責？那種工作可授權機構內其他人處理並負責？

一般常見的情況是，由於管理者讓許多屬於業務性質工作佔用他太多時間及精力，以至於無法有效負起管理工作，這對於機構而言，往往造成嚴重問題或損失。這種情況，必須加以注意和防止。

四、管理與價值

依上所述，管理或管理功能，基本上似屬一種手段或方法性質；我們可藉由管理以有效達成某種任務，而此種任務乃隨機構而異。但是，事實上，管理和道德、價值觀念及理想這種實質問題，也有密切關係。

譬如談到規劃，涉及目標及手段之選擇。目標之選擇固然和價值觀念有關──這裡所稱價值，並不限於市場價值或利潤，同樣涉及社會、政治及文化等方面價值──即使是手段的選擇，也一樣受價值觀念的影響，所謂不能「為達目的，不擇手段」之類說法，即係此意。

不過，價值觀念，在相當程度內，乃隨一社會的政治、經濟、教育、宗教等環境的改變而改變。譬如稍早時候，人們認為，管理者的唯一責任，便是為投資者或股東謀取最大利潤。在這種價值觀念下，管理者只要設法降低成本，增加收益便可。因此他可透過市場──所需各種資源條件的市場以及產品或服務的市場──以評估其績效。

但是到了最近,價值觀念發生改變,管理者除了對股東負責外,還要顧及消費者、員工、社會大眾以及生態環境的利益。譬如,為了保障消費者的利益,必須提供他們較完整而客觀的資訊,以幫助其達成有利的購買決定和獲得產品最大效用;為了增進員工福利,不僅支付具有市場競爭性的薪資待遇,還要考慮其工作生活品質之滿足;為了避免造成環境污染,必須購置昂貴的防治污染的設備,遷離人口稠密地區,有時甚至放棄某種產品等等。這些考慮和做法,往往增加企業支出和成本,減少其當期利潤,也超出一企業所應負擔的法律責任,但是這些被認為是一企業的「社會責任」(social responsibility)。在這種價值觀念下,管理者所採決策及行動,自與往昔不同。

以上雖以企業為例,說明企業責任觀念改變對於其管理之影響。事實上,任何性質機構也都有其社會責任問題,這包括了學校、醫院、教會等等。換言之,即使這些機構之管理,也離不開有關價值觀念的影響。

第三節　專業管理者

一、專業管理者(professional manager)之發展

如前所述,在一機構中,有部分人員所擔負的責任和工作,主要屬於管理性質,一般概稱他們為「管理者」。傳統上,一般企業的管理者,也就是其所有者;此時管理權和所有權不分,隨著所有權的家族繼承,管理權也同樣由家族內繼承者承當,這種企業一般稱為家族企業。

但隨企業規模擴大,一方面,由於所需資金遠超出個別家族所能供應,因而有所謂「股份有限公司」組織型態出現,所有權逐漸分散,使許多企業脫離個別家族的控制;在另一方面,管理一企業需要有專門知識和經驗,掌握所有權者,未必同時擁有這種專門才能,因此遂出現一種新的管理者類型。這種專業管理者之出現,被認為是近代工業發展史上的一件大事,代表一種「管理革命」(Burnham, 1941)。他們在組織中的地位,介於所有者和一般僱用人員之間;一方面,他們不是股東或資本主,但是卻擁有原屬後者的權威,可以命令和協調其他人員的工作;可是在另一方面,他們和一般人員相同,屬於被僱用人員。他們的權威,並非建立在所有權上,而是管理才能上。

以美國言,早在 1929 年時,依一項調查(Berle and Means, 1932)在金融業以外之二百家最大型公司中,有 44% 之高層管理者,並非股東。其中包括奇異及美國鋼鐵公司,據稱其最大股東所佔股權,不及總額之 2%。這種趨勢繼續發展,依較近研究(Larner, 1966),有高達 85% 之美國大型公司,其管理權不在股東之手。

這類專業管理者，和家族管理者相較，在經營哲學上，一般存在有相當差異。前者所關心者，主要為事業的成長和健全，而非一味追求或保障本人的投資利益。他們也較能考慮社會和經濟利益，即使這樣將和投資者的利潤收入有所牴觸。

二、管理才能之意義及內涵

既然專業管理者所憑藉的，在於其管理才能，究竟什麼是管理才能呢？

首先，我們應對於管理才能和作業才能或業務才能加以區別。後一類才能，乃針對一人所具有從事某種作業或業務工作之能力而言，例如操作機器、設計產品、處理帳務、推銷產品方面的能力。多年以來，人們常將在作業工作上表現良好者，提升擔任管理職位，等於忽略了這兩類工作上所需要能力之不同，結果可能導致了這人工作上的失敗，一位優秀的作業人才，未必就是一位優秀的管理人才；反之亦然。

那麼什麼是優秀的管理人才呢？

一般認為，這乃取決於當時的組織情況和需要，我們很難抽象地列舉其條件。事實上，成功的管理者也不都屬於同一類型：有人幹勁十足，事必躬親；有人學識豐富，頭腦清晰，凡事胸有成竹；有人能說善道，引人入勝，令人折服；有人正直不阿，堅持原則，令人敬畏（當然，這裡所描述的，乃是高度簡化的人格特質，而且彼此之間並不互相排除）。究竟那一種或幾種條件，才是真正重要的管理者特質呢？

有人認為，最重要的條件是：積極進取、負責可靠、精力充沛、公正無私、善於合作等。但是學者（Greenwalt, 1959: 61）認為，這些條件可使一人成為好人，但未必是一位有效的管理者。最重要的，乃取決於他能否使一組織內成員團結一致，結合為一和諧的整體。

近年來，多數學者放棄從人格特質方面去發現優秀管理者條件，而著重管理技能。常被提到者，有三方面的管理能力（Katz, 1955）。

（一）技術性能力

所謂技術性能力，也就是應用於作業或業務工作上的知識和經驗。雖然如前所稱，此種技術能力，與管理能力並不相同，管理者並不必須成為這方面專家，而且他可利用專門技術人員之協助。不過，如果他一無所知，必將無法與組織內的技術人員溝通，他人也無法給予協助。所以一位管理者應具備某種程度之技術能力。

一般言之,所需程度和管理者之組織地位有密切關係。基層主管需要之技術能力程度較高,對於他的管理能力影響較大;反之,高層主管對於有關本機構之技術知識和能力,只要具備一般概念就夠了。事實上,以所涉及技術範圍之廣,他也不可能樣樣精通。

具體言之,一位生產經理如能具備相當之製造或工程知識,銷售經理具備推銷技術,廣告經理具備廣告製作及媒體知識,會計經理具備會計知識,研究經理具備研究方法及工具之知識,醫院行政主管具備一般醫療知識,對於他們有效擔當管理任務,是有相當幫助的。

(二)人際關係能力

由於管理者必須藉由他人完成任務,因此如何建立信任與合作的人際關係,至關重要。一般討論最多者,即為管理者之溝通及領導能力,前者為有關一管理者是否能將自己的觀念明白地讓他人瞭解,後者係指他對於下層所能發揮之影響作用,這些都將於本書中討論。

隨著人群關係學派的興起,管理者這方面的能力受到特別的重視。不過過分強調的結果,有人擔心,這將使得管理者過於重視如何討好下屬,而忽略了組織目標與個人創造力。誠然,過猶不及,都不適當。但管理者必須具有某種程度之人際關係能力,則應無疑問。

(三)觀念化能力

管理者所面臨的問題,常常是非常錯綜複雜的,而且具有多方面的影響和涵義。如何能從中發掘關鍵問題及因素,權衡各種方案之優劣與風險大小,這主要依賴管理者所具有之思考或觀念化能力。

觀念化能力對於各層管理者都重要,唯因階層愈高者,所面臨的問題愈複雜,愈抽象,且非例行性質者居多,因此所需要之觀念化能力也愈高。譬如一位美國奇異公司高層主管即曾說過,「像在奇異這樣規模的公司,高層主管並非只是坐在那裡發號施令,也不是靠他們的職位來領導,而是靠觀念的力量來領導」(Thackray, 1978)。同時,這種能力,不像上述兩種能力,不易——甚至無法——授權他人替代。因此在培養和選拔高層主管時,應特別重視後者此種能力。

三、管理者算是一種專業人員嗎？

俗語說三百六十行，隨著現代社會之複雜化，事實上行業種類絕對不只是三百六十種而已。譬如本節中所討論的專業管理者，就是一種現代社會的產物。不過，要真正瞭解這種職業的特質和精神，必須進一步說明所謂「專業」的意義。

雖然所有職業在社會中都扮演某種有意義的角色，擔負某種積極的功能，但在現代社會中，有某些職業具有某些獨特的地位，受到特別的重視，被稱為「專門職業」（professionals）或簡稱為「專業」。他們具有以下各項特徵：

第一、從事這門職業，並非只是靠由一種技藝或手藝，可由師父傳授，或靠經驗習得，而是依據某一門知識或有系統的理論，至少它們和經驗同樣重要。

第二、從事這門職業，有其基於專門知識和訓練的職業權威性，獲得社會及主顧的承認。譬如說，在執行業務的範圍內，社會及顧客尊重其所採取的方法或技術，不能由外行人妄加干預或評斷。

第三、從事這門職業，有其行為規範。譬如同業之間或與主顧間的關係，形成或訂定有特定之倫理原則，成員們必須加以遵守或採取自律行為。

第四、從事這門職業，應體認所負之社會責任與功能。雖然一般而言，專業人員所得報酬較一般其他職業為高，但這是副產品，而不應該是專業人員追求的目標。

第五、加入這門職業，常須經過某種資格或條件之鑑定程序，譬如受過某種訓練，通過某種特定考試或實習，具備某種職業團體成員資格等等。

第六、屬於這門職業的分子常組成有某種同業公會，一方面為保障本業之地位及發展，另一方面，亦擔負上述執行自律，控制成員資格及行為，促進同業溝通之類工作。

第七、從事這門職業的人數較多，而且對於社會具有極大影響力和重要性。

當然，以上所列這幾項基本條件，是比較理想化的條件。在現代化國家內，比較而言，以醫師、律師、會計師最接近這些條件。這種專業觀念的出現，也是代表社會演進所帶來的需要。[3]以醫師為例，隨著基礎醫學以及醫療設備的進步，醫師不能只憑經驗替病人診斷和治療，必須具有此方面的學理知識和素養，此已超過一般人的常識和判斷，因此社會和病人家屬必須給予醫師以相當的尊重和信任，使他能放手做最佳的處理，但

---

[3] 派森斯（Talcott Parsons, 1964: 34）認為，專業主義之發展，其重要性不下於資本主義及企業經濟。

為避免這種信任和權威被濫用以致發生流弊,所以也要求有嚴格之行為規範和自律行為。但是什麼是合乎規範或不合乎規範,常常很難判斷,至少非外行人所能妄加決定,最好由同業憑藉其專門知識及經驗來擔任,因此醫師同業公會在這方面就具有極高權威性。由於這種職業關係人們之生命健康,不能聽由任何人自由加入,所以國家及同業常加一些限制,如舉行資格考試之類。而且隨著本門知識及技術之日新月異,為使成員不致與最新發展脫節,所以由同業公會舉辦各種會議,發行刊物之類以促進溝通和進修。譬如在美國,從事醫師工作者,規定每年至少要參加幾次同業學術性會議,否則將失去執業資格等,其用意即在此。

　　如果依照上述各項專業標準來看,管理工作未必完全合乎這些標準。至少目前社會上還沒有承認管理人員像醫師、律師一樣具有一種專門職業的地位。但是這些標準並非代表兩個極端的分類:合與不合或有與無,而是代表程度上的差異。自這種觀點來看,首先,毫無疑問地,管理代表一種現代社會中最重要也是最普遍的職業之一,其成敗影響整個國家或社會的發展;其次,有關管理或組織之系統知識,近年正迅速發展之中;管理人員之專門地位與權威性也逐漸獲得社會大眾與所有權者之尊重;各種有關管理或經理人員團體也逐漸出現成長並發生作用;最後,隨著管理教育之普遍,無論在專業訓練及社會責任意識都比以前要加強很多(Pearse, 1972)。

　　所以如果沿著這些趨勢來看,我們可以說,管理者正朝著專業人員的地位發展之中。如前所述,這一發展不但與個別機構之管理有關,而且影響整個社會之現代化問題。

第四節　管理學

　　以管理為研究對象所發展和累積的有系統知識,即為管理學。其內容包括有關管理之觀念、理論、原理及技術等(Koontz and O'Donnell, 1976: 783-794)。管理之發展為一門學問,乃是近百年來的事,所以歷史相當短暫。[4]由於它以人類正式組織[5]為其研究對象,因此有時稱為「組織理論」(organization theory);而其內容為有關機構之解決問題與決策之知識,所以又屬於一種應用科學。

---

4 泰勒(1856-1915)首先以科學方法應用於管理問題,自他以後,管理知識不斷有系統累積與發展,故人稱之為「科學管理之父」。泰勒於 1878 年進入 Midvale Steel Co. 工作,開始應用科學方法於工廠管理,迄今恰滿一百年。

5 此處所稱之正式組織,並非與本書稍後所討論之「非正式組織」(informal organization)相對而言,因後者仍存在於前者之內,亦屬管理學所研究之重要對象。此處之正式組織,乃將家庭、派系、社區或市場等排除在外。(參閱 Peter M. Blau and W. Richard Scott, *Formal Organization: A Comparative Approach* (N. Y.: In Text Educational Publisher, 1962), pp. 2-8.)

一、管理學的來源

早期管理學觀念主要來自實務工作者，例如泰勒，費堯、巴納特（Chester Barnard）、歐威克（Lyndall Urwick）等，他們從實際工作中體會或歸納某些管理原理和觀念，代表他們經驗的結晶。在管理學中，屬於這種來源的知識，佔有極重要地位，即使今後，仍要依靠這一來源。

由於管理學所具應用性質，也使其和許多基本社會科學與數學發生密切關係。尤其近數十年來，愈來愈多學者，將某些原屬於社會學、心理學、社會心理學、經濟學、人類學、政治學方面的理論和研究方法，應用於組織有關問題上，大大充實了管理學的內容，產生了許多新的理論和觀點。

不過，重要的一點認識是：儘管管理學自其他學科中汲取了某些觀念或理論，但它並不屬於後者中任何一門學問之一部分；管理學有其本身的研究對象和範圍。今後，管理學者所面臨一大挑戰，即係如何站在本身立場，以科際整合的研究方法，去汲取各相關學科的知識（Robinson, 1966）。

二、管理學派

儘管管理學發展歷史甚為短暫，但由於管理問題之複雜以及管理理論來源之分歧，使得今天我們所獲得的管理理論，表現為許多不同的學派，各有其發展的背景、理論基礎以及適用之對象。這種學派分歧的現象，可借孔茲在一篇極著名的論文（Koontz, 1961: 174-188）中的一段話，加以說明：

> ……泰勒依工場狀況，對管理做有條理的分析；稍後費堯從本身實際經驗，提取一般管理觀念的結晶；又有行為學派將管理視為人際關係的錯綜作用，而其理論基礎在於一種新的尚未發展的心理科學的假設；又有人認為，管理理論只不過是社會學在於制度及文化面的表現；還有人認為，管理的核心就是決策，所有組織中活動，均可自此核心加以延伸包括在內；而在數學家看來，管理在基本上乃屬一種邏輯關係，可藉符號及模式加以表現。

有關這些不同學派理論之發展及內容，本書次章將予概要說明，在此暫略。

不過，我們感興趣者，為造成此種眾說紛紜的原因。孔茲在同篇論文中曾加歸納，主要包括以下各項：

（一）語意上的混雜

此即不同學者對於辭彙的使用，極不一致。相同意義的，每以不同名稱表現；反之，採用相同名稱，卻各取不同內涵意義。即以最為常用之「管理」和「組織」兩個名詞而言，就有若干不同的解釋。所謂「管理」，雖然多數人同意，它的意義是指一類謀求「群策群力以竟事功」（getting thing done with and through others）的活動。但也有人認為，它代表管制、監督、控制或領導其中之一種功能或活動。再如管理功能的分類，亦各有不同；有時，執行一項，可包括組織、領導與用人等；有時，控制又包括組織、用人及考核；還有，自領導中又分出指引，不一而足。

同樣地，組織一詞，可指一正式機構，也可指一機構內的權威結構。但對社會學者而言，組織又是一群體中整個人際關係的概稱。但是對管理學者而言，組織又代表一種管理功能或程序。

諸如此類事例，在管理理論中，俯拾皆是。

（二）對於管理學的性質和範圍看法不一

首先，我們經常發現，有人認為管理學乃屬經濟學之一支，也有人認為是應用數學，或是社會心理學、社會學的一支或其組合等等。

其次，有人認為，管理學所能討論者，只限於工場或生產環境下的問題，這時一切可以數量化，所關切者，為效率的提高；但是有人認為，管理學也討論組織目標，管理哲學或價值觀念，因此涉及策略性問題；與此相彷彿者，有人以為管理學只限於組織內部之人際關係及工作問題；但又有人強調組織與環境之調適與改變問題。

（三）對於經驗與科學方法二者價值的不同看法

如前所述，早期管理理論多係根據實務經驗而來，而近年趨勢，則多係利用科學研究方法——包括假設、觀察或實驗，驗證等步驟——而來。真正說來，兩條途徑之間並非完全衝突，而應相互配合，殊途同歸。可是在學者之間，往往傾向一方面而忽視或輕視另一方面。

譬如說，重視科學方法者認為經驗所得之結論，乃是未經核驗的主觀論斷，不值得重視；而主張經驗重要者，卻認為前者所見到的，經過衡量及統計分析之後，只是枝節或片斷現象，已失去其真實性和完整性。

（四）學派之間常有以偏概全的批評態度

隨著管理思想之發展，凡是新出現者，常對已有之思想提出嚴厲之批評，似乎後者無一是處，必須予以全盤推翻。但實際上，所具體攻擊者，只是原有思想或理論的某一點而已。例如批評「管理之普遍原理」（universal principles of management）者，常舉出指揮統一原理與事實不符；因為在企業組織中，一人員可能接受兩位主管以上的指揮。但是批評者並未進一步考慮，在多頭領導下所造成的問題，以及一組織為何採取這種安排的理由。任何一個單純原則不足以解釋整個事實現象，它只是供做為解釋之用的許多理由之一而已。因此，也不能執此一端以批評原有之理論。

再如近數十年來人們對於泰勒和科學管理運動的批評，認為其忽略人性，將工人視同機器。所根據者，為科學管理中使用動作與時間分析、計件工資之類技術，好像將人當做機器一樣求其最大效率。其實，泰勒的主張，乃是：「求僱主最大利益之同時，亦顧及每一員工之最大利益。」（Taylor, 1911: 9）。泰勒甚至說，科學管理並不就是獎工制度，也不就是馬表、動作研究、或訓練工人如何做工，而是對於與所管理之工作有關之所有事實及因素，進行有系統的或科學的分析。自這點看起來，一般對於科學管理的批評，似乎也跳不出「以偏概全」的窠臼（Boddewyn, 1961: 104）。

（五）管理學者之間缺乏（或不願）互相瞭解

學者之間，為了使自己所主張或提出的理論顯得突出和有力，在批評相關之理論時，常將對方予以極端化，這樣才不會顯得自己「無的放矢」。這並非是不能瞭解，而是不願瞭解。

再者，今天已知的各種管理理論，常係來自不同的基本學科，如經濟學、社會學、政治學、心理學等等。由於學者間所受訓練不同，常常傾向於自己所熟悉的學科背景；例如經濟學者出身者，可能傾向於個體經濟學的觀點，將廠商視為追求最大利潤的理性決策者，反之，行為學者乃視管理學即係研究一群體內之社會—心理關係，主要為個人成員動機及行為之影響因素。各人均有自己的參考構架和變數，互不相通，造成所謂之「瞭解缺口」（understanding gap）。

三、管理學是否科學？

多年以來，有關管理學是否科學的問題，一直在討論之中。一方面，如上所述，管理學中派別分歧，各有不同的假定、論斷和考慮因素，使人們感到懷疑，如果管理學屬

於一門科學，則各種理論應具有系統性和一致性，不應如此眾說紛紜；另一方面，常常有人批評管理學說：「這在理論上固然可以講得通，但在實行上卻是行不通。」因而使人感到，管理學理論也有其實行上的真實性問題。

實在說來，管理學是否一門科學，其答案乃和我們所採的科學的定義有關。一般而言，科學有絕對的和相對的兩種不同意義。依前者，它乃指已獲知的知識，它們是不可動搖的；但如依後者，科學的本質，不在已累存的知識本身，而在於其一定程序和方法不斷演進之性質。此處所謂一定程序和方法，主要包括：（1）可以客觀驗證；（2）接受理性批評；（3）可因上述原因而加以修正，甚至排斥等。

如採前一科學意義，則今日所累積的管理知識，仍屬局部和幼稚階段，最多只能說是一些暫時性的假說而已。這和其他業已奠定良好基礎的科學——如物理學和化學等——相較，在精確性和可靠性方面，距離尚遠，因此，有人認為管理學最多只是一門「不精確的科學」（inexact science）（Koontz and O'Donnell, 1976: 11-12）。但如採後一科學意義，本來任何科學知識都屬於一種暫時性的假說，管理學和其他科學相較，只不過在這方面有程度上的差別而已。重要的是，我們是否或能否以科學方法進行探究這方面的知識，如果答案是肯定的，則這門學問就不失為一門科學。事實上，在管理學的短暫發展過程中，學者們所從事的，正是以科學方法，針對管理領域內的現象或問題，進行不斷的驗證、修訂和創新。因此，我們可以視管理學為一門科學。

不過由於管理本身所具實用性質，使得人們往往以管理學的實際應用，來評估其科學性質。在此，我們必須對管理理論和管理實務加以區別。理論的意義，為對於事物間的客觀性質或關係，予以客觀之闡述，常表現為一般原則；反之，實務的意義，代表為解決實際問題所應採取的行動，所涉及的因素一般極其廣泛而複雜，而且隨發生的環境而異，所以具有特殊性的。

因此，將理論應用於實務，等於將一般原則應用於各種特殊狀況。首先，已有的理論未必能涵蓋所有可能發生的特殊狀況；尤其以管理學所處之萌芽階段，許多現象或問題上，尚無適當的理論。再者，何種理論最適合某一種狀況，往往有賴負責實務者之判斷選擇。後者未必是正確的。但我們也不能因此歸咎於理論本身。

依理，理論乃代表眾多某類事物現象之一般化和抽象化結果，因此，也可用以解釋及預測相關的事物現象。這對於實務工作而言，無疑地，可以指引其考慮問題之方向，縮小其思考範圍，減低錯誤決策之可能性。假如某種理論被發現為「處處行不通」，則所根據的理論本身就有問題。此時所要從事的，乃是設法找到更可靠、更有代表性的理論，而非整個放棄理論。

第二章　管理理論的演進

第一節　傳統之管理理論
第二節　較近管理理論
第三節　系統觀念和管理理論

依前章所稱，現有的各種管理理論尚未形成一種完整的體系，而是包括形形色色的學說或主張。每一種學說或主張，各自根據背後的某些理論假定，針對某種問題或範圍。不過，在相當大程度以內，它們乃是相輔相成的。站在實務經理人立場，應摒除門戶之見，根據本身所面臨的問題及其環境條件，選擇最接近的理論或學說，加以應用。

管理理論之發展，往往亦和它的時代背景密切相關。因此，要瞭解這些管理理論，最好依其演進過程予以說明。

依學者（Kast and Rosenzweig, 1970: 107）的說法，管理思想的演進，大致可分為三個階段：

第一階段：傳統理論時期，包括有：
　　（1）科學管理學派
　　（2）管理程序學派
　　（3）層級結構模式（官僚理論）學派
第二階段：修正理論時期，包括有：
　　（4）行為科學學派
　　（5）管理科學學派
第三階段：新近發展理論時期：
　　（6）系統觀念學派

以下將依照上列次序，扼要加以說明。

第一節　傳統之管理理論

一、科學管理學派[1]

實在說來，科學管理並不是一個廣泛而完整的理論體系，而代表當時一種新的觀點：藉由規劃、標準化及客觀分析等方法以增加人們工作效率，而非聽由工人或領班隨自己喜好以決定工作方法。因此，就這種精神言，乃是「科學的」，而管理者的責任，就是根據這種科學分析的結果，指導工人工作。

---

[1] 科學管理（scientific management）這一名詞，事實上並非泰勒所創，最先係見於 1910 年時 Louis Brandeis 在美國州際商業委員會之一篇聲明中（Kast and Rosenzweig, 1970: 60）。

科學管理之父——泰勒——生於公元 1856 年，早年在費城學習機械及製模工作，1878 年在密得瓦鋼鐵公司（Midvale Steel Co.）工作，由領班升任至總工程師職位。1890年離職，擔任顧問諮詢工作，1898 年又進入伯利恆鋼鐵公司工作。

泰勒對於當時人力之浪費及工資之微薄感到不滿，他從本身實際工作中發現，應該首先將工作分解為許多最簡單之單元操作，使每一工人可以分工專門做某些工作，然後從實驗中發掘最有效的工作方法。並且為每一工作訂定一定工作標準量，最後再將這些工作組合為一工作流程。一個最著名的例子，為他在伯利恆鋼鐵公司時所做一項搬運生鐵的實驗。當時，公司有五座鼓風爐，75 位工人擔任搬運生鐵工作，在工場中有一火車支線伸入，沿著軌道旁設有一坡道，工人搬運一重約 92 磅生鐵，走上坡道然後放入車箱內。泰勒乃對工人搬運及移動之動作進行詳細之記錄及分析，設計一最適當之工作方式，要求工人按照去做。結果，工人每日每人搬運量自 12 噸半增至 47 噸半，幾達四倍之多。

再有一例，為有關工人使用之鏟子及鏟量大小問題，也是在伯利恆鋼鐵廠中進行。當時，工人自備鏟子，大小不一，而且不管所鏟東西是碎煤或鐵礦砂，都是用同一把鏟子，泰勒認為這樣做法是不對的，不但鏟子大小會影響工作效率，而且隨所鏟東西輕重不同，也會影響工作效率。

泰勒乃選擇最優秀的工人嘗試各種大小不同鏟子於不同物體，詳細記錄每日工作量。最後發現，當一鏟子所鏟重量達 21 磅半時，效果最佳。根據此一發現，公司乃準備各種大小規格不同鏟子，較重物料使用小號鏟子，較輕者使用大號，但均以每鏟 21 磅半為原則。採用泰勒辦法，使工人自 600 人減至 140 人，但每人日產量自 16 噸增至 59 噸，但每日工資也自 1.15 美元增至 1.85 美元。而鏟煤鐵砂成本自每噸 7 分降至 3 分。

以上所舉兩例，乃一般談到泰勒科學管理運動時所最常引用者，有人誤以為這就是科學管理的內容。實際上，科學管理的真正意義，乃是這兩個例子背後所蘊含的科學精神，而這種精神又可以應用於許多其他場合或狀況的。

科學管理運動在經濟上的意義，代表依靠個人技藝的時代已成過去，而為裝配線及大量生產鋪路，在這種精神下，管理者之職責遂與過去所擔任者不同；在過去，可以隨個人經驗，甚至隨心所欲指派和領導工人工作，但現在卻不行了，他必須：（1）對於所監督的工作進行科學分析，尋求最佳工作方法；（2）根據科學方法以甄選、訓練及培養工人之工作技能，而非由工人自己摸索；（3）密切注意工人工作是否符合科學原則；（4）劃分管理者與工人間的責任，俾可各盡所長（Taylor, 1970: 140）。

泰勒認為，這種辦法對於勞資雙方均係有利。因生產力增加結果，工人工資收入亦隨之增加。他主要擔心的，乃是管理方面的反對，因為採取他的方法將使管理者不能隨

心所欲支配工人和其工作,剝奪了長期以來管理者的特權(Bendix, 1956: 280),可是後來事實發展,最大阻力卻係來自工人方面。

工人認為,在泰勒所提倡的辦法下,他們有如機器一樣工作;甚至獎工制度也不被歡迎,因為它逼使工人必須保持高水準之績效,而生產力增加所得大部歸公司所有。尤其泰勒認為,在他的制度下,由於勞資充分合作的結果,工會可以不必要。這點更引起工會領袖的激烈反對。

但是在當時環境下,工業生產力的提高乃是一項迫切的需要,而泰勒所提倡的科學管理方法,顯然代表一種解決途徑,所以儘管它遭受各方反對,但仍然獲得工業界的普遍採用,蔚成一種運動,不但影響美國工業界,就是歐洲和亞洲也受其影響。直到今天,科學管理的精神仍然存在於管理實務中——以科學方法解決管理或作業上問題。雖然管理者也知道,有許多問題還不能應用這種方法。但近數十年來自動化及電子資料處理之發展,仍然屬於這一運動的自然延伸。

如前所述,泰勒及其他科學管理運動主要推動者,[2]並非管理或組織理論家,但是在他們所提出實務主張中,卻隱含了許多重要的理論觀念。例如權責明白劃分、規劃與作業分開、採用功能式組織、建立控制標準、發展獎工制度、實施例外管理原則等等。再者,自從泰勒以後,美國企業才有今天的工業工程、人事、維護及品質管制之類部門,其影響之深遠是不能否認的。

二、管理程序學派

當科學管理運動在美國蓬勃發展的同時,另一些人——包括從事實務工作者及學者——自另一觀點對管理理論提供重大貢獻。所謂另一觀點的意義是,他們不像泰勒的研究限於工場操作的範圍來尋求最有效的工作方式,而是採取一種廣泛的觀點,企圖建立一些可普遍應用於較高層管理工作的原則。主要內容,為有關正式組織結構內管理之一般程序方面,因此被稱為管理程序(management process)理論或學派。

如果說泰勒是科學管理之父,則法國實業家費堯(Henri Fayol)可稱為管理程序學派之父。他曾將他的經驗撰寫《一般及工業管理》(*Administration Industriélle et Générale*)一書於 1916 年出版,直到 1929 年方有英譯本出現。[3]

---

[2] 科學管理運動雖以泰勒之貢獻最大,但其他同時具有貢獻者尚多,其中著名者如 Henry Gantt, Frank and Lillian Gilbreth, Harrington Emerson, Horace Hathaway, 及 Sanford Thompson 等人,詳見 Leland H. Jenks, "Early Phases of the Management Movement," *Administrative Science Quarterly* (Dec. 1960), p. 424.

[3] 直到 1949 年由倫敦 Sir Isaac Pitman & Sons, Ltd. 出版:Henri Fayol, *General and Industrial Management*, trans. by Constance Strorrs, 費堯對於管理理論的貢獻,方才普遍知曉。

費堯將管理視為五種成分所構成，此即：規劃（planning）、組織（organization）、命令（command）、協調（coordination）及控制（control），它們也是管理之五種基本程序或功能。由於這種程序或功能不但存在於企業組織，就是其他性質的組織，如政府、軍隊、教會等，也同樣可以適用，因此屬於一般之管理程序。

基於這種程序的構架，費堯提出十四點原則，以供管理者遵守實行，它們是（Fayol, 1949: 19-42）：

1. 分工原則：工作應加細分，藉由專精以提高效率。
2. 權責原則：職權與職責必須相當，不可有權無責，也不可有責無權。
3. 紀律原則：一企業欲求順利經營與發展，必須維持相當的紀律。
4. 指揮統一原則：一人不能接受一位以上主管之指揮。
5. 目標一致原則：一組活動應根據同一目標同一計畫而行動。
6. 個人利益應服從共同利益原則：組織的利益應超越一人或一群人的利益。
7. 獎酬公平原則：組織所給工作人員的獎酬應根據公平原則，並儘量求使個人及組織均感滿意。
8. 集權原則：集權乃一組織必要之條件，亦為建立組織之自然後果。
9. 層級節制原則：在一組織內，由最高層主管以至最基層人員，應層層節制。
10. 職位原則：在組織中，每一成員都應有一適當地位。
11. 公平原則：公平與正義應充斥於一組織之內。
12. 職位安定原則：應給予成員一穩定之任期，俾使其能夠適應而後發揮效能。
13. 主動原則：不論組織那一階層，均有賴積極主動之精神，方能產生活力和熱誠。
14. 團隊精神：強調組織成員間的合作關係。

在此列舉費堯十四個管理原則，並非謂，今天讀者必須熟記或背誦此等原則——雖然這些原則至今仍有其價值——而是顯示出這一學派的共同特色，以及所謂管理原則（principles of management）的性質。

費堯以外，在英國方面，古力克及歐威克（Gulick and Urwick, 1937）也根據他們在政府及工業界服務的經驗，鼓吹下列原則：（1）配合組織結構需要選取人才；（2）承認一高層主管為權威來源；（3）堅守指揮統一原則；（4）利用一般及專門幕僚；（5）依目的、程序、人員及空間原則分設部門；（6）授權並利用例外原則；（7）責任與權威相當；（8）考慮適當之控制幅度等。

在美國方面，一般認為，在這一學派內具有最重要貢獻者，應推通用汽車公司（General Motors Corp.）兩位高級管理人員穆尼及雷利（Mooney and Reiley, 1931）。他們根據本身從事實務工作所得經驗，而且探討歷史上之政府、教會及軍隊的組織，歸納為四個基本原則：（1）協調原則（the coordinative principle），這樣才能在追求一共同目標下使行動保持一致；（2）層級原則（the scalar principle），強調組織結構及權威；（3）功能原則（the functional principle），應將任務分別部門負責；（4）幕僚原則（the staff principle），分開直線及幕僚，由前者行使職權，而由後者提供建議及資訊。我們可以發現，這四個原則直到今天仍為一般組織所遵守（也許並不知道屬於什麼學派或誰曾經提出！）。

一般批評管理原則的人認為，這些原則太過簡化和呆板，而且互相矛盾。譬如講到控制幅度，很難說一位主管能有幾位下屬最為適當，這要看許多相關情況而定；再如分工原則和指揮統一原則就可能發生矛盾等等（Simon, 1959: 21-26）。這些批評能否成立，主要看利用管理原則的人對於這些原則的看法而定。如果一個人堅持某一個原則，而且以為可以應用在任何情況之下，則顯然是超出了管理原則的應有範圍，但在解決一項實際問題時，如能瞭解有關之原則，根據當時情況，權衡其輕重以做為決策之參考，則管理原則仍有其不可否認之價值。

費堯（Fayol, 1949: 19）本人即曾這樣明白地說，他可以稱這些為情況、原則、法則、規則等，但是他願意稱它們為原則，即避免被誤會它們是刻板的和一成不變的。他認為，有關管理實務，沒有什麼是一成不變的和絕對的，一切都是程度問題。即使在同樣情況下，也極少會應用同一原則兩次，因為必須配合當時不同的環境。

當然，管理程序代表研究管理的一條途徑，而且是一條最主要的途徑。即使最近研究管理的人，多數仍然利用管理程序這一觀念構架做為基礎，然後再增加新近思想和發展。但是這一途徑不是沒有缺點的，有關這些缺點，將於稍後再加討論。

三、層級結構模式

這一派管理理論，乃建立在一種特定之組織模式之上，一般稱為「官僚模式」（bureaucratic model）。由於這裡所用「官僚」並非一般所認為那樣具有官樣文章及繁瑣手續的意思。恰恰與一般想法相反的，在歷史發展上，這種組織乃是取代個人專斷和主觀的統治，也可以說是制度取代人治，所以在此故意不用「官僚」兩字，而代以「層級結構」。當然這一名詞也不足以表示其真正的涵義，就如同官僚兩個字不能代表一樣，但至少它把握了一部分真正的涵義，而避免導致迥然不同的誤解。

這一學派的最重要人物，應推威伯（Max Weber, 1864-1920），他乃是現代社會學的創始者，對於經濟、社會和政治思想都有重要的貢獻，但在此僅就他與管理有關的思想和理論，加以扼要說明。

由於威伯本人乃是一位社會學家，所以他從整個歷史及社會演進的觀點，來看近代組織的發展。他所提出有關組織的理論，事實上乃屬於他整個社會理論的一部分。他認為，層級組織係反映現代社會需要的產物；對於複雜的機構，如企業、政府、軍隊而言，這也是最有效的組織方式。

這種組織的核心，在於一種建立在理性與法規上的職權（rational-legal authority）。組織成員各因其所在地位，依法取得某種權威，他憑這種權威發號施令，形成一種層級式結構（hierarchy）。依威伯（1964: 337）的意見，這種組織模式較其他任何方式為精確、穩定、嚴格與可靠；有了這種組織，主持人及其下屬才能夠可靠地估計所能獲致的後果。

近年，若干學者（Hall, 1963）認為，所謂威伯式層級組織模式，並不是絕對的，而是程度上的。如果我們稱之為「層級化」或「官僚化」（bureaucratization）程度，這包括六個構面：（1）基於功能專業（functional specialization）基礎所採分工的程度；（2）權威階級層嚴明的程度；（3）各職位人員權責規定詳細的程度；（4）工作程序或步驟詳盡的程度；（5）人際關係方面鐵面無私的程度；（6）甄選及升遷取決於技術能力的程度。凡在這六個構面上程度愈高者，其層級化的程度亦愈高。

依這種解釋，威伯所提出的模式可以做為研究或評估正式組織（formal organization）的基礎，因為所有組織都可以依上列六個構面，評估其所具有官僚化的程度多高。威伯最先所提出者，乃係一「理想型」（ideal type）而已。

雖然威伯認為他所提出的模式乃是最適合工業革命後的大規模組織，可是近若干年來，許多學者（Merton, 1957: 195-206; Selznick, 1949; Gouldner, 1954）批評稱，如果真正存在有威伯的理想型組織，其對於組織的影響，可能是反效能的（dysfunctional）。最顯著者，過分重視規章的結果，組織成員將會變得本末倒置，以遵守規章為能事，而不顧組織的真正目的何在。再者，這種模式過分集權的後果，將使領導者趨向專制和獨斷。

當然我們也不能就此完全推翻威伯的理論，說它毫無價值。威伯的組織模式有其產生的背景，在工業化發展之初期，機械代替人工，大量生產代替手工生產，在這情況下，組織必須配合需要像機械一樣；儘量求組織結構的嚴密化和分工精細；同樣地，組織內的工作程序和方法也必須予以詳盡訂定，共同遵守。這時，威伯的模式確實配合需要，達到最高效率。

但是到了較後階段，組織發展日益需要依賴創造力和創新，屬於例行性的工作相對減少。這時所需要的，乃是彈性和適應能力，則威伯所主張的高度結構化與分工嚴密化的模式，反而不免阻礙了一組織的成長和適應活力。這種改變乃隨環境和任務的改變而來，研究管理理論的人不可不知。

四、傳統管理理論的綜合討論

以上將科學管理、管理程序及層級組織三種理論合併稱為傳統的管理理論，不是沒有理由的。儘管他們彼此間也有許多不同之處，但在許多基本前提和主張上，他們卻是相同或極其近似的。

第一、他們都是從純理性基礎出發，認為只要是合乎理性或效率的辦法，均會被個人及組織所接受；在這種觀念下，人們的行為有如「經濟人」，組織也是純理性的。因此，在組織中，只要考慮工作的邏輯和需要，據以設置職位和部門，然後選擇適當的人放在每一職位上，一切都可以順利運行。如果發生問題，那是工作設計及組織結構未盡合理的問題，否則，不應該會發生問題。

第二、人之所以到組織內工作，主要皆為追求經濟上的酬勞。傳統理論並沒有忽視人員的工作動機，不過，這種動機問題可藉由提供物質或金錢的激勵獲得解決。同時，在正式組織內，只要主管能適當運用組織所給予的權威，下級也會服從他的領導和命令，不至於發生問題的。

近代管理學者對於這些傳統理論批評甚多，在本節內已經分別提出，在此加以歸納而言，主要有以下幾點：

第一、他們都未將外界環境因素對於組織與管理的影響正式納入理論之內。所考慮的，幾乎都限於組織內部問題。以系統觀念來說，所採觀念乃是一種「關閉式系統」（closed system）（Thompson, 1967: 6）。多少年來，人們對於管理往往有一種印象，以為它只是關心一組織之內部效率問題，動輒稱管理乃求組織嚴密，效率提高，而將一組織如何改變自己以求適應環境這方面，排除在管理以外，不能不說是受傳統管理理論的影響。[4]

---

[4] 國內企業界常將這兩方面的管理問題分開，一為「內部管理」或即稱「管理」，一為「外部管理」但多稱為「經營」。管理與經營很自然成為兩個不同的範疇，但在本書中，認為管理兼含兩方面範圍。

第二、他們對於人的行為過分簡化，一方面，認為人之所以工作主要追求金錢報酬；在這目標下，他會採取對自己最有利的行為。在另一方面，只要建立結構化的組織、訂定嚴密的規章制度、利用詳盡的計畫和嚴密的監督，就可以掌握組織成員的行為（March & Simon, 1958: 36）。批評者認為，這些假定都與事實不符，我們將在下節討論各種修正理論中再做說明。

第三、就理論觀點，傳統學派的主張，多數而言，乃屬直覺的推論，未經過科學方法的驗證。因此，它們究竟有多大理論上的效度以解釋或預測實際的行為，也是值得懷疑的。

總之，傳統的各種管理理論，迄今仍然構成管理知識的基礎，具有不可抹滅的貢獻，但是由於上述各種批評，遂導致種種修正理論的出現，這將在次節中予以說明。

第二節　較近管理理論

理論和現實二者究竟何者為先，這是一個複雜的問題。但是至少我們可以這樣說，在管理的範疇內，理論常是現實環境和需要的產物。由於傳統管理理論的缺陷——這些缺點主要也是由於環境改變而暴露——因此遂導致人們提出較新和不同的觀點和解釋。在本節內，將對於最近五十年內出現的主要管理理論，做一扼要的說明。

一、導致理論發生改變的因素

基於上述認識，我們並不認為，若干管理上的新理論乃係出於某些聰明才智特高人士的獨特創造；反之，它們主要乃是由於種種客觀環境改變所促成。管理理論家的貢獻在於能將這種改變加以觀念化、系統化和成文化，變成可以溝通、分析和學習的知識。

如我們所耳熟能詳，近代世界的最大特徵就是改變的迅速，其中與組織或管理有關者，最主要有以下幾方面：

第一、各種組織規模的繼續擴大與複雜化，其所涉及的地理範圍（包括供應來源和市場兩方面）、產品種類（多角化）、科技、資訊、資金以及各種專門知識，都已經超越原有高度結構化組織和例行化管理所能掌握的限度。

第二、科技發展的加速化，自大量生產、裝配線，到自動化、電算機化以及種種通訊技術的高度發展，使得組織結構和人員素質，工作方式都發生不可思議的改變。

第三、工業化不僅影響生產和消費，同時也帶來社會結構的改變，如都市化、小家庭制度。最重要的一點，種種原有的社會組織，如家族和鄉里逐漸失去其作用（Mayo, 1945: 8），因而工作組織遂取代成為人們獲得社會性需要滿足——如歸屬感——之來源（Levinson, 1965）。這樣一來，僱用人員的組織不能只考慮所給薪資是否合理，還要顧到成員種種社會心理需要的滿足問題。

第四、相關科學的高度發展，其中以行為科學的發展，對於管理學提供最直接的貢獻。行為科學許多對於人類行為的新知識，不但可以直接應用於組織內的人員或群體的行為上，而且具有潛在的啟發作用。再者如統計學和作業研究的發展，提供管理者極有威力之工具。以前必須完全依賴直覺和經驗來解決的問題，現在則可以找到邏輯的和程式化的解決途徑。

第五、也許是比較抽象的一點改變，但其影響決不在以上各點之下，那就是人們在價值觀念方面的改變。譬如由於對於個人尊嚴之重視，使企業目的不僅是追求利潤一類，權力基礎不能建立在專制命令之上等等，逐漸深入人心。在這狀況下，使得舊日若干傳統管理理論的基本假定隨之發生動搖，因此學者必須根據符合當前實際狀況的假定來建立新的管理理論了。

二、行為學派的發展

由於管理的基本意義在於藉由眾人完成事功，毫無疑問地，對於人的行為的研究，乃是管理學中最主要的一個範圍。由於行為科學所研究的，恰好也包含了這一個範圍，因此遂有許多學者利用行為科學的內容知識，以及其研究方法來研究管理上的許多相關問題，一般稱這種研究為行為學派（Tannenbaum, Weschler, and Massarik, 1961: 9）。

最早採用這種研究方法者，應推梅岳（Elton Mayo, 1880-1949）在 1927 至 1932 年之間所從事之霍桑實驗（Hawthorne Experiment）。[5]霍桑為美國西方電氣公司（Western Electric Co.）一個工廠的名稱。根據當時所流行的科學管理理論，工人的生產力乃取決於種種工作實際環境因素，如光線、通風、休息時間等。公司當局遂與國家研究會（National Research Council）合作，進行一項專案研究，目的在發掘工廠照明程度與工人生產效率的關係。令人感到驚異的是，當照明增強時，生產效率雖然增加，但將其減弱，甚至較平常光線還要微弱時，生產效率並不隨之降低（Mayo, 1933; Roethlisberger and Dickson, 1939）。因而使人感到，除了實際環境以外，一定還存在有其他影響效率的重要因素。

---

5 梅岳本人為心理學家，但其最大貢獻卻在於工業社會學方面。

這時公司遂邀請梅岳、懷特海（T. N. Whitehead）及羅伯格（F. J. Roethlisberger）三位哈佛教授做進一步研究，以發掘可能存在之社會及心理因素。他們所做實驗，前後長達五年，其中分為三個階段。在第一階段中以六位女工為對象，設計各種實驗，目的在觀察工作環境、工作小時、休息時間等因素對於產量的影響。依科學管理理論，這些條件轉劣時，產量將會減少；可是在這些實驗中卻發現並非如此，因此支持了一項假設：此乃由於工人社會關係改變、動機及滿足增高以及監督方式不同所造成的結果。

在第二階段中，以三年時間共計訪問了二萬一千位以上的工人，開始時採用「導引式訪問」（directed interview），但逐漸改用「非導引式」（nondirective）之「深度略談」（depth interview）。從這些訪問中發現以下共同之點（Miller and Form, 1951: 58）：

1. 任何申訴本身並不必然代表一種客觀事實，而可能是反映個人某種困擾，其原因可能是深藏在內的。
2. 任何事物及人都可能具有某種社會涵義，它們和員工滿足是否具有關係，乃受特定員工本身情況之影響。
3. 工人的個人情況乃係其各種關係所綜合決定，這些關係包括他個人情緒、欲望及利益，也包括他過去和現在的人際關係。
4. 通常一位工人所賦予事物與環境（例如工作時數、工資等等）之意義及價值，乃受他在公司內所居地位及職務之影響。
5. 對於一位工人而言，公司之內部社會結構代表一種價值體系。在這體系中，他將根據他自認的社會地位及應得獎酬的觀念，感到滿足或不滿足。
6. 工人所具有之社會需求，乃受他在工廠內外群體生活經驗之影響。

到了第三階段，又回到深入觀察少數工人的行為，這時研究對象為十四位男工。在所觀察之六個月時間內，研究者發現，工人間非正式群體所設定的生產數量，常和管理當局所要求者不一致；即使工廠給予獎金也不發生作用。此外，各工人及領班所擔任的角色，也是由非正式群體所決定。由此可見非正式社會性組織力量之強大。

從以上對於霍桑實驗的說明中，顯示這一學派和傳統學派兩大不同之處：第一、將組織視為一種社會系統，由個人、非正式群體、群際關係以及正式結構所組成；而傳統管理思想一般祇著重最後一項正式結構。第二、利用科學研究方法及研究組織行為，在霍桑實驗中所做各種研究設計，亦係社會心理學或社會學所採用之方法，對於相關因素之發掘與推論，較傳統學者演繹所得者為嚴謹。

研究組織或管理，採取以人和其群體為中心，不能不說是一大轉變。自霍桑實驗以後，沒有人能研究組織與管理而不考慮這方面的因素。基本上，這種理論認為，在一社會系統的背景下，人們之活動、相互關係及情緒等，導致了實際的行為；而後者又間接決定了一組織的生產力與成員之發展和滿足。因此這些早期學者及其理論，被稱為人群關係學派（human relations school）。

這一學派學者，在視企業為一社會系統的構架下，常選擇後者中某方面問題進行研究。譬如有人根據「群體動態」（group dynamics）理論以研究小群體中之領導、人際關係、溝通及合作等行為（Maier, 1952; Tannenbaum, Weschler, and Massarik, 1961; Argyris, 1962）；有人研究生產力、監督及士氣間的關係（Likert, 1962）；有人研究工人與科技之間的關係，特別是裝配線生產方式與工人需要及社會系統之關係（Walker and Guest, 1952; Walker, Guest, & Turner, 1956）；再有人研究個人與組織之衝突與調和問題（McGregor, 1960; Argyris, 1957）等等，也是代表這一學派的一項特色。

不過這一學派常遭受一種批評，此即過分重視社會及心理因素結果，忽略了經濟、科技或政治等因素的作用。因此，在實務上，每每導致了所謂「討好員工」的作風，而忘記了組織的本來目的、任務及生產力要求。還有人認為，這派理論，可使人們利用對於人類行為的知識，操縱員工，乃是不道德的。

三、管理科學學派

自某種觀點言，管理科學學派和科學管理學派之間，不但名稱極其相似——同樣的字排列不同——在精神上也互通脈絡，都是主張以科學方法——尤其數量方法——以解決管理問題；他們所關心者，不是事實上如何，而是應該如何以增進效果。所以西蒙（Simon, 1960: 14-15）曾說，他看不出二者在基本哲學上有何不同。

但是管理科學學派較之科學管理學派確有其不同之處，譬如所利用之工具——尤其作業研究（operations research）及電算機（computer）——在泰勒時代還未出現，但到二次大戰以後卻迅速發展，能解決許多複雜問題。同時，管理科學所應用的範圍，也廣泛得多，並不限於工場內的動作及時間之類問題。

管理科學學派和行為學派存在有基本上的差異。在對於組織及個人之行為方面，管理科學的基礎乃建立在數學、統計學、經濟學和工程學之上，所以偏向於理性的假定。

正如同所有學派都難以準確界說一樣，究竟什麼是管理科學學派？也是一個困難的問題。首先，管理科學這一名詞就有不同的別名：例如作業研究、數量分析（quantitative analysis）或應用決策理論（applied decision theory）等。有人認為它們代表相同的內容，

又有人不以為然。以最普遍使用的作業研究這一名稱而言,依當代最權威的三位學者(Churchman, Ackoff, and Arnoff, 1957: 8-9)的界說:「作業研究,就其最普遍的意義而言,其特質在於應用科學方法、技術及工具以解決有關系統運作之問題,使控制該等運作之人員,能獲得解決問題之最適解答。」以這定義用在管理科學上,相信多數人也會覺得並無不可。但也有一些人認為(Symonds, 1957: 126),作業研究比較傾向於解決實務問題,而管理科學比較傾向於建立一般理論。也許這代表一種觀念上應有的區別,在實際狀況下,一般很難嚴格區別誰是管理科學學者,誰是作業研究學學者;那篇論文屬於管理科學,那篇屬於作業研究。

一般而言,這一學派的基本共同之點,在於建立模式(model building)這一過程。此即:他們相信,如果管理或決策乃一邏輯程序,則可利用數學符號及方程式,代表特定問題內有關因素及其間關係,藉由各種數量方法以解這一模式,即可獲得最佳解答。

具體言之,管理科學學派的特色,可列舉於次(Kast and Rosenzweig, 1970: 98-99):

1. 強調科學方法。
2. 解決問題採用系統方法。
3. 以建立數量模式為中心。
4. 將有關現象數量化,並利用數理及統計技術求得解答。
5. 關切經濟—技術因素,而非心理—社會因素。
6. 利用電子計算機為工具。
7. 強調整體系統觀點。
8. 在一關閉式系統內尋求最佳之策略決策。
9. 屬於規範性(normative)導向,而非描述性(descriptive)導向。

管理科學之興起,和二次大戰期間作業研究應用在軍事上有關。由於這方面所獲得的輝煌成就,使得人們在戰後企圖將其應用到軍事以外,譬如企業、政府、大學等。以美國而言,在一九五〇及一九六〇年代內,企業界普遍採用作業研究以解決各種管理問題。美國中大型企業中成立作業研究單位者,甚為普遍(Schumacher and Smith, 1965)。近十年內我們所習聞的種種分析技術,如系統分析(systems analysis)、成本效益分析(cost-benefit analysis)以及網路分析(network analysis)等,都可以歸於管理科學方面的發展。

依管理科學,有關一問題之各種因素,必須能將其數量化,由於這一限制,使種種方法只能應用到比較結構化的問題,譬如存貨控制、生產控制及運輸問題之類,亦即

一般屬於組織內中低層管理中的作業性質問題。而對於高層管理所關心的策略問題，或其他不能數量化或結構化的問題，則其應用較為困難，不幸的是，在管理上所遭遇的問題，絕大多數屬於這種性質。

不過近年來，由於電子計算機性能之驚人發展，尤其模擬（simulation）技術的進步，使得管理者也能利用管理科學於嘗試解決不能充分結構化的問題。所獲得者，未必是最適解答，而是在可知狀態下比較可以接受的解答。而且逐漸受到重視的一點是，任何這類問題的決策，管理者的判斷乃是最具關鍵作用的因素，因此必須將這判斷因素考慮在內。譬如去研究一些極有表現或能力的管理者在實際上從事決策的程序，也許可以發現某些原則，根據這些原則以建立經驗式程式，所謂 heuristic programming，正代表一種重要發展方向。不過這樣一來，管理科學家不能只專門注意到統計或數學技術範圍，而必須瞭解及利用行為科學家所提供的知識和研究結果了。

再有一點發展，也值得注意，這就是管理科學研究所得的結果，以及所提出的建議如何付諸實施問題。這涉及管理科學家和管理人員間的關係和配合問題，由於絕大多數管理者——甚至他得到企管碩士（M. B. A.）學位——並非是管理科學家（也不必都是），未必受過數量分析和電算機利用方面的嚴格訓練，因而往往不能瞭解管理科學專家所用的語言和方法，也自然不敢大膽接受他們的建議。而管理科學家方面，也感到無法和一般管理人員充分溝通，因此只好轉而和同行專家溝通。這樣使得管理人員和管理科學家之間，逐漸產生一道無形鴻溝，對於二方面都是極大損失。要解決這問題，恐怕要靠管理科學專家能在本身技術性工作範圍以外，主動設法和管理者溝通和促進彼此瞭解才行。

第三節　系統觀念和管理理論

在以上兩節中，我們討論傳統的管理理論以及各種較新理論，都可發現，它們之間並非彼此排除而不可相容，事實上，它們之間乃是修正、改進和互相輔助的關係。隨著管理理論的高度發展和複雜化，使得人們感到，既然它們是相輔相成，為什麼不設法加以整合，成為一個更為完整的理論體系呢？在這種需要下，系統觀念遂被用來擔負這一基本任務。在本節內，將對系統觀念及其如何應用於管理上等基本概念，做一扼要說明。

一、系統觀念

所謂「系統」，在中文來說，有時稱體系或制度，但由於近年來使用系統一詞比較普遍，故在本書內加以採用。系統的基本意義甚為簡單，此即指一個由部分所結合或

構成的整體。在這意義下,具有極其廣泛的應用範圍,譬如天體中的銀河系統、太陽系統;自然地理中的河流系統、山脈系統;生物界中的界、門、綱、目、科、屬、種所構成的生物系統;人文社會中的經濟系統或交通系統等等都是。而一個大系統又可由若干子系統構成,例如將人體視為一個系統,則後者又可分為骨骼、循環及神經等子系統。而子系統還可再分為若干小系統,這種層次分明的階層性,也是系統的一個基本特色(Simon, 1960: 40-42)。

這一系統觀念可以應用在自然科學、生物科學及社會科學上,故可做為一種研究科學的基本參考構架(frame of reference)。學者(Bertalanffy, 1950 及 1951; Boulding, 1956)發現,自這種觀點來看,所有各種科學均有極其相似和平行的觀念和原理,可以將這些共同的觀念和原理予以提出和一般化,發展所謂的「一般系統理論」,使各種科學能夠發生整合和統一。

二、關閉性系統和開放性系統

譬如說,所有系統都可歸入兩種基本類型:關閉性系統(closed systems)及開放性系統(open systems)。所謂關閉性系統,乃指一種自我存在的系統,獨立於外在環境的影響,譬如機械系統便常被視為一種關閉性系統。所有的關閉性系統都有一個共同特性,此即趨向於死亡或解體。但開放性系統則不然,它和外在環境保持動態的關係,不斷自外界環境取得種種投入(inputs),譬如物資、能量和資訊,經過系統作用,轉變為某些產出(outputs),又輸出予環境。因為有這一層作用,所以開放性系統能夠抵銷關閉性系統那種趨向死亡或解體的程序。一般而言,生物及社會系統應屬於開放系統。以企業來說,能夠自外在環境中取得人力、原材料、資金及各種資訊,經企業組織之作用,將這些投入轉變為產品、勞務、股利及社會服務等等,提供外界社會,再次換取各種投入,如此循環不息,維持一企業的生存和發展。

三、系統觀念與管理

我人在討論管理理論時已經提到傳統的理論乃將組織看做是關閉性系統;純從組織之內部結構、任務、權威關係以分析組織及管理問題;或將組織當做是機械系統採取一種高度理性化的觀點,而忽略了組織與外在環境的密切關係,以及產出和投入間的交換需要。

現代管理及組織理論則建立在一種開放性系統的基本構架上。一方面,由於組織的生存有賴和環境保持一種良好的交換關係,因此組織必須密切配合環境的改變而調整本

身的目標和內部結構及功能。在另一方面，開放性系統強調內部各子系統間的相互依賴關係，它們會有一種功能分化（functional differentiation）及複雜化的趨勢。最顯著的情形是，內部某些機能乃為了保持各子系統的均衡狀況，而另外某些機能乃為了使各子系統或整個系統適應改變需要。

四、資訊及溝通功能

由於系統理論注意到系統內外的相關及互動現象，使得資訊及溝通問題變為十分重要，這不但指一組織如何自外界環境獲取所需資訊，而內部各子系統間的溝通也極為重要。整個組織可以看做是一資訊網（information network），各階層管理者從這資訊流通中獲取他決策所需之各種資訊。因此，組織內各部門、各成員以及機器設備等等，都靠這一資訊──溝通系統聯結起來，這和傳統觀念存在有基本上的差異。後者偏重於職責和權威關係，表現於一般組織系統圖中的主管和下屬的階層關係，而忽略了在他們之間的資訊流通關係，以至於原有的組織結構對於配合資訊流動的需要而言，可能是不適合和低效率的（Mockler, 1968）。我們如果仔細觀察，將會發現，組織內管理者為有效進行他的任務，常常必須自非正式來源或途徑獲得所需之資訊，而非經由正式組織結構的途徑。這也顯示出，在設計組織結構時應該重視資訊流通之重要問題（Johnson, Kast, and Rosenzweig, 1964）。

綜合以上所稱，現代管理理論將組織視為一開放性系統，本身乃屬更大的社會或經濟系統中的一子系統；它自環境取得各種投入，然後又提供環境所需之產出。為了使其目標及內部結構與作用不致與環境脫節，亦為了使內部各子系統能達到良好配合協調，所以又賴有資訊──溝通子系統之作用。

五、社會技術系統

除了這種開放性系統的觀念外，學者（Rice, 1963: 182）一般更進一步界說組織為一種社會技術系統（socio-technical system），這也代表一個重要的基本觀念，必須在此扼要說明。一個組織，不管屬於那種業別或種類，每隨其任務而需要有一定之技術條件，如機器、設備、工具、工作方法等等，構成一科技子系統（technological subsystem），譬如紡織廠有紡織廠的技術子系統，電子計算機工廠也有電子計算機工廠的技術子系統。它們隨著這種技術子系統不同，其投入與產出內容亦不同。

但是一個組織乃由人所組成,因此這種人際之間的複雜關係也構成一個社會子系統（social subsystem）。而這一子系統乃由成員的期望、價值觀念和情緒之類因素所構成,這一子系統本身雖與組織之投入產出無直接關係,但它們乃是決定技術子系統之效果與效率的主要因素。這兩個子系統實在是分不開的,技術子系統同樣地也決定了社會子系統內的成員組成、工作結構及其間相互關係。二者之間任何一方面發生改變,都會牽連到另一方面。因此,現代管理及組織理論不能只考慮一方面而不顧另一方面,因為兼顧二者才算考慮一組織的整體。就前此所討論的傳統管理學派及人群關係學派的缺點而言,即在這上面各有所偏。

六、管理子系統

從整個機構立場來看,我們也許可以將管理視為組織之一個子系統——管理子系統（managerial subsystem）。這一子系統的功能乃在建立、推動和控制技術及社會子系統上,使它們互相配合,並保持整個組織和環境的繼續關聯。杜拉克（Drucker, 1974: 40-43）曾稱這管理子系統為一組織內負責活力和效能的器官,即係基於它所能發生的上述作用上。

第三章　管理與外界環境

　　第一節　科技發展與管理
　　第二節　政治環境與管理
　　第三節　社會環境與管理
　　第四節　國際環境與管理

將組織視為一種開放性社會技術系統,則對於這種系統之管理,首先應瞭解其生存之外界環境。所謂外界環境包括那些方面,每隨組織之性質而有不同的組合。以企業組織而言,由於業別或規模不同,所面臨的環境也不同。但一般而言,以下列幾方面最為密切:(1)科技發展,(2)政府法令及政策,(3)社會變遷及(4)國際關係等。本章目的,即在討論這些外界環境與企業及其管理間的關係。

瞭解外界環境的重要性

今天擔任管理工作者,必須徹底瞭解他所生存的環境。根據這種知識,才能進一步決定在這種環境中本機構所扮演的角色。許多人認為,一機構對於環境的作用和力量,似乎只有屈服和適應的一途;譬如市場的景氣狀況、原料供應的品質、價格和數量;新技術的發展、法令規章的改變等等。假如變動的方向對一機構有利,固然可加以把握和利用。但如變動的方向對一機構不利,則往往無可奈何,只有遭受損失和打擊,退出某種市場,甚至結束整個業務。

但是,事實並非完全如此,一機構也可藉由其本身及聯合之影響力,以及有計畫的努力,以改變不利的環境因素。譬如,可藉由專家的知識和對於資訊的分析,獲知未來經濟及科技的發展,積極從事研究發展和創新以保持在技術上的領先地位;分散市場和供應來源,以減少對於某特定地區或國家的依賴;從事各種公共服務和公共關係活動,以改善和政府及大眾的關係。因此,在相當程度內,一個機構仍有其主動創造的機會,俾可改善其所生存的環境。

當然,大規模的企業,尤其國際性企業,較有能力採取這種做法,而中小型或地方性企業,則缺乏有這種機會和能力。可是由於後類企業對於社會和經濟的貢獻,政府和社會往往給予較多的關切和協助,以幫助他們克服所處之不利地位。

第一節　科技發展與管理

科技(technology)的廣義內容,泛指一切有關執行與達成某些任務或活動之知識。譬如以企業而言,即有賴科技將種種投入轉變為產出;這種科技,包括硬體的機器設備或工具,以及軟體的工作方法和操作技術在內。一組織的結構、運作及效能也常隨著所用科技水準及種類的不同,而有不同的表現。

這些科技中,少數可由組織內部加以發展,多數來自外界環境。即使內部發展,也不能脫離組織外科技的影響。因此一管理者必須對於此種外在科技環境有所瞭解。我們

幾乎可以肯定地說，近代社會最大特色之一，即係科技之加速發展。以這一代人的親身經歷中，即已看到了飛機、核能、人造衛星及太空飛行這一些驚人的進步。它們在一百年前，甚至五十年前，都是不可思議的。

科技環境，透過兩個主要途徑對於企業組織發生普遍而深遠的影響。一是由機械化而自動化（automation）；一是電算機之利用。現扼要討論於次：

一、自動化

工業革命以機械生產代替手工生產，加上各種動力來源的利用，使個人生產力大幅提高。但隨此同時發生者，為工資水準的不斷上漲，因而更促使企業發展及利用可以節省人力的機器。例如若干年前已有這樣一個報導（*Business Week*, April 23, 1966）：在美國明尼阿波里市一汽車餐廳內，裝置一套自動化廚房設備，只要有一個人管理一電子控制單位的鍵盤，根據訂菜單打入所要餐點，一小時內可由機器自動供應 400 個牛肉餅、400 根香腸、360 客炸蕃薯片、175 客炸雞、海鮮以及幾百客飲料。這套機器所做的，並非只是包裝輸送工作而已，而包括烹調、配置等複雜過程在內。

當然，以上所舉的例子，以今天自動化生產的發展而言，只是一個非常單純的應用，舉這例子無非引起讀者興趣而已，最早的自動化，係應用在底特律的汽車廠內，此即將各種工作母機按生產過程排列，利用各種機械裝置，將所製造之物件由一位置轉移到下一位置，只要極少人工協助。一般稱這種自動化為「底特律自動化」（Detroit automation），這種生產方法也應用到金屬、電器等大量生產工業方面。

但在化學、煉油及製鋼等程序生產工業中，自動化乃藉由電算機之控制，具有監視、計算、比較、評估及修正生產程序之能力，亦即具有反饋控制功能之自動化（automation with feedback control）。這較早期底特律自動化更為進步；在整個過程中，不需要有人不斷閱讀儀表與採取必要調整，這些都可以由系統本身自動控制。

最近另一種自動化之發展，稱為「非連續性自動化」（discontinuous automation）。此種裝置，例如所謂「數值控制」（numerically controlled）工作母機，不但具有自我控制之能力，而且可藉由資訊投入以控制一完整之工作循環，不像程序生產中那樣必須連續不斷生產下去，因此具有更大的彈性。

不管那種自動化方式，都將直接改變一企業之技術子系統，間接影響心理一社會子系統及管理系統。這點稍後將再討論。

二、自動化資訊處理

與上述發展相彷彿者,為有關資訊或資料處理技術的發展。如果說自動化係針對生產過程而言,則自動化資訊處理則針對管理及決策過程而言。簡單來說,後者具體表現為,以電子資料處理設備代替人工從事資料之蒐集、處理、輸送及比較工作。[1]由於電算機所具有驚人的記憶、儲存能力及處理速度,使得許多過去依賴個人記憶和判斷的管理決策,現在可以利用這些設備,供應可靠而即時的資料加以利用,其影響至為深遠。譬如,對於許多較例行化與程式化的決策而言,如生產及存貨控制,幾乎已能做到自動化的程度。雖然將這方面技術直接應用到高層管理上,尚屬困難,但近年來,討論策略性資訊系統之文獻逐漸增多,加上模擬技術之配合應用,在可見將來,相信對於高層管理也將發生重大之影響。

三、科技發展對於管理的影響

這些科技發展對於管理的影響,是顯而易見的。

以規劃而言,科技之迅速發展,不但使得產品和生產方法加速變為廢舊,而且自動化設備所需的投資,也較傳統設備的投資遠為鉅大,這都增加經營企業的風險。因此需要從事較長期的預測與規劃,以及重視創新性和策略性的規劃,俾能發掘潛在而有希望的市場和產品。規劃的依據,在於客觀、完整而經良好分析的資料,自動化資訊處理系統的進步,正可幫助管理者解決這方面的問題。

在組織方面,毫無疑問地,也將隨科技的改變而改變。學者(Kast and Rosenzweig, 1970: 161)認為,自動化的發展,使得一組織為了要配合物料的自動化流程,需要較多的水平性(功能)整合。因而不容易維持其功能性組織方式,以及嚴格之層級關係。有關資訊科技發展對組織的影響,曾引起不同的看法,有人(Leavitt and Whisler, 1958)預測稱,這將使組織中之決策集中化;但也有人認為,由於總部能和各基層主管迅速溝通,儘可將許多作業性決策授權給下層管理者擔任。但不管朝那一方向改變,組織方式將會受到科技發展之影響乃是肯定的。

再者,科技條件亦決定了一組織成員之構成,在一個自動化程度較高的企業內,工人──尤其非技術工人──數量大為減少。相反地,工程師及其他科技人員的數目在比例上卻大量增加。對於這種類型人員的甄選、訓練、待遇、激勵及監督,均與一般工人

---

[1] 這方面的技術一般已給它一個新的名稱「資訊科技」(information technology)(Leavitt and Whisler, 1958)。

不同。近年來，在管理學中對於科學家、工程師及專業人員的領導與控制問題，受到特別重視，也可說是反映一項組織發展的實際趨勢。

最後，由於資訊設備之幫助，使得一組織可以獲得大量可靠而即時的資料，這對於控制功能無疑大為增強。而自動化的發展亦仰賴靈敏有效的控制機能，俾免發生偏誤而不知道。

當然，此處所提到科技發展對於管理可能的影響，只是概略和舉例性質的。在本書各章有關之處，還會不斷予以探討。

第二節　政治環境與管理

二十世紀以來，尤其二次大戰以後，隨著政府功能不斷擴大，使得政府和企業的關係也不斷趨於密切。依傳統的企業經營觀念，做生意是不過問政治；可是在今後的現實世界裡，這種觀念不但是不應有的，而且也是不可能的。不過此處所謂過問政治，並非謂企業界人士必須參與選舉，擔任公職（當然以個人身分未嘗不可）；而是謂，由於政府在立法、政策或行政措施上的許多變動，都會對於企業的經營和管理方式，產生極大影響。如果企業管理者對於這些變動不聞不問，將會為本身企業帶來極大的困難或損失。

政府和企業的關係是多方面的，在此僅就比較直接的幾方面，予以扼要說明。

一、政府之經濟職能

1. 現代民主國家莫不以維持本國經濟的健全發展及穩定視為政府主要任務之一。政府為了達成此一任務，可以採取不同的途徑和手段。譬如許多國家——包括開發中及已開發國家——擬訂中長期經濟計畫，對於總體經濟之未來發展方向，設定目標及策略。其內容不但包括生產、投資、人力、貿易、金融……等總體構成因素，而且具體表現為產業部門之活動指標。儘管在不同經濟制度下，這種經濟計畫之強制或具體化程度有相當大差異，但一般都構成政府決定政策及措施之一具體依據。一個別企業的經營方針，如果符合經濟計畫的精神或目標，則將感到在許多地方得心應手，十分順適；否則，如果所採方向與政府經濟計畫背道而馳，例如在一被認為應逐漸退出的產業繼續投資，或應在國內生產之項目仍大量由國外進口之類，將會感到掣肘難行。

2. 政府為影響國民經濟活動之步調及水準，常藉由控制貨幣數量及刺激需要等途徑以求達成。這些對於企業界，每每發生直接的關係。例如降低利率結果，使企業

界感到資金充裕，從事投資擴充業務成為有利；反之，政府緊縮銀根，企業界必須保持本身清償能力，減少固定投資。政府利用減稅或大量支出方式，可刺激需要，購買力增加，使企業感到市場欣欣向榮；反之，如政府為防止景氣過熱，可能減少本身財政支出，保持預算平衡，亦可減少市場購買力。諸如此類，對於個別企業影響均極重大。

3. 政府為保障社會或消費者的利益，常常制定許多法規，指導或規範某些行業或某些企業活動。最普遍的事例，為對於公用事業的管制，如電力、自來水、瓦斯及交通事業，其經營政策及費率調整必須得到政府的批准，而且有專門的政府機構負責。再如為了保障公平競爭，防止壟斷，政府對於各行業的獨佔或合併等行為，亦有某種限制。還有為了保護社會安全及投資人利益，對於保險、金融、投資事業，往往制定專門法規，限制其經營範圍及資金運用方式。而近年來，政府管制範圍更擴大到防治環境污染及保持生態平衡等方面。這一切種種，都不是一位企業管理者所可以忽略的。

4. 和企業尤其具有最直接關係者，為政府之租稅及勞工政策與法規。一國的租稅制度不但影響稅後盈餘，而且普遍影響到成本結構及種種採購與投資之決策。有關租稅方面的資料及分析，乃係管理者從事許多決策時所不能或缺的資訊。再就勞工關係而言，隨著勞工地位之提高與工資水準的上漲，此方面的問題，乃是管理者所最注意的一個對象。現代政府為了保障勞工利益，求得勞資和諧，對於一企業與所僱用之勞工，尤其對於女工及童工等，訂定有許多有關工作時間、工作環境及條件、工業安全以及福利等等法規，加以保障。如果企業違反了這些法規，不但將遭致處罰，而且可能帶來更嚴重之勞工糾紛。

5. 在許多國家，政府對於企業活動，並非只是加諸種種限制而已，同時也給予企業許多協助，或稱為政府獎勵及輔導措施。最常見者，為獎勵投資所採取的一些措施，如減免稅捐、低利貸款、開發工業區、提供外匯等等。再如為配合經濟發展，加速工業化的需要，由政府協助企業從事研究發展，引進國外科技，舉辦職業教育或訓練等等。經營企業者，如能善加利用這些協助，則不但配合了國家政策發展方向，對於企業本身的發展，也可獲得許多助力。

6. 隨著政府職能之擴大，政府預算數字在國民生產毛額中所佔比例亦不斷增加，使得政府在市場上成為一個舉足輕重之採購者，或甚至是唯一的最大採購者。政府採購範圍一般相當廣泛，涉及國防、建設及行政各方面的需要，尤其在軍需及營建等方面的支出，數額極其龐大。由於政府向民間採購訂有一定程序及手續，如

招標或比價、議價等,廠商必須符合此方面規定辦理,因此有關人員也應瞭解政府採購需要以及種種有關的規定。

二、政府政策及措施對於企業經營之影響

以上係就政府職能內可能直接影響企業的主要幾個方面,予以扼要說明。站在企業立場,對於政府所採取的政策或措施,有的表示歡迎,但是有的卻因為限制或妨礙了企業的自主經營或發展,表示反對。這固然是由於立場問題——企業經營者一般是基於投資人或企業本身的利益為出發——但也和企業對於政府的一般關係和態度有關。如果企業界一向和政府保持合作和支持的態度,則對於政府所採取的種種限制措施,較能自建設性立場向政府表達企業界的意見和建議。反之,如果企業界和政府採取敵對立場,則雙方溝通與折衷之機會大形降低。設如企業界的利益和社會大眾的利益相衝突,則在民主政府制度下,往往最後居於不利地位的,仍然是企業。近年來,企業所負社會責任日益增加,自某種意義言,表示經營企業者應採取較為廣泛之利害觀點,而非只顧到本身利益。如此和政府立場應更接近,也更需要對於政府所採取政策及措施,予以密切注意和重視。

第三節 社會環境與管理

近若干年來,人們發現,企業並非僅僅一種單純的生產財務和勞務的經濟機器而已,同時也是一種社會性組織;企業所做所為,對於其生存的社會各方面都發生密切影響。反過來說,社會環境及其任何改變,也一樣會對於企業產生直接和間接的重大影響。在本節內,將要自社會環境觀點,扼要說明它那些方面和企業發生密切關係。當然,社會環境是一個極端複雜的問題。廣義言之,包括宗教、教育、家庭、社會結構、價值觀念、生活時尚等等。但在此僅就若干與企業關係較為密切的社會發展趨向,予以扼要說明。

一、社會價值觀念

每一文化和社會均有其特定之價值觀念,此種價值觀念,對於社會成員及組織之態度與言行,具有極其深入而普遍的影響作用。較為基本的價值觀念,不但反映在人們對於宗教、家庭、教育、企業等等組織或制度之上,同樣也表現在對於科學、效率、權

威、改變、儲蓄、時間、工作等較為抽象的觀念或活動之上。譬如在一家庭觀念極其濃厚的社會內，經營企業乃常透過家庭成員之組成及關係而進行；又如在一不講求效率的社會中，許多進步的工具或方法，不容易被人接受；再如在一個以工作視為人生最重要目的之社會內，有關激勵和監督的管理工作，變為輕易得多。諸如此類現象，對於一位身在其中的管理者而言，常常視其為當然，但實際上他和其他組織成員之所以採取某種態度及行動，背後均受到其特定價值觀念之支配。有關此方面問題，在涉及不同文化背景的管理環境中最容易發現，因此將要在次節有關國際環境中再予申論。

二、社會福利

經營企業之最重要投入資源之一，乃係人力，而管理者所面臨的合作對象，也是人；因此人乃是管理環境中最重要的因素。自社會觀點，每一人員均有其社會意義。譬如工業革命以來，對於女工和童工之保護問題，並非自單純生產力觀點出發，而主要乃自社會觀點出發；基於他們屬於社會中比較軟弱和容易受到欺凌的一群成員——他們在個人價值和尊嚴上絲毫不比其他成員為低——因此必須由社會給予照顧。近年來，社會又轉向重視退休員工的權利和福利問題，以及青少年問題，這些都和企業具有密切關係。例如由企業僱主負擔退休人員一部或全部的生活或醫藥費用，提供青少年以技藝訓練和工作機會等等，均係反映社會環境的改變和影響。

三、環境維護

最近十年來，在社會環境方面，改變最大，同時也受到最大重視者，首推污染防治問題。廣義言之，這就是如何使人類及其他生物與其生活環境間，保持一種和諧而均衡的狀態。由於人類對於環境的大量污染，造成這種生態均衡的最大威脅。這一問題，首先發生在高度工業化的國家，例如 1962 年卡森女士（Rachael Carson）以動人的筆調在所著《寂靜的春天》（*Silent Spring*, 1962）中說明 DDT 怎樣透過食物鏈（food chain）威脅到各種生物甚至人類的生存。這種污染問題，包括空氣、水、固體廢物、放射、噪音、土地使用方式在內，凡是工業化程度愈高的國家，情況愈嚴重，但是在開發中國家，也一樣應該注意這些問題，防患未然，而不能聽其自然。

污染問題之和企業發生密切關係，主要由於一項事實：多數污染主要導源於企業之生產、製造或其他活動。因此，一旦社會及政府發覺此一問題之嚴重，必須採取行動時，企業首當其衝，感受最大壓力。問題在於：自經濟學觀點，這些污染屬於企業之「外在成

本」（external costs），一向由社會大眾所負擔，現在要解決這問題，或是藉由改變企業生產製造方法，或是增加防治設備，都將使企業負擔此筆龐大支出——此即將外在成本轉變為「內在成本」（internal costs）——任何一項，均將大量增加其經營成本，減低其競爭能力，最後甚至影響其生存。設如處置不當，對於社會也可能帶來種種不利後果。在這情況下，一企業究竟應採取怎樣立場，乃是今後管理者所面臨的一大挑戰。

四、消費者運動

在農業社會中，消費者和銷售者保持有個人間的關係，而且那時產品一般比較簡單，種類也少，所以消費者能夠信任銷售者或靠自己的經驗判斷，選擇自己所要的產品。但近數十年來，隨著大量生產和大量行銷的發展，加上新產品的增多與複雜化，使得消費者愈來愈缺乏判斷產品的能力和資料。所獲得對於產品的瞭解，往往也是銷售者透過大眾傳播媒介或包裝、標籤等所提供者，都是基於廠商銷售產品之需要觀點而出發，難免包括有虛誇不實，或故意省略不利事實等情況。在這情況下，一般毫無組織的消費者，面對資力雄厚、組織嚴密的企業，常感孤立無助。

在傳統社會中，對於這一問題比較不重視。一方面，生產或銷售者認為，所採行為是否童叟無欺，所售產品是否貨真價實，乃其個人道德問題；另一方面，一般人也認為，購買者應對於自己所購買的產品和行為負責；假如事後發現上當，只能怪自己不夠謹慎小心，而和銷售者無關。

但是近年來，此種觀念發生改變，消費者被認為應有種種權利，不應遭受剝奪；消費者應有自己的組織以對抗企業的不當行為；而政府基於社會觀點，也應更積極保護消費者利益。此種運動，在美國稱為「消費者主義」（consumerism），其所主張的權利，一般以 1962 年甘乃迪總統在咨送國會一文件中所稱者為代表，此即：

1. **安全的權利**：產品不應危害及損傷使用者之安全，尤其是有關食品、玩具或電器等產品。
2. **申訴的權利**：消費者的反應和觀點，應有適當之途徑，得以向負責之廠商或政府申訴。
3. **選擇的權利**：消費者應有理性選擇的機會，而非盲目接受銷售者的支配。
4. **獲知的權利**：消費者應能獲得完整而正確的產品資訊，這樣才能真正行使上面所說的三種權利。

這種運動發生以後,除了社會上出現一些消費者組織和消費者發言人外,在美國、日本和西歐各國政府部門中,也設置了消費者事務單位——例如瑞典政府在內閣設置一部長,美國在白宮設置一消費者事務特別助理等——以促進和保護消費者利益。而在企業方面,也不能無睹於此種社會潮流與龐大力量,因此在從事產品發展與行銷時,將消費者權利納入重要考慮。在美國,已有甚多企業設置一副總經理職位,專門負責處理並注意與消費者利益有關之事務。

五、社會責任

以上所討論幾項重大社會環境改變問題,都對於管理者以及管理理論帶來極大衝擊。社會觀念改變的結果,企業不再僅是投資者的私產,也是屬於社會的一種機構,因此除了謀求投資者的利益外,同樣也要顧及和增進社會中其他人群或整體社會的福利。因此,管理者不能以追求最大企業利潤為唯一目的,尚在考慮社會的需要,譬如,在一貧乏之開發中國家,企業應求以低廉成本大量生產大眾生活所需各種用品,以提高人民生活水準;在經濟不景氣時期,企業應盡力維持較高僱用水準,以緩和失業問題;而當工業生產可能危及生態平衡時,應將保持和改進「生活品質」(quality of life)視為重要目標。

企業為配合這些「社會責任」(social responsibility)所採取的決策和行動,對於整體社會來說,是有好處的。對於個別企業來說,長期也是有利的。不過,我們也應注意到,它也會帶來眾多問題(Gluck, 1977: 566-571),其中重要者,如:

第一、管理者是否有權「慷他人之慨」,將投資者或股東之資金用於從事社會責任活動;這在什麼限度內是合理的,超過什麼限度是不合理的?
第二、如果個別企業因擔負社會責任而增加其成本,但其競爭者則否,則前者將處於極其不利的競爭地位,甚至不能生存。
第三、即使企業能將所增加的成本轉嫁於產品價格上,由消費者負擔,這等於向消費者徵收一種租稅,減少其購買能力。
第四、在眾多社會責任活動或考慮中,管理者如何能權衡或選擇那些比較重要,那些較不重要?一般認為,這涉及整個社會價值判斷和政策問題,個別企業管理者沒有這種能力做最佳判斷,也沒有資格代表整個社會做這種判斷。

這些問題的存在，並不表示管理者因此可以不必顧及到社會責任，因為社會環境和壓力已經不允許他這樣做。如何在這中間達成其決策，這也是今後管理者所面臨的一項重大問題。

第四節　國際環境與管理

二次大戰後，企業國際化乃是企業發展過程中最主要的趨勢之一。一般討論企業國際化，所指者，主要為多國公司（multinational corporations）的興起，不但其市場遍及世界各國，分支機構或投資事業也分設於許多國家。更重要者，乃其經營哲學及管理方式之走向國際化，逐漸放棄母國及外國的區別，而以全球為其考慮對象，從而發展及選擇最有利的組織與策略。

一、國際化趨勢

可是在實際上，一般人較少注意者，為即使較小企業也同樣受到國際環境的影響。隨著國際間交通運輸的發達，尤其洲際通訊之快速發展，國際貿易大量擴增，儘管我們常常聽到或看到有關國際間保護主義之興起，構成自由貿易之莫大威脅之類現象，但自長期及基本之潮流來看，人類追求資源之交換及有效利用，代表一種無與倫比的力量，足能突破種種人為的政治或法令阻礙。因此國家與國家之間的關係，乃是朝向愈趨密切的方向發展，一國發生較為重大的變動，如匯率變動、政治風潮、水旱天災，以至於罷工之類事件，直接或間接都可能波及另一國家內的企業，即使後者並不從事國際貿易活動。

尤其以我國現況而言，整個國民生產毛額中，貿易總額所佔比例高達 90% 以上。許多產業或服務業主要配合國外市場或貿易而存在，種種原料或技術來自國外，而經營及管理策略更和國際環境息息相關。因此，管理者對於此種國際環境更應有密切而深入之瞭解。

再者，企業國際化的發展趨勢，提供了企業進入國際市場更多的途徑和機會，往昔只限於進出口貿易者，現在還有授權、合資、管理契約、委託製造、自行分配、獨資設廠等等。由於途徑的增加，使得企業為追求更大利益及發展，也具有更多手段和彈性；但也因此，使得管理者必須具備更多有關的國際知識和經驗。

二、文化環境差異

　　一般認為，國際經營環境和國內經營環境最大的差異之一，在於文化環境方面，也是一位具有國際意識的管理者所面臨的最大挑戰；他如何能體認到不同文化環境，將其納入經營與管理決策過程之內。一般最容易犯的錯誤，便是以本國的文化和價值觀念應用到不同文化系統之內，以為「人同此心，心同此理」，而事實上並非如此。

　　文化包括物質及精神兩方面。前者例如人們為滿足衣食住行育樂各種需要所使用之設備工具或器皿，以及各種生產機械及方法之類。自文化觀點，這些物質文化乃代表人們為解決實際生活需要所發展的方法和工具，並且經過歷代的改進和繼承，成為一種文化遺產。

　　在精神方面，如社會組織、語言文字、風俗習慣、價值觀念等都是。當然物質和精神文化是難以斷然分開的，因為種種屬於精神方面的文化活動，也大多需要藉助於物質工具或設備，例如宗教所用各種祭器或牲奠之類。而不同的用具或物品，常常代表使用者不同的社會階層或地位。

　　一個企業一旦進入國際環境，首先便將遭遇此種文化上的隔閡。由於人們對於事物的瞭解和溝通，常常是超出有形的文字或言語範圍以外的。由於溝通方式隨著不同的文化而有不同的涵義和解釋，極易發生雙方誤解和問題。假如一企業在國外設有分支機構或投資事業，僱用有外國員工，則如何激勵及領導、控制此等員工的行為，也要考慮他們的文化背景和習俗觀念。

　　當然，國際環境不限於文化環境一方面，此尚涉及政治、經濟、法令等等方面。在這種環境下的管理者，必須能將這些方面的狀況和改變因素，納入其決策考慮範圍內。有關國際環境與管理之相互關係，本書將於國際管理專章中再加討論。

三、多國公司

　　今天一位管理者要瞭解其經營之國際環境，除了以上所涉及的一般環境外，對於所謂「多國公司」（multinational corporations），尤其需要有相當的認識。這不限於本身服務於這種公司的人員，因為即使本身不屬於這種公司，但也極可能和這類企業組織發生直接和間接的關係，不能不對於後者具有相當知識。

　　這種多國公司，僅僅說它在若干國家之間從事業務是不夠的，因為它尚擁有許多其他特色和性質。但是究竟具有那些具體特色或性質的企業，才能算是多國公司，迄今並

無定論（許士軍，1973: 18-20）。譬如有人認為，它一定要達到一定規模，至少要在若干個以上國家從事業務活動，海外附屬事業資產價值必須佔公司全部資產若干百分比以上；還有人堅持稱，僅僅從事國際業務，例如進出口貿易或銷售，還不夠，必須設有若干個以上生產基地，自海外事業所得淨利必須佔公司全部淨利若干百分比以上等等。

但自管理觀點而言，這種公司的最基本特徵，乃在於其經營或管理哲學上，採取一種全球性觀點，在其所界說的經營疆域（business boundaries）──並非指地理區域，而是指依市場需要、技術、資源或產品所限定的經營範圍──內，發掘可能的市場，尋求或培育所需的資源並謀求達到最佳之組合。舉個例子來說：一多國公司可能發現若干國家對於某類產品都具有潛在需要，但任何一個市場的需要量都不夠大到值得去投資生產，在這情況下，多國公司可利用其對於市場的瞭解以及產品之技術，設計一種可同時合乎這幾個市場共同需要的產品，這樣可使其總需要量達到最低生產規模以上，俾能以較低成本加以供應。

在另一方面，這一多國公司分析各地區的資源條件、生產技術、基本設施與投資環境等條件。它可能決定由某一地區設立一大規模工廠，生產全部產品以供應所有以上各市場；它也可能根據各地區最有利的條件，在其中某幾個地區分別生產部分零組件或原料，然後再加裝配或裝成最後成品；也可以再半製品或原料分別輸出到各市場去完成最後階段製造加工；也可以在不同地區採取合資、委託製造或利用總經銷等辦法以配合當地情況並減少本身風險。

當然，以上說明只是舉例性質，在各市場、各供應來源、各種經營方式等之間的組合方式，幾乎是沒有止境的。站在一多國公司的經營立場，它即在以這種全球規劃、組織和控制的管理方式，謀求本身的生存和發展。可是它們是否能夠照這種理想──或純粹經濟觀點──付諸實施呢？往往是不可能的。首先，各所在國家或地主國（host countries）有本國的利益或觀點，可能與多國公司所採策略或計畫發生衝突。在這種情況下，由於國家主權所在，一旦當地政府堅持某種主張，採取某種限制性政策或措施──其極端者如國有化──多國公司在一般情況下只有屈服，接受改變本身的策略或計畫。當然，也有一些時候，多國公司以減少投資或完全撤退為威脅；還有採取種種較為微妙的手段，企圖影響地主國政府的政策。有關此類多國公司與地主國關係之討論，充斥於近年文獻之中，在此不擬詳述（Mason, 1974）。

除了這種政治因素的限制外，多國公司也同樣遭受社會文化以及法令規章的限制。這些限制性力量愈強大，則多國公司愈不能按照其認為最有利的組合方式經營，此亦即表

示多國公司所賴以生存發展的差別優勢相對削弱。一九七〇年代以來，學者之間對於多國公司未來發展的看法，已不像六〇年代初期那樣樂觀，主要即因多國公司所受限制愈來愈多——主要在政治方面——易言之，多國公司的未來究竟如何在一般政治趨勢無重大改變的前提下，將取決於其管理者如何能與地主國間建立一種諒解與合作的關係而定。

四、管理的普遍性問題

討論管理的國際環境影響時，必然會涉及到一個比較理論化的問題：此即由於世界各國文化社會環境的差異，是否有所謂「放諸四海而皆準」的管理理論或原理；或反過來說，管理理論或原理是否屬於所謂「文化限定」（culture-bound）性質。

學者之間對這問題頗有不同的意見。其中較早提出研究結論者，應推龔查雷及麥米朗（Gonzalez and McMillan, 1961）二人。他們根據其在巴西研究的結果，認為美國的管理哲學並不能普遍應用，其本身乃屬一個特例。不過，他們所討論者，較偏重於人際關係方面，例如管理方面與工人，供應者與顧客等方面的關係，因為這種人際關係受文化社會因素的影響較大。反之，如果談到種種管理或決策技術，如作業研究、預算、統計預測等等，一般都同意，它們是可以普遍應用的。

孔茲（Koontz, 1969）曾對這問題做較深入的分析。他主張稱，我們應該將管理的科學和管理的藝術分開來談；所謂科學，乃指有系統的知識；而所謂藝術，乃指如何將知識應用於現實世界中以達到某些具體目的。不過這二者間的關係乃是十分密切的。不管從事何種行業，如工程、醫療、會計、甚至運動，有系統的知識構成應用之良好基礎，不過，在應用時，除了根據科學的知識外，還要加上各種價值觀念以及外在環境因素的考慮，因而各不同文化或社會背景下，將導致不同的辦法。

種種管理原理的作用，乃是幫助人們將若干組變數之關係予以一般性說明，藉此以組合所獲知識，並發展有系統之理論。如前所述，到了將其應用時，此時已非科學本身問題，而是應用的藝術問題，二者之間在觀念上不可混淆。近年來，在管理學的研究上，若干學者即企圖將管理之基本原理，與應用時所必須考慮之環境因素分開，俾能將具有普遍性質之管理原理孤立出來，然後移轉到不同文化體系中去。這種研究方法，一般稱之為「比較管理學」（comparative management）。

有關比較管理學方面之最近發展，本書將設專章（第十八章）討論。在此僅舉出一個較早期且簡單的模式，俾讀者有一初步之概略印象。

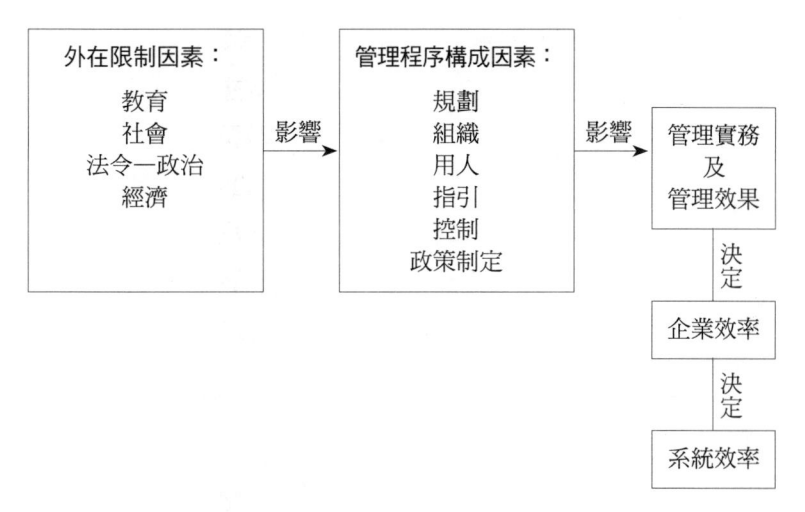

```
外在限制因素:        管理程序構成因素:
  教育              規劃
  社會     影響      組織      影響    管理實務
  法令─政治  ───→    用人      ───→    及
  經濟              指引              管理效果
                   控制                 │
                   政策制定            決定
                                       │
                                    企業效率
                                       │
                                      決定
                                       │
                                    系統效率
```

圖 3-1　范李比較管理研究模式

五、比較管理研究模式

　　范麥及李區曼（Farmer and Richman, 1964）首先區別管理程序之基本成分與其外在限制因素，由於導致特定之管理實務及效果，然後由管理效果決定一企業之效率及整個系統之效率。此一模式可簡單表現如圖 3-1。[2]

2　圖 3-1 中各變項，除系統效率外，意義均甚明白；所謂*系統效率*（system efficiency）係指一國之經濟系統之效率以成長率或國民平均生產毛額表示之。

第四章　規劃的意義及性質

　　第一節　規劃之基本觀念
　　第二節　系統觀念與規劃
　　第三節　整體規劃之結構及程序
　　第四節　規劃工作之組織

規劃乃是管理的一項最基本的功能,其本身代表一種繼續不斷的程序,經由此種程序,一組織得以事前選擇其未來發展的方向及目標,以及達成此種目標的政策、計畫及步驟。因此,所謂規劃,必須包括三項要件:第一、它乃是針對一組織的未來;第二、它必須包含有行動的成分;第三、它必須和一組織結合,有專人或單位負責此種工作,並將其付諸實施。

本章目的,乃擬對於規劃的基本意義及性質,首先做一較概括的說明,俾使讀者對於此一管理之基本功能,有一較完整的概念。

第一節　規劃之基本觀念

一、規劃、計畫與決策

本書首章中,即曾說到,規劃代表一種分析與選擇的過程,其對象為某種未來行動。而所選擇的未來行動方案,概稱為一種「計畫」(plan)。因此,規劃和計畫代表兩種不同的內容;後者乃代表實際行動所應依循的途徑或方案。但是,一般而言,良好的計畫,應得自良好的規劃程序,故自管理功能立場,所重視的,乃是這種規劃程序,而非其產物——計畫。

由於規劃的核心觀念在於「選擇」,而一般認為「選擇」屬於「決策」(decision-making),使得規劃和決策兩種觀念非常接近,甚至被人視為代表相同的內容。不過,實際上,兩者間是有差別的;固然規劃程序中包括有決策之步驟,但決策應用之範圍,也不限於規劃。管理者在從事其他管理功能活動時,同樣也面臨有決策問題。換言之,決策問題不限於未來之目標及行動計畫,有時所選擇者,可能是某些觀念,顯然這種決策與規劃無關。

二、規劃之基本特性

俗語說:「未雨綢繆」或「謀定而後動」,都含有規劃之意,且表示其重要性。我們從管理觀點來看規劃,它具有幾點特性:

第一、基要性(primacy):此乃就規劃與其他管理功能比較而言。雖然各種管理功能之間,乃是互相關聯,難以分割的。但是規劃功能,常先於其他功能而存在;總要先選擇目標和策略之後,才能進行組織、用人、領導及控制其他

活動。再者，一旦規劃發生錯誤，常非其他功能所能挽救，所謂：「差之毫釐，謬以千里」；反之，如果規劃正確，其他功能發生錯誤，一般比較容易補救。

第二、理性（rationality）：此乃與情緒或直覺相對而言，管理上所討論的規劃，在本質上，乃屬於一種理性的運作過程。規劃中對於目標及策略的選擇，乃係基於一種客觀事實與評估——譬如考慮企業本身性質、生存環境、可用資源、行動後果等——然後才做決定。雖然在這過程中，不可能做到絲毫不含情緒或直覺成分，而且也不能完全避免一些假定情況與風險因素，但規劃者，總是盡可能利用已知的科學知識和客觀事實，求得較可靠之結果。

第三、時間性（timing）：此乃強調規劃功能中時間因素之重要。種種有關時間性之問題：何時應該完成？那些部分工作應先完成？那些部分可稍後？那些部分應加速？那些部分可延後？其選擇是否恰當，往往決定了一規劃之價值。何況，我們根本不能想像，有任何規劃不以時間做為一主要條件或基礎的。

第四、繼續性（continuity）：規劃代表一種繼續不斷的程序；儘管在某一階段中，規劃的結果可表現為某種計畫，但管理中的規劃功能卻是繼續向前的。主要原因，在於我們所處的，屬於一動態的世界，外界狀況以及機構本身任務都可能隨時發生改變，使得一機構經常面臨選擇未來目標和行動的問題。也只有從事繼續不斷的規劃，才能使這一管理功能發揮最大效能。

三、規劃功能之歷史發展

有關規劃的觀念，可稱由來已久，譬如我國俗語說：「凡事預則立，不預則廢。」此類說法，充斥典籍及一般言談之中。但以企業採取正式規劃而言，恐怕乃是本世紀內的事。在此以前，工商業者並非沒有考慮其事業未來的發展與行動，而是將這種想法留在其個人腦海中，既未建立一定程序，也未予以成文化，這和今日企業所採取的規劃，相去甚遠。

但本世紀以來，隨著企業規模擴大，市場和產品問題複雜化，無法再靠經營者個人心目中的盤算以適當安排企業之活動。為了配合實際的需要，逐漸走上採取成文式計畫的途徑。不過早期的規劃多限於短期性質和例行作業，而且各部門之間，常常表現為各自為政狀態，因此所採取的規劃，缺乏引導企業發展及整合企業組織的作用。

但最近二十年來，由於科技以及其他環境之迅速改變使得產品生命週期顯著縮短，競爭日益劇烈。在這種情況下，使得企業必須及早籌劃其未來發展及行動。加上電算機

及資訊蒐集與分析技術之飛躍進步,也使得這種做法成為可能。但更重要的,則為人們對於規劃的看法,隨著時代背景的演變,而產生基本的改變。

較早時期,人們從事規劃,係基於外界環境非常穩定的假定,以為只有在一種靜態的環境中從事規劃,才有意義和價值;否則,等到計畫方才定案,而環境又生變化,所擬計畫豈不成為明日黃花,前功盡棄。在這種觀念下,又有一些人認為,外界環境是不可能穩定不變的,但它將如何改變,則非人力所能抗拒,也無法加以預知。既然如此,企業或其他組織本身無能為力,只有聽天由命,最多只是順應環境改變而已。

但是,近若干年來,人們對於規劃的看法丕變。一方面,人們承認外界環境之劇烈變動,對於機構生存及發展影響重大;但是另一方面卻認為,在變化的環境中,人們可以努力設法掌握本身的發展方向,所依賴者,就是規劃程序。換言之,規劃乃代表一種有系統地自我改變的途徑。規劃之需要,正是由於外界環境的不斷改變。反之,在一穩定而靜態的環境中,規劃——雖然仍有其作用——其價值將大為減低。

整個來說,隨著外界環境的發展,規劃的意義,也由短期和實施(或戰術)性質,走向長期或策略性質。有關此點,後文中將會論及。在此,先討論規劃所帶來的可能利益。

四、規劃的利益

第一、**規劃可增進一機構成功的機會**。不採規劃的機構,屬於一種「走一步,看一步」或「聽天由命」的做法。而採取規劃者,乃在採取行動以前,先行探究外在環境中所存在之有利及不利因素、本身處境,然後配合所能掌握之資源條件,進行選擇和安排。兩種方式,孰優孰劣,不言而喻。葛努克(Glueck, 1977: 318-319)曾歸納六個有關規劃之實證研究,其結論都顯示出,凡是採取規劃活動的企業,不管屬於那種行業,其績效表現均較未採規劃者為優。除此以外,葛氏亦發現凡是具有良好規劃的公司,較易獲得金融機構之信任及支持,因此容易獲得他們所需要的資金。

第二、**規劃使管理者能更有效適應環境的改變**。規劃使管理者將眼光注意到將來,因此較能覺察到環境可能的改變,並謀求對策。反之,如果不從事規劃,極易只顧到每天日常事務,置環境改變於不顧。一旦發現環境發生變易時,往往已經措手不及。

第三、**規劃可使一組織成員重視整個組織的目標**。透過規劃程序,使人員及單位所從事的工作和組織目標發生關聯,使得每人瞭解到工作的價值和意義。否

則,缺乏整體目標的指引,每一單位及個人往往只看到本身的利益,將導致各行其是的後果。同時,趨向於維持現狀,對於任何改變現狀的措施或行動,都較不易加以接受。

第四、規劃有助於其他管理功能之發揮。任何其他管理功能,如無良好規劃做為基礎,極少可能或甚至不可能發生效果。其中尤以控制功能所受影響最為直接;如無規劃提供績效評估之標準,則控制將失去其憑藉。這也就是本節中前此所稱之規劃所具有之「基要性」。

五、規劃程序

在本書中,曾多次提到,規劃乃係一種分析與選擇之程序,但究竟其分析與選擇之對象或內容為何?有待進一步說明。在此,乃以一企業機構為對象,說明一簡要之規劃程序於次:

(一)界說一企業之經營使命

此種「經營使命」(business mission),又稱「中心目的」(central purpose)(Newman and Warren, 1977: 350-351),乃在說明一企業所能提供社會的服務或效用。有了這種經營使命,一企業才能確定本身的生存理由和發展方向。

(二)設定目標

依所界說之經營使命,在一定期間內,一企業希望能達到何種境界或進度,完成那些工作。這些目標之達成,並不代表大功告成,而是做為其繼續努力之里程碑而已。

(三)進行有關環境因素之預測

一企業應如何達成其目標,以及是否能達成,每受外界環境之重大影響。譬如經濟情況、消費者需要、競爭力量以及政治變動等等,都是不可忽略的環境因素。一企業不但要對這些因素進行預測,而且根據可能發展情況,設立假定,以為規劃之依據。

(四)評估本身資源條件

同樣地,一企業必須瞭解本身所能掌握或運用之資源條件,如人力、財力、技術、原料等等。這樣,它才能決定,那些手段或方法是可行的,那些是不可行的。

（五）發展可行方案

規劃作用之一，即在於它能幫助管理者客觀評估各種可行方案。因此，規劃之一重要步驟，即係發展各種可行方案，既不限於目前所採取者，也不是最先考慮到或被建議的方案。可行方案係隨外界環境與本身資源條件而定。

（六）選擇某一計畫方案

如何選擇，本書將於決策一章內，再加以討論。

（七）實施該項計畫

就狹義的規劃而言，到上述第六步驟時，已經完成。但在實際上，不管所選擇的計畫多麼完善，能否發生預期效果，還要看實施狀況而定。後者涉及組織、人員、領導及控制等其他管理功能。

（八）評估及修正

計畫實施以後，究竟發生什麼效果，有何問題，都需要不斷蒐集實際資料，用以和預期狀況比較，並採取必要的修正。一般而言，這乃屬於控制功能；但自另一觀點，也可說是從事另一項的規劃，或「再規劃」（replanning）。

第二節　系統觀念與規劃

我們在此所討論的規劃，並非抽象的一些規劃原理或原則，而是以一組織——或就是一家企業——為背景，說明其規劃制度之結構及運作情況。因此，使得規劃本身受到其經營目的、經營功能、組織層次、組織分工等影響，變為十分複雜。在這情況下，我們可利用本書第二章所提到的系統觀念。用以整合一機構中所進行的各種規劃功能。不過，我們首先要瞭解的，是一機構中所採規劃之複雜情形，這可自規劃之構面來看。

一、規劃之構面

一機構中所進行的規劃，並非只是單純的一種，而是隨著各種因素而不同，至少我們可從以下幾個構面來看（Kast and Rosenzweig, 1920: 443-449）：

第一、**層次**（level）：一組織內各階層管理者，都必須從事規劃，但隨階層高低不同，所從事的規劃性質也不同。一般而言，高層主管所從事者，主要屬於策略性質者，包括企業目標、基本策略及整體預算方面。中層主管所從事者，主要屬於部門（或功能）性質之規劃；此乃將高層主管所決定之目標及策略，轉換為本部門之任務、政策及預算等。而基層主管所從事者，主要屬於實施性質之規劃，例如時間表、工作程序之安排及支出項目之配合等等，本身又是根據中層主管所做規劃之結果而來。

第二、**範圍**（scope）：在一機構內，又有廣狹不同的規劃。所謂整體規劃，乃就整個機構為範圍，探討其未來之生態地位及發展策略。而部門（或功能）規劃，乃限於某種功能活動範圍，如行銷、財務、生產、研究發展之類。還有專案性質之規劃，其範圍限於達成某種具體目標所需要者。

第三、**時間**（time）：規劃所涵蓋的時間，長短不一。一般常見者，有一年、半年、一季或一個月各種。但近年來，企業及政府機構，除了採取這些被稱為「短期規劃」（short-range planning）外，還採取涵蓋時間較長的「中期規劃」（medium-range planning）與「長期規劃」（long-range planning）。這幾類規劃之不同，真正說來，並非只是涵蓋時間而已，而是具有不同的目的、作用以及方法。

第四、**重複性**（repetitiveness）：有的規劃工作，只是為了達成某一特定任務或目的，達成以後，這種規劃便告結束，此乃屬於「非重複性規劃」，例如建造北迴鐵路之規劃，建造完成，開始通車以後，便不再繼續這種規劃。反之，多數規劃乃是年復一年、月復一月之類性質，不斷重複進行的，例如一般所做的四年規劃或年度規劃之類。

二、系統疆界

將系統觀念應用於規劃上，首先應識別，企業系統乃是外界環境系統中之一部分而已，因此一企業選擇其目標及策略——即規劃——必須配合外界經濟、社會、政治、科技及競爭等方面之環境，而非處於一真空狀態。

但在一大環境中，一企業應設法找到其生存空間或最適生態地位，加以界說，此即所謂之「經營疆界」（business boundaries）。一般而言，這乃是高層主管之最主要規劃工作，又稱為「經營使命」。

界說一企業之經營疆界，可自市場、產品及公司行為三方面之關係入手。譬如問道：「誰是我們的顧客？」「他們需要什麼？」「如何可發揮本公司所長以滿足這些顧客？」這些問題之一般性答案，就可構成一公司之經營疆界。界定之後，這家公司所採規劃，就應在這一空間內謀求發展，這樣可使整個機構集中全力於其最主要任務上，而不致見異思遷，力量分散到一些枝節或非本身所長方向上。

三、規劃與控制系統

由於規劃和控制兩種管理功能關係之密切，學者安東尼（Anthony, 1965）有將其納入一系統之內，稱為「規劃與控制系統」（planning and control system），代表整個管理程序。在這系統中，包括規劃和控制兩個子系統。

依安東尼（Anthony）的說法，所謂「規劃」，實際上，乃指對於一機構整個目標及基本策略之選擇，包括一企業對於其經營疆界之檢討及重新界說在內，也就是稍後所要討論的策略規劃。而所謂「控制」，乃指如何使組織內各部門與人員採取適當行動以達成目標及策略。

不過，控制又分為「管理控制」（management control）及「作業控制」（operational control）兩類不同的控制活動。前者所涵蓋的範圍較為廣泛，而且在這範圍內的成本與效益關係，甚為複雜與不確定，究應採取何種行動或手段，必須依靠負責者之最佳判斷，無法事先求得最佳組合，譬如是否發展某種新產品，或增減廣告預算之類。因此，這類控制活動，常依賴激勵、折衷和協調，譬如設計一種獎金制度或利潤中心制度，其目的即在使管理者的行為因之發生某種改變，很自然地與組織目標趨於一致。

反之，作業控制所應用的範疇，屬於某種具體任務，什麼是最佳行動或組合，事先即可決定——常可利用數量方法——並加規定，譬如生產日程排定，運輸路線選擇等，即屬此點。

在上述規劃與控制系統內，管理控制必須行之於策略規劃所設定之構架以內；而作業控制也要遵照管理控制所設定的政策及程序。除此以外，三者都需要相關之資訊，以支持系統之運行，因此在整個系統內，還需要包括有資訊處理之子系統。

第三節　整體規劃之結構及程序

將規劃程序和一具體組織結合，遂導致各種不同性質的規劃，各有其不同的意義和作用，讀者對此可參考前此有關規劃構面之討論。

近若干年來,企業界及管理學者,都企圖發展一較廣泛之規劃構架,俾可將各種類型的規劃包括在內,並建立其彼此間的配合與協調關係,譬如前節中所提出之「規劃與控制系統」,即係代表此種觀念構架之一例子。

一、史亭納整體規劃模式

在此擬再提出一更為完整之觀念模式,係根據美國加州大學洛杉磯校區管理學教授史亭納(Steiner, 1969: 31-37)所建議之一整體規劃模式。如下頁圖 4-1 所示。

依此模式,將整體規劃分為三大部分:第一部分為規劃基礎;第二部分為規劃主體;第三部分為規劃實施及檢討。

在該模式第一部分中,計包括有:

◆ **企業基本社會經濟目的**

從最基本意義上講,一企業之所以能夠生存,乃因其對於社會有所貢獻,這也是它能夠動用資源,謀取利潤的基礎。故企業規劃應從此為出發點,從而確定其「經營使命」或「經營疆界」,以滿足某種社會經濟目的。例如某一輪船公司之經營使命,隨著消費者渡假休閒行為普遍,不再為提供交通運輸,一變而為提供水上遊樂服務,而交通運輸反成為一種次要的手段。似此因社會需要改變,企業之經營使命必須隨之變更,故此乃規劃之一項重要基礎。

◆ **高層管理人員之價值觀念**

此乃指企業高層管理人員之道德觀念和管理風格(style of management)。這些因素,視之無形,但實際上對於一企業之基本目的之選擇,及其與員工、顧客、同業、供應者以及政府機關等之間關係的建立,具有甚大的影響力量。此等價值觀念,有的並不影響企業爭取最大利潤,但甚多卻對於爭取利潤有不利影響,但由於高層人員之價值觀念,寧可放棄此部分之利潤,故自此而言,此等價值觀念形成某種「限制條件」(constraints),或消極性目的。尤其近年來,由於企業社會責任觀念之影響,更增加此種因素之重要性,亦構成企業規劃極其重要之基礎。[1]

---

[1] 此種觀念亦不僅於美國,例如在英國 ICI 公司於過去十年內曾支出達二千八百萬英鎊以防止其化學工廠對於環境之污染,對於未來十年,更計畫支出六千萬英鎊。又 Alcan 公司近建一套新生產設備。共斥資六千萬英鎊,其中包括二百萬英鎊之防止污染之支出。詳 Colin Hutchinson, "People and Pollution: The Challenge to Planning," *Long Range Planning*. Vol. 2. No. 3 (March 1970), p. 7.

◆ 企業內外環境之機會及問題以及本身長處及弱點之評估

　　企業規劃之基本目的之一，即在發掘一企業未來所將遭遇之問題或可能出現之機會，及早予以準備，以資解決此等問題，或把握此等機會，但同樣的客觀環境，每對於不同企業，具有不同的問題與機會的涵義，此乃因各企業本身之條件與狀況不同；甲公司可能長於研究而拙於資金，乙公司可能有極優良之生產能力，但苦於缺乏優秀之管理人才。因此必須將外界環境與企業本身條件合併考慮，以規劃企業未來之發展方向。

　　史氏模式之第二部分，代表規劃之主體，其中包括：

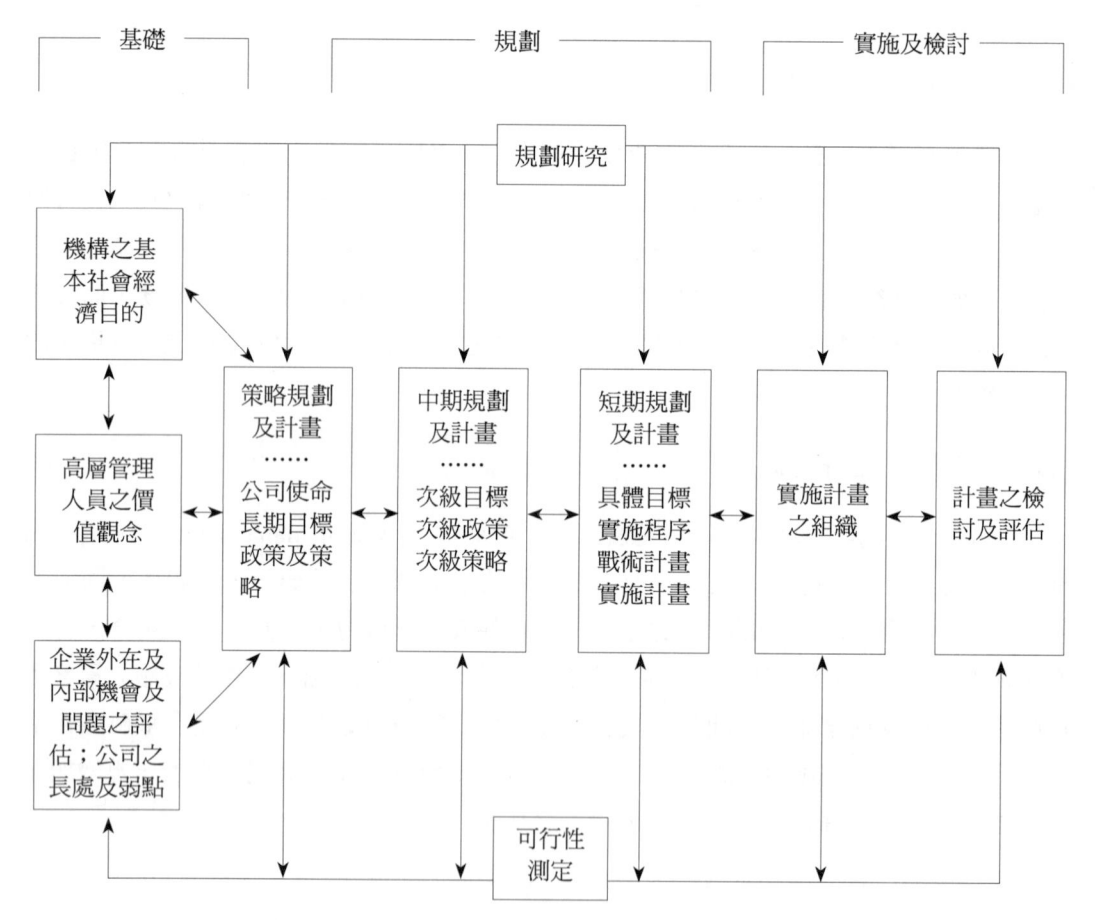

圖 4-1　企業整體規劃之結構及程序（史亭納模式）

◆ 策略規劃

　　一般所謂之長期規劃者，嚴格言之，即係此處所稱之策略規劃。其目的在「決定一企業之基本目的，以及基本政策、策略，以及此後獲取、使用及處分資源之準則。」所以經過這一規劃，不但確定一企業之發展方向，且亦確定其特性及營業活動範圍。

　　譬如一石油公司，根據其對於規劃基礎之分析，決定發展石油化學製品，以增加原油之新的及更有利之用途。又如一零售連鎖企業，決定進入某一新的市場，以配合當地購買力之迅速增高。所以在這一規劃中，前此所稱之經營使命、經營疆界、以及規劃缺口，皆在原則上予以決定。所以就一企業之發展方向言，這一規劃極端重要。

　　在這一規劃中所包括的範圍，可能遍及企業各方面之活動，譬如：利潤、資本支出、組織、定價、勞工關係、生產、行銷、財務、公共關係、廣告、技藝能力、產品改進、研究發展、管理人員甄選及訓練等等。不過，極重要者，此並非謂，策略規劃必須一律包括所有此等活動；策略規劃之一特色，即屬於重點及目標性質的規劃，而避免過分詳盡的規劃。同時，不同問題之規劃亦不必有劃一的時間長度，此乃取決於問題本身之性質及需要。

◆ 中期規劃

　　此種規劃之所以稱「中期」者，乃因其包括時間通常超過一年，而多數為五年。此一規劃亦有其目標政策及策略，不過它們乃衍生於前一策略規劃而來。與後者相較，中期規劃之特色在於詳盡的內容，全面的規劃以及所具有之協調作用。

　　如果說，策略規劃乃以問題為中心，則中期規劃乃以時間為中心，故所包括之事項之規劃時間皆係相同；因此，規劃者得就各年分別擬訂計畫。同時，中期規劃亦多依企業職能擬訂詳盡之計畫，並著重各計畫間之配合協調，使原先鬆弛之策略規劃獲得嚴密的內容。通常為使公司當局能瞭解全貌起見，可就規劃期間內各年度分別試擬資產負債表及損益計算書，以代表可能達成之狀況。

◆ 短期規劃

　　短期規劃之時間乃以一個預算年度為準，故通常為一年，亦即相當於中期計畫中之第一年計畫。如前所述，中期計畫雖已相當詳盡，但在時間、預算、程序等方面尚不夠適應實施的需要，而有待短期規劃予以更進一步之設計，故短期計畫純粹屬於一種作業性之規劃（operational planning）。

　　如圖 4-1 所顯示，短期規劃亦包括有各種目標；除利潤、銷量、生產等重要目標外，尚可能包括更具體之績效性目標（performance targets），例如推銷員之銷售目標、員工

生產力或流動率等,以為努力之方向及考核之根據。當然,年度預算乃短期計畫之一主要部分。

史氏模式之第三部分,為計畫之實施及檢討,其中包括:

◆ 建立實施計畫之組織

如無適當而有效之組織,再好的計畫亦屬無法實行,故在整個規劃過程中,皆必須考慮到所需之組織及人力之配合,例如一企業計畫發展某種新產品,或開拓某新市場,必須考慮及所需之組織。惟在此我人應注意者,組織之建立乃為配合實施計畫之需要,而非以計畫遷就一不合時宜之組織。在整個規劃中,組織之規劃亦屬重要的一環。

◆ 計畫之檢討及評估

一有效之規劃,必須包括有對於所規劃結果之實施某種繼續不斷的監視、及定期的檢討。俾可瞭解實施狀況並提供再行規劃之基礎。如計畫實施結果與所預期者不符而達嚴重程度者,管理者有責任要發掘不符原因,並採取對策。

惟在上述三大部分以外,史氏模式中還包括有其他兩種規劃活動。此即:

◆ 規劃研究(planning studies)

此一活動之所以不屬於前述三大部分,即因此種研究為每一步驟所不可少。按整體規劃之優點之一,即在於其容許種種科學方法之使用,與客觀而有系統的思考。一規劃程序之效果如何,每視其背後有無規劃研究之支持,及此種規劃研究之素質如何以為決定。譬如一般在規劃中所採取之經濟預測、市場分析、投資分析等,都代表這類研究。

◆ 可行性測定(feasibility testing)

同樣地,對於每一階段所選擇之目標及手段,皆必須予以可行性測定;一方面,避免好高騖遠之弊病,另一方面,亦藉以消除所做規劃決策間之矛盾衝突。各階段所採之測定標準並不相同,但一般言之,如管理人員之價值觀念、設備及人力條件、時機、資金狀況、投資報酬率及市場佔有率等,皆係所考慮的問題。

以上係根據史亭納模式所包括之主要規劃活動，分別予以簡要之說明。最後須強調者，即各活動之間，乃係一互相調整之有機程序，而非如裝配線般之機械程序，希望藉由各活動間之良好配合，獲得最佳之整體效果。

二、規劃假定

但是在此必須補充者，為有關規劃假定（planning premises）之觀念及做法。此在上述模式中未曾明白提出，但實際上乃係不可缺少的一因素或步驟。

由於規劃所具有未來之不確定性，使得對於未來採取決策發生極大困難。尤其種種外在環境因素均非管理者或企業本身所能控制，更是難以事前逆料。所謂規劃假定，即係為解決這一問題而產生。它一方面根據規劃當時之最佳知識，對於此等不可控制之環境因素做較肯定之預期說明，以為選擇方案之依據；但是另一方面也承認事實發展未必和這些假設相符合，因此只能認為一種暫時的假定。

雖然這是暫時的假定，但有此步驟至少可獲得兩項利益：

第一、協調及統一企業內部對於未來的看法，俾各部門、各單位分別從事規劃活動時，有一共同的認識和基礎，至少可保持整體規劃之內部一致性（internal consistency）。這並非說，組織內部不容許有不同意見或看法，在擬訂規劃假設的時候，甚至已選定規劃假設具體內容之後，都歡迎有建設性的不同見解以及更即時的客觀資料。但做為規劃基礎，務求一致。近年來，由於感到環境變化之激烈與難以預料，若干機構為求安全及迅速反應起見，乃擬訂有二套或多套的環境假定，然後分別配合不同的方案。但在同時同組假定內，各部門所依據的假定務求一致。

第二、提供檢討及修改計畫之依據。因計畫方案既係建立在特定的一組假定之上，在計畫與假定之間具有某種特定的邏輯或數量關係。則隨時間進展，外在環境可能逐漸顯露其趨向與真相，或有關知識資料更加充分可靠，規劃者可藉由檢討原有假設之是否符合實際狀況，進而調整或改進計畫本身。這樣使得規劃程序之不斷繼續前進，建立在更為客觀的基礎上，而非純憑見仁見智的主觀意見了。

規劃假定所涉及的外界環境極為廣泛，但在事實上規劃者不可能包羅萬象，而必須有所選擇。選擇所依據的標準，乃是所考慮的環境因素是否與本企業的經營使命具有密切關係。譬如一家目前產銷肥料的公司，經界說其經營使命在於「提高農業生產力」而非生產肥料這種特定產品，則與農業生產力有關之外界環境因素，包括作物種類、品種、土壤、灌溉、病蟲害防治、耕種方法等等，都屬於有關的環境；此等環境因素將來如何演變或導致何種問題等，均與這一企業之發展有關。在規劃中，就應對於這些環境因素之未來可能演變，從事分析並發展某種程度的假定。

三、時間幅度問題

　　前此曾經提到規劃所涵蓋的時間應該多長的問題，在此也有再加以討論之必要。

　　有人認為，規劃所涵蓋時間長短，純粹是一種空洞的理論問題，與實際管理或決策並無影響；最重要的，乃是當前所面臨的問題。這種想法可說似是而非，因為它忽略了所謂決策的「未來性」（futurity）觀念。這種觀念可自兩方面加以說明：一方面，今天一個人所做的種種決策，往往對於一企業未來相當時間內的發展，具有某種影響。譬如投資建廠，開發新市場之決策，一旦付諸行動，等於已經為公司未來的發展方向和範圍提前做了若干重大決定。易言之，這些發展方向和範圍是否配合將來的環境條件，在今天已經種下了「因」。在這情況下，即使是為了達成當前的決定，也不能不將其未來涵義納入考慮。

　　在另一方面，今天對於決策之選擇，何者最為恰當，並非一定，而和決策者所展望的未來時間幅度有關。如果他只考慮未來一年所選擇的方案，和他考慮五年或十年所選擇的方案，往往會有懸殊的結果。自以上兩方面來看，所謂只要顧到目前而不必去考慮將來的想法，既不適宜，也無可能。

　　因此，當前所做規劃究應涵蓋多長時間，乃是一個非常基本的問題；所採涵蓋時間太短，由於未能充分瞭解決策之未來涵義，所選擇者未必適當；但是時間太長，已超出當前決策所能影響的極限，或長到對外界環境茫無所知，則亦屬無用。什麼是既不太長，也不太短的時間幅度，就是一個無法簡單答覆的問題。

　　以今天企業所實施的規劃為例，有五年時間者，也有二十或二十五年，甚至長達百年者。當然像二十五年和更長時間的規劃比較特殊，一般多適用於電力、自來水和鐵路之類公用事業；尤其像林業公司目前所培植之森林，係供七、八十年或百年後之木材需要，更不能不考慮到彼時對於木材或森林的需要狀況。反過來說，經營一家餐廳或時裝店，五年的規劃時間都可能顯得太長。

那麼，對於規劃時間幅度問題，究竟有沒有什麼選擇之準則？
依學者（Thompson, 1962: 14-26）的歸納，應考慮以下各項因素：

第一、前導時間（lead time）：一企業主要產品，自創意到設計、建廠、生產、分配、一直到淘汰之時間。譬如一家電力公司為了配合能源供應情勢，決定採用核能發電供應用電需要。則一般情況下，自擬議建造電廠至發電並聯供應的時間，即屬前導時間。假如這一產品或設備不會剛上市就遭淘汰，則自使用後到廢舊淘汰為止這段時間還應包括在內，這整個時間多長，規劃所涵蓋的時間，也就應多長。

第二、對於廠房設備或人才投資回收所需的時間：一企業不可能對於所做投資聽其自然。他在考慮投資時，必然考慮到收回投資所需時間。這一時間長短自然影響其規劃時間幅度。

第三、以上兩種因素，皆係自企業本身出發，此外尚可自外界環境改變的因素著手。譬如公司預期某種新的顧客類型或市場，在若干年後將會出現，並且達到相當重要程度。則規劃之時間幅度，應能將這種改變可能發生的時間包括在內，俾公司能針對這些改變，規劃對應之目標及策略。譬如全錄（Xerox）公司認為，到一九八〇年代，美國政府及企業機構之辦公室，將成為「無紙張之辦公室」（paperless office）；今天所賴以溝通、傳遞或保存資訊的紙張文件，均將為各種電子儀器設備所取代，則今天全錄公司所進行的整體規劃時間幅度，就應延伸到那一時代。

第四、與上述情況類似者，有時一公司預期，再過若干年，與本企業關係極其密切之某種能源、原料或科技情況，將發生突破性或根本的改變。則規劃時間也應將這一時間包括在內。最明顯的事例，一家大石油公司必將考慮世界上石油礦藏耗竭後之情勢，及早規劃。

依以上各點而言，可能使讀者產生一個印象，規劃時間應盡可能延長。事實上，並非如此。主要原因，除了前此所稱，時間長了，距今過遠，對於當時狀況一無所知以外，還涉及到規劃彈性問題。因為在某種程度內，規劃可減少一企業適應之彈性；假如某公司預期十年以後可能發生某種新的情勢，而為了適應這種情勢，自信只需五年時間即足適應，則早在目前即將十年後的情勢納入規劃範圍，似屬多餘，不如留待四年後（如果一年時間可供規劃本身之用）再行分析選擇。彼時一切情況更加瞭解，資料更加完備，反而較今天考慮為佳。

再者，一旦選擇某種時間幅度之後，並不是所有規劃內容都要考慮同樣長遠，譬如一紙業公司有自營林場，其造林計畫可能長達五十年以上，但其紙製品之廣告或分配計畫，或造林計畫可能長達五十年以上，但其紙製品之廣告或分配計畫，或財務計畫，則不必包括如此之長，這盡可留待中期或短期規劃中去考慮。

最後應加說明者，為有關規劃包括時間，係採固定年期方式或向前延伸方式兩種做法。傳統上，我們所常聽到之多少年計畫——如五年計畫之類——多屬固定年期類型，譬如民國六十九年至七十三年之五年計畫；每過一年，則規劃期間減少一年，及至七十三年時，幾已完全失去原設規劃期間之意義。較進步的做法，則為每過一年，同樣將規劃向前延伸一年，如此使得規劃能夠保持一定的前瞻幅度。

第四節　規劃工作之組織

規劃工作應由企業內那些人來擔任？

基本上，依前此有關管理功能之討論，規劃乃是每一位管理者無可推卸的責任。不過由於組織規模愈形龐大，環境變化日趨複雜，使得各級主管缺乏所需之時間或專門知識，以充分擔負全部規劃工作，因此遂出現有專門的單位，以規劃為其主要工作，協助直線主管從事規劃。這一情況在一企業採取策略或長期規劃之後，尤其明顯。本節內將對這一問題，做一說明。

一、規劃制度之發展

由於規劃組織乃隨規劃程序而演變，因此要瞭解一企業怎樣安排規劃組織前，必須要對規劃系統之演變有一認識。在此，冒過分簡化之危險，將一企業規劃制度之發展，分為幾個階段加以說明。事實上，這些不同的規劃發展階段，今天可以發現其同時存在於不同的企業之內（Litschert, 1968）。

- **第一階段**：只有非正式的短期計畫；長期計畫偶爾有之，也只限於少數功能（例如生產、財務）部門之專案計畫；至於如何將計畫付諸實施，也沒有一定的程度或辦法。
- **第二階段**：建立正式短期計畫制度；長期計畫仍限於少數功能部門之專案計畫；缺乏執行計畫之一定程序或辦法。

- 第三階段：建立正式短期計畫制度；在少數功能部門內也建立正式之長期計畫制度，缺乏執行計畫之一定程序或辦法。
- 第四階段：建立正式短期計畫制度：在各功能部門普遍建立正式長期計畫制度；缺乏執行計畫之一定程序或辦法。
- 第五階段：建立正式短期計畫制度；建立整體計畫制度；執行計畫，訂定有一定程序及辦法。

二、規劃組織之發展

可以想像得到的，處於不同發展階段的公司，其規劃組織之安排也會不同。整體而言，發展程度愈高，則高層主管參與程度或對於專業幕僚或部門的需要程度也隨之增加。在開始階段，也許所有規劃都由各部門主管負責：漸漸地，為使各部門所做規劃能有溝通協調之機會，可能在主持人之下設一規劃委員會予以統籌；再進一步，則發現要使委員會產生較積極的指導與協調作用，應有本身之專業規劃幕僚。又如在一較大規劃之企業內，包括有若干事業部（divisions）組織，則僅僅在總公司設有規劃單位，和各事業部主管聯繫仍有困難，因此極有可能在各事業部內分別增設類似之規劃單位。如此在整個企業組織結構內，規劃組織亦構成一子系統，由一副總經理階層人員負責。

三、直線主管的規劃職責

不過，規劃單位——或在國內常稱「企劃單位」——的設置，並非謂，從此以後，各部門主管可以置規劃工作於不顧；或說，規劃不再是他們的責任。因為，真正的規劃包括有大大小小的決策，此種決策必然是主管們的職責，專業幕僚雖有其不可忽視的影響力，但基本上他們所做者，乃是幫助主管們更迅速有效地達成此方面決策而已。

最為重要者，仍為高層主管對於規劃過程的參與。如無高層主管的重視和參與，不但各部門及單位的發展方向失去協調和控制，整個計畫都將流於形式，不能發揮實際效能。在美國，曾有人（Mace, 1965）描述在整體規劃發展初期的一種非常普遍的現象，就是規劃工作交由企劃人員去做，實際上就是由他們負責編製計畫書。等到編印好了，高層人員人手一冊，到時候每人抽出幾分鐘迅速瀏覽一下，然後存入檔卷，感到鬆一口氣說：「老天爺！總算編出來了——好！現在又可以開始做正經事了。」在這種心理狀態下，這公司的規劃註定是失敗的。

四、規劃幕僚

專設規劃幕僚及部門的好處是，他們不必為日常業務而繁忙，可以專心從事規劃工作；再者，他們包括有各方面專家，使規劃能利用各種現代分析技術及知識；還有，他們立場比較客觀公正，較能自整個公司利益的觀點來看，不致流於本位主義。因此，他們也常常同時擔任高層主管的一般諮詢人員。

一般而言，規劃幕僚並非包辦公司之規劃工作，他們主要職責為協調及聯繫公司內部各單位的規劃，所以他們要探討各部門計畫間的相互關係，以及是否能和公司整體長期目標符合。不過，在有些情況下，如果所規劃之內容與公司現有業務關係甚遠，甚至沒有關係，則亦可能由規劃部門單獨進行。

此種規劃幕僚單位，除一般性質者外，往往還有特定性質者，例如人事、會計及工程部門，各在其職責範圍內統籌協調其他業務部門之計畫。以預算而言，各組織單位都編有自己的預算，但最後要由會計部門彙總編製為整個公司之預算，然後提出一預算委員會通過，俾和公司整體計畫相結合。

規劃幕僚之出現，乃代表現代企業組織之高度發展結果。但隨之而來的，也可能是在業務部門主管與規劃幕僚間所發生的「規劃缺口」（planning gap）（Kast and Rosenzweig, 1960），此即兩方面人員在預期狀況、目標、假定及許多基本觀念上，存在有重大歧異。規劃幕僚懂得運用各種進步的工具和技術，熟悉專門資料來源，但是他們卻忘記了本身的基本功能乃是協助——而非代替——業務主管規劃。反之，業務主管由於本身工作繁忙，常視規劃為浪費時間，儘量避免有積極的參與。欲期一企業之規劃能發生效果，像這種「規劃缺口」必須儘量予以減少或消除。

第五章　規劃之有效執行

第一節　目標管理
第二節　策略
第三節　政策、規定及手續

規劃不同於空洞的構想,主要的差別即在於規劃不但有構想,而且考慮到,如何將這構想付諸實現,如何使用一定的程序、工具和方法等問題。在本章內所要討論者,就是使規劃的結果能夠有效實行的一些問題。

首先要說明者,即為所謂「目標管理」(management by objectives, MBO)。此一名稱,首先為杜拉克在其 1954 年著作(Drucker, 1954)中所提出。此即強調目標之重要,藉由配合組織系統將公司整體目標逐次轉變為各階層各單位之目標,建立一種目標體系,最後導致具體化之行動。

其次,如前章所稱,規劃的結果,包括有各種不同形式的計畫,譬如策略、政策、預算、規定、手續等等。如果說規劃代表一種程序或過程,則這些計畫代表實質和內容。一企業在實際執行其業務或活動時,即係依照這些策略與政策等等,以期發生預期之效果。

自系統觀點,儘管這些計畫均係由規劃程序而產生,代表規劃之結果,但是其性質及作用,頗為不同。因此在本章第二、三兩節中,將予以進一步之探討。

第一節　目標管理

一、目標管理之基本性質

什麼是目標管理?儘管有上千之論著討論這一問題,但作者之間意見並不一致。依一項對於管理專家所做調查(Glueck, 1977: 355),即可反映此種分歧情形,如表 5-1 所示:

表 5-1　目標管理之特徵意見調查

特徵	贊成意見 (%)
1. 目標應利用可衡量之成果加以表現。	100
2. 衡量成果所採指標,以及衡量方法,應在目標內予以具體說明,並做為目標之一部分。	94
3. 達成成果之時間應先設定。	88
4. 目標應該成文化。	82
5. 每年應對目標做二至四次之檢討。	73
6. 目標內容,應包括經常或例行性質者,及新開發性質者。	73
7. 各個目標之間,應訂有優先順序,或不同權數。	67
8. 應包括屬於人員發展性質者之目標。	55
9. 目標內亦應包括達成結果之行動計畫。	55

在上表內，只有目標應以可衡量之成果加以表現一點，獲得普遍一致的贊同。其他各點，則有多少不等之專家並不同意。不過由上表中，我們可大致獲得有關目標管理之基本概念。

再就若干被稱為已實施目標管理之企業而言，所採方式亦有相當出入。根據歐迪恩（Odiorne, 1965）的歸納，一般包括以下各步驟：

第一、開始於訂定一機構之基本目標，例如在一個業已採行整體規劃制度的機構中，此種基本目標，可能代表策略規劃之結果。

第二、根據已設定之目標，選擇達成之策略或手段，這可說是一種手段與目標的分析（means-end analysis）。

第三、所選擇之手段，對於負責達成之單位而言，又各構成次一級的子目標。該單位經理，又需和次一級單位主管發展更詳盡的達成手段，做為後者之目標。餘此類推。

第四、所有各階層經理，都有責任達成所設定之目標。

第五、期末時，各級經理分別檢討實際績效，並和原訂目標比較，所獲結果並和上司共同討論和評估。

第六、此一程序，在下一規劃期間重複進行。

在上述建立目標體系的過程中，重要的一點是，各層經理之負責目標，並非由上層單位以命令方式賦予，而是由前者研議提出，和上司討論後決定之。（Wikstrom, 1968）。

由於目標管理不僅重視目標及目標系統之建立，而且包括達成目標之方法及評估標準與方式在內，所以目標管理乃代表一完整之規劃與控制系統。一機構要實施這一管理制度，所有其組織結構、資訊處理及預算程序等，都要相應調整配合。不過，在本節內，僅偏重其規劃上的意義。

二、設定目標

設定目標，最重要的一點，就是應設法使其能加具體衡量，這也是表 5-1 中所列唯一獲得所有專家同意的一點。一方面，具體的目標，有助於發展具體的實施計畫，估計所需的資源；另一方面，具體的目標，有利於日後的績效衡量及評估，可收確實之控制效果。例如說，設定一目標：「於本年底前，降低某型產品生產成本 7%」，就較「降低生產成本」有意義得多。

實在說來，目標內容至少包含兩種要素：一為所涉及之活動項目或績效標準，例如銷量、製造成本、工人流動率等；一為有關該項目或標準上所擬達到的水準，例如增加10%之銷量，減低5%之倉儲費用之類，又可稱為「績效水準」（performance level）。

就前者而言，訂定一管理者之目標項目，必須配合其職責範圍。超過這種範圍，可說毫無意義，而且徒增困擾。但是，就是在他的職責範圍內，一般也不可能全部涵蓋，只能選擇若干最基本與具有關鍵意義的項目。還有可參考者，所選項目，除了表現一管理者所負責之績效者外，尚可包括個人發展目標項目。此乃與加強該管理者之個人能力條件有關。有時，後者乃針對個人之某方面缺陷；有時，乃為其進一步升遷做準備工作。

就一管理者所負責之目標組合言，所包含之各種目標項目，常係互相關聯，因此，在設定時，必須考慮到他們之間的配合問題。如果不能全部達成，是否需列優先順序，俾供做為權衡取捨之依據。

不過，並非所有目標項目都能列出具體之績效水準。以幕僚單位言，其任務主要為對各級主管提供決策或行動之建議。究竟所提建議產生何種結果，並非該幕僚單位所能直接控制。因此，無法以此衡量該幕僚單位之具體績效。在這種情況下，為幕僚單位所設定的目標，可能是所採行動，而非最後結果。

但即使在這一情況下，仍應儘量使所設目標具體化。譬如說：「在本年八月一日前，完成有關本公司年金計畫各方案之研究工作，並於十月一日前，將建議提送總經理。」就較之「研究有關年金計畫並提出建議」來得有意義。

上述目標，甚至可進一步具體化為：「於十月一日前，向總經理提出一項新的年金計畫建議。該一計畫，應在不增加員工及公司負擔之原則下，使員工獲得實質上更優厚之利益。」這樣做的好處是，目標內尚包含了行動方向，可指導工作者考慮之範圍，還可做為將來評估工作績效之依據。

三、目標設定過程

如稍後將要討論到，目標管理之主要利益之一，為對各級管理人員產生較大之動機力量與自我控制作用。但在實際上能否獲得這方面利益，和目標設定之過程關係甚大。在目標管理之觀念下，嚴格說來，這一過程既非完全由上而下，也不是由下而上，而是代表雙向的溝通與磋商過程。但究竟由上司或是其下屬負較大責任，依實際行為而言，並無一定，往往隨公司而異（Wikstrom, 1968）。

現舉美國兩家公司之實例以供瞭解：在漢尼威爾（Honeywell）公司，每年春季公司以董事長名義發表公司未來三年之基本目標，其中包括主要發展方向以及各事業部對

公司應有的貢獻。根據這一文件,各事業部經理各自擬訂本身之未來三年計畫。及至秋季,各經理人員根據上述三年計畫擬訂自元月一日起之下一年度計畫。在這年度計畫中,首章必先列述本事業部在利潤、營業額、資產報酬率及新產品各方面之具體目標。其後各章則列舉本事業部內各主要功能部門之具體目標,同時並說明其彼此間之互相配合支持情況。雖然在計畫內並未分別每一經理人員列舉其目標,但實際上,所列舉之主要部門目標即係根據他們個別目標而產生。

另外在通用磨房(General Mills)公司,每一職位均有一職責說明書,以較一般性文字列舉其所應達成之成果。在編製每年各職位之「目標行動計畫」(action plan of objectives)時,這位經理根據其職責說明書所列成果項目,寫下在下一年度中他準備達成之具體成效。(當然,在特定一年中,並不要求一經理者對於職責說明書中所有項目都有其具體成效。)然後他和其上司討論這一行動計畫,作必要之修改,俾使雙方都認為所列內容是有意義的,可行的,也是具有挑戰性的。

但是不管採用那種程序,個別經理之目標必須和其上司討論並經其批准,這樣才能使其不致和公司整體發展方向及策略背道而馳,而且在必要時,其上司可給予額外的支援。

根據實際經驗,上司所扮演的角色十分重要。如果一切目標都是由他決定,則不管在形式上做得如何周全而嚴密,都不能稱為目標管理。在雙方磋商過程中,擔任上司者應當注意幾點:

- 事前對於所討論之問題及事項應有相當準備,尤其對於公司或本部門有關目標應有清晰觀念。
- 應使下屬感到自然而輕鬆,俾能充分而有效的交換意見和溝通。
- 注意傾聽,不時作扼要結論,避免嚴厲批評,鼓勵獨到見解和自我改進。
- 發掘意見歧異之處,設法加以解決。
- 對於雙方同意的目標,應以文字加以記載。

有關此方面之手冊或資料甚多,讀者如有興趣,可進一步加以查閱。

四、績效評估

目標管理最先出現時,主要是一種人事評估制度,企圖以「工作成果」代替「個人屬性」,做為評估標準。由於工作成果係建立在計畫目標之上,因此使得目標管理由一種人事管理制度擴大而為一種規劃與控制制度。如前所述,要瞭解及運用目標管理,

必須同樣重視其控制功能,否則只有目標設定,是不能發生作用的。不過由於有關控制之觀念及方法,在本書另有專章討論,因而在此僅就與目標管理關係較為直接之若干要點,先予簡單說明。

所謂績效評估,就目標管理而言,即一旦經理人員照計畫目標去做之後,應對於他實際達成目標之程度,加以衡量及評估。在此將遭遇(1)衡量標準,(2)衡量時間,(3)資料來源,(4)評估方法及(5)評估結果之作用等問題。

先就衡量標準而言,具體的目標乃是主要的根據,但不是唯一的根據。此外有關所投下之時間及成本,所採途徑,以及其他有形或無形之副作用,也都應加以考慮。不過在此亦遭遇一個和訂定目標時所遭遇者相同的問題,此即有些事物不易衡量,尤其與創新或研究發展有關者為然。在這情況下,沒有所謂「硬性」標準(hard criteria),只能使用「軟性」標準(soft criteria);譬如為達成目標所採之活動,是否如期進行,預定預算支出情況等,做為代替性衡量標準。

至於衡量時間問題,一般實施目標管理制度之公司,都訂有一定期間,例如每季、半年及一年等期間。在檢討會議中,經理人員與其上司,就所設定目標逐項檢查那些已經完成,那些完成若干比例,那些尚未開始等等。不過,由於企業活動乃是繼續不斷的,有許多目標之達成情況是隨時改變的,因此不能都等到定期檢討時間才加評估。例如擴增設備預定在三月底前完成,則在此以前隨時密切注意其進度,不可能等到六月、甚至年底,才加過問。有關此點,將在控制專章中再加討論。

評估績效的結果,有時發現原定目標不適當,野心過大或過分保守,因而決定在這期中予以調整。不過,一般認為,為免一旦發現困難就輕易變更目標起見,管理者首先應儘量尋求新的途徑,擬訂新的計畫,以達成原訂目標,而非馬上想要改變目標。再者,一公司內部各部門間的目標,常常互相牽連,所謂「牽一髮而動全身」,一個部門目標修改,將導致其他部門目標都要修改。例如新產品上市時間不能如期實現,則有關銷售、運儲及廣告等方面目標都要相應調整。這更增加了調整目標的困難。當然,以上所述,並非謂在任何情況下都不能修改原訂目標,而是強調稱,如果遇有此種需要時,必須慎重行事。

五、目標管理之評估:優點及問題

以上乃就目標管理實際運作情況及內容,做一扼要說明。在此擬對於目標管理究竟有何優點,實施時將會遭遇那些困難及問題,略加評論。

一般而言,目標管理大致有以下各項優點:

1. 使管理者集中其精力時間於正確的目標，容易達成預期效果。
2. 可以使組織內實施更大幅度的授權，因而增加一位主管所能領導之下屬人數——控制幅度。
3. 易於發掘人才，使有績效的經理人員獲得升遷機會。
4. 目標管理制度本身就是一種培育管理人才的辦法，可以使有能力的人發揮其潛力。
5. 使得規劃工作更加完整而有系統。
6. 改變控制之觀念，使各級經理人感到不是由上司在監督自己，而是自己控制自己，要把事情做好。易言之，所控制者，乃是所要達成的任務，而非個人所做的行為。
7. 工作人員由於本身參與及自我控制的緣故，達成任務將獲得更大之工作滿足。
8. 由於以上各種因素，將可顯著改善上司及下屬間的合作關係。

當然，並非所有的人都贊成目標管理，至少有人會認為，並非一實行目標管理，就會產生這些利益。這要看所實施環境、方式等是否得當而定。在許多情況下，目標管理將會遭致失敗的。這些情況包括：

1. 高層管理者對於目標管理缺乏真正的認識，每以為只要他決定實施目標管理就夠了，以後就可以交由公司內部人員去做，就像買一部機器一樣。孰不知，目標管理本身就必須讓高層主管密切參與，做為他正常工作的一主要部分，而且需要他的不斷給予重視和支持，這種制度才能在公司內獲得貫徹。
2. 缺乏事前充分之教育工作。雖然目標管理的基本邏輯十分簡單明白，但怎樣將這道理應用到實際工作上，卻非易事。這往往涉及一個人的思想方式和態度；譬如，目標管理希望經理人員將注意力集中到成果上，而非達成成果的工作上。這點就不容易做到；需要經過相當時間的教育和訓練工作，使人員都對於目標管理有透徹而一致的瞭解才行。
3. 目標選擇不當。譬如為遷就衡量之方便，只選定某些短期性質或十分狹隘的目標，結果反而忽略了重要的長期目標。或是過分強調所設定的目標，置其他要求於不顧，譬如為達成減低成本之目標，故意延遲或不顧應有之廠房設備維護工作。這固然是經理者個人之解釋目標問題，但也反映目標本身之設定有所偏失。
4. 上司和下屬關係惡劣，不能和衷共濟，在這種情況下，甚難透過磋商程序以獲得共同贊成的良好目標。還有一種情況，即任何一方，對目標管理的觀念或做法，內心並不瞭解或贊成，只因公司政策如此，不得不虛應故事。到了討論目標之

時，或是上司直接將目標交給下屬；或是下屬完全聽由上司決定，不表示本身任何意見。在這種情況下，目標管理也只是有名無實而已。
5. 實施期間未能給予增強（reinforcement）之刺激。根據行為科學以及目標管理之研究，在目標管理實施期間，需要給予定期之增強作用，譬如舉行會議，由高層主管表現其對於此種制度之熱心支持；或由最高主持人致函基層主管，感謝其推行目標管理之辛勞及支持；由人事部門舉辦有關訓練或編印有關資料，供各部門及人員瞭解之用等等。如果缺乏這些增強措施，時間一久，熱情減退，使得目標管理制度呈現一種自生自滅的狀態。
6. 過分重視文書作業。有些公司為表現熱心推行目標管理，乃設計大量之複雜表格，分發各級經理人員一填再填，結果使大家以為，實施目標管理只是填寫大量表格，佔用寶貴時間，反而忘記了目標管理的本來作用。在這情況下，不但遭致普遍反感，連目標管理本身也將遭受抗拒。

六、目標管理之推行

就目標管理之實際發展而言，在美國多係由人事管理方面之績效評估（考績）制度改變而來。主要即係以目標代替各種個人屬性——例如熱誠、主動、合作、正直、儀表及判斷力等——做為評估標準。但對於各人目標怎樣設定，仍然是一個問題，因此遂又發展出目標手段之階層觀念，使各經理人員間之目標不致各行其事；及至策略規劃觀念被企業界接受以後，此一目標系統又和策略規劃發生關係。

對於一準備採行目標管理的企業而言，應有一心理上之準備，這不是一夜之間，甚至一年、兩年所能達到的工作。除了上述種種之教育及訓練工作應該配合以外，為有效進行這一管理制度，還應注意以下各步驟：

1. 清晰說明公司採行目標管理的目的何在。
2. 列出實行本項目標管理之部門及單位。
3. 澄清各有關部門及單位間之關係。
4. 列舉各階層經理人員實施目標管理之責任。
5. 訂定實施目標管理各階級及其完成日期，並定期檢討實施進度。

第二節　策略

在前一章內，我們曾從重複性、時間性、範圍及層次四方面說明規劃所包括之型態，由於此等性質的不同組合，遂亦產生各種不同的計畫（plans）。在此，僅以一般最常見者幾種類型，扼要予以說明。

- **策略**：策略代表為達成某特定目的所採的手段，表現為對重要資源之調配方式。譬如公司為達到快速成長的目的，選擇購併其他公司之方式，此種購併做法，即代表一種策略。又如進入一新市場，決定選擇一推銷能力較強，信用卓著之批發商，做為該市場之獨家經銷商，這也是一種策略。
- **政策**：政策也是一種計畫，它告知經理人員在某些情況下應如何決策。政策內容有時非常概括，有時也相當具體，不過總給予決策者以裁決之相當餘地。譬如說，「本公司對於事務機器之採購，應選擇在國內具有服務能力之供應者」，或「本公司招募新進人員必須經過公開考試」之類，究竟向那家供應廠商採購，採購手續如何；以及公開考試何時舉行，考試科目如何等等，在政策本身並未詳細規定，此可由負責之經理人員或小組視情況決定。政策和策略有時難以明確劃分，許多政策也是一種策略，譬如選擇經銷商時，以擁有高級商店印象者為優先一項，既是政策，也是策略。不過政策一般可經常應用，而策略則否。反之，有些政策具有策略性質，有些政策只是實施或手續性質，所以二者之間，在觀念上，仍可加以區別。
- **規定**：規定代表極其具體之要求——包括做為或不做為兩種情況——所以具有命令性質。它和政策具有相同之處，二者均供重複應用，以配合經常出現之問題或狀況；但二者最大不同，即規定多係十分具體，缺乏政策之彈性。例如：「凡擬請假三天以上者，必須在二天以前向主管提出」或「廠內禁止吸菸」之類。
- **手續**：手續代表一種規定，乃有關某些工作必須採取之步驟，譬如接到客戶訂單後，應如何處理；或是對外採購，超過一定金額時，如何請購、選擇供應商，以及簽約、驗收與付款等工作之順序等。
- **時間表**：這也是一種計畫，即將一系列之工作，排定其相互次序及進行或完成時間。一般而言，此等工作甚為具體，所需時間亦可事先估計，因此所排定之時間表，往往具有規定性質。不過如果工作內容甚不確定，或是外界影響甚大，非本身所能控制時，即使排定時間表，也僅具有參考指導性質。

- **預算**：預算可稱為最常見之一種計畫，此種計畫乃以貨幣表現，包括各組織單位在未來一段時間內之支出或收入。此種數字，乃經過一定程序獲得批准，具有甚高權威性，但其本身乃代表對未來情況之一種預期。

在本節中，首先就以上所說明之策略在管理上之意義及其形式過程，做一扼要討論；然後在次節中再行討論政策、規定及手續；而對於預算一項，則留在次章中再加說明。

一、策略性質

策略代表計畫中之骨幹，它界於目標與具體行動之間。沒有策略，行動成為散漫而盲目的努力，既難發生協調與綜合的效果，也難保證它們能有效達成目標。不過策略也有多種性質或類型，在整體規劃系統中，有整體策略，有長期策略，也有中期策略，也有功能性或支援性策略。

策略也是計畫中最具動態的部分，有效的策略必然是不斷反映一公司所處外在環境與本身實力互相激盪的一種選擇；隨著環境因素的改變，或本身長處及短處的消長，策略也隨同改變。因此在不同行業、不同環境下的企業所採策略固然不同；即使就是在同一行業及環境下的公司，也可能由於本身條件的不同，所採的策略也隨之而異。

如何選擇最適宜的策略，乃是規劃過程中最具關鍵性的決策，一旦策略選擇不當，不管其執行多麼有效，均無法挽回所犯的基本錯誤；反之，策略選擇得當，即使執行上發生差錯，雖然可能產生相當重大的影響，但仍可能有彌補的機會。因此對於策略的決策，一般必須由高層主管負責，以示慎重。

二、策略與非策略性決策

但是什麼是策略性決策？什麼是非策略性——或稱戰術性（tactical）——決策？常常不易明白區分。依萬國商業機器（IBM）公司——一家在策略決策上被認為是非常成功的公司——一位高層主管肯南（Cannon, 1968）的意見，策略為公司整體或任何經營功能範圍內具有方向性（directional）之決策，而戰術為策略之執行。由策略決定主要資源之調配，而戰術只是依照所做分配加以實行而已。

為了說明這種區別，可舉一決策階梯（decision ladder）為例（Cannon, 1968）（見下頁圖5-1）。

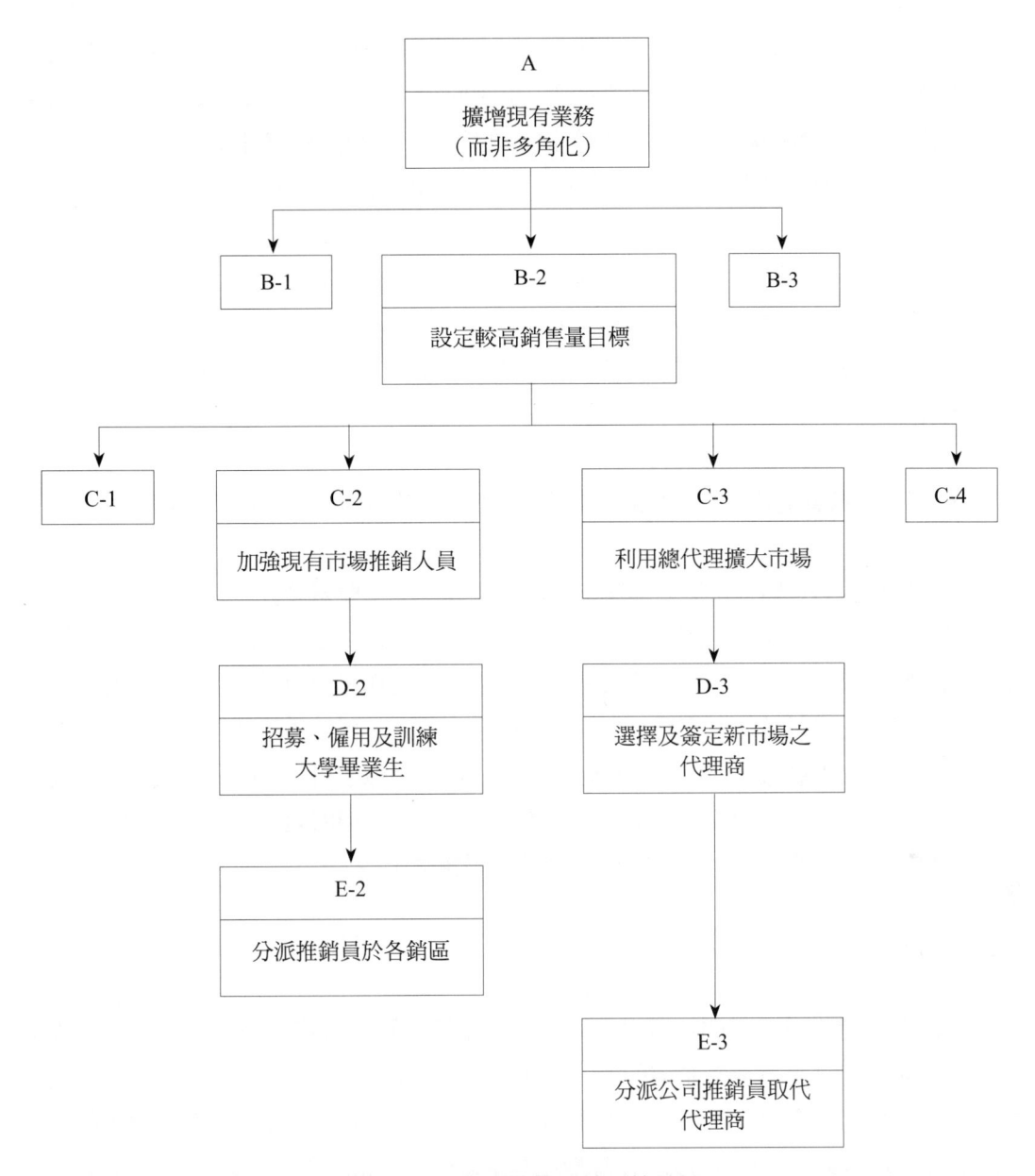

```
                    ┌─────────────┐
                    │      A      │
                    │  擴增現有業務  │
                    │  （而非多角化）│
                    └─────────────┘
          ┌────────────┼────────────┐
          ▼            ▼            ▼
       ┌─────┐   ┌──────────┐   ┌─────┐
       │ B-1 │   │   B-2    │   │ B-3 │
       └─────┘   │設定較高銷售量目標│   └─────┘
                 └──────────┘
      ┌──────┬─────────┴─────────┬──────┐
      ▼      ▼                   ▼      ▼
   ┌─────┐┌──────────┐    ┌──────────┐┌─────┐
   │ C-1 ││   C-2    │    │   C-3    ││ C-4 │
   └─────┘│加強現有市場│    │利用總代理│└─────┘
          │  推銷人員  │    │  擴大市場 │
          └──────────┘    └──────────┘
                ▼                ▼
          ┌──────────┐     ┌──────────┐
          │   D-2    │     │   D-3    │
          │招募、僱用及│     │選擇及簽定│
          │ 訓練大學  │     │新市場之  │
          │ 畢業生   │     │ 代理商   │
          └──────────┘     └──────────┘
                ▼                ▼
          ┌──────────┐     ┌──────────┐
          │   E-2    │     │   E-3    │
          │分派推銷員│     │分派公司推│
          │於各銷區  │     │銷員取代  │
          │          │     │ 代理商   │
          └──────────┘     └──────────┘
```

圖 5-1　策略與非策略性決策階梯

在圖 5-1 中，決策（A）具有策略性質，因為它對於公司未來發展的目標，選擇了擴增現有業務之方向，而非多角化方向。在這一策略選擇下，導致了公司當局採取了其他支援性決策，譬如在（B）階層之決策中，公司設定了一較高之銷售目標，這也具有策略意義。為了達成這一決策，公司在（C）階層中，採取了若干從未做過的措施，例如僱

用大學畢業生擔任推銷員，進入某些新市場，並且採用總經銷制度等，所採決策均屬創舉，亦具有方向意義，也算是策略性決策。但做此等之決定後，（D）及（E）兩階層之決策，依圖 5-1 所顯示者，均係屬於執行決策之性質，不能稱為策略性決策。

策略性決策所具特質，除了上述之方向性以外，還有以下各點：

- 可能改變現行之「產品—市場組合」（product-market mix）。
- 所採行動具有較一般為高之風險成分。
- 面臨有較多之方案選擇，不同方案所產生之後果與所需之資源具有重大差異。
- 實行之時機代表重大選擇。
- 可能導致競爭情勢之變更。
- 代表在擔負創新之成本與風險，以及導致本身落後兩種考慮的折衷結果。

在此所以強調策略性決策與非策略性決策之區別，主要鑒於許多高中層經理人員常常將其大部甚至全部精力時間投於非策略性決策。造成這種傾向的原因甚多，但最顯然者，有二點：第一，非策略性決策代表每天所從事的工作，參與此種工作，在心理上容易感到有具體之成就感，也容易表現其工作成果。第二，此類決策都是眼前必須採取的行動，不容許耽誤延緩，造成急迫感覺。而策略性決策似乎可早可晚，一般並無目前非做不可的理由。如果公司高中層主管過分疏忽了策略性決策問題，這將造成管理上重大問題，導致公司嚴重損失，甚至影響其長期生存之可能性。

三、整體策略及部門策略

策略有整體性質及部門性質之不同；所謂整體性質之策略，或即所謂「總策略」（master strategy），代表一企業所提供給社會之基本服務性質，以及如何提供之方式。例如前章所稱之「經營疆界」或「經營使命」即係代表前者；而面臨競爭情況，如何有效發揮本身之優勢，並彌補劣勢，所採取之基本途徑，即係後者。都屬於總策略性質。

而一公司在其總策略之指導下，又可分別公司各方面功能，進一步發展比較具體之策略，此為部門策略。究竟一企業應該劃分那些部門，設定策略，這和此一企業的性質及所運用之資源組合有關。一般而言，市場發展、產品發展、人力發展、財務及研究發展應該皆屬甚為普遍而重要之部門，因此，各部門就有各部門性質之策略。

第三節　政策、規定及手續

一、政策之意義及作用

依前所述,政策並非是對於某一特定問題的具體解答,但是經由政策,管理者可獲得其尋求具體解答的方向或範圍。政策之使用並不限於公司最高階層,而是在任何情況下,需要給予具體行動或決策以指導之構架時,都可以應用政策以達到這一目的。尤其在於一實施授權的組織中,由於授權並非表示放手不管,但又不能事事過問,此時政策提供了一項良好的管理工具。同時,在一較大規模的組織內,在不同時間或由不同的人在從事相同或相關的決策,為了使這些決策能保持一致性,也需要制訂政策。

一般而言,政策內容包括三項構成部分:

1. **目標**:對於制訂這一政策的目的及意義,應有所交代,使得遵守這項政策的人,瞭解其背後的理由或旨意何在。
2. **原則**:對於某些重複發生的情況應如何處理的問題,提供一般性原則,因此這些原則能夠普遍適用。
3. **行動規定**:依上列原則,進一步訂定若干具體的規定,不須解釋即可照著去做,因此較為硬性。至於未有行動規定的問題,仍可依照原則加以適用,這樣可兼顧彈性與一致性。

舉例而言,公司在其有關分配政策上,規定要使其產品能針對高所得顧客市場之需要情況(目標),決定所選擇之分配通路,應屬高級品之商店(原則),因此對於此類商店訂定某些具體標準,凡合於此等標準之商店,方可考慮給予經銷權(行動規定)。

二、政策類型

如上所述,管理中對於政策之使用,既不限於那一階層,也不限於何種經營範圍。不過,一般而言,應用之階層愈高,則其範圍愈廣,也愈一般性。譬如每一企業可能有其最基本之政策,應用於整個組織,如對於社會責任的擔負,對於競爭的立場等等,即係非常廣泛而且抽象。反之,如係應用於工廠內部之政策,如有關工廠安全、機具維護等,即十分具體。

實際上運用較為頻繁者，乃屬各功能範圍之政策，如行銷政策、生產政策、採購政策、研究發展政策、財務政策、設備投資更新及維護政策，以及人事、公共關係、法律事務等方面的政策。現以行銷政策為例，所包括的內容，即可能涉及以下各項問題：

1. 產品政策
   （1）品質水準
   （2）產品線廣狹及項目多少
   （3）產品顏色使用
   （4）式樣設計
2. 定價政策
   （1）售價一律或變動
   （2）零頭價或整數價
   （3）價格領袖或追隨者
   （4）折扣折讓類型及內容
3. 分配政策
   （1）獨家經銷
   （2）分配通路
   （3）與經銷商關係
4. 品牌政策
   （1）品牌或商標之使用
   （2）單一品牌或家族性品牌
   （3）私品牌（中間商品牌）之產銷
5. 推銷政策
   （1）機構性廣告以及產品性廣告之使用
   （2）廣告媒體
   （3）給予經銷店之經銷協助
   （4）廣告公司之選用

以上僅代表在行銷管理範圍內較可能制訂政策之若干項目而已，本身並不完全。除了行銷以外，一企業還有其他各種範圍，由此可見一公司可能制訂之政策其內容繁複之程度。不過，此並非說，一公司對於所有與其經營或管理有關之項目，都要制訂政策或都適宜訂有政策。這涉及政策成文化之需要及其可能發生的問題，後文中將再討論。

三、政策制訂

基本上,政策之制訂,一如前此所稱之規劃程序,應該配合整體規劃之構架而來。換言之,乃是根據事實上之需要,經過分析與選擇之過程而產生。不過,有時政策之產生,乃來自下屬之請示或請求(例如後者遭遇某些例外情況,或對於權責範圍發生疑問之時),這時上級主管所做的決定,往往即具有一種政策作用。還有一些時候,公司內部或外界人員發現公司對於某些問題所採立場及行動,表現有相當一致之模式,譬如一段期間內所升任者,都是本部門人員,因此推測這代表了公司一種人事升遷政策。這種政策稱為「隱含性政策」(implicit policy)。這也就是說,此時公司所表現之行為或措施,雖然並非正式成文的政策,但卻具有某種實際上之政策效力。

制訂政策乃是屬於各級經理人員所有之一種規劃功能,也是其重要的管理工具。不過由於政策一旦制定之後,可能影響到許多其他人的行動,因此在制訂過程中往往徵求相關者的意見,以免到時窒礙難行。而公司內部某些幕僚人員,被認為是此方面問題的專家,宜徵詢他們的意見。這樣使得在政策制訂過程中,常常需要有許多人的參與和合作。

又依近年發展的一項趨勢,企業與政府之關係日趨密切,政府所通過的法令規章或所宣佈的政策,往往和企業具有直接關係。企業為了避免發生與政府政策牴觸之決策或行為,或是為了表示對於政府政策的支持,也常配合政府政策制訂本公司之內部政策,這樣使政策制訂之來源又擴大到外界環境因素。

四、政策溝通及應用

制訂良好的政策,只算做了一半的工作,問題還在於如何溝通予實際應用之管理人員,以及後者如何加以適當應用。僅僅頒佈一次新的政策是不夠的,因為某些人可能由於工作繁忙或僅僅疏忽的緣故,沒有注意到這一消息;或且是稍過時日發生職務調動,新任職者也無從知道有這一政策。

最基本的溝通工具,就是將政策化成文字,編印成冊,供有關人員查閱。如能以活頁方式裝訂,則遇有變更時,更便於抽換。不過將政策印成文字,也有某些實際上的問題,譬如一旦形成文字,修改不易;如含有機密性質,可能發生洩密危險等等,這些問題也應納入考慮。

口頭溝通也有其利用價值,譬如利用說明及討論等方式,可以增進人們對於某種政策的印象和瞭解,而擔任上級主管者每每利用這種機會以發揮其領導功能。有些政策涉

及複雜之應用情形或技術問題，僅僅靠書面文字或口頭說明仍然不夠，這時應設計訓練課程加以講解、示範和討論，然後才能保證其有效實行。

如前所述，政策之實際應用，仍取決於當事人之判斷。由於很少有兩個應用情況會完全相同，而且每一次總有某些特殊因素在內，所以應用政策並非一件簡單的事。在一般情況下，應用者應儘量遵照政策原則或規定以達成他的決定，並保持一貫性。不過，往往不免遇有特殊情況，他必須做例外處理。譬如公司人事政策要求採取內升制；遇有職位空缺時，應由本部門人員升任。但如本部門現有人員無一適合發生空缺職位之資格條件，則仍然照政策去做，顯然不當。在這情況下，實行政策應允許有相當彈性。如何維持此種彈性而不致破壞整個政策之一貫性，什麼是適當的平衡狀況，並無一定法則可循。這是就對管理者能力的一大考驗。

五、政策檢討及修訂

隨著有關內外情況的改變，即使是原來良好的政策也會變得與實際需要，甚至原來目的，發生脫節現象。如果一味堅持這種政策，將對公司帶來極大損害和危險。為了避免發生這種情況，對於政策的定期檢討極有必要。

這一行動說來輕易，實際採行卻甚困難。因如一公司業務發展甚為順利，獲利情況亦令人滿意，極少會有人願意檢討或改變現行政策。而實際上，這些有利現況並不必然表示所採政策沒有問題的。再者，如果某些政策行之有年，可能已經遺忘了當初的目的，只是照章行事，視為當然，也很少有人會去認真檢討。但在實際上，這些都代表管理上的缺失，將嚴重降低管理的效能。

六、政策的價值與問題

最後，讓我們扼要評估政策這一管理工具的價值及問題。

就政策所具有的價值而言，主要在於：

- 使授權成為可能，上級主管不必嚴密控制下屬之每一具體決策，而下屬在政策指導下亦有較大決策彈性。
- 提高管理效率，對於許多經常出現的問題情況，可以事先決定解決之方向及範圍，節省管理人員大量時間及精力，而且考慮較為周詳。
- 由於此等原則之應用，可以使公司人員對於公司之策略及態度有較完整及深入的瞭解。

- 可以使公司所採決策及行動保持較大之一貫性。
- 可以增進外界對公司的瞭解。

不過,要有效利用政策所發生之作用,亦非易事,因為在擬訂和應用政策的過程中,將會遭遇這些困難和問題(Higginson, 1966):

- 如何能用文字正確而明白地將真正的意義予以表達,並非易事;既不使其成為空洞的口號,又不能使其過分繁瑣或硬性,而要恰到好處。
- 如何保持公司各種政策間能夠協調一致,而不致發生衝突或矛盾。這往往需要在政策背後,公司有一完整之哲學以指導政策制訂。
- 如何使公司所制訂之政策與所訂定之規定、程序、細則保持一致;有時,其間矛盾很難發現,結果使政策失去具體意義。
- 如何使政策能配合外界環境條件之改變而改變,尤其使其不致牴觸政府法令及政策。
- 如何使公司與外界機構──如中間商、供應者、銀行、廣告公司等等──所簽訂之契約,不致與政策相違背。
- 如何使政策真正受到有關管理者之瞭解與重視,並應用於其經常之決策及行為上。
- 最後,如何使應用政策者,能在具體情況下,依政策做最佳之判斷。

七、規定及手續

在本節結束前,擬對規定及手續的意義,一併略加說明。

由於規定和手續之基本性質極其相似,在此不加嚴格區別。如前所述,有時規定和手續乃屬政策之一部分,或為政策之具體延伸;但有時規定和手續之訂定,純粹為了增加例行工作之效率。在許多稍具規模的公司,常將這些規定或手續編纂為一「標準作業程序」(Standard Operating Procedures, SOPs)。

舉一個例子說明規定或手續與政策之關係。設有一公司在人事政策上,對於招募新進之管理人員,重視其所受正規教育及其成績。則配合此一政策,極可能導致以下之具體規定:

1. 只限於僱用管理或工程學院畢業生。
2. 經初步選擇後，入選者應由公司安排一全日之參觀日程，並至少與五位基層及中層經理人員晤談。
3. 對於依靠自力完成學業者，應給予優先考慮。
4. 對於畢業成績在全班最前 5% 者，應該予以優先考慮。

規定和手續，如果應用得當，可代表極具威力的管理工具。幾乎前此所稱政策之種種用途，規定和手續都一樣應用得上，而且更加具體而清晰。如果一個公司的所有決策和行為，都可以由規定和手續來支配，則管理將成為極其單純而有效的工作。

但是這顯然不是我們所生活的現實世界，規定和手續不可能包羅一切可能發生的情況和問題，而且現實問題太過複雜，規定和手續也無法完全適用。在這情況下，我們必須瞭解規定和手續所能應用的範圍和限度，超出這種範圍和限度，它們只會帶來硬化和僵化的後果。

第六章　控制

第一節　控制之意義及程序
第二節　管理控制系統
第三節　控制之行為面
第四節　會計控制及審計

控制乃是一項重要之管理功能，依照前此有關規劃之討論中，本書一再強調規劃與控制兩項功能間關係之密切。不管規劃如何完善，但在實施後，外界環境是否與當初所預期者一致？公司人員是否都依照規劃結果確實進行？是否不會犯錯誤？這些都無絕對肯定的把握，為對於這些情況有適當的處理，遂產生此一控制功能。實在說來，當我們一般在討論規劃時，往往包括有檢討實際狀況，並依據檢討結果修訂原計畫或從事再計畫。在管理原理上，為討論之方便，才將二者分開，但在實務上，規劃和控制乃是不可分的，這是讀者應有的基本認識。

在本章內，首先對於控制之一般意義及其程序，做一基本討論，然後自系統觀念觀點，將一機構之內部控制功能及組織，視為一種管理控制系統，探討其有關性質。但是管理控制不同於機械控制，前者主要透過人員行為而發生作用，因此有關控制功能之行為面，必須加以強調。最後，乃就一般機構最普遍採用之會計及審計控制制度，加以扼要說明。

第一節　控制之意義及程序

控制（control）這一名詞，無論在中文或英文，都有幾個不同的意義：有時它表示「限制」或「約束」的意義，以免某項事物、個人或機構成為脫韁之馬，無法「控制」；有時它表示「命令」或「指揮」，譬如某項力量、人馬或機械交由某人「控制」；有時它表示「檢討」或「核對」之意，此即注意事物之實際發展，是否符合預期狀況，故依據原訂計畫進行控制。

雖然這些不同解釋在現實生活中都被使用，但在管理辭彙中，一般所稱之「控制」，比較接近於上述第三種意義。不幸的是，人們常常望文見義，直覺地採取第一、二種解釋，結果不但對於瞭解控制在管理上的功能與地位，沒有幫助，反而滋生許多嚴重的誤解，使其含有限制或獨斷的意味，這不能不說是由於名詞語意問題所造成的誤解。

一、控制程序及類型

扼要言之，控制之功能，在於衡量及改正下屬人員之行為績效，以保證企業目標及計畫得以達成（Koontz and O'Donnell, 1976）。基本上，控制作用藉由下列程序而實現：

第一、建立衡量績效的標準。
第二、依所設定標準，蒐集必要資訊，以獲知實際績效或進度。

第三、比較實際績效與預期績效間的差距。

第四、如發現有相當重大差距，決定是否需要採取修正行動；如決定採取，採何種修正行動。

一般說來，人們最先應用之控制，屬於「事後控制」（post control）。此即在實際行動發生以後，再行檢討所發生績效與計畫出入情況，並給予負責者以獎懲。但是這種控制有其嚴重缺陷，此即等到錯誤已經發生，損失無法彌補時，再加過問，未免為時已晚。因此，近若干年來，人們希望能做到「即時控制」（current or real-time control）；此即在採取行動當時，即可獲有實際狀況之資訊反饋，供負責者檢討或修正所採行動之用。

實際上，管理所具有之控制作用，早在規劃時已經發生了，譬如種種政策、規定、預算及手續之訂定，均含有控制之作用。在這些工具之指引或限制下，在相當程度內，即可防止實際行動與計畫發生脫節，一般又稱這種控制作用為「事前控制」（precontrol）。

以下將先就上述控制程序之基本構成要素：（1）衡量標準，（2）資訊反饋，（3）修正行動，分別討論。

二、衡量標準

本書前此在第五章內討論目標管理時，已提到衡量標準問題，特別強調其與目標之間的密切關係。

選擇衡量標準，實際上涉及兩層考慮：一為選擇那些衡量項目，足以代表工作之績效；一為達成水準，此即針對各項目，訂定何種期望做到的程度，最好能以數字表現。

就衡量項目而言，應屬於工作績效之特徵。但由於能反映績效的特徵非常之多，以一家百貨公司而言，除了利潤以外，還可以包括營業費用、存貨週轉、空間利用、顧客滿意程度、退貨情況等等，一般情況下，往往不可能全部做為衡量項目，只能從中選擇某些具有關鍵意義者，加以衡量，有時此種做法稱為「策略點」（strategic points）控制。

衡量標準之選擇，除了求其反映一機構之管理及經營績效外，同時也受相關利害人群的影響。對股東而言，具有特殊重要的項目，可能是利潤、股價、股息；對員工而言，可能是工資或待遇水準、僱用人數、工作機會等；對於顧客而言，可能是新產品發展、交貨能力、定價、服務水準等；對於競爭者而言，可能是成長率、市場佔有率等；對於供應商而言，可能是付款期限、退貨率等；對於銀行而言，可能是償債記錄、流動比率等；對於政府而言，可能是納稅數額、創造就業機會、爭取外匯等。

就績效水準而言，一般表現有以下幾種衡量單位（Richman and Farmer, 1975: 235-237）：

1. **貨幣標準**：這在企業組織內乃是使用最普遍的標準。如財務控制所用標準，全屬這類。
2. **實體數量標準**：使用貨幣以外之度量衡單位，如公斤、公尺、公升或千瓦小時之類，在作業控制上，使用最為普遍。
3. **人力標準**：譬如多少人工天或人工小時數之類，不過真正衡量人力資源，還要考慮所受教育、訓練以及個人能力、經驗、性向等等條件。有關此點，將於稍後討論「人力資產會計」（human asset accounting）或「人力資源會計」（human resource accounting）（Brummet et al., 1969; Flamholtz, 1974）時，再加補充。
4. **時間標準**：甚多任務之達成與否，和時間具有密切關係。有時，即使達成某項任務，但已誤失良機，也是徒然。因此，時間構成一重要衡量單位。

訂定預期績效水準，可採幾種方式：有係單一方向的（unidirectional），譬如設定最低產量或最長完成時間之類；也有雙向的（bidirectional），例如產品品質必須界於某上限與下限之間；還有多向的（multi-directional），此即必須同時符合幾種績效要求。

至於如何判定實際績效是否符合預期水準，也有不同方式：多數時候，只要前者超過或低於後者，就認為有問題；但也有些時候，乃根據統計選樣之變異分析，以決定實際績效之分佈模式，必須推定異常狀況超過一定比例或次數，才認為有基本的——或有系統的——差異問題發生，需要加以處理。

三、資訊反饋

為了獲知實際狀況，即時而可靠的資訊是不可缺少的；管理者才能將其與預期狀況比較，發揮控制作用。一般而言，用於控制目的之資訊，主要屬於已發生之事實狀況，且其內容比較具體而確定，這和規劃所用之資訊，在性質上頗為不同。

資訊反饋方式甚多，基本上有正式與非正式兩大類。在於大型組織或高層主管，較為重視正式之書面報告，包括財務報告及統計分析之類；反之，在於中小型企業或基層主管，則常依賴非正式之回饋，如個人觀察或交談等。不過由於非正式回饋有時較為迅速、正確而有彈性，所以即使主要使用正式回饋途徑者，也不能不利用非正式途徑，做為輔助。

為了使資訊回饋能配合控制功能之需要，不能靠想到了才要的辦法，而有賴事前設計一情報回饋系統；根據對於資訊之需要狀況，然後建立資訊之來源及供應程序，俾使每一管理者均可獲得他所需要的資訊。此種資訊回饋系統乃屬於一組織整個管理資訊系統之一部分，因此將留待討論後者時再做進一步說明。

四、比較及修正

獲得反映實際績效或進度之資訊後，管理者即可進行比較步驟。如果所設績效項目及水準都非常具體的話，則比較工作本身將甚單純，否則需要有某種程度之判斷。

但是僅僅比較結果是沒有多大意義的，還要進一步決定是否需採修正活動，以及採取何種活動。這取決於實際狀況與預期狀況間的差異的嚴重性，以及造成差異的原因。有時只要改變工作方法或調整獎懲制度，有時需要改變績效標準之計算方式或所要求水準，端視具體情況而定。

對於一般實體或作業工作而言，一旦發現有問題時，即應儘速予以改正，例如一化學工廠中某一反應步驟之溫度突降，或倉庫存貨水準過高之類。可是有關人的問題，把握改進時機，往往是決定成敗之重大關鍵；發現問題立即採取行動，未必就是有效的解決辦法。有時不如等待時機成熟，再行下手，反而可收事半功倍之效。例如某單位主管，由於某種原因不能勝任目前工作，立即加以調動，可能是正確的，但也可能使其本人以及其下屬毫無心理準備，造成不良反應。諸如此類採取改正活動之時機問題，往往屬於管理之藝術化應用範疇，並無絕對原則可循。

五、例外管理

由於管理者本人所受時間及精力之限制，往往不能事事過問或控制，因此有所謂「例外管理」（management by exception）原則之運用。此即對於實際狀況與預期狀況間之差異，必須有理由相信已達「失去控制」程度時，方視為「例外」狀況。這時負責經理才集中精力予以處理，否則一切照常進行。譬如一位銷售經理負責六個銷區，依原訂計畫，每一銷區之上半年銷售目標皆為五十萬元，但結果有一區達六十萬元，另一區僅有四十萬元；其他四區之實績約在五十二萬與四十五萬元之間。假如他認為前兩區皆屬例外情況，則這位銷售經理將集中注意力於較低一區，希望發現其原因及對策。但也注意較高一區，希望找到其理由，也許可以應用到其他幾區的銷售工作上。

第二節　管理控制系統

一、整體系統與控制子系統

在一組織運作系統中,為使其產出能符合系統之要求,必須具備有上述之控制功能,因而擔負這些功能之單位及活動,本身構成一控制系統,為整體運作系統之一子系統。其關係有如圖 6-1 所示（Kast and Rosenzweig, 1970: 360）。

在這構架中,公司高層管理當局首先考慮公司本身所面臨之內外環境,從而設置組織目標,並根據種種假定狀況——如經濟、政治、競爭、市場、本身能力等——擬訂計

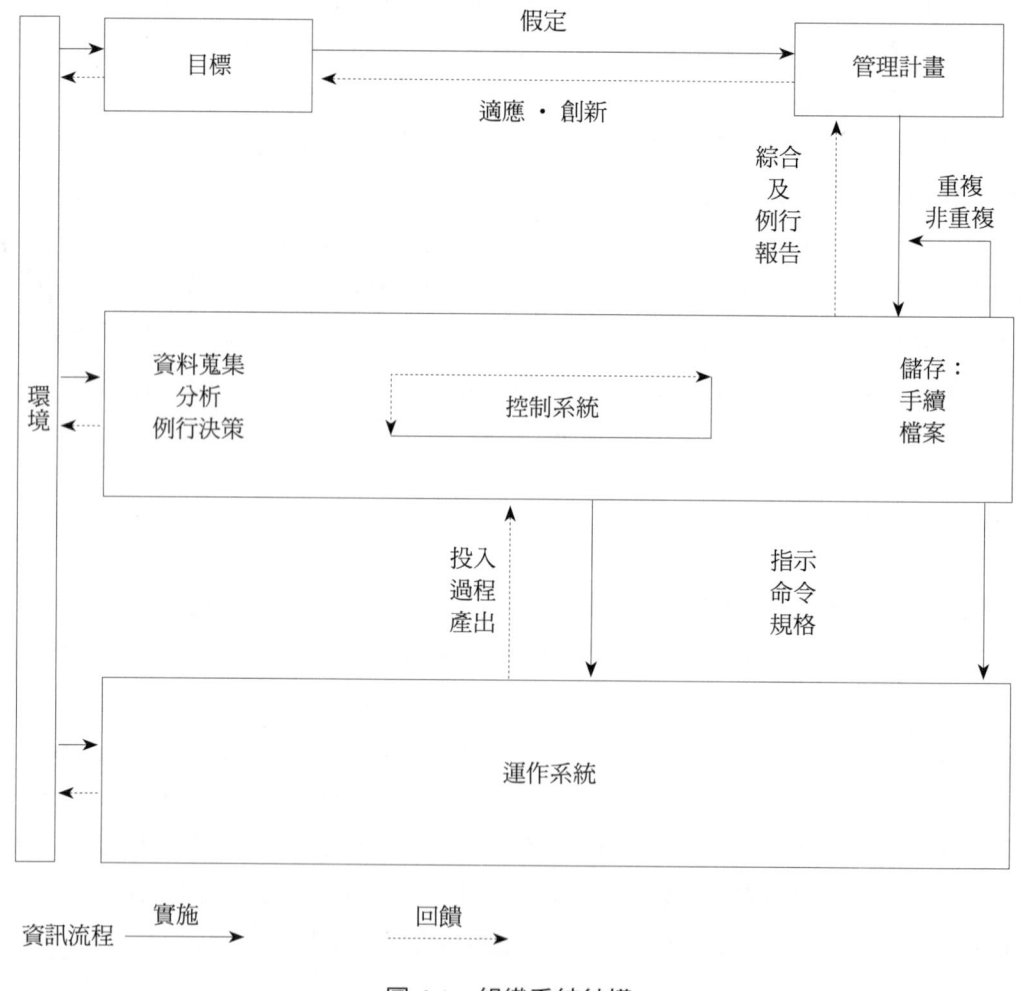

圖 6-1　組織系統結構

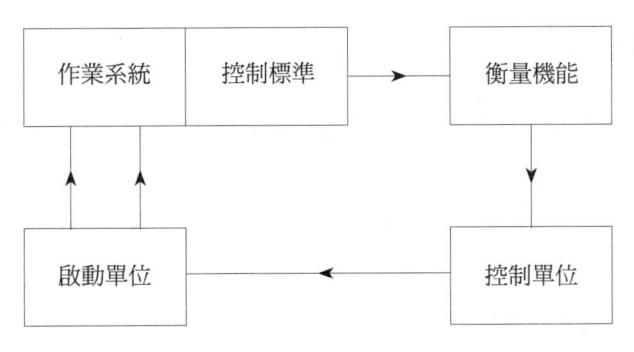

```
┌────────┐  ┌────────┐      ┌────────┐
│作業系統│──│控制標準│─────▶│衡量機能│
└────────┘  └────────┘      └────────┘
    ▲ ▲                          │
    │ │                          ▼
┌────────┐                  ┌────────┐
│啟動單位│◀─────────────────│控制單位│
└────────┘                  └────────┘
```

圖 6-2　控制系統結構

畫。在計畫中包括有重複性活動及非重複性活動，一方面傳達予運作系統，付諸實施；另一方面儲存於這控制系統之內以供日後與實際成效相比較。

在這一結構中，資訊回饋乃係其中不可或缺之部分。從運作系統說起，有關其產出，運作過程及投入狀況，均經控制系統之監視，經蒐集及分析相關資料後，與原所儲存之計畫相比較，並由控制系統決定所採行動。有些即可依照事先決定之原則或辦法，調整作業活動方式，有些以例外狀況向負責管理計畫部門報告，導致計畫本身之調整，甚至促成目標之改變或創新。但不管有無例外狀況，控制系統綜合其比較之結果，一方面利用於更新或改變本身之程序之中，另一方面將其提供規劃系統使用，亦代表整個組織之學習過程。

不過，控制系統除自內部運作系統獲得實際績效之資訊外，亦與外界環境交換資訊，譬如蒐集與分析市場變化及競爭者情況，以供評估計畫及績效之依據。

至於這一控制系統本身之構成，根據前一節中之分析，包括有四部分：

1. **控制標準**：包括所要衡量之運作系統績效項目及預期水準。
2. **衡量機能**：包括各種文字或其他方式以蒐集實際資料。
3. **控制（比較）單位**：將實際成效與預期成效相比較。
4. **啟動單位**：依據比較結果由單位採取某種修正行動。

我們也可以將這控制系統之構成以圖解表示之，如圖 6-2（Kast and Rosenzweig, 1970: 470）

在這循環過程中，各構成部分也是藉由資訊之流通發生關聯。有關此種「回饋循環」前此業已多次提及，不再重複。唯需說明者，為此一循環所具有之開放或關閉性質。

二、開放或關閉系統

一控制系統究屬開放或關閉，取決於其回饋循環是否自動化。如果在這循環中不需要系統外之資訊投入（informational input），就像一室內自動溫度調節之空氣調溫器，可由機器本身衡量室溫，與原設定之溫度標準比較，然後下達命令予壓縮機，整個過程不需經由外力，依上述標準，應屬一關閉系統。不過，這乃是對短期而言，因為所設定之溫度標準仍然時常需要由人們視季節或活動情況予以調整，此時則成為開放系統。

許多組織系統也有類似情形，例如以電算機為基礎之控制系統，可以由系統本身自動進行，形成關閉性循環。但其進行規則乃由人們事先設計程式所提供，亦可由人們基於某種原因進行干預或改變。例如對於一存貨控制系統，如公司當局發現最近市場需要有基本改變之可能時，即可由改變所設計之程式，變更控制規則，此時，這一控制系統乃是一開放系統。

由於絕大多數之管理控制系統都包括有人員決策之一環——譬如判斷差異是否嚴重，或如何採取對策等——使其趨向於開放性質。而一管理控制系統是否發揮其效能，常常乃取決這一環節，而非較機械化之程序。

三、系統特徵

一管理控制系統是否良好，一般可自下列五個標準加以評估（Richman and Farmer, 1975: 226-227）：

1. **相關性**：此即此一系統所控制之績效項目，是否必須控制者。如果不幸，包括有某些不相干或無關緊要之標準在內，此時屬於「過分控制」（overcontrol）之狀況。至於什麼是必要之控制標準乃和所控制之作業系統之目標有密切關係。
2. **效率性**：控制系統本身往往代表可觀之成本支出，因此設置一控制系統時，必須評估其價值是否值得。此亦稱為控制之經濟性考慮，可利用成本效益分析之觀念以選擇最適宜之控制範圍。孟德羅（Mundel, 1967: 174）曾繪製一圖解表現此一觀念，如圖 6-3 所示。
3. **安全性**：要考慮到這一系統失去作用之可能性及其後果，應有預防裝置。尤其在自動化之控制系統上，一旦發生問題，應有立即警告與處置措施，例如作業系統隨之停止或引動另一預備裝置之類。

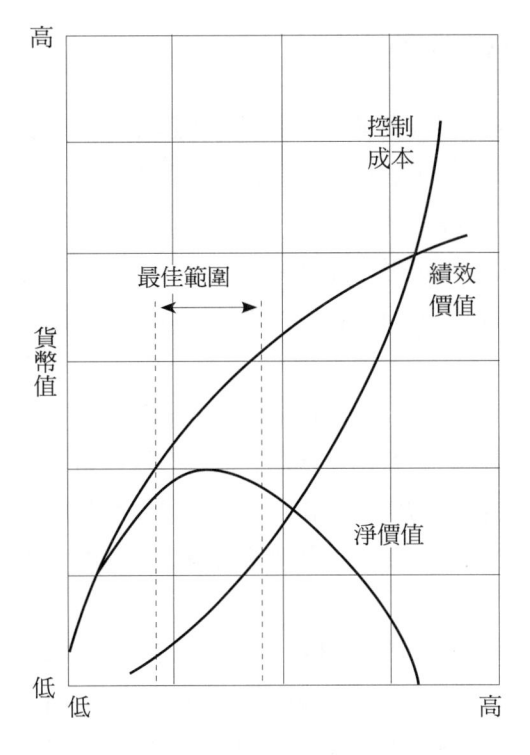

圖 6-3　控制系統之經濟性

4. **數量性**：如果一控制系統所使用之標準及資料均可數量化，則控制效率將大為增加。因此設計一控制系統，儘可能使之數量化。
5. **反應性**：此即這一系統與管理人員之間應有良好的溝通與反應機能，譬如管理者需要某些資料，可以很快由系統儲存機能中檢褪（retrieval），或管理者欲從中干預系統之進行，也可以迅速而適當地進行。

第三節　控制之行為面

我們經常利用自動調溫機能來說明控制功能之作用程序。嚴格說來，這是不很切合實際的，因為我們忽略了控制程序本身對於作業系統的影響，而就管理控制系統而言，這種影響作用正代表一項最主要的成敗關鍵。

一、控制程序本身之影響作用

舉例來說,當我們利用儀器測量一自由落體的速度時,一般情況下,所得結果絲毫不受測量過程的影響;換言之,它和不加測量的情況下所獲得者,應該完全相同。在這情況下,控制和測量乃是客觀的和中立的。但在管理控制系統下,由於某種衡量標準的存在,以及所採衡量方式,均可影響作業系統之運作——不必等到比較評估以後才能加以修正——換言之,由於決定衡量與控制的緣故,就已經使結果有所不同,因此這種關係是互動的。

何以造成這種差別?基本上,乃因企業或其他組織的構成分子乃是人,而非機械;組織成員如能在事先知道他的績效如何評估,他就會根據對自己最有利的打算,事先調整自己的行為,因而使得控制的作用,在時間上,可以發生於衡量與評估之前,而非像機械系統乃在評估比較之後。因此,我們要瞭解控制功能的作用,必須要注意到它對於人員行為上的影響。

譬如人們抱怨銀行或是其他類似機構的櫃臺服務人員態度,不但冷淡,甚至只顧做自己填表的事,讓顧客在櫃臺外等待多時。難道他(她)們不知道對顧客服務的重要嗎?或是自己沒有做顧客的經驗嗎?顯然都不是。其主要原因之一,即在於銀行考績重視這些人員是否每日準時填交各種報表,以及有無錯誤;但對於其服務顧客之態度如何,並無具體之衡量標準,也無從予以比較。在這種控制制度之下,必將導致銀行工作人員重視填寫報表,而忽略服務態度的後果。

從深一層看,所謂管理控制,並非是呆板的「標準—衡量—比較—修正」這種表面的程序,而是透過人員的心理動機作用,改變其行為模式。他們將自個人價值目標觀點,來看所設置的標準,以及達成此種標準對於滿足個人需求的關係,因而產生特定的反應行為。譬如在實際經驗中,公司高層主管常常發現,所採取的某種控制系統,竟然造成了若干意外的反應或結果——或稱為副作用。譬如改變一項生產控制系統後,發現使得工人之間關係變得融洽而密切,促進了許多工作外之交往活動,使得工廠氣氛變為活潑而協調,這是良好的意外收穫。但同樣地,也可導致怠工、曠職、敵對等不良後果。以本章首節所談之人力資源會計而言,其採用原因之一,即希望能在這一方面建立若干具體標準,使管理者能夠注意避免所採控制系統可能產生之不良行為後果。

行為學派主張由組織成員參與決策,設定目標及標準——如前章目標管理所稱者——即係希望藉由成員追求其高層次需要之滿足,產生一種自我控制作用,因而主動努力以求達成目標和任務。行為學者認為,這種自我控制作用不會減少或剝奪其上層主管的控制作用。依他們(Likert, 1961: 58)說法,在一組織內的控制總量不是一定的;

換言之，某部分人員或部門控制作用之加強，並不會導致其他人員或部門控制作用之削弱。譬如遇到一位放手不管的主管，其下屬對於工作往往也漠不關心；反之，在一良好目標管理制度下，一主管授予其下屬較大之控制力量，但因此也增加了他自己對於其下屬之控制作用——因不僅控制其形式上的行為，而是激發其內在的動機。在後一情況下，整個單位的控制總量反而增加。

二、可能之不良反應

控制系統的效能的大小，在相當大的程度內，乃取決於這種系統所導致的行為反應如何而定。有時一個表面上似乎良好的控制系統，結果卻毫無效果，甚至產生反效果；即可能由於它導致了不良的行為反應所造成。在此特就一般最常發生之若干不良反應，提出說明：

- **本位主義**：由於控制標準之設置及績效之衡量，乃以一個部門為單位，因此使得特定部門為了追求本身績效，即使犧牲整體利益，在所不惜。這種情況最常發現者，在於「爭取預算」行為上，人們只求本單位獲得最多之經費，而不管此種資源分配對於組織整體是否適當。
- **顧此失彼**：此即使得有關部門或人員只對於列入控制之標準項目，盡力達成，而對於其他未列入控制之項目，即使也很重要，卻不加考慮。最常見情況在於：為了達成生產之數量目標而犧牲了品質，或為了爭取佣金，儘量增加訂單銷量，而忽略了審查客戶之信用是否可靠，價格是否適當，退貨之可能性大小等問題，日後可能為公司帶來眾多的困擾和損失。
- **短期觀點**：這也是一種顧此失彼的一種情況——為了達到短期利益而犧牲了長期利益。而所謂短期利益，也還可能根據控制標準而言的利益，未必是整個組織的短期利益。譬如一公司之事業部組織，係利用投資報酬率做為控制標準，在這情況下，事業部經理極有可能為了提高其短期投資報酬率：一方面，對於應該更新或擴充設備，故意不予更新或擴充（Rappaport, 1978）；另一方面，對於應該支出之研究發展費用或應採取之維護工作也都儘量予以減少。這樣幾年以後，這位經理可能已高升其他職位，但這一部門元氣大傷，需要相當長的一段時間才能恢復。
- **表面文章**：由於控制所依據之資料多屬書面性質，而且由作業部門自行填報。因此後者為了符合工作目標所訂進度或標準，乃在填送報表上加以若干不實或人為

之調整。譬如將來實現之結果列為已獲成果，或將上個月成績移歸次月，俾使兩個月較為平衡等等，這樣使控制系統失去作用，甚至導致錯誤決策。

- 影響士氣：由於人員及單位之績效，主要經由控制系統而表現，而績效表現好壞對於個人及群體均有實質上及心理上之極大影響作用。一旦人們感到控制系統不合理或不公平時，將可造成嚴重之士氣問題。譬如所選擇之標準被認為與組織目標無甚關聯，或衡量所得資料不能反映實際狀況，或衡量過程帶來極大煩擾，或評估結果大失所望毫無下文，或是主管人員不孚眾望等等，均能導致人員對控制系統漠不關心或反感，進而影響工作意願及對組織之向心力等等。

為使一控制系統能達到其預期之效果，必須避免其發生以上各種不良之副作用，這是設計時所應考慮的問題。而一旦付諸實施之後，仍應隨時注意有無發生上述行為的跡象。總而言之，控制系統本身乃是管理的手段，而非目的，不能為了維持某種手段的存在，而犧牲了其背後真正的目的。

第四節　會計控制及審計

在控制系統中所獲得之資訊回饋，有極大部分乃屬於公司內部會計制度所提供的財務資料。並且如本書第四章中所提及，管理控制由於內容廣泛而複雜，必須建立在以貨幣為衡量單位之財務結構──尤其預算制度──之上。因此在本節中，對於會計觀念及方法在控制上之應用，做一簡要說明。不過由於預算制度在規劃與控制系統中所具有之特殊重要性，特別留到次章中設一專節予以說明。

一、會計制度及會計報告

一個公司的會計制度，在控制系統中佔有重要的地位。首先，會計部門自公司內部各單位、各階層蒐集有關財務資料；然後加以分析、重組，並表現為各種有意義的分類、比率或其他方式。更進一步，會計部門還可以根據管理當局之需要，將分析結果提供其利用。這幾乎涉及整個控制程序中的各個步驟，至少是大部分。[1]在若干公司組織內，設置有一檢核長（controller）之職位，為會計部門之首長，其主要任務之一，即藉

---

[1] 當然，控制系統之資訊來源，不限於會計系統，而會計系統所產生之資訊亦不限於供應控制系統之需要。

由上述程序,將實際經營狀況與原訂計畫及標準比較,然後將結果提供公司各級主管,並且一般加上他的解釋及意見。

會計報告有各種不同性質,可自下列觀點予以區別:

- **營業報告**(operating reports)與**財務報告**(financial reports):前者反映一營業單位或整個企業從事主要業務之收支狀況,最主要的營業報告,就是損益計算書;後者表現一企業之財務結構各部分之項目分配,最主要者,即屬資產負債表。
- **當期報告**(current reports)與**摘要報告**(summary reports):前者隨時根據發生的活動加以報告,這包括製造、行銷及一般行政活動在內。不過由於這類報告所列項目較細而經常,除非在小型企業,一般只供直接之基層管理人員使用。這種報告所要求者為速度,俾可及早發現問題,採取對策以減少損失。摘要報告乃將一段期間內實際狀況與規劃狀況間的差異加以整理摘要,俾可對於各種業務進行之一般情況及績效,有較整體之瞭解。對於一企業而言,最後之摘要報告就是損益表,但是其中各個項目,一般又有相應之摘要表,以供進一步分析之用。
- **靜態報告**(static reports)與**動態報告**(dynamic reports):前者限於某一特定日期之財務狀況及結構之分析;後者範圍較廣,包括實際財務狀況與預算中之財務狀況之比較、資金使用效果之衡量,以及一段期間內公司財務狀況之改變等等。

有關此等報告之具體內容之編製,讀者可參閱有關財務或會計書籍(Anderson, Schmidt, and McCosh, 1973; Lynch, 1967)。以下將就若干與管理控制具有密切關係之會計觀念與實務,做一扼要說明。

二、責任會計(responsibility accounting)

為使公司各級主管能有效控制其業務進行,必須供應他有關之資料。就傳統會計報告而言,往往未能配合組織階層不同主管之責任,因此未能有效做到這點需要。所謂責任會計,即將成本及支出資料根據組織內責任體系加以整理及表現;使每一主管瞭解,在他負責範圍內之成本及支出狀況。

要採用此一制度,首先要建立一責任分明的組織結構,能使每一經理人員瞭解,什麼是他所能控制的,什麼不是。有關一經理人員的會計報告,一般只限於他能控制的項目,使他對自己的責任有更明顯的認識,因而導致更強烈的責任感和動機,而高層主管對各部門進行評估與督導,也有所依據。

三、標準成本（standard costs）

隨著企業組織日趨龐大與複雜化，有關製造及其他業務成本日趨複雜，必須有一種制度將成本資料加以整理分類，以供管理當局瞭解其所從事之各種活動，究竟所支出成本若干，這就是一般所謂成本會計制度或系統。不過如果會計資料只供給真實之成本，則其最大作用僅限於計算損益，對於管理控制幫助極微，為了瞭解究竟所支出成本屬較高或較低？何種緣故？必須先建立有一定之成本標準，做為比較分析之依據，為了此目的而訂定的成本，稱為標準成本。它代表一種可以認可的績效水準，因此在公司內部具有相當的權威性，並獲得有關人員的接受。

有了標準成本資料，管理當局就可以將其與實際成本互相比較，進行「變異分析」（variance analysis），以發掘成本變異的原因及大小。譬如以工廠一定期間內所使用之物料成本言，發現與預算有出入，即可利用「變異分析」發現有若干係受單價差異所影響，若干係受用量差異所影響。因此也可以找到在組織內對於各項原因負責之單位或人員，要求其注意改進。

四、相關成本（relevant costs）

相關成本，乃是決策程序中的一項重要分析工具，當然也可用在控制上，做為檢討與評估的工具。

所謂「相關成本」，即與所考慮的問題或方案具有直接關係的成本；換言之，隨著問題或方案改變，此等成本亦隨著改變。反之，如某種成本項目並不因問題或方案改變而改變，則不是「相關成本」；因此「相關成本」有時又稱為「直接成本法」（direct costing），而「非相關成本」又稱為「沉入成本」（sunk costs）或「固定成本」（fixed costs）。譬如管理當局考慮要淘汰某種產品，不再生產，則這時他所考慮因停止生產所減少的成本支出，不是總生產成本；因為後者包括有某些成本支出，並不因停止這種產品生產而消失，這種成本屬於無關之成本；只有因停止生產真正減少的支出，才是這一特定情況下的「相關成本」，也是用來和其他因素——譬如因此而減少的真正收入——比較之用。

由於相關成本的觀念，使得我們瞭解，會計資料在管理上的應用——或即管理會計——每每基於其分析目的而定，而非一成不變的。

五、人力資源會計

由於人們逐漸瞭解，在任何機構中，人力資源乃是最珍貴之資源，應將其納入控制系統以內。多年以來，甚多企業，為了達成生產或財務目標，常對於人力資源過分耗用，而不知愛惜與培育。這猶如儘量開動機器設備而不知維護保養一樣，所傷害者，可能是人員的技巧、信心及忠心（Likert, 1967），構成機構本身之莫大損失。

近十年來，遂有學者建議採用所謂「人力資源會計」方法，企業模仿傳統的資產會計一樣，衡量一組織內的人員價值。譬如，李克（Likert, 1967: 148）曾建議，衡量人力資源，應考慮下列各項目：

1. 智力及性向。
2. 所受訓練。
3. 追求公司成功之績效目標與動機。
4. 領導能力。
5. 利用不同意見於創新及改進之目的之能力（而非使其導致個人間無法消弭之衝突）。
6. 向上、向下及平行溝通之品質。
7. 決策品質。
8. 導致群體合作之能力（而非趨向不顧公司利益只求個人成功之競爭）。
9. 組織之控制程序之品質以及責任感水準。
10. 獲致有效協調之能力。
11. 利用經驗及記錄以引導決策、改進作業與引進創新之能力。

不同之公司在以上所列各項目上，均可能獲得不同之評等，設如一公司在所有各項目上，均獲極高評價，則此一公司顯然具有極高之人力資源價值。不過若干部分甚高、部分甚低，則其總值如何每不易決定。再者，若干項目甚不易加以客觀衡量，只能根據過去情況加以主觀比較。

六、比率分析（ratio analysis）

根據財務報表所提供的資訊，管理人員可以評估一企業之盈餘能力及償債能力。所利用者，即係各種財務比率分析。

比率分析項目極其繁多（Meyer, 1969; Bernstein, 1974），較常使用者：如衡量償債能力，利用流動資產與流動負債之比率或酸性比率；衡量費用是否合理，利用費用支出與銷貨總額之比率；諸如此類，均可提供管理人員評估績效之工具。

七、內部牽制制度

為了保障公司資產之安全，預防會計資料發生錯誤，以及避免人員違反公司政策，可以利用互相制衡之原理以設計某些程序或制度，稱為內部牽制制度。這一種構想可應用於甚為廣泛之範圍，但在此僅就應用於會計程序有關部分加以討論。

首先，應明確規定在會計程序各步驟中之組織責任，然後有意使某些步驟分由不同單位或人員擔任。基本上，擔任業務工作——如採購或銷售——的人員，不能再擔任會計工作。當然，一切過程均訂有辦法並保持記錄，將便於檢查核對，以防止種種弊端。

八、內部審計制度（internal auditing）

所謂審計，代表一種程序，其內容包括分析及評估由一組織系統中所產生的資訊是否真實。因此，審計也可視為一種控制功能。不過，這種功能可以由組織成員擔任，也可由外界人員擔任；前者屬於內部審計，後者屬於外部審計；一般而言，前者較偏重於配合管理控制之需要，而後者較偏重於保護股東及債權人之財產安全。因此，在此所討論者，僅限於內部審計之部分。

內部審計之需要，也是由於一組織過分龐大後，高層主管已無法靠自己瞭解內部活動，及評估所產生之資訊是否真實可靠，因而有賴這種審計功能之幫助。例如：

- 分析現行內部控制制度是否適當。
- 公司所採行動是否符合公司政策及規定。
- 檢核公司資產是否與帳目相符，有無弊端。
- 檢查帳目及報表系統是否確實可靠。
- 將檢查結果報告公司高層主管，並建議改進行動。

有些公司為有效進行內部審計之工作，乃設置專門部門負責，有屬於會計主管或財務主管，亦有直屬總經理，視公司所要給其獨立地位之程度，以及其組織規模大小而定。

此種內部審計制度,定期提出審計報告,向高層主管提出其發現及建議。不過,實際上能否產生效果,除了審計人員本身素質及能力以外,高層主管是否重視其建議,以及業務部門是否合作,亦甚重要。

第七章　規劃與控制技術

　　第一節　預測
　　第二節　預算
　　第三節　其他數量方法及技術

如本書第二章所稱，管理科學學派對於管理實務之重大貢獻，在於提供許多數量方法及技術幫助人們解決管理問題，以代替或輔助主觀判斷或直覺。其中有若干數量方法或技術較多應用在規劃及控制問題上，在本章中選擇較重要選項：預測、預算等，予以扼要說明。

不過本書目的不在介紹此等方法或技術本身，而在說明他們在規劃與控制管理功能上之應用，讀者如對此等方法或技術感到興趣，可自有關此類專門課程或書籍中獲得更多的瞭解。

第一節　預測

預測乃規劃過程中所不能缺少的工作；藉由預測，使規劃者對於未來有關環境的可能發展，獲得較為客觀可靠之認識。但因為它乃做為規劃的工具，所以在應用時，必須配合規劃的構架與需要，而非純粹自本身技術觀點著眼。

一、預測和規劃

首先，有關預測之期間應有多長問題，即和規劃之時間幅度息息相關。如係從事策略規劃，所採取者，乃屬外在環境之長期預測；所關心的，屬於基本趨勢的改變程度或性質，至於季節或其他短期變動所造成的影響，並不重要。如係從事年度規劃，則所採取者，也可能是未來一年的預測，不但注意季節性改變，而且也重視本身產銷之趨勢。因為在長期內，本身之產銷或資金乃屬可控制之變數，其發展如何，正是規劃所要獲得的結果，然後藉由策略手段予以達成；但在短期內，絕大多數之策略手段或固定設備無法改變，則在此等限制下，預測本身產銷及財務發展趨勢方有意義。

在此也說明了有關預測之一項基本性質：預測的結果，並非目標，而只是決定目標的依據或假定資料而已。尤其從事長期規劃，所預測者，主要屬於環境發展趨勢；根據這種預測的趨勢、發現做為假定。究竟採取何種目標及策略，這還要取決於公司本身的經營使命、信念和價值判斷。在同一行業內的兩家企業，即使所依據的環境假定完全一樣，但所選擇的目標和策略卻可能有極大的差異。雖然在短期規劃中，一般而言，所訂定的營業目標可能和預測結果出入不大，這乃因短期內公司難有重大策略上的改變，而非表示預測結果就是規劃的目標。

但這並非謂預測在規劃中不重要，或可省略，因為如有較準確可靠之預測，則規劃者以此為基礎選擇本身之目標，亦必然較為合理而可行；而對於達成此等目標，應該採取那些策略或做法，考慮亦較為切實有效。這些對於改進規劃的品質與效能，都有重大幫助。

二、預測內容

預測既係配合規劃的需要，則預測的內容，主要配合規劃中對於「有關環境」的界說。這在本書第三章中已有說明。

一般而言，自一企業立場，所要預測的環境多數涉及以下幾方面：

- 政治及經濟環境：如政府政策（經濟發展、金融、租稅、貿易、產業、勞工、環境保護等等）、法令規章及經濟景氣等。
- 原料及能源之供應及價格。
- 勞動市場供需狀況。
- 社會風氣及輿論。
- 科技發展。
- 市場對特定產品或勞務的需要。
- 競爭狀況。
- 以上各種改變對公司本身營業及資源需要上的影響。

三、預測程序

在一較結構化的預測程序中，一般包括以下幾個步驟：

（一）從事背景分析

對於所要預測之產品、公司及行業之過去狀況，儘可能加以有系統之整理與分析。俗語說：「鑑往知來」，在基本上是正確的；因為預測者可從有關背景的瞭解中，深入掌握來龍去脈，這樣在未來所做判斷時，較能把握全盤狀況及關鍵所在。

從已獲得的歷史資料，可利用統計技術，發掘所預測事項的歷史趨勢，或相關數列間的關係，建立某種預測模式，以供下一步驟之利用。

（二）進行初步預測

預測不能只靠數字運算，必須儘量而且正確地利用人的智慧經驗與判斷。但數字運算所得結果，可提供一個討論研議的基礎，此即依照歷史資料所顯示之趨勢或關係，假定在其他基本條件不變的情況下，未來所可能出現的狀況。

至於預測模式所未包括之種種變數，有賴人員的意見及判斷，加入考慮。但要能使意見及判斷發生建設性功能，有賴公司之良好組織氣候以及領導作風，才能使所有參加的人都能依據本身的個人經驗及資料，坦誠而忠實地貢獻出來，能夠「和而不同」地產出最後比較一致的意見，據以調整初步數量預測的結果。

（三）繼續事實驗證

預測工作並不因已獲致一共同意見而告結束；隨著時間進展，原來所認為屬於「未來」之事物者，逐漸呈現眼前而成為事實。這時公司預測者應把握這機會，將真實狀況與預測狀況相比較。較小程度的差異，幾乎是必然會發生的；發現這類差異，也並不必然表示所採預測方法有何問題。但如發現差異情況相當嚴重（不管屬於高估或低估），而且具有系統性時，則應探討其原因何在。

（四）修正預測方法

根據所發現之原因，不管是所採模式問題，或是資料問題，或是程序問題，都應儘可能將其應用於改進原有預測方法上。

以上這四個步驟，乃是一種非常觀念化的描述，因此比起實際上所採取者，要簡化萬分。在每一步驟中，都涉及由誰來做，採用什麼技術，資料如何蒐集與利用，有何缺點或限制因素等等問題。但上述討論之主要目的，在於顯示：首先，預測並非一種單純統計或數量方法的問題；其次，預測程序本身乃是一個不斷自我改進的過程；希望一次就做到盡善盡美，是絕無可能的。重要的是，開始認真地做，虛心地檢討並求取改進。在這一過程中，經驗是非常重要的。

鑒於今天及以後的世界，充滿了所謂「不連續性」（discontinuity）的改變——也就是質的改變，而非單純量的改變——愈來愈多進步的企業採取所謂「應變預測」（contingency forecasting）。此即對於未來可能發生之重大關鍵事件，採取若干不同之假定，譬如一個假定是石油供應不發生問題且石油輸出國家組織不提高油價；另一個假定是每年提高油價 7%；第三個假定是每年提高油價 12%；再一個假定甚至是供應發生問

題；……以此類推。應變預測者，就是根據每一組假定進行一套預測，獲得每一組的結果。由於電算機的普遍應用，也是造成這種預測在技術上成為可能的一個主要原因。

四、預測技術

有關預測程序中所使用的技術，通常不限於一種，而是多種混合使用。但為說明方便起見，將其分為以下三大類：

（一）意見判斷

在此包括專家判斷，或調查一般意見。前者如根據各地區銷售人員估計市場需要或所謂「delphi 技術」；後者如調查可能顧客或消費者有關其購買意向及購買力之意見之類。在此僅就將一般較不熟悉之「delphi 技術」略予介紹。

所謂「delphi 技術」（Quinn, 1967; North and Pyke, 1969）最先係由蘭德公司（RAND Corp.）所發展，用於預測可能之軍事事件，而今日成為「科技預測」（technological forecasting, TF）之一主要技術。此即由預測單位分別以信函邀請對於某問題有研究之專家，請其單獨就所描述之事項表示其預測之意見，各專家彼此間並不知曉其他參加者，也不事先交換意見。而由預測單位之一位協調人歸納各專家意見，統計其分佈狀況，計算其中位數以及中間 50% 意見之所在，然後函請各專家參考此等資料，再做預測，而如所提供的意見不在中間 50% 範圍內者，還請特別說明理由。等收到這第二次答覆後，再做歸納，並將歸納結果如同第一次一樣再次提供給專家，做為下一次修正預測的依據。如此重複進行，可達三或四次。最後，依答覆之中位數做為預測結果。

一般情況下，不同專家的意見，在前後幾次中，有逐漸接近的趨勢。不過，由於他們彼此之間不相溝通，也不知是誰，這樣可以避免「附和」或「盲從權威」的心理，不致像在同一房間內舉行討論時那樣：某一位「權威」所發表的意見，將會影響了其他人。當然，這種預測結果好壞，和所選擇的專家是否得當關係甚大。

（二）數量方法──趨勢延伸

此即將已發現之歷史趨勢，將其延伸至未來。最簡單的方法即將已有資料繪製在座標圖上，然後加以延伸。其他較為複雜方法，如時間數列（古典模式）、指數平滑（exponential smoothing）、移動平均（moving average）等等。

(三)數量方法——相關模式

此即將對於某一現象之預測，建立在它和其他相關因素之關係上。譬如預測某種產品之市場需要量，乃發現和人口及國民平均所得有關，乃根據後二者之預測資料，以推算該產品之未來需要量。最常見者，如迴歸模式及經濟計量模式。

第二節　預算

預算代表一種以金錢收支表現的計畫，但是也是一種主要的控制工具。它有一定的期間；一般所稱的預算年度，涵蓋期間即為一年；但是也可以有分季、分月的預算；或是較一年為長期間的預算。

一、基本管理功能

預算的作用，不但使各種計畫獲有具體的內容，而且由於預算的編製，涉及組織各階層各部門，包括所有各種活動在內，使得預算編製過程等於對公司進行一全身之檢查。如能善加利用此一機會，可以使一組織發現許多問題，並加改進。

做為控制工具，預算將公司有限之資源做適當分配，使有關部門及人員瞭解其支出的限度；同時預算也等於是控制程序中所設定的績效標準，無論在收入或支出方面，都可將其與實際狀況比較，發現有無「失去控制」之情況。

二、預算編製

多數公司都編製有年度預算，一般在年度開始至遲三個月前開始編製，俾可在年度開始時，當年預算已獲最後批准定案。而一年內各季又有較詳細之分季預算，同時亦配合情況改變，將年度預算藉此機會予以調整（Bunge, 1968; Dykeman, 1969）。

一般而言，企業預算包括以下各項內容：

- 銷售或收入預算
- 生產預算
- 財務預算
- 資本支出預算
- 費用預算

編製預算時,首先估計年度收入;然後根據主要活動規模,估計各種業務支出,譬如:生產預算估計生產活動所需之原材料、人工管理及其他支出;財務預算為對於現金收支之預計;資本支出代表固定投資擴增項目;費用預算將包括所有其他未計在內之支出項目。

根據以上各種收支預算,遂可彙編為損益計算書,顯示收支相抵後可能獲得之盈餘或發生的虧損,以及年度結束時可能之資本負債狀況。由於預算乃建立在所有各種估計之上,譬如銷售預測便是一項估計收入的主要依據,在實際上,如何能做到較準確可靠的估計甚為不易,所以編製預算之程序認真去做相當複雜而吃力。

由於預算並非只是收支的假想記錄,而具有種種管理上的功能,因此遂產生有不同的預算觀念和編製方式,以配合管理上的需要。現將其主要幾種類型說明於次。

三、財務預算(financial budgeting)和計畫預算(program budgeting)

傳統的預算,係將收支分開編製;在支出方面,係按支出項目之性質加以歸類,同時也是按照組織單位而編製,這樣公司可獲知整個收支狀況,而各單位亦可知道本身所能動用之資源,並且按照這預定項目及數額與實際狀況相比較。這種預算,稱為財務預算。

但至一九六○年代初期,人們(Novick, 1970)感到,財務預算的一基本缺陷,在於未能將支出與所獲之結果——目標或產出——發生關聯;因此,未能評估:究竟某些支出所得到的結果是什麼?是否值得?一單位實際支出與其預算項目數字完全相符,究竟有何意義?乃提出「計畫預算」之觀念,此即支出項目依其目標或結果而歸類,不管其是否屬於同一組織單位。在這種預算觀念下,一公司首應界說其目標,愈具體愈佳;設計同樣可達成目標之各種替代性計畫(programs),並估計其成本;對於此等計畫進行成本效益分析及效能比較,以選擇其中最佳之一個計畫;根據所選擇之計畫決定所需預算。這樣所決定的預算內容,照樣可改編為傳統之財務預算以供執行及控制之用途。這種計畫預算在 1961 年由美國國防部採用,1965 年時由當時詹森總統下令所有行政部門全部採用,因而引起極大注意。

但是這種預算觀念代表一種「理性」的想法,因而忽略了實際行為上的一面。在計畫預算下,各部門之間,仍像過去一樣明爭暗鬥以求獲得較多經費;而計畫目標之每每無法明確界說,也使成本效益分析失去意義;有時勉強訂定一數量目標,結果所代表者,並非真正的目的。因此,儘管不能說這種預算沒有貢獻,但至少不像如開始時人們所寄望者。就以美國政府而言,自 1971 年後,已不要求行政部門必須採用此一制度。

四、零基預算（zero-base budgeting, ZBB）

就最基本的意義而言，零基預算要求，在年度開始時，每一預算項目，都和新列項目一樣，必須說明其何以需要的理由，與前一年度預算中有無列此預算項目，並無關係。這是它和一般預算最大不同之處。依傳統預算，凡屬繼續前一年度的預算項目，只需對新增部分加以說明理由就可以了。

在零基預算制度下，首先要確定最基層之決策單位（decision units）；也就是某一單位，有一位主管直接負責這一單位的支出水準及活動範圍。因而可以針對這些決策單位的目的、活動及作業進行檢討。然後，由這單位之主管擬訂一系列之個別計畫，在美國行政部門稱為「決策包」（decision packages），[1]排定其優先次序。最後根據這些計畫，提出預算要求。

一決策單位最主要的活動，構成最優先之計畫，這一計畫所需支出，代表這一決策單位之最低或生存必需之預算水準，也就是所謂「零基」（zero base）；如果這一決策單位所獲預算低於這一水準，它即無法維持。在這基礎上，其他計畫依優先順序而累加上去，但必須逐項說明所提計畫，係為了支持某種服務或活動，做為提出理由。

優先順序之決定，乃一件非常困難的工作，尤其在一規模龐大的機構內，沒有人能有這種能力和時間來擔任這一工作。因此，一般係由各主管對本單位所提出之計畫自行決定優先順序；再由上級主管根據所屬部門經理所提出的計畫再通盤決定。以德州儀器公司（Texas Instruments）而言，在每一組織階層都成立一委員會，由主管擔任主席，所屬單位經理參加為委員，從而決定這一部門的計畫優先順序。當然此外還有其他方法（Suver and Brown, 1977）。

一旦優先順序排定之後，根據支出總額，依理論言，即可確定當年預算。這樣一來，這組織內之每項活動都經過檢討與評估，無一將被遺漏，做為一種管理工具而言，應該是很理想的了。

但是根據在美國企業界及政府實施結果，正如同許多管理方法一樣，零基預算也是利弊互見。在利益方面：

---

[1] 依菲爾（Pyhrr, 1970）之說明「所謂『決策包』代表一文件，說明一特定活動（activity）之內容及範圍，使管理者能夠：（1）與其他活動相比較，並評估其優先順序，以便分配有限之資源；（2）決定是否加以批准。」實際上代表一較具獨立性之計畫，內容包括活動目標或結果，所需成本、人員、績效標準、替代性行動方案。乃自整個組織觀點，評估其貢獻（Anderson, 1976）。一組織究竟有多少這種計畫視其活動多少而定。例如以實施零基預算著名之美國喬治亞州政府，在 1972-1973 預算年度時，共有 11,000 個計畫。在這種情況下，恐怕非使用電算機不可了。

- 它提供一種辦法，將組織內各種任意性（discretionary）支出都付諸評估程序，瞭解其作用及成果為何；同時也能對於達成相同目標的不同方法，加以比較選擇。
- 這種預算制度可加以彈性應用。譬如只用在管理者最關切的範圍，或時間及金錢允許的程度；反之，能力不及或無關重要之活動，可以不實施零基預算。
- 可以節省高層主管的精力和時間，專心於考慮最具問題或爭議的計畫。這可藉由授權中基層主管就預算總額中之某一定百分比或金額自行決定而做到。
- 便於整個企業或機構之全盤檢討，促進溝通機會和參與管理，也是對於各級人員一種良好的訓練和教育功能。

在缺點方面，根據實施經驗，也有以下幾方面：

- 和計畫預算一樣，如何客觀設置或衡量一項「決策包」的目標及成果，每每成為問題。因此從事成本效益分析，變為相當主觀。
- 每年對各單位提出的計畫逐個檢討，代表一項極其繁重的工作負擔。所投下心力、時間和物力極其可觀，而其收效卻可能極有限。譬如美國農業部採用零基預算後，所改進者，僅僅是節省若干檔案費用，並減少約一萬元的無用研究計畫而已。
- 由於零基預算下的計畫，以決策包為單位，在缺乏相對應之會計制度支持下，對於實際支出若干，無法加以比較和控制。
- 它對於支援性活動最為有效；反之，對於像製造活動這種具有明顯之投入產出關係者，似乎不值得花下額外的人力物力編製。因此，一般認為，在於企業機構，這種制度較適用於服務或支援單位之活動上。
- 它仍難避免受人為操縱，譬如在安排計畫之優先順序上，成本低者較成本高者為優先，因此，經理者可故意將某些不甚重要之活動儘可能編製為成本較低者，而將某些心知高層主管重視之計畫，編製為成本較高者，使得高層主管不得不接受後者，因而連帶地也接受前者。由於不同單位主管在這方面的作風不一，往往使得相當重要的活動，結果卻得不到預算支持。

以上所列零基預算之優缺點，目的在使讀者對於這種制度有一較為平衡的觀點；它既非完美的和萬能的，但也不是沒有其優點和作用。問題仍在管理者是否知道將其用在什麼地方以及怎麼用上面。

五、變動預算（variable budgeting）及移動預算（moving budgeting）

由於預算編製建立在種種估計上，如果估計錯誤，則所編預算將失去作用。因此，為使預算具有較大之彈性以適應情況改變，因此遂產生變動預算及移動預算兩種制度。

所謂變動預算，係根據一項事實而來，此即某些預算支出項目，乃與產量或銷量具有一定關係，某些則無；前者一般稱為變動成本，後者稱為固定成本。基本上，編製變動成本預算係根據產量或銷量估計，因此隨著實際上所發生的產量或銷量以調整變動成本，這樣將可使預算內容不致因產銷量改變而失去效用，這種變動預算在企業界使用甚為普遍。

所謂移動預算，即將一預算年度分為若干期，例如三個月或二個月之類，如此每過一期，重新檢討未來各期之預算，並向前延伸，以保持一預算年度。舉個例子，假如在第三期終了時，高層管理者即對本期之實際績效與預算目標相比較與評估；同時，據以調整第五期的預算，並加確定；而且對於第六期的預算進行首次修訂，並對第七期預算進行初編。至於第四期預算，由於已於第二期結束時確定，因此即可在此時付諸實施。

由這一例子顯示，每一期的預算都經過兩次調整和修訂：一次在相隔一期前，更早一次在兩期前，而初編係在三期以前（Barrett and Fraser, III, 1977）。這種預算的優點是具有彈性和機動性，但所費人力及財力甚鉅，是否值得採取，必須視公司情況及需要而定。

六、經常遭遇之實務問題

由於預算與各組織單位及經理人關係十分密切，因此一般都對預算編製及執行非常重視。這種重視，除了前此所討論各種積極的管理上功能上，還包括本單位與經理者增進及保障本身利益的動機；後者常可造成對於組織之種種不利影響，構成種種預算制度的問題。此種現象，經常在實務上出現者，如：

- 故意虛列較高水準，以準備上級主管或委員會之削減。譬如預料將會普遍削減 10% 之支出數額，則在編列概算時，故意多列 10%，甚至 15%，以便削減以後，仍然維持實際希望的水準。
- 項目之間流用，此即在實施期間或期末，發現某些項目不足或已超支，而另外項目仍有多餘，因此將後者款項移用於前者。這種做法，在實際上常有必要，但公司一般多需經過一定申請與批准手續，如未經此種程序而擅自變更，甚至捏造，將使預算失去其控制作用。

- 期末「消化」預算：如果預算支出到了年度將屆時，仍有相當剩餘。在傳統預算制度下，下年度之預算水準主要根據上年度之實際支出；因此為免影響下年度預算被削減，對於剩餘之預算不願由公司收回，乃設法將其使用並報銷，一般稱這種現象為「消化」預算。

第三節　其他數量方法及技術

隨著電算機之發展與其普遍應用（次節將要討論此一問題），使得種種數量方法及技術也大量應用於解決規劃、控制以及決策問題上。此在本書第二章討論管理科學學派時已曾講到。在此，將對於若干一般較常應用者，做一簡單說明。讀者如欲對這些方法或技術希望有更進一步的瞭解，應查詢此方面專門論著或選修專門之課程。

在此所擬介紹者，包括均衡分析、網狀分析、數理規劃三者。

一、均衡分析（break-even analysis）

這種基本技術，可以應用在產品之利潤規劃中。它乃建立在收入、成本與利潤關係之上，因此從事此種分析，應先假定已知下列項目：

- 總收入：單價 × 銷量
- 總成本：固定成本 +（變動成本 × 銷量）
- 利潤：總收入 − 總成本

根據這種關係，規劃者可以用數學方法或圖解法求得一均衡點（break-even point）；意即：當銷量恰等於此點時，總收入等於總成本；銷量低於此點，將發生虧損；銷量超過此點，則發生盈餘。如此，就短期言，規劃者一方面知道某產品應能銷到多少數量以上，方有利可圖；另一方面，根據他對市場的預測可能銷量，也可以估計可能產生的盈餘或虧損。這種瞭解，對於規劃而言，都是很基本而且必要的。

舉個例子：設如某產品之固定生產成本為 $25,000，變動成本為每單位 0.7 元，而預訂單價為 1.2 元，則均衡點為 50,000 單位，因為均衡點可由下列公式計算：

$$固定成本 \div （單價 － 變動成本） = 25,000 \div (1.2 - 0.7)$$
$$= 25,000 \div 0.5 = 50,000 \text{ 單位}$$

此時總收入為 60,000 元，而總成本也是 60,000 元，這也可由圖 7-1 看出。如超過或不到此均衡點時所發生的盈虧，也很容易加以計算。

不過，使用均衡分析，必須瞭解其限制：

- 因為它假定成本結構及價格均不變動，所以只能應用於短期狀況，而不能用於長期規劃。
- 它假定成本與收入均隨數量呈直線關係改變，此常與實際狀況不符，譬如由於數量折扣關係，收入之增加較銷量增加為低；固定成本也可能因銷量超過某一程度後，必須酌量增加以資配合；而變動成本亦可能因產量或銷量增多而減少，諸如此類關係，均未能表現於例示之直線關係上，不過，亦有非直線之均衡分析技術，但在此不擬加以說明。

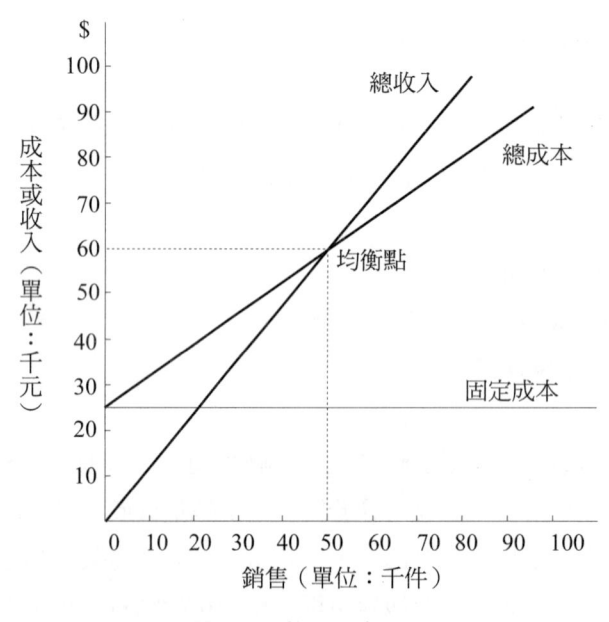

圖 7-1　均衡分析圖

二、網狀分析（network analysis）

這類技術，最適用於大型而複雜之專案計畫上，做為規劃與控制之主要工具。其本身可說是由早期甘特圖（Gantt Chart）之類技術發展而來，用於辨別及分析一計畫內各部分工作之關係，並予以做最佳之安排。我們經常聽到的計畫評核術（program evaluation

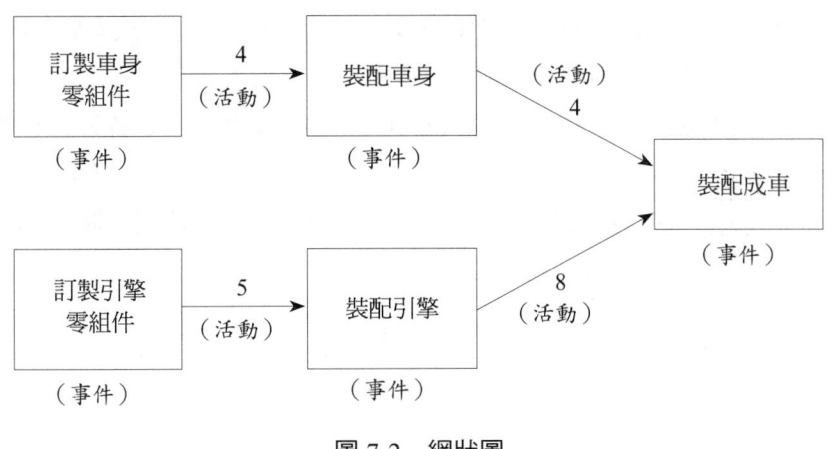

圖 7-2 網狀圖

and review technique, PERT）或要徑法（critical path method, CPM），都是屬於網狀分析。因為這類技術，基本上都利用網狀圖，以表現一專案計畫之各部分活動及其先後關係與所需時間。

現以一最簡單的網狀圖加以說明。譬如在一汽車裝配工廠內，將主要零組件分為車身及引擎兩大部分，二者均先經過訂貨及裝配階段，然後再裝配為一完整之汽車。如圖 7-2 所示（Bock and Holstein, 1963: 11）。

在圖中，連結兩項事件（events）的箭頭間，有一數字乃代表完成前項事件所需之時間，稱為活動（activity）。因此，包括訂製及裝配車身之兩項活動，共需八日，而訂製及裝配引擎活動，卻需要十三天，在這情況下，是否能如期進行裝配全車，取決於後一活動路線能否如期完成，這一路線稱為緊要路線，或要徑（critical path）。即使一切如圖中所顯示之進度進行，則在車身部分完成後，仍有五天時間等待引擎部分，此一時間稱為寬裕時間（slack time）。規劃者可考慮將車身部分之人力或器具移用於引擎部分，如此可縮短後者所需時間，使整個工作提早完成。

諸如此種分析，均可藉由網狀分析予以完成。但今日有關此方面技術已突飛猛進，加上電算機之利用，對於極其複雜之計畫，已能將眾多活動之時間、成本及人力、設備各種因素，予以周詳之考慮，做最佳之安排。

計畫評核術，係由美國海軍專案計畫處，於 1958 年首次應用於北極星飛彈計畫上，被認為對於該計畫能縮短兩年之設計與發展時間，極有貢獻，此後被廣泛應用於民間及政府各種機構內，並常列為投標或申請計畫時之必備條件。要徑法之發展大約與計畫評核術同時，但係由杜邦公司所發展，主要應用於營建業工程計畫上，亦極普遍使用。

二者在方法上不同之處大致為：計畫評核術開始時，並未考慮成本與時間的關係，而假定成本隨時間而改變。但要徑法卻一開始就將成本列入考慮。但今天的計畫評核術已將極其精密的成本分析包括在內，稱為 PERT/Cost。除此以外，二者另一不同之點，為對於活動時間所採估計方式上：要徑法只做一個估計，而計畫評核術卻有三個估計；此即：樂觀時間（a），最可能時間（m）及悲觀時間（b），然後將這三種時間依下列公式合併為預期時間（expected time，t_e）：

$$t_e = \frac{a + 4m + b}{6}$$

網狀分析——不管是計畫評核術、要徑法或其他模式——對於規劃和控制均有極大幫助：

1. **在規劃方面**：最大貢獻為節省時間並求資源之最有效利用。諸如：
    - 利用寬裕路線之人力物力於緊要路線之活動上，俾可縮短全部計畫時間。
    - 發現不必要之工作，加以剔除。
    - 必要時可增加投入之資源，所獲效益超過所付代價。
    - 對於某些費時過多以致妨礙整個計畫進度的工作，可採外購或外包方式，以求省時及省力。
2. **在控制方面**：網狀分析對於作業性工作，乃是一最具體有效的控制技術。由於每一活動之時間及資源均有詳細之標準存在，因此使整個計畫隨時均在控制之內，任何意外狀況發生，立即可以發現，加以檢討處理。工作人員也都瞭解本身任務及工作，可做較大的授權。在該計畫內包括外購或外包的部分時，利用網狀圖亦可給予較佳之協調與控制。

三、數理規劃——線型規劃（linear programming, LP）

在規劃中經常遭遇的一類問題，即為資源分配（resource allocation）問題，此即在若干資源及其他條件限制之下，如何選擇一最佳方案以達成某特定目標。二次大戰後，主要由於一位服務於美國空軍的數學家鄧西克（Dantzig, 1951）的貢獻，發展出一特定之數學模式及其解法，使人們對於這類問題獲得了一極有用的分析工具，以代替原來的直覺判斷。此即此處所討論的線型規劃。

使用線型規劃於某調配問題，必須能將調配之目標，以及此目標與所採方案變數間的關係，以數量方式加以表現，此一函數關係稱為「目標方程式」（objective function）。例如在一有關廣告媒體使用之計畫中，其目標為求將信息送達最大可能人數之潛在顧客。而這種人數多少，又係假定受所使用各種媒體數量（以某種單位表示）以及單位媒體數量所能抵達之潛在顧客人數所決定。在這些假定下，這些變數間的關係，都是屬於直線型式的，所以稱為線型規劃。當然，此外亦有假定並非線型關係的類似模式，稱為非線型規劃（nonlinear programming），唯不在本書討論範圍以內。

適合使用線型規劃的問題，一般有以下幾種型態：

- 資源調配（如前所列舉在一定廣告預算限制下，如何將其分配於各不同媒體以收最大廣告效果）
- 運輸分配問題（如指定各工廠產品供應不同市場，使運費最低）
- 使需求、產量及存貨水準獲得最佳配合

現舉一例以說明線型規劃之應用：

某工廠可生產 A 或 B 兩種產品，同樣需要利用甲、乙、丙三部門之人力及設備；譬如甲部門負責製造工作，乙部門負責裝配工作，丙部門負責包裝工作。由於各部門之生產能力有一定限度，故如多分配於產製 A 產品，則可用於 B 產品者即相對減少；反之亦然。各部門之生產能力（依每日分鐘計算）以及 A、B 兩產品之單位利潤貢獻，均假定如表 7-1，在這情況下，工廠之生產部門主管應如何決定其產能之分配？生產若干單位 A 產品或若干單位之 B 產品以求最大之利潤貢獻？

表 7-1　××工廠生產能量及產品利潤貢獻

部門	每單位產品需用時間 A	每單位產品需用時間 B	每日工作能量（分鐘）
甲（製造）	6	6	300
乙（裝配）	4	8	320
丙（包裝）	5	3	310
單位產品利潤貢獻	$10	$12	

如上所述，這一工廠目標為擴大兩種產品之利潤貢獻（P），而各部門每日可用時間不能超過（可以小於）每日工作能量，則依線型規劃，可將這問題表現為以下型式：

目標：求 P = $10A + $12B 為最大

（A 及 B 代表兩種產品之生產單位數量）

限制條件：

$6A + 6B \leq 300$……甲單位能量

$4A + 8B \leq 320$……乙單位能量

$5A + 3B \leq 310$……丙單位能量

$A, B \geq 0$

依此等目標方程式及限制條件不等式，即可求得解答 A = 20，B = 30，此時工廠之總利潤貢獻為最大，亦即：

$$P = \$10（20）+ \$12（30）= \$200 + \$360 = \$560$$

並非所有調配之決策問題都可應用線型規劃加以解決，首先，必須有關變數間的關係必須是直線性質，或相當接近直線性質；其次，線型規劃屬於一種確定性（deterministic）模式，變數間的關係皆屬一定，這一條件在實際狀況下也不易滿足。再者，使用這種種方法必然增加相當費用及人力，使用時自需考慮，所獲好處是否大於所增代價。

四、電算機之應用

在討論本章所說明之各種管理數量方法及技術時，不能不提醒讀者注意到電算機之應用上的發展。如果沒有電算機所提供之處理及儲存資料之驚人能力，種種進步之數量方法及技術，幾乎是無法加以實際應用的。

即使在美國，在 1950 年以前，甚少有公司對於產業或公司之市場需要進行預測工作。主要理由之一，即因所需投下之人力及時間無法負擔。但是有了電算機，此類問題，即使包括數十個變數，亦可能在幾小時或幾分鐘內獲得解答，因而能夠將市場需要預測問題變為一經常性工作。

再者，原來只有大型公司能夠負擔的電算機使用費用，近幾年也發生驚人改變，由於時間分享（time-sharing）辦法及小型電算機（minicomputer）的改進，使得中小型企業也有能力利用電算機於解決種種管理上的問題。

就控制用途之應用而言，若干年前，一位主管對於若干極簡單的資料，例如庫存現金，常需等待好幾天或一星期以上才能獲得會計報告，使用電算機後，可以第二天清晨獲得前一天的實際狀況報告，或利用即時系統（real time system），可以隨時查詢當時的現金使用狀況。以此類推，這對於控制工作具有極大的影響或幫助。

我們還可以舉出若干事例（Richman and Farmer, 1975: 251-252）：

- 某大航空公司於每天早上提供每位高層主管一份前一日之損益表及其他相關財務資訊。
- 某一鐵路業務部門能在兩秒鐘內，找到任何一條路線的任何一列貨車現在何處，處於何種狀態（移動、裝載、閒置）之資訊。
- 某大型土木機械製造廠家能自總公司控制所有其零組件存貨；目前其存貨散佈於53個國家164座倉庫內，價值美金4億元。所控制之零組件多達63,000種，如臨時需用某一零件，只需一或二秒鐘，即可找到其儲存地點。這一系統並能根據存貨水準及過去使用記錄，自動對耗用存貨進行訂製。
- 某公司製造25類產品，擁有18座倉庫，42處市場，和8座廠房，能隨時決定在何處生產、儲存及裝運以獲得最佳結果。
- 幾乎所有煉油廠均利用電算機，根據本身外銷區域內之需要量及價格資料，決定最佳之產品組合：包括柴油、柏油、汽油或機油等。

諸如這些事例，並非最新發展，而是在先進國家企業中甚為普遍之電算機應用範圍。如果沒有電算機，恐怕是不可能做到的。

有關電算機在整個管理系統之應用，本書將於次章討論決策與管理資訊系統時，再加進一步與較完整之探討。

第八章　決策

第一節　決策之意義及其程序
第二節　決策模式與決策理論
第三節　開放系統與群體決策

所有的管理功能，不管包括那些，都離不開決策。規劃時需要決策，控制時需要，組織時需要，因為決策代表一種選擇的過程；此即針對一項問題，從二個以上的替代方案中，選擇一項行動方案，俾可獲得最佳之解決。某些學者（Massie, 1964: 32-33）將決策視為管理功能之一；但在本書中基於上述觀點，認為它是所有功能中都包括的活動，而非一項單獨的功能。

決策乃是管理者最主要任務之一，但要做好這一工作，有賴獲得正確、即時而較完整的資訊。依佛雷斯特（Forrestor, 1962），「管理代表一種將資訊轉換為行動的過程，我們將這種轉換過程稱為決策……。」資訊乃是決策過程的主要素材，因此一組織內管理人員的決策水準如何，在相當大程度內，取決於這組織能否將決策所需的資訊供給各有關管理者。因此，在本章之後，本書亦利用專章以說明一組織之管理資訊系統。

第一節　決策之意義及其程序

一、決策的意義

決策，或即稱「做決定」（decision-making），常常被用來代表不同的意義。首先，由於「決策」這一名詞本身採用之不當，甚為容易使人望文生義，以為是「決定政策」，因而常常以「決策階層」代表一組織內之高層主管，以為只有他們才有資格決定政策。其實，決策就其在管理上的意義而言，既不限於政策的決定，也不只指高層主管。其次，還有時候，決策涵義為下決心，譬如某人考慮採取某一行動，經過相當時間考慮後，決心付諸實施，似乎是「吾意已決矣」的狀況。這一瞭解也不完全正確，下決心可能是決策的一個步驟或階段，但不能代表整個決策過程。

二、決策程序

決策的中心意義為「選擇」，只要任何活動不涉及「選擇」這一要素在內，不可能是決策。但在選擇以前，決策還包括其他步驟：

第一、問題發現階段：此處所謂之「問題」，可能兼含「效果」或「效率」兩種觀點。換言之，問題可能指現存狀況不適合外界環境之需要或條件，也可能指現有工作表現不能符合內部所訂定之績效標準，因而兩者均可導致決策之需要。

第二、方案發展階段：如要解決上述問題，必須能發掘、設計及分析二個以上的解決方案。決策效果如何，和這一階段所發展的方案是否良好，具有密切關係。

第三、方案分析階段：此即探討各個方案之可能後果，將之比較。一般情況下，各個方案究將導致何種後果，是不確定的。

第四、選擇階段：自可能之解決方案中，選擇一項付諸實施。

實際說來，這種決策程序只是代表一種最基本的觀念而已。進一步深究，將發現其背後涵蓋著許多問題，譬如：

- 在管理學中所探討的，究竟是「應該如何決策？」或是企圖發掘及說明「實際上人們在組織中如何決策？」前者屬於規範（normative）觀點，後者屬於描述（descriptive）觀點。
- 如採規範觀點，決策應屬於理性的行為，什麼又是「理性」（rationality）？又在實際上，決策是否受理性的支配？
- 決策屬於開放性質或關閉性質？如決議過程不斷與外界環境互動，並受外界環境因素的影響，則屬於開放性質；否則，屬於關閉性質。
- 決策有個人決策與群體決策之別，二者之間有何關係？有何不同？

諸如此類問題，皆擬在本節內予以扼要說明。

三、規範觀點與描述觀點

一般而言，管理科學所探討者，都屬於規範觀點下的決策方法與技術；俾可在眾多可能方案中，選擇一「最佳」之方案。而行為科學家所感興趣的，卻為描述在真實之組織中，決策是如何進行的。因而這兩種觀點下所提出的問題與所獲得的答案都不相同，如表 8-1 所示。現在我們先自規範觀點出發，以討論決策問題。

表 8-1　不同觀點（規範性與描述性）下之決策構成因素之比較

	描述實際行為	建立規範模式
決策	組織內有那些決策？ 這些決策問題如何產生？	何謂一「最適」之決策？ 如何能改進決策之效能？
決策者	組織內之決策者有那些特徵？ 有那些因素影響決策者之行為？	一理性之決策者應如何進行其決策？
決策程序	在組織內決策究竟是如何進行的？	在一組織內究應如何決策？

資料來源：Albert H. Rubenstein and Chadwick J. Haberstroh, eds. *Some Theories of Organization* (Homewood, Ill.: Irwin., 1966), p. 578.

四、理性決策

　　管理科學家所討論的決策，常常冠以「理性」兩字的形容詞，其涵義為客觀的、有系統的和數量化的方法。這種觀點，至少涉及兩層問題：究竟什麼是理性？以及利用一般所認為的理性方法，是否就足以解決決策問題？

　　依古典經濟學的假設，理性行為包括以下幾點：

第一、對於有關環境因素，具有完整的知識。
第二、能夠依照某種效用（utility）尺度——主要為貨幣值——將不同偏好予以排列先後順序。
第三、能夠選擇一項方案，使決策者所獲效用為最大。

這種條件，只有假定決策為一關閉性系統狀況下才能存在，這也是一般建立解決問題模式時所根據的假定（Taylor, 1965: 48-86）。以此為基礎，我們可以開始討論若干觀念上問題：

（一）效用問題

　　所謂效用，是指有一種客觀、普遍存在的效用？或是因決策者而異的效用？我們很難想像有一種任何情況下可以適用於任何決策者的效用。古典經濟學所假定的最大利潤目標，實在只代表一種特殊狀況。可是今天已無人認為這是唯一的目標——不管應用於個人或組織。易言之，效用應該是隨決策者之價值系統不同而不同，因此在實際決策狀況中也是非常複雜的。

　　近年來，管理學者（Richman and Farmer, 1975: 136-155）常將一組織所追求的目標，區分為效率（efficiency）與效果（effectiveness）兩大類。所謂「效率」，可用這麼一個公式代表：

$$E = O / I$$

此處，E 代表「效率」，O 代表「產出」（output），I 代表「投入」（input）。假如投入水準不變，而產出增加，這表示自投入至產出間的系統效率提高；例如我們常說生產

效率提高,或分配效率提高,就是說:某生產系統或分配系統之產出與其投入間之比例提高之意。同樣地,如投入水準減少,而產出不變,也可使效率提高。

效果則代表一系列產出所達成預定目標之程度,因此一系統之效果大小,乃受所預定目標之內容及程度之影響。譬如某公司預定要獲得某類產品 30% 之市場佔有率,但在預定期間內,只獲得 25%,則此一系統之效果顯然不夠理想。

效率和效果代表不同之績效要求;二者之間很可能發生有不同的成效,譬如一系統之效率甚高,但其產出並無多大效果;或反過來,效率不高,但卻獲得相當不錯的效果。還有要考慮者,即自那一組織階層或決策者立場而言,也會有不同的評價。譬如自一倉儲系統立場,其管理效率甚高,因倉儲費用大為減低,但背後理由可能是經常利用小量緊急訂貨或供應辦法,使運費大增,則自整體實體分配管理系統而言,倉儲效率高正是造成整體系統效率低的原因。

再就效果目標而言,譬如自公司股東立場,認為公司年度盈餘較往年水準為高甚多,經營效果不差;但自社會大眾或顧客立場,卻可能認為這一公司在過去一年減少甚多服務項目或產品,效果不佳。因此要瞭解決策所追求之效用問題,必須瞭解所指的效用,乃係誰的效用。

(二)充分知識

人們對於與某一問題有關的事實狀況,以及對於未來可能發展的預測,所知都是有限的。「充分知識」這一假定,在事實上是難以實現的。因此,決策者很難將所有可能的方案都加以發掘以供選擇,他只能就所知範圍內的方案加以考慮,因此西蒙（Simon, 1966: 1-11; 61-109; 220-247）稱這種理性為一種「限度內理性」（bounded rationality）。[1] 在這限度內,我們可能承認他所做的,屬於一個「理性的」程序（rational process）。但客觀而言,其結果並非屬於一個「理性的」選擇（rational choice）（Kast and Rosenzweig, 1970: 376-377）。

由於上述原因,西蒙認為,決策者所追求的,不可能是一「最適的」（optimal）決策,而只是一種「差強人意的」（satisfying）決策。一般在管理科學中所稱的最適的決策,事實上,乃因已假設所考慮的乃屬一關閉系統的緣故;種種外在的、不可知的因素和變動,已排除於系統以外。

---

[1] 西蒙氏即以在決策理論上之貢獻,獲 1978 年諾貝爾經濟學獎。

尤其對於所採方案後果的預測上,決策者只有在極少數的情況下,才能有確定的答案。依決策理論這種情況,稱為「確定狀況下的決策」(decision making under certainty)。但更多時候,決策者只能知道在某種假定狀況下可能導致有那些種後果,以及每種可能發生的機率,這稱為「風險狀況下的決策」(decision making under risk)。還有時候,決策者即使是這種發生的機率都不可知,這又屬於「不確定狀況下的決策」(decision making under uncertainty)。有關這三種狀況下的決策方法,將於後文中論及。

(三)決策者

前此討論中,曾一再提及決策者(decision maker)在決策中的重要性。譬如一決策是否合乎理性,自決策者本人的價值目標和所具知識來看,可能合乎理性,但對於局外人來說,卻可能不是。也因為這緣故,一旦將決策者個人因素考慮進去——包括他的價值系統、認知程序以及與外界的互動等因素在內——則這一決策系統必然趨於開放性質。

譬如古斯及塔古里(Guth and Tagiuri, 1965)將個人價值觀念分為六類:(1)理論人(the theoretical man):重視思考和推理,追求真理和知識,較不重視美觀和實用。(2)經濟人(the economic man):重視實際和效用,追求經濟資源的有效利用和財富的累積。(3)藝術人(the aesthetic man):重視美觀和和諧,追求生活情調,從一件事本身來衡量其價值和意義。(4)社會人(the social man):重視人本身的價值,熱情而不自私,富於利他和公益心。(5)政治人(the political man):重視權力和競爭,追求地位和影響力。(6)宗教人(the religious man):具有悲天憫人的胸襟,追求超乎世俗意義的價值和滿足。當然,這種分類純粹是理論性的,沒有一個有生命的人會完全屬於其中某一類;每個人多多少少都含有每一類成分在內,只是比例不同而已。在此所要強調的是,隨著價值系統結構的不同,對於一個人的決策產生甚大影響,甚至他自己都不知道。

再者,決策者可能是個人,也可能是一群體(group),而個人與群體之間在決策上又可能互相影響,這又構成一複雜之問題。有關群體決策之過程及其優劣點,乃是管理文獻中一項非常熱烈討論的問題(Davis, 1969; James, 1972; Maier, 1963)。本書稍後再加討論。

五、決策程序之程式化(programmability)問題

本節最後擬對於決策程序之可否程式化問題,做一說明,以提供讀者對於決策觀念進一步之瞭解。

有許多決策由於非常接近一關閉式系統,其目的、步驟、考慮因素以及選擇法則等都可以事先安排,只要提供一定的資訊,即可達成決策。譬如生產控制和存貨控制,就接近這種狀況。甚多企業利用自動資訊系統提供所需之資訊,及一定之標準化程序,即可由電算機做成決定,甚至直接執行。這種程序化決策,不但可保證決策達到相當的品質水準,而且大量節省管理人員時間精力以供移用到其他工作上。

　　所謂其他工作,主要屬於「非程式化決策」（nonprogrammed decisions）,這類新出現或非結構化的決策問題,尚無一定之解決步驟或技術,主要依賴決策者之判斷。

　　隨著決策程式化的程度不同──請注意這裡是說「程度」而非絕對的類別:可程式化與非程式化──所使用的決策技術也因之不同。對於可程式化的決策問題,人們可設計計算步驟及方法,只要照著做,即可獲得一「最適」答案,譬如計算經濟訂貨量及訂貨期間之類。但對於非程式化決策,如前所述,需要決策者之判斷。介於其間者,為所謂「經驗式規劃」（heuristic programming）,管理者企圖自嘗試錯誤中發現某些決策規則,雖不能找到最適答案,但可縮小考慮範圍,並可利用電算機的幫助。對於結構化程度較低的問題,這種決策方式具有其甚大作用。

第二節　決策模式與決策理論

一、決策模式

　　面對一決策問題,為能利用各種極具威力的數學分析工具,以求一最佳解答,必須將決策問題有關因素予以簡化與抽象化,藉由數學符號表現此等因素及其間關係,這種數學方程式──單獨一個或一組多個──構成一般所稱的「模式」（model）。不過由於模式尚可以數學以外方式表現,因此特別稱這種模式為「數理模式」（mathematical model）以示區別。

　　以這種模式代表一實際問題情況,有一基本好處,此即可以假設各種可能狀況,加以演算,以測驗所導致的影響及各種可能後果。就所考慮的範圍言,這樣所獲之知識,較之依賴經驗或判斷所獲得者,來得精密而客觀。管理科學家的主要貢獻,即提供各種科學方法與技術,將決策情況納入數理模式,然後予以解決。故「模式建立」程序乃被認為是管理科學的核心所在。

　　決策模式有不同類型,主要取決於建立模式者心目中的決策情況而定。後者之基本構成,包括三類因素:

$$Q_{ij} = f(A_i, N_j)$$

Q_{ij} 代表在 i 方案（A_i）及 j 自然狀況（N_j）下之結果。舉個例子，譬如某廠商考慮將其產品單價提高 10%（A_i），如果競爭者也隨同提高（N_j），此時該廠商所將獲得的利潤依計算將為某數值（O_{ij}），但如其競爭者並不隨同提高價格，則所獲利潤將大為不同了。

根據這種基本結構，我們將可發現，決策者所考慮的各種可能方案，究將導致何種結果，受外界不可控制的自然狀況（state of nature）影響至大。因此，對於此自然狀況要給予特別之注意。

如前節所稱，對於決策之自然狀況可以有三種假設：（1）確定狀況，（2）風險狀況，（3）不確定狀況。現就分別這三種狀況，說明其決策模式及其解決方式。

二、確定狀況下之決策

在確定狀況下，決策者知道所有可能的解決方案以及每一方案所將獲得的結果。這種情況在實際生活中極其少見。但如發現有這情況，決策者只要依照本身所訂標準，找到能夠導致最佳結果之一個方案，加以選擇即可。

茲舉一簡單例示如下：

譬如某大百貨公司為配合發展業務之目標，考慮兩項方案，一為在郊外設一分公司，一為擴大市區內公司現址，公司選擇標準假定為淨利。目前面臨的問題是：究應採取那一方案？

經過公司企劃人員的分析，兩個方案各有優劣，主要取決於可能之銷量而定，如果所增加的銷量在 2 千 5 百萬元以下時，以擴大現址之方案獲利較多；反之，如能增加銷量在 5 千萬元以上時，則新設分公司獲利較多，其狀況如表 8-1 所示。為了使例子較為真實，表 8-1 中包括有四種假設的自然狀況，根據這些狀況以計算兩個方案所能獲得的利潤，所獲結果稱為「條件報償值」（conditional payoffs），此即在特定條件下之報償。但各條件報償值可表現為一「報償矩陣」（payoff matrix）。如表 8-2 所示。

表 8-2　不同可能銷量下兩項方案之條件報償矩陣（單位：千元）

可能方案 (A_i)	可能增加銷量 (N_i)			
	N_1	N_2	N_3	N_4
	10,000	25,000	50,000	75,000
增設分公司 (A_1)	-300	1,100	2,300	3,400
擴大現址 (A_2)	700	1,200	2,200	3,300

所謂確定狀況,即是決策者已肯定何種自然狀況將要發生。以上例言,假如決策者已知所將增加之銷量為 5 千萬元或以上,則他毫不猶疑將採取增設分公司之 A₁ 案。

三、風險狀況下的決策

在實際生活中,決策者不可能如前段所稱那樣有把握獲知所增加銷量究將多少,四種估計都有可能。依風險狀況的定義,決策者自所進行研究及經驗綜合判斷,各自然狀況之發生機率如下:

$$N_1 = .20 ; N_2 = .30 ; N_3 = .35 ; N_4 = .15$$

依此計算 A₁ 及 A₂ 兩方案之期待值(expected value, EV)如下:

$$EV (A_1) = (-300)(.20) + (1,100)(.30) + (2,300)(.35) + (3,400)(.15) = 1,585 \text{(千元)}$$
$$EV (A_2) = (700)(.20) + (1,200)(.30) + (2,200)(.35) + (3,300)(.15) = 1,765 \text{(千元)}$$

由於 A₂ 之期待值高於 A₁,因此決策者在未考慮其他因素前,可能決定採取擴大現址(A₂)之方案。

四、不確定狀況下的決策

當決策者對於可能發生的自然狀況,無法賦予其發生機率時,這屬於不確定狀況。在這種狀況下,有四種決策哲學:

(一)樂觀準則或最大之「最大報償」準則(the maximax payoff criterion)

如果決策者採取樂觀之哲學,則他只比較各方案在各種可能狀況下的最大報償值,然後選擇其中又屬最大者。以表 8-2 之報償矩陣而言,A₁ 之最大報償值為 $3,400 千元,A₂ 為 $3,300 千元,顯然以 A₁ 為大,因此選擇這一方案,即採取增設分公司之途徑(A₁)。

（二）悲觀準則或最大之「最小報償」準則（the maximin payoff criterion）

在悲觀之哲學下，決策者不是企望最大報償值之出現，而是準備最低──或最不利──之報償狀況出現，然後加以比較，選擇最低報償值為最大之方案。以同一例子言，A_1 之最低報償值為 -300 千元，而 A_2 為 700 千元，因此選擇 A_2，亦即擴大現場方案。

（三）最小之「最大遺憾」準則（the minimax regret criterion）

所謂「遺憾」，係指在特定自然狀況下所選擇之方案，並非當時最佳方案，則所損失之報償值──或最佳方案與所選擇方案二者報償值之差──稱為遺憾值。

以表 8-2 而言，首先可將其各方案之報償值改變為遺憾值，如表 8-3。

依表 8-3，A_1 及 A_2 之最大遺憾值分別為 $1,000 千元及 $100 千元，顯然 A_2 較 A_1 為小，因此在選擇最小之「最大遺憾值」準則下，決策者仍將選擇擴大現址之方案（A_2）。

（四）賴普勒斯準則（the Laplace criterion）

由於決策者不能確定各種自然狀況可能發生的機率，何者機會較大或何者較小。在這情況下，我們也可認為，它們每一種狀況都有同等的機會，這又稱為「不充足之推理主義」（the doctrine of insufficient reasoning）（Miller and Starr, 1967: 122-124）。

依此種觀點，N_1，N_2，N_3 及 N_4 各有四分之一或 .25 之發生機率，依此計算兩方案之期待報償值：

EV (A_1) = (.25) (-300 + 1,100 + 2,300 + 3,400) = 1,625（千元）
EV (A_2) = (.25) (700 + 1,200 + 2,200 + 3,300) = 1,850（千元）

由於 A_2 之期待報償值大於 A_1，因此決策者仍將選擇 A_2 方案。

表 8-3　不同可能銷量下兩項方案之條件遺憾矩陣（單位：千元）

可能方案 (A_i)	可能銷量 (N_i)			
	N_1	N_2	N_3	N_4
	10,000	25,000	50,000	75,000
增設分公司 (A_1)	1,000	100	0	0
擴大現址 (A_2)	0	0	100	100

五、衝突情況下的決策

除了以上三種可能之情況外，還有一種甚為普遍，但與前三種情況甚為不同的情況。此即在有競爭對手（opponents）之情況下，某一方案之條件報償乃視競爭對手之反應而定。我們也可以說，自然狀況乃控制於對手；同樣的，本身所採取之方案，也同樣構成對手的自然狀況。分析這種狀況，屬於競賽理論（game theory）的範圍。

最單純的一種競賽狀況，為所謂「兩方—零數和」（two-person zero-sum）的狀況。此即表示，此時只有敵對的雙方——可能是個人，廠商或其他團體——如果一方獲得利益，他方必受損失，一方獲益愈大，他方受損亦愈大。損益之和恰等於零，故稱「零數和」。雙方對情況都有相同而完整的知識。

假定在上述狀況下，A 方有 m 個可行方案，B 方有 n 個可行方案，而 A_i 與 B_j 雙方方案之組合可造成 E_{ij} 之後果，則整個競賽可利用一個 m×n 矩陣代表，稱為競賽矩陣（game matrix），如圖 8-1 所示：

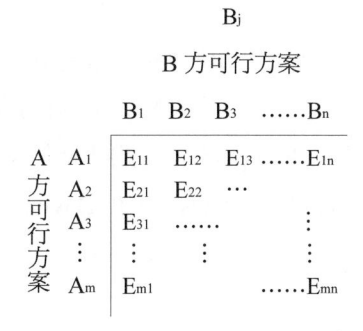

B_j

B 方可行方案

		B_1	B_2	B_3	......	B_n
A 方可行方案	A_1	E_{11}	E_{12}	E_{13}	......	E_{1n}
	A_2	E_{21}	E_{22}	⋯		
	A_3	E_{31}	......			
	⋮	⋮	⋮			⋮
	A_m	E_{m1}			......	E_{mn}

圖 8-1　兩方零數和有限方案下之競賽矩陣

圖中 E_{ij} 代表 A 方之利益或 B 方之損失，因此 A 方希望 E_{ij} 愈大愈好，B 方則相反。這是屬於最簡單的競賽狀況，在較複雜的狀況中，參與的競賽者可超過兩方，損益之和也不必恰等於零。這種複雜狀況也許比較接近現實，但卻未必能求得分析之解答。

如何求得競賽狀況下之最佳解答，已超出本書之範圍，但為供讀者有一最基本的印象，以下將選擇一數值例子加以說明。

設在一實際狀況中，A 方與 B 方之競賽矩陣如下：

	B₁	B₂	B₃	B₄
A₁	40	34	30	33
A₂	38	35	36	37
A₃	28	33	37	38

依上圖 A 方有三個可行方案，B 方有四個方案。矩陣各項數值，代表 A 方之報償或 B 方之損失。

但 A 方立場，假定他採取任何一個方案，B 方都將採取一最佳對策，此即他若採 A₁，則 B 將採 B₃，其報償為 30；他若採 A₂，則 B 將採 B₂，報償為 35；他若採 A₃，則 B 將採 B₁，報償為 28。依最大之「最低報償」準則，A 將採取 A₂，因此時報償 35，較 A₁ 及 A₃ 時為大。反之，自 B 立場，亦採悲觀立場，對應於 B₁，B₂，B₃ 及 B₄ 之最大損失為 40，35，37 及 38。此時，B 將依最小之「最大損失」準則，採取 B₂，因此時 B 方之損失只有 35。

在這一特殊例子中，由於 A 及 B 所預期者，都集中於 A₂B₂ 一點，此點稱為 saddle point 或均衡點（equilibrium point），這點代表雙方之最佳選擇。

但是並非所有競賽都有這種 saddle point，有關此種無 saddle point 之決策，讀者可參考專書（Richmond, 1968; Levin and Desjardins, 1970; Davis, 1970）。

六、模擬（simulation）

在許多決策情況中，由於所涉及變數以及其間關係過於複雜，無法利用一般數學模式予以充分表現，因此也無法利用分析方法求得一最佳解答。在這情況下，模擬常是唯一可用的模式。模擬與線型規劃不同，它不能導致最佳解答，但做為描述性質的模式，決策者可藉以試行若干不同方案，以觀察在這系統下所可能導致的結果。這對於決策者而言，代表一種極重要的決策依據。

蒙地卡羅（Monte Carlo）技術為模擬模式中最常應用者。此係假定，模式內之變數具有機率性關係，因此所選擇之數值乃利用隨機方式產生，然後代入描述性模式中計算其後果，如此重複多次，所獲次數分配代表可能之自然狀況，或某種策略下之報償狀況。

譬如某廠製造某種季節性產品，因此根據訂單多少以決定生產季節中應向外界租用機器數目，假定每一訂單需要佔用一部機器一天，第一天所接訂單，第二天必須完成，

每一訂單可獲利 $50，租用一部機器每月租金 400，但租期至少三個月。由於訂單到達時間並不規律，因此工廠不易決定未來三個月應租用幾部機器，對公司最為有利。

假定依過去經驗，每天所接訂單數之機率分配如下：

每日所接訂單數（件）	發生機率	累積值距
0	.20	00-19
1	.40	20-59
2	.25	60-84
3	.10	85-94
4	.05	95-99

利用隨機號碼表（亂數表），選取兩位數，落入上列那一累積值距中，就取其對應之每日所接訂單數，做為當天模擬之實際接到訂單數。譬如所選之隨機號碼為 27，此即代表當天接到一件訂單，68 則代表兩件，以此類推。如欲模擬三個月之狀況，則根據三個月共有營業日 60 天之標準，重複上述程序 60 次，假定每日所接訂單件數之分配如次：

每日所接訂單數（件）	發生天數	損失訂單數／租用機器數				
		0	1	2	3	4
0	10	0	0	0	0	0
1	30	30	0	0	0	0
2	10	20	10	0	0	0
3	8	24	16	8	0	0
4	2	8	6	4	2	0
	60	82	32	12	2	0

依模擬結果，如工廠不租任何機器，將損失所有 82 件訂單，共損失為 $50×82＝$4,100；若租用一部機器，則三個月租金為 $1,200，但仍將損失 32 件訂單，損失利潤 $1,600，共計 $2,800。以此類推，隨租用機器數不同之模擬結果如次：

	租用機器數				
	0	1	2	3	4
機器租金	$ 0	$1,200	$2,400	$3,600	$4,800
損失利潤	4,100	1,600	600	100	0
共計損失	$4,100	$2,800	$3,000	$3,700	$4,800
利　　潤	$ 0	$1,300	$1,100	$ 400	$ -700

就上表言，以租用一部機器時所獲利潤最高。當然，這是極其簡單的狀況，實際上還要考慮其他影響因素，如發生機器故障，工人曠工等等。如將這些發生機率考慮在內，則情況將變為複雜得多。再者，在上例中，只模擬一個週期而已，為求得更穩定的結果，還可以模擬多次結果，以觀察其分佈狀況，供決策參考。

第三節　開放系統與群體決策

前節所討論之各種決策技術，代表管理科學家所做的努力，希望能提供決策者一些有系統的和客觀的分析技術，以幫助他選擇最佳之行動方案。為了達到這種目的，因此所發展的，主要屬於數理模式及技術，而且假定問題情況可以用關閉式系統加以代表。

有些管理決策問題，確實可以利用關閉系統予以表現，有關因素也可以數量衡量，譬如存貨或運輸之類問題。應用數理模式及技術，可以獲得極佳之決策。但是在管理上，尚有遠較此類為多的決策問題，極難——甚至不可能——以數量表現或做為一關閉系統來考慮，譬如涉及價值判斷或政治因素之類，如果勉強納入一關閉式之數理模式，利用數學技術求得解答，這種解答的可靠性和用途都是值得懷疑的。儘管在前節中，我們發現，種種方法技術的發展，企圖用以代表比較非結構化的決策問題，如競賽理論和模擬技術，但是距離許多真實的問題的複雜程度，仍然甚遠。

因此，要發展能真正幫助管理決策方法和技術，必須以開放系統模式為基礎。其中最主要者，就是要納入各種外界環境因素的影響以及決策程序中所涉及的人的因素。就以其中決策者本身這一因素而言，就應該納入決策系統以內。易言之，同樣的客觀情況，什麼是最佳的方案，將隨決策者不同，其答案也會不同。

第一、什麼是決策的目標，就沒有一個客觀和明顯的事實標準存在，這和決策者的價值觀念，期望水準，人格特質等都有關係。最明顯者，一個保守的人和一個冒險的人，在同樣情況下所做的選擇即不相同。就他們而言，所認為最好的選擇並不會相同的，也沒有人能強迫其中任何一人接受一個「客觀上」的標準答案（Swalm, 1966）。

第二、不同的決策者，其知識和資訊的掌握程度和範圍也不相同。前此，我們曾經提到「有限度的理性」觀念，這種限度因人而異，因此影響了所考慮的方案多少和那些方案，也限制了他所能利用的相關資料。

第三、決策者每有某種先入為主的成見或態度，影響了他對於自然狀況的估計，以及可能導致的報償值。在所謂「選擇性知覺」（selective perception）的心理

作用下,他會在有意或無意之間,忽略了與他態度不符合的事實或觀點,自然也就左右了所做的選擇(Cyert and March, 1963: 44-82)。
第四、決策者所做的決策,會受其有關社會力量的影響。這些社會力量包括一般輿論或特定人群與個人的意見;在事實狀況中,所謂完全的獨立思考和決定,恐怕是不存在的。

以上僅就決策者這一因素,列舉幾種可能影響決策的情況。如果要使決策模式比較接近真實狀況,使其比較開放,就要能夠容納這些因素的影響在內。在這種情形下,現有的種種數量技術變得無法應用,不能不靠判斷方法了。學者(Kast and Rosenzweig, 1970: 430-433)以為,迄今為止,我們對於計算性解決問題技術的重視程度,遠超過對於判斷性解決問題方式,這是很不幸的事。因為無論就數量上或重要性上來說,能用前類技術解決的決策均不及後類決策甚多。不過,這也並非說,數量性決策技術不重要,或可以不去管它;而是說,一位明智的經理人要能夠辨認,在什麼情況下應該採用那種決策方式和方法。

一、群體決策(group decision making)

在本節最後,我們將要討論決策者乃屬一群體狀況時的問題。群體決策涉及組織結構和領導問題,譬如一組織內設有委員會(committee),一般而言,這種組織提供群體決策的機會。再如某些主管所表現的領導方式,係將某類問題交由其單位內成員,以群體決策方式選擇解決方案,而非由他一個人決定。因此,有關群體決策問題牽涉極廣,故本書組織及領導等有關章節內都會再加討論。

一般認為,群體決策,較之個人決策,在決策過程及其執行方面,均有其優點:

1. 在決策過程方面:
   - 所能想到的方案及解答數目及範圍較多與較廣。
   - 可以獲得不同成員的專門知識及經驗。
   - 能夠獲得較豐富的資料及資訊以協助決策。
2. 在決策執行方面:
   - 由群體達成的決策,比較容易獲得成員的接受。
   - 在付諸執行時,協調比較容易。
   - 在執行時可以減少溝通的需要。

但是一般也認為，群體決策比較遲緩，費時較多，這是普遍的現象。不過，如果群體決策真正可以獲得以上所說在決策過程及其後執行時的各種優點，也許較長時間乃是值得付出的代價。問題在於，有時在群體討論中可能議論紛紜，即使花了長久時間，仍然不能獲致結論。不過，也有人認為，寧可無法產生結論，總比倉促選擇一不當決策為好。

可是希望群體決策能產生前述優點，也不是一個簡單的問題，譬如以下原因就可以阻礙群體決策的利益：

- 成員之間各自堅持己見，不肯傾聽或採納別人的觀點，則什麼事情，都無法在這群體中，獲得一較佳而被大家接受的結論。
- 另外一種情況，為使某種意見很快被成員接受，乃儘量削減其特點，七折八扣結果，所獲致的決定常常是極其保守而缺乏創新及建設性的意見。
- 表面上由群體決策，事實上乃受少數人的掌握和操縱，則所導致決策仍屬某個人或少數人的；但由於披上群體決策的外衣，有時較單純個人決策更不負責或危險。
- 雖然參與決策的成員擁有重要相關的獨特資料，但由於某種原因，他可能故意不予公開，使群體決策無法利用這些資料。

諸如此類情況，將使群體決策在理論上認為可以發揮的優點，完全成為空談。這種情況，在實際生活中，也常常可以發現。這樣使得群體決策並不見得比個人決策來得理性化和系統化。

在這些情況的背後，我們可以發現有幾個基本因素，它們的存在決定了群體決策的性質和素質：

- 成員所具專長，對於所做決策的問題，是否相關，以及彼此之間是否具有互相輔助的關係，如果都是的話，那麼群體決策可能較個人為優。
- 成員和成員之間，以及成員和群體之間，所存在的凝聚力（cohesiveness）程度大小。如果凝聚力強的話，成員之間願意交換意見，分享各人專長及經驗，則有助於提高決策效果和效率。有關群體凝聚力問題，本書將於組織篇內討論非正式群體時再談到。
- 成員們對於不同意見所具有的態度，是比較開放（open-mindedness）或是比較關閉（close-mindedness）。如果多數屬於前一情況，則即使成員間有不同的價值觀念或觀點，並不妨礙彼此溝通及研討，而且有時反可提高決策的效果。反之，如果屬於後一情況，則如果大家觀點一致，決策可能很快；但如遇到新的情況或改

變時，往往不被大家接受，這樣所做決策可能是錯誤的；如果彼此意見不一致而又各堅持己見，則很容易發生僵局或其他問題。

由此可見，群體決策效果較好或較差，效率較高或較低，理性化程度大或小，甚至偏向保守或冒險，都不能一概而論。以上所提出的一些影響因素，還只限於成員本身或彼此間的特質。實際上，群體決策狀況，又會隨同決策問題不同而不同，或外界情境狀況不同而不同，這一問題的複雜，由此可以想見。

第九章　管理資訊系統

第一節　資訊與決策
第二節　管理資訊系統
第三節　資料處理系統
第四節　管理資訊系統之組織

本書第四章討論規劃與控制系統時，曾提到其中所需要的資訊處理功能；第六章有關會計系統時，又提到財務資料之回饋；前此一章討論決策時，又說明資訊利用對於決策選擇之影響。由此可見資訊對於管理及決策關係之密切。本章目的，即繼上述各種討論之後，對於資訊之利用及來源等問題，做一綜合說明。

隨著業務內容之複雜化以及組織規模之龐大，今後管理者所面臨的情勢是：一方面，對於資訊之需要大為增加；而另一方面，由傳統途徑所獲得的資訊，有時是過時陳舊，不堪應用；有時是資料浩瀚，也同樣無法處理。因而形成管理上之一種資訊危機。

所幸近二十餘年來，人們已針對這一問題，發展出一套有系統的觀念、方法和技術。在配合組織資訊需要及其資源條件下，有效解決資訊需要、處理方式及利用等問題。這就是本章所要說明的「管理資訊系統」（management information system, MIS）。電子計算機驚人之進步，對於促進管理資訊系統之發展，具有密切關係。

本章中，首先說明資訊之意義、性質及其與決策之關係；其次，介紹管理資訊系統觀念及其設計；然後，特別強調電算機在管理資訊系統中之應用及地位；最後，討論管理資訊系統與組織之結合及相關問題。

第一節　資訊與決策

廣義的資訊，與整個管理功能都有密切的關係，譬如領導功能，在相當程度內，即係藉由交換和瞭解予以達成，不過一般將這種交換和瞭解的過程，稱為溝通（communication）。在本章內，係採較狹義的觀點，討論資訊之取得及其在決策上之利用。由於決策乃存在於所有管理功能之內，所以藉由決策，資訊也和所有管理功能發生關係。

一、資訊之意義

自決策立場，資訊的意義為：「與某特定決策問題有關的新增知識。」（Kast and Rosenzweig, 1970: 353）自此定義，第一，資訊必須配合特定的決策問題而存在，否則，僅僅是一些數字或事實，雖然也代表一種知識，或經過某種規則整理可供檢複（retrieval），一般稱之為「資料」（data），而非資訊；資料只是資訊的素材，要將資料變為資訊，需要經過相當的選擇和處理的過程。

其次，選擇和處理資料所根據的標準，乃是與該特定決策問題有無「相關性」（relevancy）。而此種相關性，乃和決策者所追求的目標以及所考慮的方案等，具有關

係。譬如，同一決策問題，自甲決策者觀點，某項資料具有相關，而在另一乙決策者看來，卻無關係。

第三，這種資訊必須是決策者原來所沒有的，這樣對於他所做決策才有影響作用，如果只是一些已知的相同的資料，並無新增成分，也不能算是資訊。因此，在討論資訊價值時，必須考慮這一種額外的、新增的部分，而不是其全部。

二、資訊與決策程序

由於資訊乃係配合決策的需要，因此要瞭解資訊的作用，必須根據決策程序加以說明。

在前一章內，曾將決策程序分為發掘問題、發展方案、分析方案及選擇方案四個步驟。現在就利用這一構架，說明各步驟內對於資訊的需要。在第一個「發掘問題」步驟內，決策者需要有關其內外決策環境的資訊，瞭解本身的處境，然後發掘所面臨或隱含的問題。不過，更為常見的情況，乃是由於獲得有關外界環境的資訊，導使決策者必須注意某項問題。

在次一「發展方案」步驟內，決策者必須瞭解本身所具有的資源條件，可自外界獲得之資源支援，以及可能受到何種限制等等。根據這些資訊，決策者方能發展各種可行方案，在這些方面如有任何疏失或錯誤，都將導致錯誤的決策。

第三為「分析各可行方案」。決策者需要瞭解各方案可能導致的後果，以及調整可控制變數將會發生何種影響等等。如果決策者能夠在這方面獲得較正確的資訊，將可保證他在第四步驟中的決定也一樣較為正確。

對於資訊的需要，我們也可以自規劃與控制兩方面來討論。一般而言，一般組織內對於控制用途之資訊，較為充分而現成；對於規劃用途的資訊則較為缺乏。譬如有關社會、政治及經濟環境，競爭者現況及趨向等方面的資訊，一般企業多無一定的程序或單位，提供這些資訊予規劃用途。不過，近年來由於企業策略規劃的受到重視，已有日益增多的企業，建立其「環境性資訊系統」以解決這方面的需要問題。

依安東尼（Anthony, 1965）對於決策所採分類，計有三種性質：（1）策略規劃決策，（2）管理控制決策，（3）作業控制決策。各類決策的資訊需要，也有顯著不同（Lucas, 1973: 10-11）。策略規劃所需資訊，常屬總體性或累積性質，涵蓋時間較長，所需準確性不必像其他兩類決策那樣高，不必經常蒐集，而且多來自外界來源，如政府或研究機構之類。

作業控制決策所需資訊，一般和前者恰恰相反。這種資訊必須不斷更新，愈快愈佳，非常具體而精確，一般多來自本身內部來源。至於管理控制決策所需之資訊，則介於前二者之間，這三類決策之資訊需要，如表 9-1 所示。

三、資訊不足與過量問題

依前項所述，在決策各步驟中，都需要有適當的資訊。但這是否表示，資訊愈多愈好呢？

依直覺答覆，似乎是對的：資訊愈多愈好；但在實際上，卻未必如此。因如資訊過多，將使決策者無法辨別，什麼是他所需要的，什麼不是他所需要的。在這情況下，一位主管，每天僅僅大略翻閱所獲資料，就要佔用其大部分時間，遑論從事其他重要思考和工作。所以，一般言之，資訊不足固然是問題，而資訊過多（information overloading），也是問題。

面臨這種資訊過量問題，不同的人可能採取不同的解決方法。有人可能乾脆對於所得到的資料置之不顧；有人可能安排某種次序依次處理；有人還可能從中抽取部分加以瀏覽。但是這些辦法都有嚴重缺點，或是放棄了重要的決策資訊，或是不能把握時間效用。

若干具有規模的機構，高層主管可能採取授權辦法，將某些資訊，依其性質，直接送到直接主管該項工作之經理手中，而不必先集中到他的辦公室；或是依靠一群幕僚人員，先將到達的資料加以篩選，只有必須由高層主管知道的，才讓他接觸，以控制資訊過量問題。

資訊過量問題，和資訊不足同樣嚴重。依今後事實發展趨勢看來，恐怕是愈來愈嚴重，因此這一問題，在管理上必須設法求得良好的解決，主要途徑，即係建立一管理資訊系統。

表 9-1　三類決策之資訊需要比較

資訊特質	策略規劃	管理控制	作業控制
來源	外在	人事及財務記錄	內部作業
準確性	不要求	要求	要求
範圍	總體性	詳盡	詳盡
頻率	定期	經常	隨時
時間涵蓋	長期	中期	短期
組織	鬆弛	結構化	高度結構化
更新程度	不常	每月或每週	每週或每日
用途	預測	控制	行動

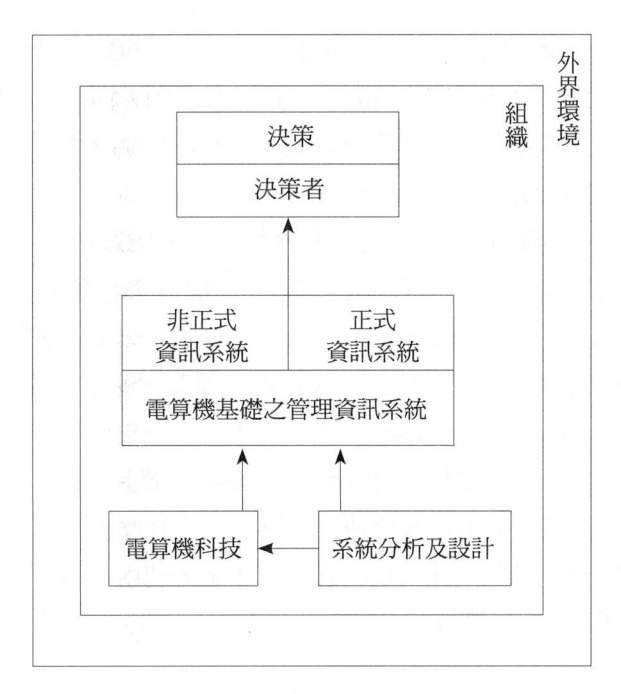

圖 9-1　組織資訊系統基本構架

第二節　管理資訊系統

由於前節的說明，我們已瞭解資訊對於決策的重要，但是如何蒐集、選擇、分析與決策相關的資訊，並能以最適宜的方式，在最適宜的時間，提供給最適宜的決策者利用，卻代表管理上一項重大而困難的問題。本節所討論的管理資訊系統，即係今日企業或其他機構用以解決這方面問題之一主要途徑。

一、管理資訊系統之意義及性質

基本上，管理資訊系統係由人員、設備及一些程序所構成，其作用因為配合管理決策程序之需要，對於相關之資訊擔任選擇、儲存、處理及檢複之任務（Murdick and Ross, 1971）。

自較廣泛觀點，決策資訊來自多種來源，有屬於正式組織來源，包括組織內及組織外兩方面；有屬於非正式來源，並無一定程序和正式組織。因此，本節所討論之資訊系統，只是整個決策資訊系統中之一子系統而已，其性質屬於一種正式的資訊系統，它也是一種人為設計與執行的系統。有關管理資訊系統在一組織內整個決策資訊系統中之地位，如圖 9-1 所示（Lucas, 1973: 4-5）。

這種正式的資訊系統,包括有一定之規劃和程序,以蒐集、分析及提供與決策相關之資料,近年來,由於電算機技術——包括硬體及軟體兩方面——之快速發展,種種程序和工作都可以由電算機擔任,這種資訊系統,一般稱之為以電算機為基礎之管理資訊系統(computer-based management information system)。

不過以上所稱之決策或資訊系統包括範圍較廣,有的屬於管理的範圍,有的不屬於此範圍。我們如想加以區分,可以回到前節中所討論決策類別中去找答案。在策略規劃、管理控制及作業控制三類決策中,為支持前兩類決策之資訊需要之資訊系統,稱為管理資訊系統,而配合後類決策資訊需要之部分,屬於「作業控制資訊系統」(operational-control information system)(Lucas, 1973: 15)或「應用系統」(application system);這種系統,乃從事某種實際作業工作,例如存貨及採購、員工薪資之記錄及發放之類。它們自成一系統,具有本身之決策準則及處理程序。不過,這些作業資訊系統可以產生許多具有管理意義的資訊,供給管理資訊系統利用。因此,以上三者,都是構成一組織之整體資訊系統之子系統。

二、管理資訊系統中管理者之核心地位

要瞭解管理資訊系統,必須認識管理者所佔的重要地位。首先,管理資訊系統的存在理由,就是配合管理者之決策需要,因此,有關資訊之內容、途徑及提供方式等,莫不以管理者為中心。

除此以外,管理者在管理資訊系統中之地位,尚包括:

- 管理者常係公司對外發言人,提供資訊給外界;而外界資訊,亦常經由管理者進入組織內部。
- 管理者本身也常就是資訊之重要來源。
- 管理者也可能是重要的資訊儲存所在,或「資料庫」(data bank),公司遇到重大決策時,必須依賴他提供關鍵性資訊或意見;此類資訊常非電算機所能儲存。

由於管理者在溝通或資訊系統中所居之重要地位,他也可能發生重大破壞作用。譬如,阻撓正確資訊之流向,壓抑某些資訊,或歪曲某些資訊內容。甚至,僅僅由於本身過分忙碌使資訊流通到他而中斷。如何避免發生這些問題,都是設計管理資訊系統前所必須考慮的。圖 9-2 即係表現一管理者在管理資訊系統中所居之核心地位。

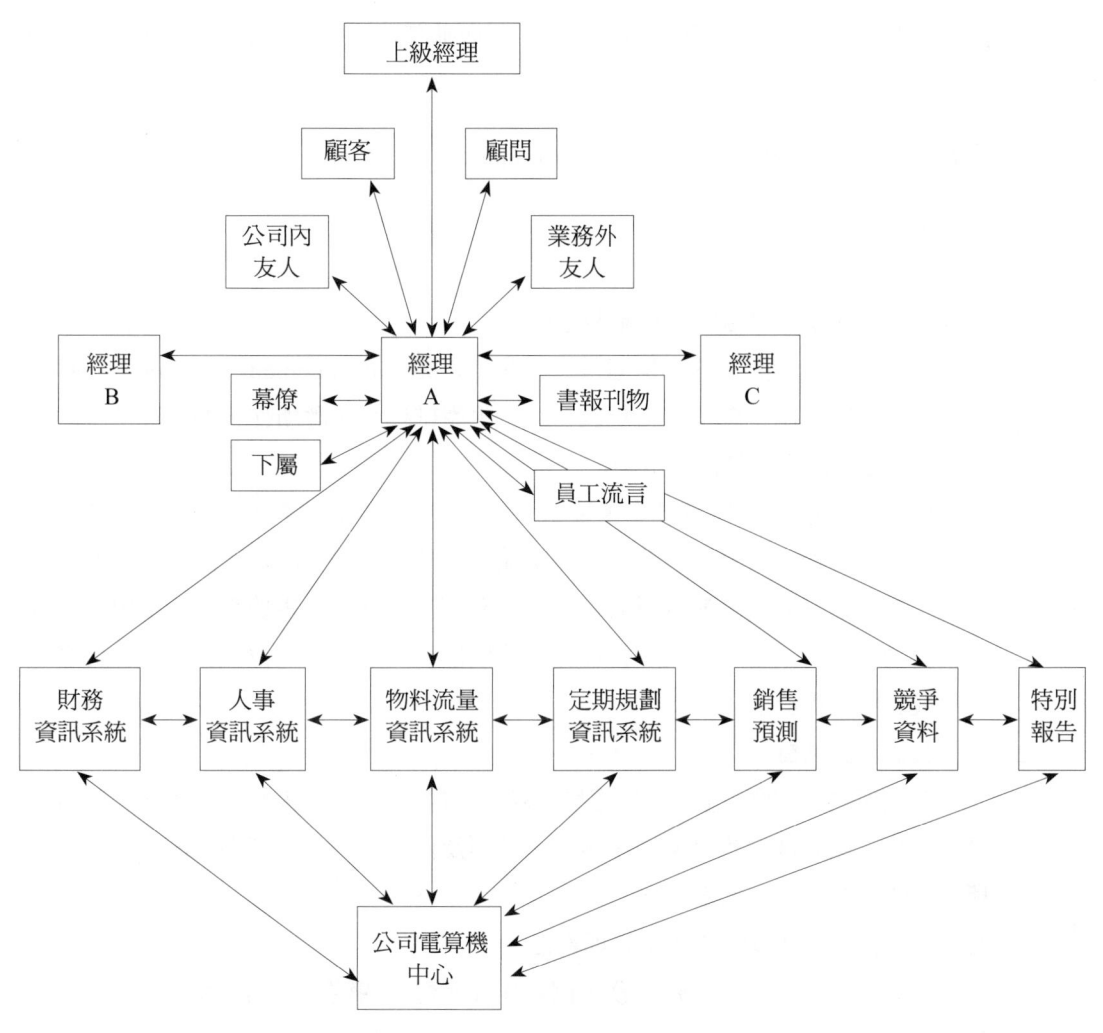

圖 9-2　管理者在管理資訊系統中之地位

資料來源：取材自 George A. Steiner, *Top Management Planning*, p. 508

三、系統分析及設計

　　由於管理資訊系統（以下簡稱管資系統）之目的，係幫助一管理者完成其任務，因此基本上，開始這種設計工作時，應先界說管理者之工作及其資訊需要；這包括他所負主要責任、重要決策內容以及因此所需之資訊。然後將這些資訊需要轉變為管資系統的能力要求及工作，這包括資料庫及資料處理系統等部分。不過，在設計這系統時，必須配合或瞭解這機構現有之資料系統及設備，同時也要考慮建立新的管資系統的成本；有時可能鑒於成本太高，而改變原來所計畫之資訊供應內容。

為了分析目的，管資系統之建立可以分為三個活動範圍（Mockler, 1974: 22-36），加以探討。

（一）情況診斷及觀念設計（situation diagnosis and concept design）

在這範圍內，可以分為若干步驟：

1. **界說設計工作本身之目的、範圍及組織**

    首先、考慮所面對的，是怎樣一種管理情況（management situation），譬如是整體規劃與控制？或是廣告規劃？或是生產排程？隨著所配合的管理情況的不同，自然整個設計工作隨之改變。

    其次、考慮在這種情況中所要進行的設計工作屬於何種性質？包括那些內容？在管理者和系統分析人員之間怎樣配合？譬如一廣告經理可能發現，他所擔負的工作，只是協助系統分析人員確定管理資訊需要，並對於後者所提出之系統草案表示意見。或者，這位廣告經理可能只是利用本部門一位人員幫助他負責建立一最簡單的管資系統。

2. **界說公司業務性質**

    公司所經營業務性質為何，對於系統發展工作具有重大影響。譬如一家百貨公司，和一家石油化學工廠，在規劃、控制及作業各方面，都不相同，自然二者所需要的管資系統也大不相同。

3. **分析工作情況：作業性質及其管理責任**

    此即設計者應對於有關業務，例如作業流程、關鍵性因素以及管理者所負責任等，都十分瞭解和熟悉。

4. **發掘重要決策問題及所需決策資訊**

    根據前一步驟所瞭解一管理者所負的工作責任，更進一步詳盡列出在這責任範圍內所擔負的決策問題。這是一個相當困難的步驟，一般管理者都不太願意分析本身的工作，而要他列舉有關的資訊需要，尤其困難。因此從事這一步驟時，應限於具有關鍵重要性的決策問題，而不要包括所有其他次要或枝節問題在內。

5. **歸納各種資訊需要並加以系統化**

    當前一步驟確實進行後，將出現所需資訊系統之輪廓。這將包括：資料庫；資料來源；資訊報告內容、形式及時機；以及取得、儲存與提供資訊之媒介與方法等項目。同時，在這階段中，設計者也可對於所需之資料處理系統（data processing system）類型，例如人工、卡片或電算機之類，加以選擇。

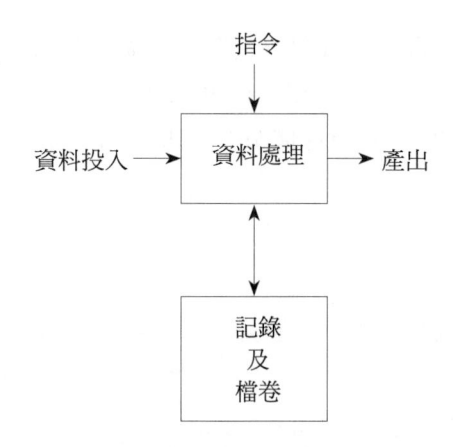

```
                   指令
                    ↓
   資料投入 →  ┌─────────┐ → 產出
              │ 資料處理 │
              └─────────┘
                    ↕
              ┌─────────┐
              │  記錄   │
              │   及    │
              │  檔卷   │
              └─────────┘
```

圖 9-3　資料處理系統基本結構

易言之，設計者將各種資訊需要轉變為一種系統結構如圖 9-3。

在這步驟中，有關資訊需要必須非常具體而且被詳盡開列，但同時要對於現有之資訊及資料系統做一檢討，此即下一步驟。

6. 分析現有之資訊及資料系統

除非是一新成立之機構，否則總有現行之資訊及資料系統。分析這一工作，實在早已開始，並非到這時才加考慮或進行。

分析現有系統，一方面可瞭解有那些資料庫或設備可資利用，那些報告路線可加保留；另一方面，也可發現那些必須改變以配合新的管資系統。有時，還可將現行這一套系統做為一代替方案，和擬議中的新系統加以比較，以供採擇；還有時候，以原有系統為基礎，予以必要改變，列為一可行方案。不過採取後一途徑，有一危險，此即限制了一管資系統之創新性，使其傾向於因循舊習，遷就現實。

(二) 系統設計

具體之系統設計工作，乃以前此所說明之情況診斷結果為基礎。有時所設計的系統本身十分單純，或系統觀念設計已十分詳盡，則系統設計工作不過將已獲結果予以具體化而已。如果所考慮的系統較為複雜，則需要先擬訂幾種可行方案，以供評估選擇，然後再進行具體設計和實行。

所謂具體之系統設計，包括對於所用設備的選擇及其組合問題，例如由公司本身設置機器設備或利用外界電算機服務之類，必須自成本及效益各方面加以評估。至於電算機程式之發展，則可以分階段逐步擴充。

應加補充者,並非所有管資系統或資料系統都需要利用電算機,或所謂「電算機化」(computerized)。一小型公司或部門,同樣可以設計一人工資料處理之系統,以配合規劃、控制及管理上之需要。在這種情況下,此處所說明之診斷及評估步驟,在基本上,仍然可以適用。

(三)系統實施

將前所設計的資訊系統付諸實施,實際上,早在診斷及設計階段中已經開始。譬如,在這些階段中,讓各階層經理及有關人員參與工作,這等於是實施階段中的初步教育和溝通工作,使「系統使用者」(systems users)對於這一新的制度發生興趣並增進其瞭解,這是一項極其重要的工作。

由於能夠真正參與上述工作的人員必不很多,因此在實施階段,尚須訓練更多人員以資配合。為了增加使用者對這新的系統的接受性,除了訓練以外,還需要有其他活動。這是非常重要的實施工作,而往往被疏忽了,以致造成許多系統的失敗。

沒有一個管資系統是完美的,何況經營和管理情況又是不斷改變,因此,即使一個系統開始時順利運行,日後仍須不斷檢討和改進,這是動態環境下一個繼續不斷的工作。

第三節　資料處理系統

管資系統的作用如何,受到所利用資料處理系統的限制。因此要瞭解管資系統,必須對於資料處理系統有相當認識。本節目的,即在提供讀者有關資料處理系統的一些基本觀念及知識。

依前節所提出的資料處理系統的基本結構(圖 9-3),它包括五種基本構成部分或功能:(1)資料蒐集及輸入,(2)輸入資料及儲存資料之處理,(3)建立及維持資料檔及記錄,(4)處理資料之程序及指令,(5)輸出處理結果。值得注意的是,這五種構成部分並不限於電子資料處理系統,即使是人工或卡片資料處理系統,也一樣可以分為這五種構成部分。不過,在本節內所要說明者,主要係為以電子計算機為基礎之資料處理系統。

一、系統構成部分或功能

現依上述五種構成,就一電子資料處理系統而言,逐一說明於次:

（一）輸入（input）

為使輸入的資料能被電算機所接受，必須經由某種輸入方法，例如利用打孔卡片、紙帶、磁帶或特殊印製字體，或者直接由鍵盤輸入電流，進入中央處理單位（central processing unit, CPU）或加以儲存。

（二）中央處理單位（CPU）

這一部分，包括一控制單位，一算術／邏輯單位（arithmetic/logic unit）以從事計算及比較工作，及一內部記憶儲存（internal memory storage）單位以暫時或永久儲存某些資料。

控制單位操作系統作業，乃依照事先設計之程式；這種程式，一般儲存於上述之內部記憶儲存單位中。由此程式發出命令輸入或輸出資料，或將資料從事某種計算，以及自儲存單位提取資料，或存入儲存單位。

（三）儲存（storage）

電子資料處理系統之最大優點，一為上述各種作業之驚人速度，再一則為其儲存資料之能量以及提取所儲存資料之準確與快速，遠非人工或機械系統所能比擬。

儲存單位有內在與外部兩類，前者位於中央處理單位之內，已如前述；外部儲存，一般係供保持歷史及其他檔案資料。當使用時，可採不同方式，將所需資料自外部儲存單位提取。其中所涉技術問題，不擬在此討論。

（四）處理程序及程式（program）

處理程序係由程式控制，由其決定處理步驟、所提及資料及其來源，如何計算，計算結果之處理等等。處理時間，以一定設備及性能而言，乃取決於所做計算之類型與處理資料數量而定。而一系統之最大儲存能量與中央處理單位之性能，限制了一程式中所能包括的處理工作。

（五）輸出（output）

依程式之命令，資料處理系統能將內部所儲存之資料──包括已經處理者或素材──經由輸出設備，例如打字、卡片、紙帶、磁帶、微捲、映像管等等方式提供使用。

二、資料庫（data bank）

由於一般機構內所儲存的資料大量增加，而且各單位或部門所儲存者，常又有大量重複現象，造成管理上人力及物力的浪費；再者，同一資料常可供多種用途，譬如某一單位所儲存者，常常對其他甚多單位都具有決策價值，但其分析與表現方式可能有相當不同。

在這種情況下，遂產生資料庫或資料基（data base）之觀念。尤其配合電子資料處理設備之儲存及提取能力，使這種觀念更能付諸實施。因此在現代電子資料處理系統內，常有此種「資料庫」之存在。其目的有二：

- 消除或減少資料之重複。
- 便利資料之提取利用。

但是一資料庫要能滿足不同用途之需要，有賴良好之組織及提取程序。為了增進提取之效率，有時需要有複雜之儲存系統，所費不貲；但為節省此種費用，可能又影響不同用途之資料提取便利。因此，設計資料庫時，必須在這兩種要求之間，選擇一適當之折衷解決辦法。

三、電算機使用之型態

使用電算機從事上述資料處理作業，可以有不同之作業方式，其中以依輸入至產出結果之反應時間所做區分，最有意義。現依照反應之迅速或靈敏程度，由弱而強之順序，說明電算機使用之各種型態。（Lucas, 1973: 24-28）

（一）按批處理系統（batch-processing system）

這代表一種極為普遍的使用型態，電算機之處理某項工作，乃按一定先後順序。因此何時獲得結果，並不一定。一般而言，這種處理方式適用於並非緊急需要之工作，尤其輸入數量較大，而產出報告分數較多的場合，採用這種處理型態，可節省處理費用。

（二）查訊系統（inquiry system）

這種處理方式可以提供迅速或甚至立即的回答。一般經由一末端機（terminal），進行輸入和產出工作。譬如銀行櫃臺人員想立即獲得一位顧客的信用資料，就適用這種處理型態。

（三）查訊及累計（inquiry and post）

這種處理方式基本上和前者相同，不過同時也蒐集輸入之資料存入指定存檔。譬如對於某類客戶之訂貨，在一定期間內——如每日或每週之類——加以累積，然後依規定期限入帳。

（四）查訊及線上更新（inquiry and on line updating）

這一處理方式和前項唯一不同，為接到每次詢問時，立即將存檔依所得資料予以更新。因此，這一系統需要增加某些附屬設備以及保護存檔之措施，較前所稱之各種型態為複雜。譬如飛機訂位系統，就是屬於這種處理型態。

（五）即時命令及控制（immediately command and control）

這一處理型態大致和前項相同，所不同者，為反應時間要求更為嚴格，因為提供原來輸入之程序乃處於等待答覆狀況之中，以資指示下一步之行動。譬如飛彈導向系統，就需要資料處理系統能立即提供分析結果，以修正其飛行路線。

電算機在企業界的應用上，還沒有達到上述飛彈導向系統那樣精確與嚴密的決策法則，可以根據輸入資料立即產生下一步的決策。較為類似的應用，就是模擬（本書第八章中曾經討論）；依模擬之模式，管理者可以向電算機提出「如果……，將會產生怎樣的結果？」這種問題，嘗試各種假定狀況下的可能結果狀況，以供決策參考。這種又稱為「人與機器互動型態」（man-machine interactive mode），相信在未來管資系統發展上，將會日漸重要。

四、分時系統（time-sharing system）

在上述五種處理型態中，除了第一種外，其他四種都可稱為線上系統（on line systems），因為均有對於遠處末端設備所提出之詢問迅予回答之能力，雖然它們之間有的同時更新存檔，有的並不同時做這工作。

在線上系統中，有一特殊類型，稱為分時系統。這種系統，在開始時，主要指一用戶向外界電算機服務中心購用其設備部分時間。但發展至今，已有專門設計供此種用途之電算機設備，而且有內部分時系統和外界分時系統，使得整個管資系統的發展，邁向一新境界。

所謂「分時」的基本觀念,就是由許多使用者共用一大型資料處理系統,每一使用者只負擔他所使用這一部分之費用。因此,在這種安排下所能給予使用者的好處,包括有以下各點:

- 可以享用大型電算機系統,以從事許多較為複雜的資料處理工作。若非由於分時系統,一個用戶不可能單獨負擔此筆設備支出及維持費用。
- 使固定支出轉變為變動支出;利用多少,負擔多少。
- 有助於程式之發展,便於嘗試和改正,同時,使用者只要負擔少數費用,可以有較多程式可供應用。
- 一機構內如有按批處理系統及分時系統,使得管理資訊系統處理資料之能力更為強大而且更富有彈性。

第四節 管理資訊系統之組織

資料處理系統在管資系統中究竟能發揮多大作用,除了前此所討論之種種技術性問題外,恐怕更重要的,乃是此一系統之組織,及其與使用者的關係。本節將就這方面問題,予以扼要說明。

一、資料處理活動之組織

由於早期之電子資料處理主要用於薪資及帳務工作方面,所以一般多將此部分之組織,置於會計或財務部門之內。直到今天,一般還保持這一關係。

隨著電算機技術之發展以及觀念之普遍化,使得電子資料處理也逐漸應用於其他業務範圍內,例如生產和行銷方面。不過,依美國經驗(Mockler, 1974: 462-472),這一趨勢之發展較想像中為遲緩。這有幾個原因,第一,應用在傳統帳務處理以外工作上,其效益往往不如應用於前者上之明顯;第二,受了前此所稱組織隸屬的影響,其他部門利用這種處理設備不甚方便;第三,早期電算機處理能力及儲存量甚為有限,不能承當更多或複雜的工作;第四,系統分析人員的不足,也限制了其他部門對於電子資料處理的利用機會。

不過,一旦電算機系統應用範圍擴大以後,在組織上遂發生變化。可能在高層主管——副總經理——之下,設置一單獨資料處理(或稱資訊服務)部門,擁有本身之系統分析、程式設計以及機器操作各種人才,提供整個公司在資料處理及管理資訊方面之

服務。以美國而言，這種觀念到了一九六〇年代後期才被普遍採用。這時，即使在組織上，資料處理仍舊隸屬於財務或會計部門，但在服務範圍及精神上也已經改變了。

在這裡發生一個問題，此即整個公司管資系統之整合（integration）問題。依理想，儘管一公司內係由各種經營或決策系統所構成，但是他們所需要的管理資訊，卻是共通的，譬如生產排程（production scheduling）之決策，除了要有存貨及在製品資訊以外，還要由行銷部門提供銷售預測資料。因此，可以將一組織內所有管理資訊之供給與需要予以整合，成為一個「整體管理資訊系統」（totally integrated management information system）。

但是，在實際上，這種做法卻有問題及困難。首先，這樣龐大的一個系統，在資料蒐集、儲存及處理和利用上，將會變得極端複雜，所需人力及財力可能超過所能獲得的利益。其次，各業務部門所需的資料，往往非這一整體資訊系統所能供應，例如行銷部門所需消費者或競爭方面的資料；而這系統費了九牛二虎之力所建立部門間的資料共通途徑，卻往往不被利用。第三，由於業務部門經理人員與資料處理技術專家間所具有的知識上隔閡關係，在配合與利用上，將會發生困難。

諸如此等原因，使得有些公司，在整個公司資料處理單位以外，各業務及支援部門也設有系統分析單位或人員，在本部門主管之監督下，負責規劃及協調本部門之管理資訊需要，並建立供應來源與途徑。一方面，他可以和公司資料處理部門取得聯繫，另一方面，也可以自其他方面取得必要之資料及服務。這樣較能配合各部門實際需要，同時也會受到部門主管的重視。在這種安排下，如果公司資料處理部門又有專人負責和各部門系統分析人員聯繫，更可增進雙方之合作與配合。

二、資料處理部門與使用者之關係

如果一個公司設立資料處理部門，它和其他部門乃處於一種互相依存的關係。其他部門依賴資料處理部門提供必須之管理資訊，而資料處理部門也要靠其他單位之協助——包括提供本身資料及有效利用資料處理服務兩方面——才能獲得生存及發展。這在設計階段如此，在實施階段仍然如此。

不過，要達到這種和諧合作關係，不是必然的。有許多原因，使得資料部門和其他部門之間，很容易處於一種衝突狀況（Walton and Dutton, 1969），譬如：

- 雙方人員由於教育背景、知識範圍、以及工作性質的不同，在溝通和瞭解方面，容易發生隔閡，甚至誤解。

- 雙方所追求之績效目標不同,譬如資料處理部門所追求者,可能是應用最新科技和設備;而業務部門所希望的,卻是替他解決若干經常出現的決策問題。
- 資料處理部門支出,通常由各使用部門依某種標準分攤,由於使用單位感到負擔過多或不公平,也可能造成摩擦。
- 由於資料處理部門人員薪資較高,而流動率較大,使得其他單位人員感到不滿,或產生反感。
- 選擇資料處理或電算機工作者,可能具有某些人格特質,譬如要求精確、注意細節之類,使他和不同習慣的人相處時,也容易發生衝突。

自組織行為觀點,並非所有不同的觀點和意見都是壞的,有時反而會導致創新或更佳的決策。所要避免的,乃是將會產生破壞作用的衝突行為。站在資料處理部門立場,為求改進與使用者之關係,可以考慮的做法,包括有:

- 和使用者保持密切聯繫,如前所稱,指定專人負責和特定使用單位聯繫,瞭解後者之問題及需要,設法予以協助解決。
- 儘量使各單位對資料處理費用之負擔合理化,譬如有關設備固定投資以及發展性支出,應由整個公司負擔,這樣使用單位只要就所使用之服務部分分攤經費。
- 保持良好服務水準,而所謂服務水準,係自使用者立場加以衡量,在現有系統下所發現的缺點沒有改進前,暫時不要進行其他新的擴充計畫,以免好高騖遠,不切實際。
- 獲得高層主管的重視和繼續的支持,這樣才會鼓勵各使用部門與資料處理部門的合作。
- 儘可能使使用單位參與資料處理系統之設計及改進工作,這樣也可以增進雙方的瞭解和合作。
- 在公司高層主管間成立一指導委員會,使各使用部門主管也參加為委員。這一委員會不但負責政策及協調責任,也應具有教育功能,使使用單位與資料處理部門之間彼此瞭解對方的問題。

三、管理資訊系統對於組織結構的影響

最後,我們必須對於管理資訊系統所將導致組織結構改變一點,予以強調。

建立管理資訊系統並非只是設置一電子資料處理單位,或購置許多昂貴設備;也不能孤立考慮個別有關部門,採取若干改變措施,這樣都不是有效的辦法。因為這些做法,等於忘記了管理資訊系統乃與公司決策系統間的密切關係。

有效的做法是:將整個組織看做是一資訊網(information network),經由這一結構,提供各管理階層決策者以他們必須的資訊流通。在這種觀念下,所有各組織部門及單位都只是這一資訊及溝通網中的一部分,要從這種觀點來評估它們的職責和功能。這樣,自然將導致整個組織結構的改變。

譬如一中型郵購公司為使其訂單及資訊處理程序電算機化,並非只是就直接有關的工作,寫成程式以儲存電算機內;相反地,管理當局先配合系統分析人員探討公司未來五年內的業務發展方向與經營環境。然後,由系統分析人員將公司主要業務作業流程繪製成圖形,自刊登廣告、寄發目錄、接到訂單、處理訂單、開出發票、寄送貨品、補充存貨、以及收到貨款入帳等所有各步驟,都一一開列有關之規劃、控制及作業決策,以及達成這些決策所需之資訊,都弄得明明白白。

在這分析過程之中,將會發現,公司現行組織可能與實際需要不相配合,譬如廣告部門應併入行銷部門;顧客服務應予擴充成一獨立單位,配合訂單處理流程進行其工作;採購和倉儲應併於同一主管之下等等。由於管理資訊之流通系統化的緣故,整個組織結構及作業方式,也需要配合業務進行而系統化。這種關係,說明了科技因素對於組織所產生的影響作用。

第十章　正式組織結構

第一節　組織結構之基礎觀念
第二節　結構之設計
第三節　控制限度及指揮路線
第四節　直線主管與幕僚人員

組織（organizing）乃管理功能之一，其意義為將組織任務及職權予以適當之分組及協調，以達成組織目標。因此在此所討論之組織，代表一種程序，經過這種程序所得到的一種結果，即為某種特定的任務與職權的組織方式，譬如我們平常所看到的某個機構的組織系統圖（organizational chart），即係這種結果之一種表現方式。

傳統管理理論所探討的組織功能，一般即限於這種意義下的組織，由於它乃根據組織系統圖、組織章程、職位說明等文件加以規定，所以一般稱之為正式組織（formal organization），以別於「非正式組織」（informal organization）。

所謂「非正式組織」，係指由於組織成員間的互動，所自然發展的一種群體關係，這種關係直接和間接地影響了成員之個別及集體行為，對於一組織之績效，具有極重要的決定作用。因此，本書稍後也將於有關個人與組織之整合各章中論及。

本章以及此後兩章，將先就正式組織之結構問題，加以討論。雖然，如上所述，正式組織並不能代表整個組織系統，但是，毫無疑義地，它提供了組織成員活動及決策的一個最基本而重要的構架。而本章所討論的，將屬於正式組織結構之基本觀念及其各種構成因素。

第一節　組織結構之基礎觀念

一、結構與組織結構

在此，我們所強調的，乃是組織結構，因此，必須先加說明，什麼是「結構」（structure）？

有關結構之最簡單的一個定義是：「一組織各構成部分之某種特定關係型式。」（Kast & Rosenzweig, 1970: 170）譬如解剖學（anatomy）所研究的，即係人體各構成部分，如骨骼、器官、神經等之結構關係。這一個「結構」觀念，常與「程序」（process）相對而言；後者係指一系統內能量或資訊之動態改變方式。例如和解剖學相對的，就是生理學（physiology）；後者所研究的，就是有關生物體之活動功能問題。不管研究組織或人體，結構和程序分別代表其靜態和動態的兩方面特性；但是二者之間具有密切的互動關係，不能只注意一方面而忽視另一方面。但由於組織結構比較穩定，在短期內，程序受結構之支配作用較大，因此我們先探討結構這一面。

組織結構可以非常簡單，也可以非常複雜。以一企業而言，在最簡單的情況下，可以只有一位老闆和他所僱用的少數幾位工人，甚至後者就是前者之家屬。在這情況下，有關任務和職權的分配及協調，都十分單純。但隨業務發展，工作人員增多，逐漸使得

那位老闆感到,他無法直接指揮和協調所有人員,而必須增加一管理階層,設置單位主管。這時,一個比較複雜的組織結構將逐漸出現。

如果這一事業繼續擴大,則其組織結構,不但由於分工較細而增加水平部門外,也同樣需要增加其垂直方面的階層。因而使其結構更加複雜化,協調也日形困難。等這狀況發展到某一程度時,這一組織必須在結構上有較基本的創新,才能適應實際需要,譬如為配合一企業的多角化經營,採取所謂「事業部」(divisionalization)組織;為促進新產品發展,採取「專案管理」(project management)組織;此外,希望能兼顧結構之穩定性與機動性,又有所謂「矩陣組織」(matrix organization)等等。這些都是屬於比較高層次的結構型態,本書中均將論及。

二、威伯的層級組織結構

本書第二章討論管理理論之發展時,曾說明,德國社會學家威伯所提出的層級結構模式,可以做為研究或評估正式組織的基礎。現在擬此觀點,再將威伯的理論做進一步的探討。

依威伯所提出的層次結構模式,一個大型組織應能做到(Gerth and Mills, 1946: 196-198):

1. 組織內之分工,應同時考慮從事各種活動及職責所需之手段;每一職位,根據規章,具有一定職權,但也有一定責任。
2. 命令體系或職權階層之存在,乃為了促進組織內資訊及決策之溝通,並以完成職責為目的。每一下層職位均應接受上層職位之指揮。
3. 經理人之個人財富所有權,應與組織之資產所有權分離。
4. 管理代表一種具有本身特色之活動,從事此類工作,管理訓練與技巧乃是成功的重要條件。因此,經理人之選擇,應根據其資格、知識及技術能力。
5. 對於負有達成組織目標之責任者,管理乃其專職(full-time activity)。由誰升任此種職位,應兼顧年資及績效二者,而非基於個人愛好與偏私。
6. 經理人依一定規定執行職務,應大公無私,冷靜理智,俾能保持公正的處理。

由以上六點說明,顯示這種層級結構模式乃是一種理論上的規範性模式。威伯認為,這種組織結構可以使一複雜的組織有效擔負其任務,較其他任何組織設計為佳。其基本精神,就是以理性和邏輯代替人為情緒的因素,一切依照規章行事;而規章的內

容，主要為各組織職位的權責劃分。長期以來，威伯這種組織觀念支配了人們對於組織的基本想法。

三、職權（authority）、職責（responsibility）及負責（accountability）

在正式組織結構中，各種職位之間的關係——不管是垂直的或是水平的——基本上都取決於彼此的「職權」與「職責」，而且身具這種權責者，並需向上級或其他職位者「負責」（accountability）。因此，必須先對於這三個基本觀念，加以說明。

所謂「職權」，代表一種經由正式法律途徑所賦予某項職位（position 或 office）的一種權力。因此，它是屬於一種職位的權力。而非某特定個人的權力。藉由這種權力，居其位者，可以擔負指揮（direct）、監督、控制、以及獎懲、仲裁等等工作。任何一個組織內，如果缺乏這種職權存在，必將發生嚴重混亂，不可能有效達成其組織任務，甚至生存都有問題。所以有人認為，所謂組織結構，主要就是一種建立職權關係的問題。

職權是怎麼產生的？依不同理論而有不同的說法。較為傳統的理論，稱為「形式理論」（formal theory），認為這種權力經由私有財產所有權而來，層層下授，由股東而董事會，由董事會而總經理，由總經理而經理，以至於各級主管及人員。但是由於財產權乃由社會所給予，隨著社會價值觀念及制度的改變，有關財產所有權的觀念也跟著改變；譬如在今天，私有財產權已被認為不是一種絕對的權利。私人不可以利用其私有財產從事危害社會的用途，如販毒或污染環境等等。因此，由此而來的職權也同樣受到限制。

稍後的一種理論，係由巴納德（Barnard, 1938）所提出，稱為「接受理論」（acceptance theory）。他認為，上述之形式理論所說明者，與他所觀察的現象不相符合；僅僅依規定行使職權，未必能發生職權的作用，這還有賴於下屬對上級命令的「接受」。有了「接受」這一條件，才能算是真正的職權。而上級命令是否能獲下屬之接受，必須符合以下四個條件：（1）必須被下屬瞭解其內容，（2）必須符合組織目的，（3）不能與下屬個人利益相衝突，及（4）係在下屬心智及體力所及範圍以內。

此外，傅萊女士（Follett, 1942）認為，職權或命令的行使本身，對於接受者而言，都將引起不快和衝突的，因此認為，職權係上級主管的一種權利，如果將其隨意行使，反而會妨害協調和團結。只有當雙方都認為在某種情況下有從事某種行動必要時，職權才發生作用。一般稱這理論為「情勢理論」（situational theory）。

我們認為，這三種理論各有見地，但亦各有所偏，如能加以綜合，方可增進我們對於職權性質的瞭解。

其次，與職權密切相關的另一個觀念，為「職責」。

職責代表一種完成某種被賦予的任務的責任。這種責任也是隨職位而來，所以稱為職責；這種任務稱之為職務。而一人為擔負這種職責，必須具有相對等的職權，所以職責和職權必須相當，乃是古典管理理論中極為基本的一項原則。

許多管理上的問題，即係由於職權和職責發生脫節而來。譬如一人具有某種職責，但卻缺乏為履行其職責所必要的職權；但是相反情況，一人可能具有甚大職權，但所負職責卻甚有限，這兩種情況都是有問題的。不過，一位良好的經理人並非坐待上級授予他以一定的權責，而是主動尋求擔負更大的職責；自整個組織觀點，某一特定職位所具有之職責，乃是完成更廣泛之職責中的一小部分而已；在其背後，乃是整個組織或較大部門的職責。因此，一位經理人不能只顧到本身職位的責任，還應著眼於其背後更廣泛之責任，設法予以增進。

與職權或職責兩種觀念密切相關的，為另一「負責」觀念。其意義為指一管理人員對於本身職權之行使與職責之履行，並且應該將情況與結果向上級報告。易言之，「負責」必須以良好之職責與職權授予為前提，如果一位經理人員所負職責超過他應負範圍，或缺乏應有的職權，他即無法對其上級「負責」。

所謂組織結構，依以上所做說明，即係建立在這種「職責」、「職權」與「負責」的基礎上。有了這種認識，我們可進一步討論組織結構的具體構成因素。

第二節　結構之設計

一、分工與專業化

組織結構之設計，首先考慮的，就是分工問題（division of labor）。一方面，一個組織所應從事的工作，不可能由一個人包辦，必須由若干人分擔；另一方面，工作依某種原則予以細分後，可使工作者就所擔負之一較小部分，發揮其專長，熟練其技巧，以獲得所謂「專業化」（specialization）之利益。這種分工及專業化原則，自古典經濟學至傳統管理理論，都是非常重視的。

自此分工原則來看組織結構，就是將一組織之整體任務，不斷予以區分為許多性質不同之具體工作；再將這些工作組合為特定的單位或部門；同時將一定之職權及職責授予此等單位或部門之經理人員，要求他們負責達成所負任務。所以緊接分工和專業化這一觀念，即為「部門化」問題。

二、部門化（departmentalization）

自系統觀點，組織內個別工作之組合，並非只是將相同的工作歸在一處而已，因為這樣做法，純粹屬於一種技術觀點，往往忽略了其所要達成的目的，尤其容易和組織整體任務脫節。所謂「見樹而不見林」，即使可以增進效率，但卻失去效果。因此，在此所採取者，乃是比較整體的觀點。

所謂「部門化」，就是指根據某種構想或原則，將個別工作予以組合之過程。基本上，部門化之基礎，可分為兩大類：一為根據產出（output）或顧客因素，一為根據內在程序或功能因素。現分別說明於次：

（一）產出導向基礎之部門化

最常見之三種基礎，即為：產品、顧客及地區。

1. **產品基礎部門化**

   即將公司內的眾多工作，分別根據其有關之產品或服務而組成不同部門，例如圖 10-1 所示。舉凡與同一產品或服務有關之產銷或其他工作，都歸一產品部門主管負責，以期獲得較佳之協調。而亦可配合產品之特性，充分利用此方面之專門人才及設備。

   一般利用這種組織結構的公司，都有多種不甚相同的產品線，而且公司規模都相當大。各部門之間，接近獨立經營之狀況，各自負擔盈虧責任。

2. **顧客基礎部門化**

   如一公司有不同類型之顧客，而各類顧客所需服務之性質與公司提供服務作業方式，都有顯著不同時，就可採取這種顧客基礎之部門化方式。譬如一製造業

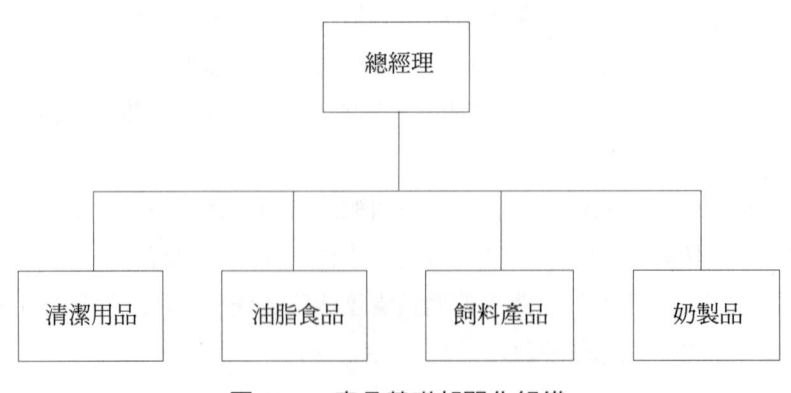

圖 10-1　產品基礎部門化組織

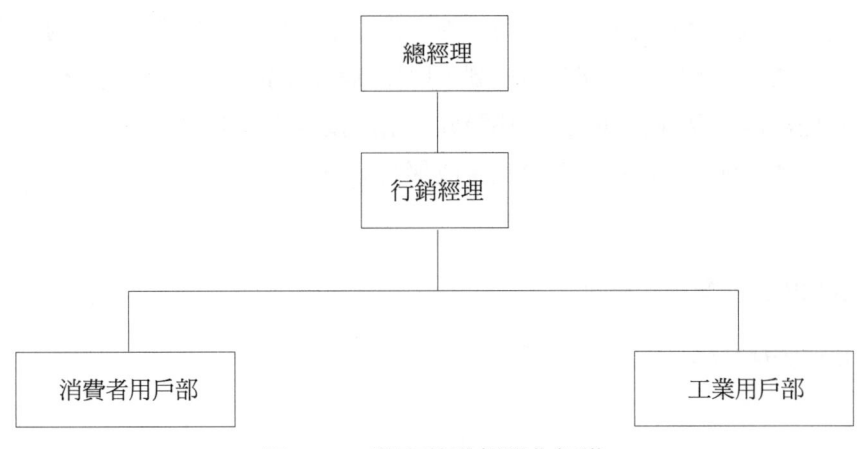

```
                    ┌─────────┐
                    │ 總經理  │
                    └────┬────┘
                         │
                    ┌────┴────┐
                    │ 行銷經理│
                    └────┬────┘
              ┌──────────┴──────────┐
         ┌────┴─────┐          ┌────┴─────┐
         │消費者用戶部│          │ 工業用戶部│
         └──────────┘          └──────────┘
```

圖 10-2　顧客基礎部門化組織

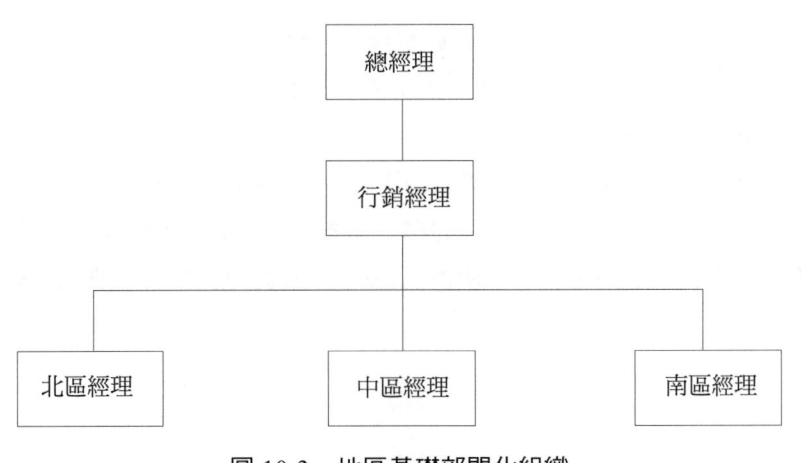

```
                    ┌─────────┐
                    │ 總經理  │
                    └────┬────┘
                         │
                    ┌────┴────┐
                    │ 行銷經理│
                    └────┬────┘
         ┌───────────────┼───────────────┐
    ┌────┴────┐     ┌────┴────┐     ┌────┴────┐
    │北區經理 │     │中區經理 │     │南區經理 │
    └─────────┘     └─────────┘     └─────────┘
```

圖 10-3　地區基礎部門化組織

公司有兩類客戶，一為一般消費者，一為工業用戶，就可能分設兩個部門負責有關業務活動。如圖 10-2。

3. **地區基礎部門化**

如一公司之市場範圍遼廣，而且隨地區不同，需要情況及公司經營方式亦有不同，即可能將有關活動依地區基礎予以分組，在公司內分設不同地區部門。如圖 10-3。

以上這三種部門化方式，都具有共同的一般優點，此即能夠適應不同的需要情況，提供顧客較佳服務。所採行的規劃與控制，比較周詳而協調良好。但是他們也都有共同的缺點，就是常常需要有重複的人員和設備，增加投資和費用，而這些人員和設備又可能無法充分有效之利用。所以在實際上採取那種部門化基礎，應該權衡利害以後才能達成一決定。

（二）內部功能或作業程序導向

主要包括兩種基礎：

1. 功能基礎部門化

　　依即依照一組織之經營功能（business function）以組合工作，以一般企業而言，生產、行銷及財務代表最基本的三種經營功能，此外，如人事、研究發展、公共關係等等，也是非常普遍的經營功能。究竟一組織如何劃分其功能，以及功能之間之相對重要性如何，乃隨此組織之性質而不同，但不管怎樣，其部門化係依功能基礎而設計，則屬不變。如圖 10-4 所示。

2. 程序（process）基礎

　　此即將工作按照進行程序步驟而組合，譬如在一工廠內，可根據生產過程，例如切割、成形、銲接、研磨、油漆、裝配等之不同步驟，分別設立部門；又如在一採購部門，也可依招標、決標、簽約之步驟分設單位。如圖 10-5 所示。

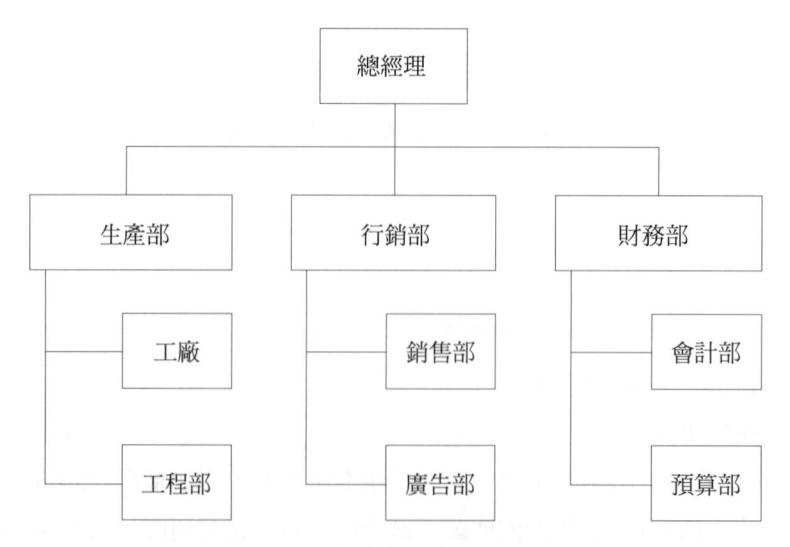

圖 10-4　功能基礎部門化組織

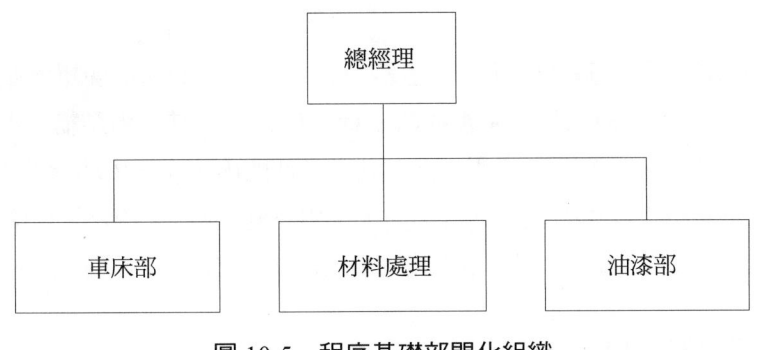

図 10-5　程序基礎部門化組織

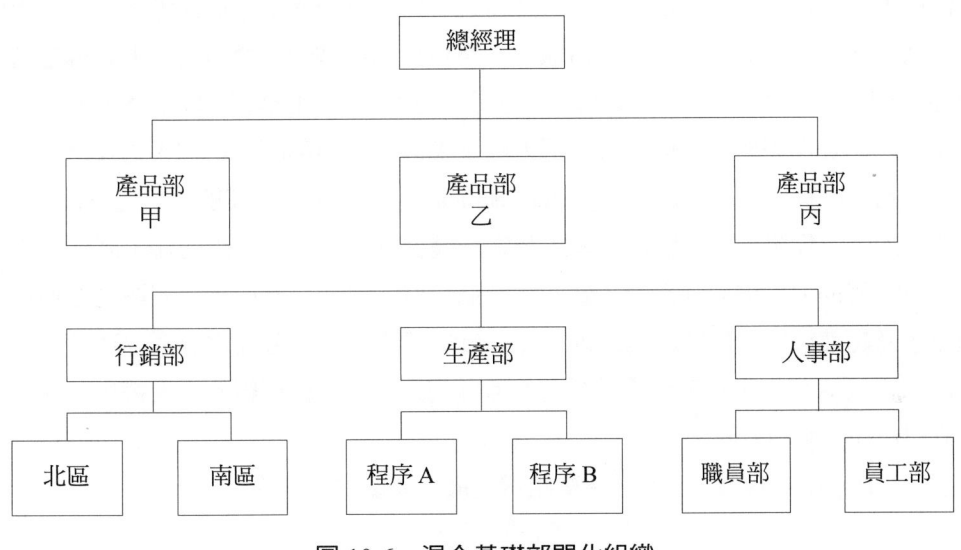

圖 10-6　混合基礎部門化組織

　　依功能或作業程序基礎設立部門，其共同優點，都在於發揮專精分工，可以使從事相同或相近工作的人員有較多接觸機會，可以增進其專業知識或技術。或將同類設備集合一處，可以互相調劑配合，較能有效利用。但是所產生的缺點也極相似，此即因為各自專精結果，使部門與部門之間的協調溝通發生困難。而且往往使得各部門只看到本部分的利害關係，而忽略了整體利益，造成本位主義。

以上所列舉的各種基礎下的部門化組織方式,只代表幾種最簡單而基本的類型而已。[1]在實際應用時,一般乃是同時根據若干種基礎以設計其組織結構。譬如在一大型企業內,在總經理下,分設產品部門;但在各產品部門內,又係依功能性質分設單位;再到了各功能單位以下,極可能因性質不同,採用不同基礎。行銷部門可能根據地區基礎,生產部門根據程序基礎,而人事部門根據服務對象基礎。如上頁圖 10-6 所示。

三、專案組織與矩陣組織

二次大戰以來,由於許多大型機構——包括政府及企業界——發現,為有效完成若干具體而重大的任務,無法依靠前此所列舉之各種組織結構以擔負此等任務。一方面,在上述功能或程序為基礎之部門化組織下,不但溝通協調十分遲緩而吃力,就是各功能或程序部門能否給予支持,也有問題;在另一方面,如因此等具體任務而專設正式部門,不但無此長期需要,不值得每次都大動干戈改組公司部門,增加人力及財力之重大負擔。因此,遂有一種「專案小組」(project team)的出現,以期解決上述困難。

在美國,這種組織最先應用於國防及太空發展計畫上,不過也同樣可應用於其他具有特定目的與期限之重大計畫上,譬如新產品發展、研究發展或市場開發之類性質者。這種小組乃超然於原有部門組織以外,在高層主管下,有一專任之專案經理負責。在這小組內部,包括有為達成任務所需要之各種專門人才。這種小組的最大特色,在於其地位獨立與任務具體兩方面。

學者(Hopkins, 1975)認為,這種組織之最主要優點,在於:

- 具有彈性,可配合任務狀況及需要加以設置或解散,擴充或緊縮,不致影響整個組織之結構及業務。
- 集中全力於所負擔之任務上,不受經常業務之干擾。
- 可根據需要吸收各方面人才及專家,集思廣益,最適合創新性或科際性之計畫。
- 任務具體而明確,可使小組成員感到較大成就感和激勵心理。

---

[1] 依傳統組織理論,評估各種部門化基礎時,考慮三方面標準;然後權衡利弊以為選擇:
第一、是否能對於專門技術或知識予以有效利用?
第二、是否能對於機器設備或知識予以有效利用?
第三、是否能提供所需之控制與協調?

但是，採用這種組織方式，也不是沒有問題的。譬如以下幾點，就值得特別重視：

- 這種單位與組織正式部門之間，極易發生衝突，尤其單位成員係自正式部門借調時，可能影響後者本身之計畫進行與工作安排。
- 專案小組可能對於本身所負任務過於熱心，為求達成，不顧其對整個組織的影響，或所付代價是否值得；易言之，對於本身工作產生情感作用，失去客觀性。
- 此種單位必須獲得最高當局之支持，但如果由於高層主管對於這一單位工作過分感到興趣，事事過問，最後反而使其失去所具彈性和創新的優點。
- 此類單位獲得某種成果後，由於本身組織結束，使得原有成果或努力缺乏繼續不斷之支持。極有可能發生功虧一簣或虎頭蛇尾之後果。這在發展新產品之任務上，最為常見。

在組織地位上，這種專案小組有不同的安排（Kast and Rosenzweig, 1970: 195-196）。一個極端，它只擔任高層主管的幕僚，本身並無命令或指揮之職權，一切仍需經由高層主管及原有功能部門系統加以實施。另一極端，則此專案小組經理擁有本身之人員或設備，對於所要進行的工作，亦有完整之職權。前此所稱之美國國防及太空發展計畫，就接近後一極端。

介於此兩者之間者，有所謂「矩陣組織」（matrix organization）。此即組織內一方面仍然有傳統之功能或程序部門，如製造、工程、行銷、財務等等，但另一方面，又有直屬於高層主管之專案經理。後者所需人員，大部或全部，乃調自原有功能部門，不過，在專案進行期間，歸專案經理調度。在這種組織安排下：一方面為原有功能部門主管的縱的職權行使，另一方面，又有專案經理超越各功能的橫的職權行使，所以被稱為「矩陣組織」。

這種組織，不但可應用於企業機構，亦可應用於他種組織。譬如美國一般大學內的企管學院，在基本上，就是屬於這種矩陣組織型態。如下頁圖 10-7 所示（Richman and Farmer, 1975: 338）。

在圖 10-7 內所顯示者，較實際上遠為單純，譬如許多企管學院內，所包括之系別，不限上述之財務、管理、行銷及會計四系，可多達七、八系以上。再就計畫類別而言，除所列博士、碩士、大學三種學位計畫及一就業輔導計畫外，還有企業研究、在職訓練、校友聯繫、出版等活動，但為簡明起見，均未列入。

在此所要說明者，為在矩陣組織下，功能部門（如各系）與計畫單位（如各學位計畫）之間的關係。就企管學院立場，為維持其教師在於各專精範圍之水準，並求不斷提高，必須使屬於同一專精範圍者，歸屬同一組織單位，這樣他們可以互相激勵及批評，有更多的研究成果和學術性活動產生。但是，學院培養各級學位之企管人才，也是其重要責任，這些學生所需要的教育內容，乃表現為各種學位計畫之課程（curriculum），而非某一單一專精學問所能提供，有賴適當而平衡的組合。在這情況下，必須設置負責各種學位計畫之單位加以統籌和協調。至於這種單位之規模及組織大小，則視許多因素而決定，譬如設置一位計畫負責人加上若干委員會組織，即為普遍採取的方式。只有在矩陣組織這種方式下，才能兼顧兩方面不同的需要。

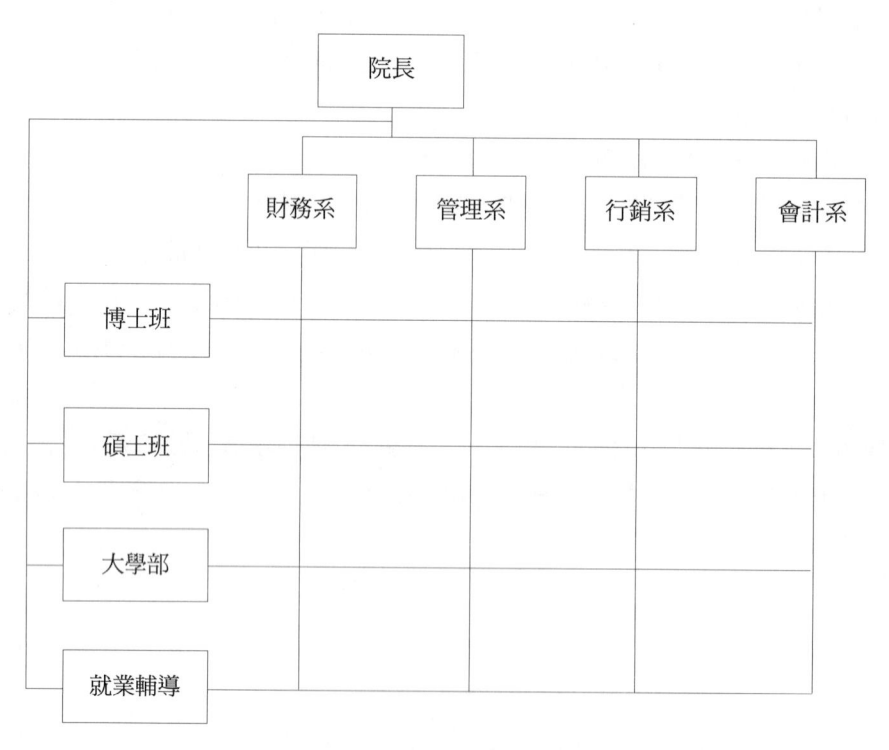

圖 10-7　矩陣組織──大學企業管理學院例示

表 10-1　一位主管與二／三位下屬之潛在接觸關係

	兩位下屬情況：		三位下屬狀況：	
直接單獨	1. M→A	1. M→A		2. M→B
	2. M→B	3. M→C		
直接成群	3. M→A 及 B	4. M→A 及 B		5. M→A 及 C
	4. M→B 及 A	6. M→B 及 A		7. M→B 及 C
		8. M→C 及 A		9. M→C 及 B
		10. M→A 及 B 與 C		
		11. M→B 及 A 與 C		
		12. M→C 及 A 與 B		
傳話	5. M→A→B	13. M→A→B		14. M→A→C
	6. M→B→A	15. M→B→A		16. M→B→C
		17. M→C→A		18. M→C→B

第三節　控制限度及指揮路線

一、控制限度

　　控制限度（span of control）也是有關組織正式結構之一個重要觀念，意即一位主管所能有效監督之直接下屬人數乃有一定限度的。依古典組織理論，一位主管之控制幅度不應太大，否則他將不能有效監督；因為依古典管理理論，所有下屬之活動均將由他擔任協調工作，如下屬人數過多，他將無法有效協調。這亦顯示，在當時理論中，沒有考慮到除主管個人以外的其他協調辦法，如透過規定、程序及下屬本身之自動協調等。

　　曾有許多管理理論家嘗試找到一最佳之控制限度，譬如早在 1933 年，一位管理顧問葛萊卡那斯（A. V. Graicunas）發現，當下屬人數呈算術級數增加時，為保持主管與下屬之能有相同的接觸機會，所需接觸次數將呈幾何級數增加。譬如一位主管（M）有兩位下屬（A 及 B），則這位主管與兩位下屬的接觸方式，包括有兩次「直接單獨」（direct single）接觸，兩次「直接成群」（direct group）接觸，以及兩次「傳話」（cross）接觸方式，共計有六種可能型態。如表 10-1 所示。

　　但如下屬增加為三人，則一位主管與其下屬之可能接觸型態可增至 18 種之多。葛氏依此原則，設計一公式，可供計算不同下屬人數時之潛在接觸型態如下：

$$C = N\left(\frac{2^N}{2} + N - 1\right)$$

在此式中，C 代表潛在接觸型態總數，N 為下屬人數。依此公式計算，當下屬為 10 人時，C 為 5,210；當 N = 18 時，C 將增達 2,359,602 之多（Graicunas, 1947: 181-187）。

戴維斯（Davis, 1951）認為，高、中層主管所監督者，乃屬管理人員，其控制限度較小，應在三至九人之間；反之，基層主管所監督者，屬於作業人員，其控制限度可增大至 30 人。這種主張，顯示控制限度大小，實在要看其他因素而定，而不能硬性訂定一種普遍適用之標準。以今日觀點，一特定主管之有效控制限度大小，至少要考慮下列三方面因素：

（一）個人因素

- **主管個人偏好**：譬如他有較強烈之「權力需要」，可能希望控制限度較大；反之，如果其「社會需要」較為強烈，則可能希望下屬人數不要太多，這樣才能和其下屬有較多交往及瞭解之機會。
- **主管能力**：能力較強之主管控制限度較大。
- **下屬能力**：如果下屬能力較強，則主管之控制限度也可增加。

（二）工作因素

- **主管本身工作性質**：尤其是他所能花在監督與指導下屬之時間多少。如果一位主管常需花相當時間於規劃、與其他單位溝通、以及非管理性工作上，則顯然可用於下屬監督與協調之時間，將相對減少。
- **下屬工作性質**：是否必須經常和主管商量。如果是的，則主管之控制限度自將減少。這點也顯示，純粹依下屬人數來表現控制限度，不是很確實的計算辦法，還應考慮本項因素，做為權數，方較恰當。
- **下屬工作之相似程度及標準化程度**：如果相似程度和標準化程度愈高，則主管之控制限度可相對擴大。
- **下屬彼此工作之關聯性大小**：如果關聯性較大，則主管需要用來監督和協調之時間較多，因此控制限度也相對減少。

（三）環境因素

- **技術因素**：在大量生產方式之下，控制限度可以增加很多；反之，如屬手工生產方式，則控制限度將很小。
- **地理因素**：下屬所在地點是否分散，如果是，則控制限度自將減小；反之，亦然。

表 10-2　美國洛克希公司「主管控制限度指數」權數計算

考慮因素	權數值之決定				
功能相似性	相同	基本相似	相似	不同性質	根本不同
	1	2	3	4	5
地理分佈	同在一處	同一建築物	同一場所不同建築物	不同場所同一地區	地區分散
	1	2	3	4	5
功能複雜性	簡單重複	例行性質	稍為複雜	複雜變化	高度複雜多變
	2	4	6	8	10
指導及控制	需要極少	有限度	定期中等	經常持續	密切不斷
	3	6	9	12	15
協調	關係極少	關係一定	相當關係但易於控制	相當密切	極為密切
	2	4	6	8	10
規劃範圍及複雜程度	範圍小而單純	範圍有限而單純	中等程度	範圍廣泛而多變化	範圍極廣泛無一定規則
	2	4	9	8	10

由於控制限度大小問題涉及如此眾多的因素，因此很難給予一確定數字可以普遍適用，而需要視個別情況而定。比較可行的一個辦法（Streglitz, 1962），為洛克希（Lockheed）公司所採取者，此即依各種因素以評估個別主管所處之情況，據以計算一「主管控制限度指數」（supervisory span of control index），做為決定其控制限度之依據。其加權數之計算，如表 10-2 所示，可供參考之用。

二、結構型態

近年來，管理學者（Porter and Siegel, 1965; Kaufman and Seidman, 1970）日漸重視所謂組織「結構型態」（structural shape）問題；此即一組織階層數與組織規模之相對關係。如一組織，就其規模而言，具有較多階層數，則此組織屬於「高型結構」（tall structure）；反之，具有較少階層數者，屬於「平型結構」（flat structure）。

可以想像得到的，組織型態和控制限度具有密切關係。如依若干古典管理學者——如費堯、歐威克等人——所主張者，採取較小之控制限度，則此一組織必趨向於高型結構；反之，主張藉由擴大控制限度以增加下屬職責及主動精神者——如俄賽（Worth, 1950）、蘇札寧（Soujanen, 1955）等人——則必然也贊同平型結構。

隨著行為科學學派之發展，一般觀念似乎傾向於主張採取較大之控制限度及平型結構，認為如此可增進工作者之滿足感及績效（Triandis, 1966）。但根據近年許多研究，似乎並未獲得一致之結論（Glueck, 1977: 459）。

三、**指揮路線**（chain of command）

在正式組織結構中，最基本的一種關係，即係上司與下屬間的關係（superior-subordinate relationship）。這種關係，由一組織之最高主管開始一直接連到最基層的職員或領班，構成一條連鎖路線。但自整個組織來看，由最高主管向下，層層之指揮路線，愈下層愈多，構成一金字塔形狀。古典管理理論主張，所有組織成員都應當納入這一金字塔內，並且明確地賦予他在其中的地位，這稱為 scalar principle。

指揮路線這一名稱含有一種權威意味在內，實際上，這種關係所包含的，至少有三種內容：（1）職權關係，（2）負責關係及（3）溝通關係。

（一）職權關係

經由這種正式關係，上司下達命令給予下屬，具有一種權威力量。為什麼張三會遵照李四的話或文字去做，因為在張三和李四之間，存在有這種下屬和上司的關係；不是李四本人有什麼力量，而是由於存在於二者之間的職權關係，使張三遵照李四的意見去做。

（二）負責關係

經由這種指揮路線，下屬向其上司就本身之工作績效負責。故上司可以考察及評估下屬之工作績效，並給予獎懲；種種相關之報告與控制程度，均建立在這種負責關係上。下屬接受這種責任，並願意負擔，即係屬於這種負責關係。

（三）溝通關係

經由所存在的指揮路線關係，上司與下屬之間可以經常接觸，交換意見，討論問題及其解決方法等等。雖然上述職權之授予或職責之擔負，也必須經由溝通，但溝通內容可不限於這兩方面。因此我們可以將指揮路線中之上司與下屬關係，以圖 10-8 表現之。

四、**指揮統一**（unity of command）

所謂「指揮統一」觀念，即指一位下屬只能就某種行動或活動，接受一位上司之指揮。這一觀念，在正式結構中，非常重要，因為有了這一原則，才能保持一組織內上司

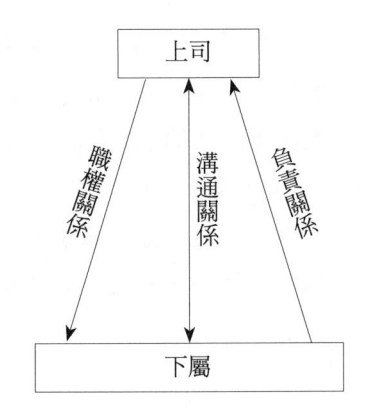

圖 10-8　指揮路線中之上司與下屬關係

與下屬間明確之權責關係，而不致發生令出多門，使下屬不知所從。再者，如果一位下屬同時接受不同上司的指揮，往往也給予他一個逃避負責的藉口，甚至在不同上司間耍弄手段，造成摩擦。這些都是支持指揮統一原則的理由所在。

不過，事實上，在一組織內幾乎是不可能做到絕對的指揮統一，而且也沒有這種必要。任何一位經理人員，多多少少，必將受到來自各方面的影響或壓力，而且對於一些不是來自指揮路線的上級，他同樣不能置之不顧。在許多情況下，違反指揮統一原則，未必就產生不利後果。例如美國奇異電器公司乃有三人共同擔負總經理之職責（Trewatha and Newport, 1976: 328）。就是以泰勒所提出的功能性組織而言，每一位工人接受八位專家的監督（Taylor, 1947: 21），他們分別就本身職權範圍，如工資、排程、維護、檢驗、速度、紀律等，下達命令給每一工人。表面上，這乃違反了指揮統一原則，但實施結果，卻顯著增進了生產效率。

不過，這並非說，指揮統一原則毫無意義。重要的是如何解釋這一原則並加以應用。一種較合理的解釋應該是這樣的：在一特定工作範圍內，一人不應接受一個人以上的指揮，上述泰勒的組織設計就可以根據這種解釋，加以理解，而且證明是可行的。如為避免可能發生的指揮上的衝突，組織內還可以特別安排一位上司負責解決這類指揮路線不明的問題。

第四節　直線主管與幕僚人員

隨著一組織變為龐大與複雜化以後，必須利用各種功能或科技專家以從事管理工作。如何將這種角色職位納入組織體系，也是組織中的一項重大問題；因為，一旦在組

織結構中容納這種職位,對於權責階層系統與指揮統一原則等,都必須加以調整以資適應。這就是一般所稱之「直線與幕僚」(line and staff)問題。

一種基本的觀點是:在這種情況下,組織上的基本職權,仍然操於直線主管之手,由他擔負主要之管理功能;幕僚人員只是直線主管的顧問,其建議必須透過所屬主管的指揮路線而行使。因此幕僚人員的存在,並不致影響或破壞原有組織階層的完整性。可是,這只是一種抽象的理想,在實際生活中,直線主管和幕僚的角色不可能這樣輕易地予以劃分和協調。

一、直線和幕僚的意義

基本上的一項問題,在於甚難在直線與幕僚二者之間,給予明確的定義:什麼是直線主管?什麼是幕僚人員?

有人強調,這種區別應視所擔負的業務功能,對於組織任務或目標而言,係居於何種關係或擔任什麼角色而定。如果前者和組織任務直接有關,則屬於直線活動或功能;反之,如係支援直線活動,因而乃與組織任務間接有關者,則屬於幕僚活動或功能。因而隨著一組織之任務與目標不同,何種活動或功能屬於直線,何種屬於幕僚,也就跟著不同。譬如以製造業言,一般認為,產製及行銷活動屬於直線性質,而人事、財務、研究發展等等,都是支援產銷活動而從事的,因此屬於幕僚性質,這些部門也就是幕僚部門。但對於工程顧問公司而言,則其研究發展及服務活動,反而算是直線活動了。在此必須強調的是,即使在這種觀念下,對於直線或幕僚活動或部門之劃分,並無誰重要和誰不重要的涵義;幕僚部門和直線部門都是同樣重要的。

非常顯然地,依上述基礎以區分直線或幕僚部門,在許多情況下是非常困難的。有人(Logan, 1966)認為,這種分類只適合於早期的企業,及至企業規模日增,業務內容愈趨複雜,要說某種功能與組織目標直接有關,某些只是間接有關,變為非常困難。譬如對於一啤酒廠而言,是誰直接擔負行銷工作?送貨員?廣告部門或是行銷研究人員?

有人認為,直線和幕僚地位之不同,乃取決於職權關係。凡屬於指揮路線之一環,能對下屬發號施令者,即屬直線職位;反之,不能對下屬發號施令者,即屬幕僚。因此,在上述幕僚部門內,某些人員獲有這種指揮職權者,仍屬直線人員。許多有關管理職權之討論,即係基於這種觀點。因此以下將就職權關係,加以討論。

二、直線職權、幕僚職權與功能職權

所謂直線職權（line authority），即係指主管對於其下屬所擁有指揮之職權。而幕僚職權，自其較純粹之意義而言，僅為提供建議及協助他人執行其職責之權利；至於後者是否接受，擔任幕僚者並無決定之權。

但是在許多情況下，有一些屬於例行事務或專門性工作。因為組織內已有某些明文規定存在，上級主管可能授權幕僚部門或人員，在這一定範圍內的事務，自行決定並通知有關部門。這種職權，稱為「功能性職權」（functional authority）；最常見者，即屬人事及會計部門所具有的這種職權。又如工廠內負責工業安全人員，本身屬於幕僚地位，但他有權依據規定對廠內之作業方式及安全設施，下達他所做的決定。因此，「功能職權」可視為介於「直線職權」與「幕僚職權」之間的一種決定及指揮權。

功能職權在今天的組織內已屬一重要的權力行使方式，但其所可能導致的問題，仍值得我們注意。此即紊亂了組織內明確的權責關係。幕僚人員指揮其他直線人員，但本身不負責任；反過來說，接受幕僚命令者，卻要擔負實行責任。

因此，為減少上述問題，功能職權之行使，必須明確規定此種職權之歸屬及其行使範圍。譬如說，這種職權有一定時間性，還可以事前訂定行使的期限；逾時而未經延長，此種職權即行消失。

三、幕僚類型

幕僚人員有不同的類型，且隨類型不同，所擔負的角色也跟著改變。一般可分為：（1）個人幕僚（personal staff）及（2）專業幕僚（specialized staff）兩種類型（Allen, 1964: 222）。

所謂個人幕僚，係指專屬特定主管的幕僚人員，在大型組織內，可能是一個單位，如「總經理室」之類，在較小型組織，可能只有少數幾個人，稱為「特別助理」之類。他們的職責，一般而言，可包括以下各種工作：

- 為所屬主管閱讀、審查各種報告，加以提要並簽註意見。
- 代表所屬主管與外界聯繫，初步洽商或處理函件。
- 協調下屬單位，溝通或澄清所屬主管之觀念及目標。
- 對有關事項之進行與問題，蒐集資訊。
- 配合所屬主管職責需要，分析有關資訊，並提出建議。

這種幕僚所從事的工作範圍,可以是一般性的,也可以有相當的分工。譬如在美國政府機構內,高級首長個人之下,可以有不同幕僚,分別注意預算、人事及行政事項。

所謂專業幕僚,係對於某些專門問題,具有專長,但所服務的對象為整個組織,而非某一高層主管。常見的專業幕僚單位或人員,有人事或勞工關係、公共關係、法律事務之類。這些專業幕僚,不但就本身專長範圍提供各部門以意見,而且還提供有關之服務工作,例如各單位要甄選新進人員,即可請由人事部門辦理;涉及法律文件之處理,可請由法務單位協助等都是。

四、直線──幕僚關係

有關直線人員與幕僚之間的關係,雖如前項所稱,隨幕僚人員之類型而異,但自整個組織觀點,直線部門或人員與幕僚部門或人員間的關係,可以有若干種類型(Glueck, 1977: 227)。

- **單純諮詢性質**:幕僚人員可應業務部門之要求,或主動提供建議。但幕僚人員既不接受後者之命令,亦不能給予命令。
- **兼具中央幕僚部門及各業務部門內幕僚單位之地位**:幕僚人員對業務主管可應要求或主動提供建議,但業務部門內之幕僚單位,一方面接受所屬業務主管之指揮,另一方面又必須接受上級幕僚部門之指導──功能職權。
- **幕僚單位派出人員於業務部門工作**:此等人員之主管仍屬幕僚單位上司,但在行政上必須接受業務部門主管之指揮,有如該部門人員,但幕僚主管得經業務主管之同意,予以調動。
- **在業務部門內設置幕僚單位**:此時幕僚單位完全接受業務部門主管之指揮監督,並對後者主動或應要求提供建議。

幕僚和直線人員,由於雙方所負職責及職權均屬不同,往往對事務所採觀點也會發生重大差距,因此造成兩方面合作上的困難。譬如,幕僚人員往往有本身專長或對於某方面特富知識或經驗,因此容易認為自己所提出的意見乃是最正確的,堅持要求別人接受。但他不知道直線人員所考慮的,還有其他方面的因素,及所感受的責任壓力。再者,幕僚人員在心理上感到不能將自己主張直接命令予下層經理人員,影響本身在組織內的地位和重要性,極可能在有意或無意之間侵佔直線主管的職權,引起雙方的摩擦和不快。

懷特（Whyte, 1969）認為，幕僚人員為期與直線主管建立良好合作關係，應該注意以下各點：

- 經常保持溝通與接觸。
- 在提出建議以前，儘可能發掘與瞭解各直線部門之特殊狀況。
- 與直線主管建立起一種互助合作的關係。
- 讓直線主管獲得功勞，本身切忌居功。

第十一章　授權與分權

第一節　授權之意義及行使
第二節　分權與集權
第三節　部門化與分權
第四節　情境理論與組織研究

一位管理者，即係「藉由他人，完成任務」，則除了在極小型機構以外，他都必須授權下屬從事某些工作；不管他喜歡與否，都不得不這樣做。前章中所討論之組織結構，就是提供他授權所依據的構架。因此，有關授權的意義及有效的做法，乃一位管理者所必須瞭解的問題。

但究竟一管理者授權予其下屬至什麼程度，這不僅屬於一位管理者本人的作風而已，其背後所代表的，乃是一個組織的管理哲學。在一個組織內，不可能有某一位經理人員單獨大量授權給其直屬下屬，而所有其他管理者卻只做有限度的授權。再者，授權並不代表放手不管；相反地，授權程度愈高，愈需要有效的控制，使下屬能就所授職權負起責任。似此，從組織立場，選擇一種政策以指導授權的程度，以及有效控制權責之達成，乃屬於分權或集權的問題。

在本章內，即將針對此兩方面的問題：授權及分權（實際上也包含了集權）予以討論。

第一節　授權之意義及行使

一、授權之意義及利益

所謂「授權」（delegation of authority），意指一位主管將某種職權及職責，指定某位下屬擔負，使下屬可以代表他從事管理或作業性工作。授權不是有或無的差別，而是程度上多或少的問題；一個極端是：上司授權程度極低，凡事都必須由他直接下達命令，或下屬必須事事向他請示；另一個極端是：一位上司將大多數任務都交由下屬自行處理。當然，多數經理人員乃處於兩個極端之間，也許在我們社會中，一般多傾向於授權較少的一端。

如上所述，授權的同時，也授予了下屬以同樣的職責，構成了後者整個職責的一部分，他必須就這部分向上司負責。不過，值得注意的是，下屬負擔這種職責，並不代表其主管就因此卸脫了他應負的責任。相反的，他照樣要為這部分職責向他的上司負責。因此，授權的結果，乃是創造了多一層的負責關係，而非單純地由一管理者代替另一管理者負責的關係。

授權的利益是非常顯然的。它可以減輕一位主管——尤其高層主管——的工作負擔，使他不必直接為日常或瑣碎的事務而花費大量時間精力；再者，可以節省不必要的溝通，高層主管可以將決定權授予最瞭解狀況的下屬行使，而不必由後者向他報告，再由他決定；何況，有許多時候，由負責實施的人做決定，可以配合實施實況及需要。授權之再一個好處是：可藉此培育組織未來的管理人才，以便擔當較大責任。

早期的行為科學家普遍認為，經由授權，使下屬擔負較大責任，可以使其得到較大成就感之滿足，因而產生較大的激勵力量。不過，近年研究發現，並未一定如此。有些人寧可接受主管詳細的命令，聽令行事，反而感到有較大安全感。對於這種類型的人而言，增加授權反而使他感到困擾和壓力。不過，這種人一般是不適於擔當管理責任的。

二、阻礙授權的因素

儘管授權有其事實上的必要與利益，我們在事實上卻常常發生現有授權不足的現象。這是什麼緣故？

探究其原因，來自兩方面：

（一）實際上的困難

- 下屬的能力或經驗尚不足以擔當較重大的職責，如不顧一切授權予其負責，結果不是被授權者仍然一再請示，就是有導致重大差錯之可能。在這情形下，先需要對此等下屬給予訓練或調動，而後才能授權。
- 工作之重要性或緊急性，使主管必須親自處理，俾能對於事實發展，隨時保持密切接觸，因而不能真正授權下屬負責。
- 上司作風，希望一位經理人員能親自處理所負責之工作，隨時都能回答他提出的問題。在這種情況下，這位經理人員自然也不敢將本身工作授權下屬。

（二）心理上的阻礙因素

- 一位經理可能認為自己管得愈多愈細，愈顯得自己的重要性。因此，他希望一切工作都由他親自處理，有什麼問題，都由他解決。
- 對自己的地位缺乏安全感，深恐授權太多，影響本人在組織中的地位。反之，如果事事過問，一方面使他比較放心，不致出大差錯；另一方面，下屬不敢採取某些不利於他的行為。
- 可以自己發號施令，滿足權力慾望。

以上所述授權不足的問題，不能完全歸咎於授權者這一方面。在被授權者方面，也存在有一些問題，例如：

- 下屬由過去經驗中發現，他們不可能獲得真正的授權；實際上，一切仍由上司決定，對於這種有名無實的授權，不感興趣，並儘量拒絕接受。
- 恐懼犯錯的心理，一旦做錯，或只是成效不佳，將要受到責備或處罰。因此，寧可由上級主管決定，自己奉命行事而已。
- 缺乏必要之資源或資訊，無法擔當所獲授權。
- 缺乏激勵，獲得授權，徒然增加任務，而完成這些任務，並無適當之獎勵。

三、克服阻礙授權之途徑

授權乃是維持一組織發揮團體力量之一祕訣，在於上述各種情況下，將使上級主管擔當過多的責任，而妨礙了組織效能的發揮。因此，遇到有這種情況，必須認真探討背後的原因，設法予以克服。譬如，以下各種途徑，就可供實用上的參考。

- 擔任主管者，應建立一項基本觀念，盡力認識其下屬所擁有之專長及其可能之貢獻。
- 盡可能事先規劃所應採取的行為，俾可有較充裕時間授權下屬去做，而不致事事迫在眉睫，緊急萬分，必須主管自己負責去做。
- 針對下屬之需要，給予必要之訓練、鼓勵及指導，以培養其擔當責任之能力。
- 發展良好之控制系統，遇到下屬發生問題或困難，可以迅速獲知。
- 容忍下屬某些非故意之過錯。
- 一方面帶有相當強迫性，使下屬自己決策；另一方面協助下屬解決困難，雙管齊下。不要一味指責下屬所犯過錯。
- 讓下屬對於所應負擔的職責，以及所要達成的效果，具有清晰的認識。
- 注意給予下屬他為擔負職責所必要的資源條件，否則，巧婦難為無米之炊。
- 應給予完成職責之下屬有足夠的獎勵。
- 應考慮到組織結構之設計，是否有利於授權。有關此點，將於分權一節中再加討論。

四、配合授權的控制

由於授權並不能因此解除授權者所負的職責，因此為保證任務之有效達成，授權者仍然要採取某些控制活動。不過這種控制切忌與「事事過問」的意義發生混淆。否則，如因控制而失去授權，並非此處所稱控制之原意。因此，如何使控制能配合授權的需要，乃是問題核心所在。

授權者經常可用的控制方法，計有：

1. 事前討論

　　在沒有開始行動以前,由授權者和其下屬對於將進行之工作或計畫先行討論,俾使雙方有充分之瞭解。授權者可說明該工作或計畫之背景或預期成果,同時聽取下屬之意見、做法及建議。他可藉這機會表示自己的看法和修正意見。

　　不過,值得注意的是,擔任主管者應避免給予下屬過於詳細之指示,因為這樣做將失去授權之意義。

2. 不時之討論或檢查

　　擔任主管者,可以過些時候,向下屬詢問進度及有無問題,並加討論。使自己對於該項工作或計畫之進展情況,有所瞭解。

3. 期中報告

　　在工作進行期間,要求下屬提出期中報告,口頭或書面均可,不必拘泥形式,以減少對於下屬的干擾。

4. 完成報告

　　授權者,一般對於所授權的事項,設定一完成期限,並要求下屬屆時提出一完成報告,其中並包括某些特定項目。這種報告,可以是書面或口頭,但一般以書面為多。

以上所列舉者,都比較屬於主管個人所給予下屬的指導方面。實際上,對於被授權者的控制,並不限於這幾種方式,譬如公司所訂定的政策、規章、預算、手續等等,對於如何進行其工作,也都具有控制作用。而在不同單位或人員之間,前此所討論之內部牽制制度,也都使得被授權者必須按照一定方式進行其工作。

第二節　分權與集權

　　由於一組織內授權程度之大小,產生了組織結構上另一個構面現象,那就是分權（decentralization）或集權（centralization）。如果一組織內,授權程度極低,則決定權都集中於高層管理職位,這屬於集權組織;反之,如各級主管都做較大程度之授權,則決定權下移至較低層管理職位,則屬於分權組織。因此,集權與分權並非指某一主管授權的大小,而是指一組織整體的做法,或代表這一組織基本的管理哲學。

　　正如同授權不是絕對的有和無問題,分權和集權也同樣代表程度上的差異。沒有一個機構,能夠採取絕對的分權或絕對的集權,一般多處於二者之間。不過,我國的組織,由於普遍授權程度較低,因此也比較傾向於集權方面。

雖然我們無法具體衡量和表示一組織分權或集權之程度，但以下幾個指標卻可幫助我們用來比較不同組織在這方面的差異（Dessler, 1977: 151-152）：

- 基層主管所做決策數多少：愈多，則表示分權程度愈高。
- 決策與問題發生之處所之遠近：愈近，表示分權程度愈高。譬如某顧客發生問題，當地營業處所就可以解決，而不必報請總公司設法解決，則分權程度較高；反之較低。
- 基層主管所做決策之重要性程度：如愈重要，則分權程度亦愈高；反之，愈低。
- 同一階層主管所做決策之涵蓋功能範圍廣狹：如愈廣，則亦表示分權程度愈高。譬如在甲公司一位經理可對行銷、生產及人事問題做決定，而乙公司同一階層經理，只能對其中一類問題做決定，則甲公司分權程度較高，乙公司較低。
- 一位下屬做決定前所需向上級請示的次數多少：如愈少，則代表分權程度愈高；反之，愈低。
- 一公司現行政策、規章及手續所允許主管自由裁決之程度大小：如愈大，則分權程度亦愈高；反之，愈低。
- 一位主管所需向上級報告事項範圍之廣狹：愈狹，則表示分權程度愈高。例如在甲公司，一位經理只須每半年向上級報告所負責部門之投資報酬率；而在乙公司，一位經理卻要將日常各種生產、行銷、財務活動詳細報告，則前者之分權程度顯然較後者為高。

一、三個實例

一個組織究係集權或分權，如前所述，無法自組織系統圖上加以判斷。而同樣採取分權組織者，其組織結構及經營方式，也可能相去甚遠，以下我們將選擇美國三家最著名的公司，做為實例予以說明。

（一）通用汽車公司（General Motors Corporation, GM）

通用汽車公司乃當今世界上規模最大之一家製造業公司，其員工多達 750,000 人。這一公司之所以能獲得如此輝煌的成長，一般認為史隆（Alfred P. Sloan, Jr.）居功最偉。史隆於 1923 至 1937 年間擔任總經理之職，前後達十五年之久。他在任內，將通用汽車公司建立為一由各事業部組成的組織結構，各自擔當本身經營決策之責任。

這種通用汽車公司的事業部,主要均按照產品基礎設置,如轎車及卡車、汽車零配件、車身及裝配、家電及引擎、國防工業等,各有較大自主權,並負盈虧責任。但是有關重大政策及策略性決定,則仍由總公司高層管理負責。因此,這種組織方式,並非單純的分權,而被稱為是一種「協調性控制」(coordinated control)(*Business Week*, July 11, 1970: 72-77)。

(二)奇異電氣公司(General Electric Company, GE)

奇異電氣公司也是以分權組織聞名,其內部係由許多利潤中心構成,每一利潤中心負責達成一定水準以上的投資報酬率(rate of return on investment, ROI),其中心負責人亦有極大之經營自主權。

但是在各利潤中心之上,高層主管依靠多達幾千人之幕僚人員以管理整個公司,協助促進各利潤中心之效能。

(三)飛歌—福特公司(Philco-Ford Corporation)

這是一家比較傾向集權的公司,1968 年當韓特(Robert E. Hunter)擔任總經理後,將公司進行改組:首先,將若干個消費品事業部併為一個利潤中心,由一位副總經理負責所有行銷及銷售活動,另一位負責所有工程設計、製造及運銷工作。其次,將所有的產品發展及設計工作,併由同一工程設計部門負責,以資充分利用人力及物力。第三,將實體分配工作予以統籌,由負責生產控制之幕僚人員擔任(*Business Week*, Feb. 15, 1969: 72-78)。

二、分權之利益及缺點

分權之利益,亦即前此所說授權各種利益的擴大。

- 第一、在分權組織下,較能鼓勵和培養優秀的管理人才,各階層主管可以在大小不同的範圍內獨當一面,依次累進,使這一機構不致發生後繼無人之現象。
- 第二、由於各階層主管所具有的職權和職責比較完整,控制比較有效,尤其在利潤中心和事業部組織下,負責經理將會盡力以達成他所負的任務。
- 第三、分權適合於產品多角化經營,因為每發展一種新產品或新業務,其負責人需要有較大的自主地位與較完整的職權,才能適應他的創新需要,而分權組織較能給予他這種條件。

第四、在分權組織下，決策者比較接近問題發生的現場，這樣不但可因地制宜，而且反應較為迅速。

由於分權具有以上種種利益，所以近五十年來，企業組織——其他組織也有類似情形——不斷朝向分權型態發展。不過，這一趨勢的背後，亦有環境與科技因素的影響。在企業經營環境方面，有兩項發展，一是多角化，一為國際化，都有利於分權式組織；在科技方面，生產方法的改變，大規模和自動化的生產方式，使得過去那種嚴密而直接的監督，成為不必要；而資訊處理技術的高度發展，雖然也有可能導致集權（因總公司可迅速獲得及處理各來源的大量資料），但事實發展，卻趨向於使總公司或高層主管更敢放手授權下屬去從事各種活動（Burlingame, 1961）。但這是一個尚未充分明朗化的問題，尚待更進一步之觀察與研究（Trewatha and Newport, 1976: 352-353）。

分權的另一面為集權。集權式組織也不是毫無利益，在某些情況下，集權式組織還勝過分權式組織。

集權式組織之最顯著利益，即為精簡組織，避免重複浪費。因為在分權組織下，往往不同部門間都設置有類似的單位，如銷售人員、採購人員、服務人員以及有關設備等，而在集權組織下，這些單位可以合併，人員和設備可以精減，支出可以節省。

再有一種情況，此即一機構基層人員素質較差，不足以擔負較大責任時，也不適合採取分權組織。不過，這只能視為實施分權的限制條件，而且是應當努力改進的缺點。長期而言，是不能成立的。

三、選擇分權或集權組織之考慮因素

自純學理觀點，很難下一定論，究竟分權較佳，或是集權較佳，這應考慮一組織有關之性質與環境特性而定。以下將分別自這些因素加以討論。

- **規模**：這是一項最基本的考慮因素，因為分權之發展，本來就是配合大規模組織在管理上之需要；而極小型的組織很自然地就是屬於一種集權的組織。不過，也有例外情況，依研究，國外有極大規模的鋼鐵及紙業公司，仍然採取功能式集權式組織。論者以為，這些公司所重視者，為生產製造效率而非彈性，因而導致其集權管理方式。
- **產品組合**：就是產品線眾多，或多角化程度較高之企業，其市場及產銷特徵與問題各個不同，不適於集權式管理，陳德勒（Chandler, 1962: 335）即發現，隨著許多企業走向多角化，其組織也趨向分權化。

- **市場分佈**：這同樣可以適用於地理分佈或性質構成兩種情況。一般情況下，如果市場分佈地區廣大，或其結構複雜，都不適宜採用中央集權方式經營，因為這不但增加溝通上的困難，而且不能配合當地環境或需要的特殊性質。
- **功能性質**：在同一組織內，不同之功能部門或活動，所需要的分權或集權程度亦有不同。一般而言，行銷與生產功能較適合分權，而財務功能卻適合於集權。
- **工作性質**：一般認為（Hage and Aiken, 1969），凡工作性質較為例行而有規律者，其決策可採集權方式；反之，如工作無一定範圍或規律者，其決策常授予較基層主管負責。
- **人員性質**：上述工作性質又和工作人員性質有關。一般而言，許多非例行性之工作，同時也是屬於專業性（professional）工作。擔任此類工作之人員所受教育程度較高，比較傾向於獨立判斷和決策，因此，構成分子屬於這種人員較多的組織，也傾向於採用分權方式。反之，如工作人員非專業性質，教育水準較低，則適合集權方式。
- **外界環境**：如果一公司所面臨的環境較不穩定或難以預測，則較傾向於分權；否則，較傾向於集權。再者，如果一公司之生存受外界某種團體或力量——譬如某一原料供應來源，政府採購或工會——之影響甚大時，則往往趨向於集權（Inkson, Pugh, and Hickson, 1970）。

綜上所述，我們將發現，所謂適合於分權的狀況，一般有其共同之點，此即：在經營及管理上需要有較大彈性、較快反應、較高之創新及主動能力。譬如規模較大、產品線較多、市場結構複雜、工作多變化、外界環境難以預測等等，由於這些狀況正代表今後組織發展之趨向，無怪乎使得分權之趨向亦隨之普遍化，這是我們深入一層應有的瞭解。

第三節　部門化與分權

在前節中，我們曾說到，僅僅憑著一組織系統圖，是無法斷定這一機構究竟接近分權，或是集權方式的管理。不過，這也不是說，一組織之基本結構和分權或集權毫無關係。譬如有關一組織所採部門化之基礎為何，就和分權或集權具有相當密切的關係。

以功能基礎而言，由於各部門所負責任之不完整，偏狹的觀點以及本位主義的傾向等等原因，都使得大量授權比較困難。反之，如產品或地區基礎之部門化組織，就比較適合分權。因此，在本節中將自部門化觀點，討論其與分權或集權的關係。

一、功能基礎部門

依企業的發展過程來看,早期稍具規模的企業機構,幾乎都是採取功能組織的。所以人們一想到企業組織,便想到製造、行銷、財務之類部門,這就受到其歷史背景的影響。不過早期一般企業產品組合較為單純,外在環境比較穩定,所以這種組織結構尚屬適當。但等到上述情況發生變化時,功能組織的許多缺陷遂因之暴露出來(Carlisle, 1969):

- 功能性組織過分強調本單位目標及利益,有時忽略,甚至不顧一機構之整體利益。
- 功能性組織鼓勵同部門內的垂直溝通,而缺乏不同部門間的水平溝通。
- 功能性組織每將完整的管理程序——如規劃與控制——予以分割,在功能部門內,只能就這一部分的功能予以規劃與控制,要到最高階層,才能和其他功能協調整合。
- 功能性組織傾向於一種關閉式系統模式,由於同一功能部門人員教育背景相似,利害觀點亦一致,因此不願和其他功能部門多做接觸往來,聽取不同意見。因而對於改變現狀的建議,多表現抗拒之態度。
- 在功能性組織內,高層主管忙於協調和整合內部部門,以致疏忽了對於外在環境和因素的注意。

以上這些功能組織的缺點,直接或間接地,都使得這種組織下的部門不適於獨當一面。易言之,就是難以實施較大的分權;因此,隨著企業規模擴大,產品和市場複雜化以後,為了配合分權之需要,遂使部門化之基礎趨向於產品類別,這種部門,一般稱為「事業部」(divisions),乃是今天世界上大型企業最普遍採用的一種組織方式。

二、事業部組織

這種組織方式有兩個基本特色:第一、凡與該項產品利潤有關之主要經營活動,大致都歸該事業部門主持人掌握,這樣以保持他職權的完整性;第二、這種部門具有相當大的自主地位,甚至有如一家獨立的公司,凡是在其職權內的事物,都可以自行決定。

由於總公司或高層主管控制這些部門經營,主要是它們的利潤貢獻,因此這種組織方式又稱為「利潤分權」(profit decentralization)。前此所稱的美國通用汽車公司,就是以實施這種制度而聞名;譬如在其汽車產品方面,我們常聽到的幾種牌子,如雪佛蘭

（Chevrolet）、龐特亞克（Pontiac）、歐滋摩別爾（Oldsmobile）、別克（Buick）、及凱迪拉克（Cadillac），也同時是幾個在利潤分權制度下的事業部（divisions）的名稱；它們彼此獨立經營，互相競爭。

每一事業部多擁有自己的工程設計、製造及行銷部門。不過，總公司也保留有一些重要職權，例如：訂定公司整體目標、策略規劃、基本經營政策、財務政策、會計制度、基本研究、購併或重大資本支出計畫、高層管理人員任遷、工會關係以及公共關係等等。總公司在這些方面所達成的決策，構成各事業部經營的先決條件和構架；它們在後者之指導下，獨立進行本身業務。

至於事業部內部，究採分權或集權，仍視情況而定。有的事業部內，仍然可能採取非常集權的管理方式，譬如功能式之單位組織（Whisler, 1964）。但即使如此，經過了一層利潤分權化後，複雜程度已較前減低甚多；需要溝通和協調的人數，以及資訊流通數量等，都大為減少。這樣也使得重大的決策和行動，更較前相對地迅速得多。

事業部的最大好處，還是在於它所發生的管理控制作用。在於利潤或投資報酬率之類財務目標下，每一事業部的績效和貢獻如何，都可以明白看出；這對於事業部門人員——尤其高級人員——產生極大激勵作用。

那麼，是否所有大型企業都採取了事業部組織呢？

答案是否定的，這有許多原因：

- 建立利潤分權組織，有賴這一企業的業務可以很自然地劃分為不同的事業部門，這樣分別計算損益才有意義。可是有許多企業之業務性質，不適於這樣劃分，因而不能採取這種組織方式。
- 在利潤分權制下，如果總公司提供各事業部以某些共同性之支援服務，例如採購或工程設計之類，是否規定各事業部必須利用此等服務？如果是的，則各事業部即使能找到外界更為低廉的服務時，也不得利用，顯然不當，且將引起種種問題。如不加要求，則總公司可能無法維持這種服務單位以執行某種政策。
- 以利潤或投資報酬率之類標準，做為總公司控制事業單位之主要工具，亦有其流弊。有時為了達到長期利益，必須增加當期某些支出，可是這種支出必將減少有關事業單位利潤，因而不受後者之歡迎或支持；同樣地，一事業單位可能為了表現當年較多利潤，對於若干不應削減的支出加以削減，這兩種行為反應，於整個事業或公司而言，卻是不利的。
- 論者以為，最大的困難，還是在於公司高層主管以及事業部門主持人的態度問題。一方面，事業部門主持人要能主動地對所負責的業務，做通盤考慮，就長期

的利益做最佳的打算,而非被動地揣測高層主管的意思,或只考慮眼前利害。另一方面,總公司之高層主管要能對各事業部門主持人給予充分的信任與支持,讓他們放手去做,這樣利潤分權制度才能有效運行。可惜的是,這種情形在一般實際生活中並不多見。

第四節 情境理論與組織研究

在本章及前一章內,我們發現,企業或其他機構的組織,可依其各種特性——如部門化基礎、高或平的型態、集權或分權的權責分配方式等等——可以有無數種的組織結構型態。那麼,根據理論,有沒有那一種組織型態是最好的呢?本節將針對這一問題,就有關理論做一綜合說明。

現在我們先對於各種組織理論,大致依照本書第二章中所分不同學派,做一提要。

一、古典學派和行為學派的組織理論

所謂古典學派,此處乃以威伯的層級組織模式為主要代表。如前所述,這種組織模式強調層級結構、職位、職權及正式規章,一切要求具體而明確;組織成員必須具有某種適合其職位需要之專長,然後根據規定,理智地決策,不摻雜一點私人感情在內。因此,這種組織,依威伯的構想,乃是非常有效、迅速、嚴格和可靠,就像機器一樣。

和威伯同時或稍後的其他管理或組織學者,如泰勒、費堯、歐威克等,所提出的理論,雖然各有其特色,但其基本觀點,仍係強調組織有一定原則,如分工、控制限度、指揮統一等等,和威伯理論仍屬相似,因此一般將這些理論,通稱為古典組織理論。

這類理論遭受行為學派的猛烈攻擊,後者認為,古典學派的組織結構模式過於機械化,忽略了人性的一面。他們主張,人類組織應視為一種社會系統,其目的至少兩方面,一是有效地生產財貨及勞務,另一是滿足組織成員之各種需要(包括經濟以及其他各種較高層次之需要)。因此,組織有其經濟的一面,也有社會的一面。

由於行為學派考慮到組織所具有的社會意義,以及組織成員在心理上需要與知覺的差異,他們認為,組織結構之設計不能只考慮理性和邏輯因素,也不能只依靠正式結構、職權、規章之類方法以規範人員之行為。這些以外,可能更重要的,乃是許多非正式因素,如小群體、動機、知覺與影響作用等。

早期的行為學者並未具體提出他們所主張的組織模式。但近年來,在這方面卻漸漸出現一種稱為「有機模式」(organic model)的組織結構,以別於屬於古典學派的「機械

模式」（mechanic model）（Bennis, 1966）。

依照「有機模式」，一組織內職責之劃分，盡可能避免使其正式化和固定化，而是根據任務之需要加以彈性分組。每個人的工作不宜加以細分和例行化；相反地，應注意使其內容較為廣泛而多變化。所謂主管的領導，不是嚴格依照指揮路線所賦予的職權，而是基於協調及聯繫的需要。

學者認為，實際上，上述之「機械模式」和「有機模式」可視為組織結構的兩個極端。偏向於有機模式之組織，對於個別工作並不求詳細之規定，所強調者，為組織之彈性及適應能力，希望藉由協調發展出一和諧的溝通網，而非單線的指揮路線。反之，傾向於機械模式的組織，則恰和此相反。一般言之，功能式組織接近機械模式，專案式組織接近有機模式（Shetty and Carlisle, 1972）。

二、情境理論（contingency theory）及有關之組織研究

既然說明了組織結構可以有不同程度之「機械—有機」組合方式，是否可以找到一種最佳的組合方式呢？

從直覺上判斷，有機模式比較重視「人」的因素，也較合乎理想的組織觀念，應該是較佳的一種組織方式。但是近年來的若干研究顯示，問題並非如此單純。究竟那種組織結構最佳，乃視情境而異。依這種觀點，沒有一種特定組織結構方式可以普遍應用於所有情境狀況者。由於這種理論，特別強調「情境」因素，所以稱為「情境理論」，從這種立場研究組織問題，稱為「情境研究法」。

在沒有具體說明那些是有關組織結構的情境因素以前，我們先提出幾個這方面的重要研究。

（一）吳沃（Woodward）研究

吳沃（Joan Woodward, 1965）女士為英國的管理學者，她及其同僚以英國 100 家製造廠商為對象，研究其組織結構及其影響因素。他們蒐集各廠商下列資料：

1. 歷史背景及目標
2. 製造程序及方法
3. 組織及經營方式與程序
4. 組織系統圖
5. 勞工構成及成本

6. 經理人員資格條件
7. 在本行業內成功程度

研究者將各廠商之成功程度，依上列第 7 點分為：平均水準以上、接近平均水準、低於平均水準三類。同時，又依上述第 2 點，將各廠商分為三組：

1. 單位及小批產製方式者（unit and small-batch）
2. 大批及大量生產方式者（large-batch and mass production）
3. 長生產鏈（long-run）之程序生產方式者（process production）

這三組廠商之產製技術複雜程度不同，依上列順序為由簡單而複雜。他們研究結果發現，在第 1 和第 3 兩組廠商中，凡屬於成功者，其組織設計多傾向於行為學派所主張的模式，也就是容許較大授權和彈性的方式。但在第 2 類廠商中，成功者似乎都偏向於採取明確的職責劃分與指揮路線方式，這又接近了古典學派的主張。如表 11-1 所示。

根據這種研究的發現，似乎顯示，什麼是最好的組織結構，並不能一概而論，至少技術條件是一項決定因素。

（二）彭斯（Burns）及史托克（Stalker）研究

彭斯及史托克（Burns and Stalker, 1961）為探討屬於不同產業廠商的最佳組織結構方式，選擇英國 20 家公司為研究對象。這些公司各屬於不同產業，其中包括一家螺縈（人造絲）工廠及若干家電子工廠。研究顯示，這兩類工廠所採組織結構，代表兩種極端情況。

螺縈工廠的組織結構接近於前此所稱之機械模式：高度集權；各種政策、手續及規定完備；分工細密，並訂有詳盡之工作說明；依照生產程序基礎部門化；直線和幕僚劃

表 11-1　吳沃研究結果提要（成功廠商之特色）

	單位生產或小批製造（例：訂製汽車）	大批及大量生產（例：裝配線生產汽車）	程序生產（例：煉油）
指揮路線	不明確	明確	不明確
直線—幕僚	無嚴格劃分	嚴格劃分	無嚴格劃分
控制限度	小	廣	小
部門化	依目的	依程序	依目的
整體組織	有機模式	機械模式	有機模式

分清楚。這種設計之主要目的,在求高度效率,適合於競爭劇烈但市場及技術環境均較穩定的行業。

電子工廠的組織結構則不同。由於其生存乃依靠不斷地創新和發展,因此必須使組織具有彈性和創造力——而非生產效率——這使它們採取有機模式的組織方式。員工工作並不嚴格劃分,亦非固定不變;沒有明確的指揮路線,甚至沒有組織系統圖;授權和分權程度較高;配合工作需要,一位人員可將他的問題直接請求最適當的人給予協助解決,不在乎什麼階層或隸屬關係。因此,這種組織,較適合於市場及技術環境迅速變動的產業。

值得一提的是,彭斯及史托克並不認為有機模式一定比機械模式為佳。他們說:

> 我們所要積極強調的是,每種制度各有其適合之特定情況條件;我們也同樣希望避免給人一種印象,以為有一種制度在所有狀況下都較其他制度為優。特別是,根據我們的經驗,在穩定的環境中,沒有任何道理硬要以有機模式去代替機械模式。(Burns and Stalker, 1961: 125)

(三) 勞倫斯 (Lawrence) 及洛區 (Lorsch) 研究

這一研究 (Lawrence and Lorsch, 1967) 係由兩位美國哈佛大學教授所進行,目的在探討組織結構與外在環境的關係。不過他們所探討的組織結構,集中於組織部門間的「差異化」(differentiation) 與「整合化」(integration) 特性上。

他們選擇了三種產業內的廠商,做為研究對象:一為塑膠業,代表一種需要不斷技術創新的產業;其經理人員所面臨的環境,具有高度之不確定性和不可預測性。其次為標準化容器製造業,代表一種經營環境至為穩定的產業,所面臨的問題為維持一定之服務及產品品質水準,而非創新。再一種行業為包裝食品業,其所面臨的環境介於上述二類之間;易言之,較塑膠業所面臨者為穩定,但較容器製造業為多變化。

所謂部門間之差異化,係界說為「(一企業內)不同功能部門之經理人,在於認知及情緒導向上的差異程度」。所謂「整合化」,則為各部門間合作狀況之品質」。研究結果顯示,凡是處於動態而複雜的環境中的廠商,較之處於比較穩定而單純環境中的廠商,在部門間,需要有較大的差異程度。以上述三類產業的廠商而言,塑膠業的部門差異化程度較包裝食品業為高,而後者又較標準容器業為高。

但是在這三類產業中,凡是效能較佳的廠商,其整合程度均較效能低者為高。不過,它們在組織結構方面所採取的整合方法,頗為不同。在塑膠業,係利用一正式部門

擔負整合功能，以避免高度差異化的部門各行其是；在食品業，整合責任，係由個別管理者擔任；而在容器業，則經由指揮路線以達到整合目的。研究者發現，某些效能不佳之容器製造業，雖然設置有正式整合單位——就像上述塑膠業一樣——但由於其環境較為穩定而單純，這種組織安排似乎是多餘的。

三、一情境模式下的組織結構理論

歸納以上三個具有代表性的組織研究的結果，使我們對於組織結構之設計問題，可以有進一步的認識，什麼是最適合的組織結構，乃取決於各種科技及環境因素。

一般而言，這些因素主要來自以下四方面（Shetty and Carlisle, 1972）：

（一）經理人員及其經營哲學

經理人員，尤其高層主管，對於所經營事業之界說、競爭方式、管理哲學等等，都會直接或間接地影響一組織所應選擇之結構方式。特別是陳德勒（Chandler, 1962）所提出的：「結構跟隨策略」（structure follows strategy）理論，更是支持這種觀點。而經理人員為何採取某種策略或決策，又和他們的背景、知識、經驗及價值觀念有關。

（二）任務性質

此處所稱的任務性質，最主要的，乃指完成組織目標之技術條件或因素，例如前此所稱吳沃女士的研究，就是屬於這方面因素與組織結構的關係。技術條件不同，影響了工作劃分、工作程序之例行化程度，以及工作流程、授權等等做法，自將影響組織結構方式。

不過，在此應連帶考慮的，即為一組織的規模大小因素。由於規模不同可影響組織內的協調、命令、控制等性質，自然也和組織結構有關。

（三）環境狀況

前此所提出之彭斯及史托克研究以及勞倫斯及洛區研究，主要都是強調這方面因素的影響作用。最主要的環境特性，就是其改變的速度與不確定程度。除了這兩項研究外，蓋布勒（Jay Galbraith, 1970）以美國波音公司（Boeing Co.）為例，說明組織結構如何隨著外界環境改變而改變的情況。主要是 1964 年以後，航空市場迅速擴大，但種種不確定因素也隨同增加，為了適應這種情勢，波音公司一方面加強其各功能部門，但另一方面設置專門單位負責產品與程序設計部門間的聯繫工作，以及各種臨時性任務小組以擔負功能部門間的協調工作。

(四)工作人員之需要

　　研究顯示,組織成員的需要組成並不完全相同。一般而言,技術及專業人員,與非技術工人相比,較為重視工作之自主性、參與決策之機會,以及成就感之滿足(Vollmer, 1960)。而在赫門與勞勒(Hackman and Lawler, 1971)的一個著名的研究中,他們發現,由於人員本身成長或社會性需要強度之不同,在同樣工作條件下所獲滿足程度並不相同。因此,一個機構的組織結構應選擇怎樣的設計方式,也就要瞭解組織成員的需要構成,並加以配合。

第十二章　組織中的個人行為

第一節　動機理論
第二節　工作群體
第三節　組織氣候
第四節　工作滿足

組織的最小構成分子是個人,組織的活動也源於個人的活動。因此研究管理,必須瞭解個人在組織環境內的行為,前此兩章中所討論者,就是屬於一種組織環境。現在,我們將重心放在個人行為及其影響因素上,然後討論如何透過管理系統,使個人行為能和組織目標發生整合。

本章內容,首先嘗試對於個人的行為做一簡要的探討。所根據的,乃是各種行為科學——文化人類學、心理學、社會學等——所提供的基礎知識。所持的基本假定是:人類行為是由需要引發的(caused)和目標導向(goal-directed)的,而非盲目和隨機的。因此,要瞭解人類行為,必須瞭解行為背後的動機作用(motivation),因此有賴動機理論提供我們這方面的知識。

第一節　動機理論

一、行為程序之基本模式及期望理論

描述人類個人行為,可利用一種基本模式,如圖 12-1 所示。人有各種需要,由於某種刺激引發其中某種需要,譬如缺乏水分則感到口渴,因而造成心理上的緊張或不適狀態,為了解除這種狀態,人們遂採取各種行為,譬如自熱水瓶中倒一杯水或購買飲料之類。如此可見某種行為之形成,乃是有目的的和有原因的。如果目的達成,或原因解除了,行為也就中止,否則由於回饋(feedback)作用,行為還會進行,直到需要滿足為止。這種行為,因此屬於「動機引發之行為」(motivated behavior)。

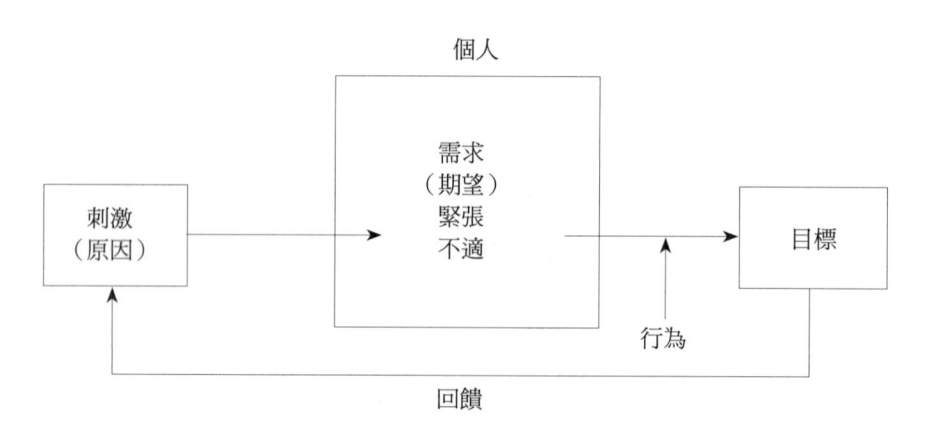

圖 12-1　行為之基本模式

但是事實上，人的行為絕不像上述如此單純，在上述模式中所包括的種種因素都不是一成不變或唯一的，譬如，人的需求組合不同、知覺不同、文化背景不同，都將導致不同的行為反應，就是明顯的例子。

但是要說明這些影響行為的複雜因素，我們先要介紹有關動機作用之理論。

依上述行為之基本模式，一人之所以會採取某種行為，是因為他相信這種行為可以解決他的問題，或滿足他的需要。伏隆（Vroom, 1964）依照這種想法，進一步發展一「動機作用之期望模式」（expectancy model of motivation）理論。[1]基本上他認為，一人之動機作用乃取決於兩項因素：（1）採取某項行為，如果達成，所能獲得之價值（valence）；（2）達成該項任務之機率。如果以符號表示，可寫成：

$$MF = E \times V$$

此處 MF = 動機作用力，E = 期望機率，V = 價值。如果再說得清楚一些，由於採取某種行為，一般不可能只有一種結果，而對於各種可能結果言，其發生之機率及產生之價值並不相同。

因此，上式公式中之 MF 值，事實上乃係各可能後果乘積的累加值（Porter, Lawler, and Hackman, 1975: 56-57）。

在此必須說明的有三點：

第一、這一模式只能應用於個人獲有自主控制的行為，也就是可以自由選擇的行為。一般而言，一個人在組織內可能獲有自由選擇的行為，包括有兩方面：（1）努力的程度，（2）工作方式。當然在一比較放任而民主的組織內，個人自主控制的程度和範圍較廣；而在一傳統和嚴密監督的組織內，則個人自主控制程度及範圍均較狹窄。再者，對於基層人員而言，其所能控制的，多限於努力程度；但對於高層人員而言，則可包括努力程度及工作方式兩方面。

第二、期望模式只是一種「程序性模式」（process model），乃係假設人類行為產生的過程所經歷之步驟，做為分析工具之用，而非反映一個人實質上的決策因素。

第三、因為它只是一種「程序性模式」，並未涉及什麼是個人所重視的價值內容，因此有賴其他屬於「內容性」或「實質性」模式（content or substantive models）來回答這方面的問題：究竟什麼促使人們採取某種行為。

---

[1] 期望理論前後有幾種不同的內容，大致是早期的較簡單且概括性，愈後發展的愈具體而複雜。在此所提出者為最早，也是最簡單的說法（其他有：Porter and Lawler, 1968; Graen, 1969; Lawler, 1970）。

二、需求理論

個人動機之「內容模式」主要乃以需求（needs）或動機（motives），以及激勵（incentives）為中心。在此，需求或動機被認為是一個人的內在狀態，而激勵乃指一人希望藉由某種行動以達到的目的對他所具有的價值。譬如飢餓代表一種需求或動機，可以驅使人們採取某種行為；而食物對於一個飢餓的人來說，具有甚大的激勵作用——價值或吸引力（Cofer and Appley, 1967: 5-6）

在此，我們將就與管理具有密切關係的幾種動機或需求理論，分別概述於次：

（一）馬士洛（Abraham H. Maslow）需求階層理論

在管理學應用最廣的需求理論，應推馬士洛（Maslow, 1943, 1954）的需求階層（needs hierarchy）模式。但為使讀者對於這一模式發展的源流有更多一層的瞭解，在此先行介紹較早的另一位心理學者穆萊（Murray, 1938）的需求理論。

穆萊認為，人們的行為係由許多不同的具體需求所引發；易言之，他不以為有任何單獨一種力量特大的需求足以導致行為，後者乃是由各種具體的日常需求所促使。他所指的日常具體需求，包括有成就（achievement）、隸屬（affiliation）、侵略（aggression）、自主（autonomy）、屈從（abasement）、自衛（defense）及性（sex）等類別。

但是穆萊提出一點非常重要的觀念，此即需求之「先位」（prepotency）觀念：意即當一個人同時有二種以上之需求被引發時，他將會先求滿足具有「先位」之需求，因為這種需求，如飢渴或安全之類，是無法忽略或延緩的。因此，穆萊認為，在不同需求之間，某些較他種需求具有「先位」，因而構成階層狀態。

馬士洛主要亦即繼續穆萊這種先位和階層觀念，予以發揚光大，構成其動機理論之中心思想。他的需求階層理論，包括有兩項要點：

第一、引發行為之動機乃是具體性的（這點和穆萊一致）。
第二、各種具體需求處於一種階層關係，基層需求獲得相當滿足後，次一層需求才出現並影響一人的行為。

馬士洛將人類之需求歸納為五種基本類別：

1. **生理需求**（physiological needs）：包括飢渴及性等需求。

2. **安全需求**（safety needs）：即求避免遭受傷害或危險之需求。
3. **社會需求**（social needs）：即對於愛和被愛，以及友誼、歸屬之需求。
4. **尊敬需求**（esteem needs）：即自尊和被他人尊重之需求。
5. **自我實現需求**（self-actualization）：這一需求至今未獲適當界說，大致來說，即一人企望能成為自己所希望成為的人的需求。

依上述階層關係，一人必須在生理需求獲得相當滿足之後，才會追求安全需求；等安全需求也相當滿足之後，才會追求友誼及其他更高層需求。不過，我們在解釋及應用這一理論時，不可過分拘泥於這種次序關係。

第一、並非某種需求得到「完全」滿足以後，才會感到次高一層的需求，所以在上面提到此點時，都是說「相當」（largely）滿足而非「完全」滿足。

第二、愈到高層需求，其先位關係愈不明顯；顯然地，一個人在社會需求未獲滿足前，同樣會追求自尊需求的滿足。

第三、不同的人，是否能適用同樣的需求階層關係，也是有問題的（Vroom, 1965）。有人（Schein, 1965）認為，究竟各種需求之優先次序如何，乃是各人後天經驗與學習之結果，並非一成不變的。譬如有人的行為主要受自我實現需要之支配；而另一人，即使在相同情況之下，卻可能受社會或安全需求之支配。

儘管馬士洛所提出的需求階層模式有這些問題存在，但是無疑地，它仍是管理理論或實務中獲得最普遍接受與應用的一種動機理論。

（二）郝茲伯（Frederick Herzberg）兩因素理論

鑒於許多需求或動機理論，只是從需求本身加以探討或分類，而未將它們自工作行為（work behavior）觀點加以分析，郝茲伯等人（Herzberg, Mausner, and Snyderman, 1959）乃以大約 200 位會計及工程人員為對象，研究他們的工作滿足（job satisfaction）與需求的關係。

他們要求被訪者說出在什麼時候，感到自己的工作特別「良好」（good）；什麼時候，感到特別「不好」（bad）。他們有一重大發現，此即被訪者所經常提出使他們感到工作「良好」的情況，與所提出「不好」的情況，似乎並不相同。舉個例子說，待遇不佳可使他們感到工作不好，但並不會說待遇好使他們感到工作良好。

因此，他們遂提出一著名的「兩因素理論」（two-factor theory）；其大意謂：某些工作情況（job conditions），當其出現時，可以使人感到滿足，但若不存在，並不致造成不滿足，這種情況稱為「激勵因素」（motivators），相反地，某些情況，當其存在時，將會造成不滿足，但若消失，並不會導致滿足，這些情況稱為「保健因素」（hygiene factors）。這也就是說，激勵因素和保健因素在動機作用上各有自己的影響對象，故稱兩因素理論。

保健因素包括有：（1）公司政策及行政，（2）技術監督，（3）與上司人際關係，（4）同事間人際關係，（5）與下屬人際關係，（6）薪資，（7）工作保障，（8）個人生活，（9）工作環境，及（10）地位。而被稱為激勵因素的，有：（1）成就，（2）器重，（3）陞遷，（4）工作本身，（5）成長可能性，及（6）責任。

我們又可以從以上所列舉的兩類因素看出，凡是屬於保健因素的，多是工作外的（extrinsic to work）因素；而屬於激勵因素的，多屬工作內的（intrinsic to work）因素。因此，僅僅提供工作外的種種良好工作條件，只能消除工作者的不滿足，而不能增進滿足感。要做到後者，必須自改進工作本身之設計著手。這種觀點，對於近二十年來的管理理論和實務，都產生了極大的衝擊和影響。譬如美國電信公司（American Telephone and Telegraph, AT&T）即曾經根據郝茲伯的理論予以實際應用，並獲相當成功，即係一例（Ford, 1969）。

兩因素理論和前述的需求階層理論都是屬於內容性模式，二者之間具有非常類似之處。所謂的保健或激勵因素，就能利用需求階層模式加以辨認。生理及安全及社會需要乃屬於保健因素，而尊敬與自我實現需要大致即相當於激勵因素。因此，前組需求又常被稱為「低層次需求」（lower order needs），後組需求則為「高層次需求」（higher order needs）。

不過，兩因素理論也有其觀念上及實證上的雙重問題。首先就實證而言，雖然也有他人的研究支持郝茲伯的主張，但亦有多次研究，所獲結果，與其大相逕庭（Dunnette, Campbell, and Hakel, 1967; Hinton, 1968; King, 1970）。最主要的一項批評是，兩因素理論之建立，疏忽了一項研究方法上的影響因素，此即被訪者的自衛心理，他們很可能將令自己滿意的因素，都歸之於自己的工作表現及其相關情況，而令自己不滿意的因素，都推諉予自己工作以外的情況。因為根據有些研究者的發現，也有令人滿足的因素乃來自所謂工作外的「保健因素」，而令人不滿足的因素也同樣可來自工作內的「激勵因素」。

再者，郝茲伯似乎認為，他的理論可以普遍應用於所有的人，可是根據心理學理論及研究，個人在需要及目標上有極大的差異，譬如有人高層次需求非常強烈，則工作

內的激勵因素也許可使他感到滿足,但對於這種需求並不強烈的人而言,則並非如此(Hackman and Lawler, 1971)。

(三)艾京遜(John Atkinson)及麥克里蘭(David McClelland)之「成就需求」、「權力需求」與「隸屬需求」理論

前述穆萊的需求觀念,又影響了後來的兩位心理學者艾京遜及麥克里蘭(Atkinson and McClelland et al., 1953; McClelland, 1961; Atkinson and Feather, 1966)。他們就穆萊所提出的特定需求中的「成就需求」(need for achievement,或常被縮寫為 N Ach)加以引申,以解釋人們之工作行為。所謂「成就需求」,代表人們的一種完成某種任務或達成某種目標的願望,而達成此種任務或目標之後所能得到的滿足,構成其所採行為之激勵價值。

這種「成就需要」並非人人相同,麥克里蘭特別強調文化和社會的影響作用,譬如宗教和家庭即係兩項重要的影響因素。在於不同文化或社會的個人,往往在「成就動機」方面有顯著的差異。麥克里蘭即曾企圖以此差異來說明不同社會的經濟發展現象(McClelland, 1961)。凡「成就需求」較高的人,對於達成某些任務,一般會特別努力。

這種理論構架,也被應用於其他兩種特定需求上,此即「權力需求」(need for power,或 N Power)及「隸屬需求」(need for affiliation,或 N Affiliation)。凡是「權力需求」較強烈的人,喜歡處於他擁有相當控制力量的環境,可以發表意見或發號施令,使別人信從。而「隸屬需求」較強烈的人,希望和他人建立友誼關係;並受他人愛戴。

麥克里蘭認為,每個人多多少少都會有上述之三種需求,不過各人的組成比重並不相同。譬如說,某人「成就需求」特別強烈,而「隸屬需求」較弱;相反地,另外一人可能是「權力需求」特別強烈,而「成就需求」則較弱。

(四)公平理論(equity theory)

在本節最後,我們將再介紹一項動機作用之理論,這就是「公平理論」。所謂公平(equity),係指人們處於一種「交換關係」(exchange relationships)情況中時,各人一方面付出代價,稱為「投入」(inputs);另一方面,也有收穫,稱為「結果」(outcomes),而每人「投入」與「結果」之間都構成一定的比率。這時人們會做一種「社會性比較」(social comparisons);此即比較各人所得到的比率。如果比率不相等,這時將產生一種動機作用,使他採取某種行為,設法使其趨於相等,而比率相等時,也就是人們感到最滿足的時候。

艾當（Adams, 1963）及其他學者企圖將此種理論應用於工作環境中。他們認為，人們會將自己所投入於工作的技能、時間及精力與所獲金錢及精神上的報酬相比較，然後將這比率與他人所得者相比，如果因此感到不公平的話，在心理上將產生「認知失調」（cognitive dissonance）現象，因而採取各種可能行為以減少此種認知失調。譬如要求調整待遇、不再像過去那麼努力、甚至離職等等。由以上說明，我們將發現這種理論，對於解釋動機作用，兼具有實質及程序兩方面的意義。

三、一個較為完整的動機作用模式——波特與勞勒模式（Porter and Lawler model）

最近，波特和勞勒（Porter and Lawler, 1968）兩位學者，以本章最先提出之「期望理論」為基礎，並兼納各家之說，發展一個比較完整的動機作用理論，其主要內容如圖 12-2 所示。

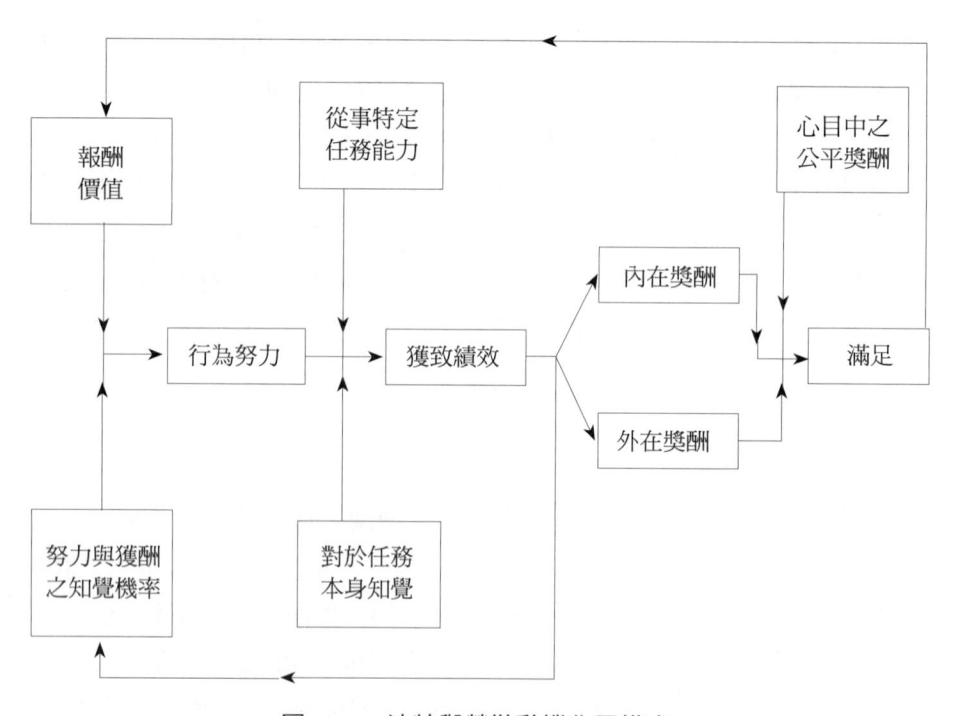

圖 12-2　波特與勞勒動機作用模式

資料來源：Porter and Lawler, 1968, p. 165

依圖 12-2，一人之行為努力乃取決於所可能獲得之獎酬價值大小，以及完成任務之機率（期望理論）。但事實上一人之績效表現，除受其個人努力程度決定外，尚受他的工作技能與對工作的瞭解所影響。這種績效可能給他工作內的報酬（如成就感或自我實現需要滿足），也可能給他工作外的報酬（如金錢、地位、工作環境）（馬士洛兩因素理論）。但是這些獎酬是否能給他滿足，還受他本人所知覺到的公平與否的影響（公平理論）。

第二節　工作群體

自從霍桑實驗以後，人們開始重視組織中小群體的存在，它對於群體成員的行為產生極大的影響作用，因此，要瞭解組織內人員的行為，必須對於這種工作群體（work group）的性質及作用，有所認識。

一、工作群體的意義及其形成原因

所謂工作群體，乃指兩個以上組織成員，他們共同具有一種群體意識，並發展某種共同遵守的規範，彼此之間保持較為經常的接觸和溝通，以滿足成員的某方面需求為目的。

為什麼某些人會形成一工作群體呢？

依學者（Donnelly, Gibson, and Ivancevich, 1975: 172-176）的歸納有以下三方面的原因：

（一）工作地點或位置

由於工作地點或位置互相鄰近的關係，給予人們以較為經常接觸和溝通的機會，雖然這不是工作群體形成的充足原因，但往往卻是非常重要的條件（Scott and Mitchell, 1972: 124）。這一條件，加上這些人員其他方面的共同性，非常容易發展為一個工作群體。

（二）經濟利害關係

「在許多情況下，人們由於經濟利害關係相同，也會發展為一個工作群體。」譬如在團體計酬制度下的工人、屬於同一職系或職等的人員、新進試用人員、或年老工人等。他們感到，如能和處於同樣經濟地位的同事經常接觸和溝通，有利於他們共同經濟利益之增進，這樣也容易形成為一個工作群體。

（三）社會及心理上理由

這是指，工作群體之形成，可以滿足群體成員種種社會或心理上的需求，以馬士洛所列舉的需求類別而言，工作群體有利於成員下列之需求滿足：

- **安全需求**：工作群體使其成員有較大的安全感，可以保護他免於或減輕外界所加的壓力。使他敢於向管理當局或其他人員提出不同意見或要求，而不致有孤單之感。
- **社會需求**：工作群體使其成員有較大的隸屬感，因為彼此間，有較多的接觸和溝通，較密切的群體意識。因此社會性需求得到較大滿足。
- **尊敬需求**：某些工作群體具有較高或特殊的威望地位，成員以能屬於此種群體為榮，因而其被尊和自尊的需求也獲得較大滿足。
- **自我實現需求**：有時人們感到，在正式組織中，由於受到上司監督以及種種規章限制，使他不能發揮所長，一展抱負。但是在某些工作群體中，由於參加分子多屬同行或其他原因，卻能欣賞或讚揚他所做之事，這樣可給予他自我實現需求以較大滿足。

以上乃是利用幾種較為實際與具體的需求，以說明工作群體形成的原因。在這方面，更有學者企圖將這些原因予以抽象化，提出若干理論，以解釋群體形成這一現象：

- **工作本身之需要理論**（demand-of-the-job theory）：某些工作非靠小而團結之群體難以完成，譬如我們在戰爭影片中所看到的特遣小組奉命深入敵後從事艱鉅之任務，就代表這種極端狀況。
- **互動理論**（interaction theory）：非正式群體之形成，乃是由於人們從事共同活動的結果，如果在這類活動中互動機會愈頻繁，則成員之群體意識愈強烈，群體也就愈密切和持久。
- **相似理論**（similarity theory）：許多管理學者認為，群體之形成與維持，乃與其成員彼此所具有之相似程度密切相關。至於相似的內容，範圍極廣，譬如工作價值觀念、生活經驗、教育背景、社會經濟地位、性別、年齡、宗教等等，都可能是有關的。

二、群體形成之過程

以上只是說明形成群體的原因，但未說明人們形成這種群體的過程。

學者（Bennis and Shepard, 1963）以為，群體形成的過程乃和學習有關；此即：學習如何在一起工作，如何彼此接受，進而如何互相信賴，這也是一群體之成熟化（maturation）過程。

白斯（Bass, 1965: 197-198）將上述過程分為四個階段：

（一）第一階段：彼此接受

開始時，人們在一組織內感到孤立徬徨，對於組織、工作及其他人員等，都有一種不敢信任的感覺。在這種心理需求下，遂找到和自己有同樣問題的人，互相透露衷曲；經過一段時間後，彼此逐漸接受，形成一個群體。

（二）第二階段：解決問題

在這階段中，群體成員互相交換意見，討論如何解決他們所面臨的問題，使各成員在工作環境中感到更大滿足。

（三）第三階段：產生激勵作用

這時，這一群體漸趨成熟化，成員彼此更加瞭解和信任，也認識合作的重要性，因此群體更加團結和穩定，使成員無論在經濟上或心理上都得到更大滿足。

（四）第四階段：控制作用

一個群體發展成功以後，它就會產生一種控制作用，使成員遵照群體規範行事。

三、群體類型

在一組織中，一個人可能同時屬於若干個群體，因為這些群體各係依不同基礎或理由而發展。依賽勒斯（Sayles, 1957）的分類，主要有以下各種類型。

（一）隸屬群體（command group）

這種群體乃由一主管與其直接下屬所構成，因此和組織系統圖上所顯示者，完全一致，乃是一種正式群體（formal group），隨著控制幅度擴大以後，這種群體人數也就增加。

（二）任務群體（task group）

一組織內某些人員──未必屬於同一部門──由於共同擔負某項工作或專案，因而構成為一種群體。他們為了完成所負任務，必須經常接觸和溝通。

（三）利益群體（interest group）

一組織內某些人員，由於彼此具有共同經濟上的利益關係，為了爭取或維持這種利益，因而構成為一種群體。但如目標已經達到之後，這種群體也會消失。

（四）友誼群體（friendship group）

這種群體的活動已發展到工作外範圍，譬如聚餐、旅行或家庭交往之類。這種群體分子往往具有某種共同特徵，如年齡、性別、興趣、同鄉等等，都很可能。

四、群體特徵

正如同我們討論正式組織結構時，曾經分析其所具有的各種特徵，如部門化、指揮路線、授權及分權、資訊系統等等，工作群體也一樣有它的各種特徵。我們要瞭解這種群體，也可以自這些特徵著手。

（一）群體領袖

在群體中，成員們往往也會各自擔負不同的**群體角色**（group roles）。其中一個特別重要的角色，就是**群體領袖**（group leader），它和正式主管不同，並無正式的職權，也不是由上級任命，而是由群體中發展出來的。

但這並非說，正式主管不能成為群體之領袖；恰恰相反，他獲有種種有利的條件，使他更容易發展成為非正式群體的領袖；譬如，他能獲得其他人所無法獲得的資訊，其他人都得向他報告，和他保持接觸，還有他掌握有種種資源條件，可以決定獎懲等等。這一切使得正式領袖非常容易對其他人產生影響力量，而扮演領袖角色。這點特性，對於正式主管的領導功能，關係甚大，將於領導一章中再加申論。

群體領袖所擔任的功能有對內和對外兩方面：

對群體內部而言，領袖擔任推動、發起和引導的功能，使群體能有效地達成其目標。如果內部發生歧見，領袖者還要設法予以調解和解決。

對外而言，他擔任溝通的橋樑。一方面，他負責將本群體的主張和信念，溝通予外界——包括其他群體、公司當局或工會之類。另一方面，他亦設法將與本群體有關的外界消息，設法取得，並傳播給群體成員。因此，群體領袖有如一資訊中心（Scott and Mitchell, 1972: 127）。

（二）群體中之地位（status）

非正式群體成員，各自在群體中擁有某種地位。前此所稱之群體領袖，即係代表其擁有一特殊優越之地位。除此以外，資深人員及專門技能人員等，都可能使他們獲有較高的地位。不過，這些因素的重要性，可能隨不同群體而不同。

（三）群體規範（group norm）

所謂群體規範，乃是群體的一種結構特徵，表示一些為群體成員所接受的共同行為方式，而群體也藉由這些規範使其成員的行為能為群體所接受（Litterer, 1973: 96）。譬如，在日常組織生活中，我們可以發現以下的群體規範行為：（1）反對公司實施改變工資計算方式之計畫；（2）抗議公司將某人解僱；（3）阻止公司分發一大學畢業生加入某一群體工作；（4）設法維持產量於某一水準，不致超過；（5）成員間彼此幫助，使大家都能達到公司所設定之產量要求。

群體規範對於其成員行為具有極大約束力量，其作用係經由以下三種社會程序：

- **群體壓力**（group pressure）：根據實驗（Asch, 1955）顯示，在一群體環境中，即使其中一人知道其他人的答案是錯的，他也會附和群眾意見而放棄自己獨立判斷的結果，因為這樣，他才能使自己繼續成為這群體的一員。
- **群體檢討及強制**（group review and enforcement）：如果某人違反群體規範而被發現了，群體將會採取各種方法使其就範。輕者，如由群體中資深或德高望重者出面加以勸告或警告；重者，可能由其他群體分子對這人採取隔離或抵制，甚至破壞等行動。
- **個人價值及規範**（personal values and norms）：這是一種比較微妙，但是不易覺察的影響程序，此即一個人成為群體分子以後，他會逐漸改變自己的價值和規範，以求和群體價值及規範一致。

以上所說的群體規範好像都和公司目標及政策有所牴觸。事實上，未必盡然如此，這將在稍後討論。再者，群體規範，雖然可影響一人之價值觀念，但其本身只應用於一人的外在行為，而非其內在思維及感情；一個人可能在表面上跟隨群體行為，但其內心卻未必贊同（Porter, Lawler, and Hackman, 1975: 392-393）。

（四）溝通網（communication network）

在群體內部，由於所具有的社會關係，也發展有其溝通網。這種溝通網可能和正式組織中的溝通網不同，但二者之間並非無關；有時，就是由於正式溝通網不能滿足人們的資訊需求，所以發展這種非正式的溝通系統以資補助（Kurtz and Klatt, 1970）。

在群體內的溝通網，有各種不同型態，譬如車輪形、圓圈形、鏈形、叉形等等，各有不同之溝通效率（Bavelas, 1950）。但群體領袖在各種型態中，都是居於中心地位，在資訊流通中扮演一個最重要的角色。本書第十五章中將對於這些問題，再加申述。

(五）群體凝聚力（group cohesiveness）

這是研究群體現象之一個非常重要的觀念，前此各種群體特徵均受此一因素的影響。它代表群體對於其分子所具有的吸引力量，使他們繼續積極參加群體活動而不退出（Sayles & Strauss, 1966: 90-100）。凡一個群體之凝聚力愈強，其分子對於群體之行為規範愈能遵守。

根據學者（Donelly, Gibson, and Ivanceich, 1975: 187-190）之研究，一群體之凝聚力大小，係受以下各因素之影響：

- **群體人數**：由於凝聚力之產生需要群體分子能保持經常接觸和溝通，如群體人數增加，則由於彼此之間的交往機會減少，凝聚力亦相形減弱。
- **分子對群體的依賴程度**：如果群體分子有賴從群體中獲得需求之滿足程度愈大，則凝聚力亦愈強。
- **成功之經驗**：如果一個群體在以往多次達成群體所追求之目標，使分子感到滿意和驕傲，則這群體之凝聚力也隨之增強。
- **群體地位**：在一組織中，不同群體常亦具有不同之階層地位。一般而言，地位愈高的群體，其凝聚力亦愈強。
- **管理當局的工作要求和壓力**：群體之形成常常是因管理當局提出某種工作要求和壓力所引起。同樣地，當工作者面臨之要求及壓力愈大時，其凝聚力亦可能愈強。反之，當壓力過去以後，凝聚力亦可能減弱。

五、群體和管理

許多行為科學家認為，非正式組織對於一組織效能的影響作用，大於正式組織。但也有研究（Reif et al., 1973）發現，並非如此。不過，不管怎樣，由於群體規範未必和組織目標或工作要求一致，使得許多管理當局對於組織內非正式群體的存在，感到憂慮。假如此一群體具有堅強的凝聚力時，則其所產生之約束力量極可能削弱或抵銷管理者的正式職權力量。

在這種情況下，正式主管常企圖破壞或阻止這種群體的形成，譬如將人員經常調動，故意任命與原有群體組成分子不協調的人加入工作，或是在工作場所佈置上增加隔離等等。但是，只要人們有這種群體需求存在，是很難加以阻止或破壞的。管理者一意孤行的結果，可能收到適得其反的效果。因此，做為一位管理者，如發現有與組織目的

相牴觸的群體存在，在正常狀態下，應設法瞭解造成的原因，然後加以消除。譬如發現在待遇或陞遷方面有不公平情事，即應設法改正。

實在說來，群體的存在，對於組織而言，可能具有正面的功能。主要有以下三方面：

- **有助於新進人員的社會化**（socialization）：所謂社會化，即使新加入人員的行為，能逐漸和所生活的環境一致化。譬如使他和其他人員同樣勤奮和認真工作，這種同化作用，如經由群體的影響力量進行，將較經由正式指揮路線和命令有效得多。
- **增進人員間合作**：許多任務之完成，非靠若干人員同心協力和真誠合作不可。而這種合作，也往往要透過群體作用達成。
- **真正發揮群體決策的效果**：本書在決策一章內曾討論到群體決策之各種優點，但要獲得這種優點，有賴各人員之間發展至進一步的社會關係，此即群體。

第三節　組織氣候

對於組織內人員行為的主要影響因素，除了前此所討論的動機作用及群體規範等外，近年來，若干組織心理學者，如黎特文、史特林格、塔古里、史奈德等（Litwin and Stringer, 1968; Taguri and Litwin, 1968; Schneider and Bartlett, 1970; Pritchard and Karasick, 1973），紛紛提出所謂「組織氣候」（organizational climate）觀念，認為對於組織成員的行為，產生普遍的影響作用。

一、組織氣候的意義及其性質

組織氣候乃代表組織成員對於組織內部環境的一種知覺（perception），因此乃來自成員的經驗，但是比較持久，而且可以利用一系列的組織屬性加以描述（Taguri and Litwin, 1968: 25）。依照黎特文及史特林格等人的理論，這種組織氣候，可經由其對於人們動機的引發作用，影響了個人行為及組織效果。

這一觀念，最早出現於黎溫（Lewin, 1951: 241）的著作中，他在說明人類行為與「一般性」環境刺激之間的動態關係時，曾做比喻說：「這些普遍性的特質在心理上的重要性，一如地心吸力在傳統物理學上所居地位一樣。心理氣氛代表一種經驗上客觀存在的事實，並可以科學地加以描述。」稍後，遂有學者（Lippitt and White, 1958）根據此種「氣候」乃係客觀存在的假定，設計一項實驗，利用三種不同的領導方式：權威的

（authoritarian）、民主的（democratic）、和放任的（laissezfaire），以培養三種不同的組織氣候，研究其對於行為的影響。結果他們發現，氣候因素可改變群體分子的外在行為模式，其影響作用，大於行為者前此所獲得之行為傾向。

雖然不同學者所給予組織氣候的定義並不一致，但是，一般而言，它具有以下幾種特質（Hellriegel and Slocum, 1974）：

- 這種知覺反應，在基本性質上，乃是描述性的，而非評估性的；易言之，組織氣候所代表的，乃是一組織的一組特色，而非其成員對這組織的愛惡或評價。
- 這一構念（construct）所包括的項目及構面，都是屬於總體性的（macro），而非個別性的（micro）。
- 這一構念下的分析單位（unit of analysis），乃是一組織體系或其單位，而非個別員工。
- 隨著成員對其所屬組織氣候之知覺反應不同，其行為亦受其影響。

也有學者認為，組織氣候和次節中所討論之「工作滿足」（job satisfaction），實在是名異實同的構念；所謂組織氣候，實在就是工作滿足（Johannesson, 1973）。第一，一人對於一組織的描述，常常就是他對於這一組織的評估，二者很難在衡量時分得清楚；其次，一般衡量組織氣候所用之量表項目，亦即衡量工作滿足的項目。不過，多數學者認為，這些乃是屬於衡量上的問題，在觀念上，組織氣候和工作滿足應係迥然不同的構念（Payne, Fineman, and Wall, 1976）。而以上所列舉四點，就是在觀念上幫助我們把握組織氣候這一構念的要點。

二、組織氣候之構面

不同的學者所主張的組織氣候構面（dimensions），往往也不同。譬如黎特文及史特林格認為，組織氣候包括有九個構面：(1)結構，(2)責任，(3)獎懲，(4)風險，(5)人情，(6)支持，(7)績效標準，(8)衝突；及(9)認同。而史奈德與巴萊特（Schneider and Bartlett, 1968）則辨認出六個構面：(1)管理支持，(2)對新近人員之關懷，(3)內部衝突，(4)工作獨立，(5)一般滿足，(6)管理結構。又如潘恩及菲賽（Payne and Pheysey, 1971）只使用兩個構面：(1)組織積極性及(2)規範性控制。在此列舉此等構面名稱，並不能給予讀者以清晰之概念：究竟所指內容為何。列舉之目的，乃使讀者瞭解，有關組織氣候之構面，可以有不同之認定，有興趣者可做進一步之閱讀與探究。

現以黎、史二氏所提出的構面為例，說明其所代表之內容（Litwin and Stringer, 1968: 66-92）：

1. **結構**：代表一人在團體中所感到拘束的程度，譬如法規程序等限制之類。一組織內，究係強調官樣文章成例；或是充滿著一種較放任和非形式之氣氛。
2. **責任**：代表一人在團體中感到自己可以做主而不必事事請示的程度。當他有任務在身時，他知道，怎樣去做，完全是他自己的事。
3. **獎懲**：代表一人在團體中感到，做好一件事將可獲得獎酬之程序。機構內一般是偏重獎勵，或是偏重懲罰。對於待遇以及陞遷政策，認為是否公平合理。
4. **風險**：代表一人感到服務機構及工作上所具有之冒險及挑戰性之程序。究係強調計算性冒險（calculated risk）行為，或是偏重安全保守。
5. **人情**：代表一人感到工作團體中人員間一般融洽之程度。彼此間是否強調相處良好；組織內是否存在有各種非正式之社會群體。
6. **支持**：代表一人在團體中感到上級及同僚間在工作上互相協助之程度。
7. **標準**：代表一人對於組織目標及績效標準之重要性程度之看法。是否重視一人之工作表現；個人及團體目標是否具有挑戰性。
8. **衝突**：代表一人所感受經理及其他人員願意聽取不同意見之程度。對於不同意見，究係願意讓它公開以求解決，或是設法將其大事化小，或乾脆加以忽略。
9. **認同**（identity）：代表一人對於所服務之組織具有的隸屬感程度。做為團體成員之一，是否感到具有價值，並加珍惜這一地位。

肯波等人（Campbell et al., 1970）於比較各種組織氣候衡量工具後，發現它們一般都包括有幾項共同之構面：自主（autonomy）、結構（structure）、獎酬（reward）、關懷（consideration）、人情（warmth）、及支持（support）。

三、組織氣候在組織及個人行為上之作用

在理論上，組織氣候乃係介於組織系統與組織內人員行為之間的橋樑。一方面，組織氣候之形成，乃受組織系統各種客觀條件之影響；另一方面，組織氣候代表人們的知覺（perception），這種知覺影響了人員的動機和行為，再進一步引申又影響到組織效果。其間關係，如下頁圖 12-3 所示。

依照上述之構架,我們可以將這方面已有的研究依照組織氣候做為:(1)自變項,(2)中介變項,及(3)因變項之不同,分別說明於次(Hellriegel and Slocum, 1974)。

(一)做為自變項

當將組織氣候做為自變項時,以工作滿足及工作績效做為其因變項,甚為普遍。

甚多研究顯示,組織氣候不但與工作之一般滿足有關,且與工作滿足之許多具體構面特殊有關。譬如人際關係、群體凝聚力等。黎、史二氏(1968: 84)曾探究組織氣候各構面與成就需求,權力需求及隸屬需求之關係,分別以哈佛企管碩士研究生及經理人員做為研究樣本,所獲結果,大都支持其原來所設之假定。

學者亦發現,組織氣候與績效有關。譬如有人發現,凡組織氣候屬於支持性高者,其績效亦較高(Friedlander and Greenberg, 1971);又凡是對於組織氣候的知覺較為保持一貫者,其績效表現亦較穩定(Frederickson, 1966)。不過,組織氣候與績效間的關係,並不像它和工作滿足那樣明顯;有時發現(Kaczka and Kirk, 1968),成員儘管對組織氣候之知覺有所不同,但對於其工作績效並無影響。

(二)做為中介變項

當人們研究組織氣候以外的兩組變項間的關係時,發現後者乃受組織氣候所介入影響。譬如以人群關係訓練做為自變項,而以工作滿足或績效做為因變項,其間關係並不

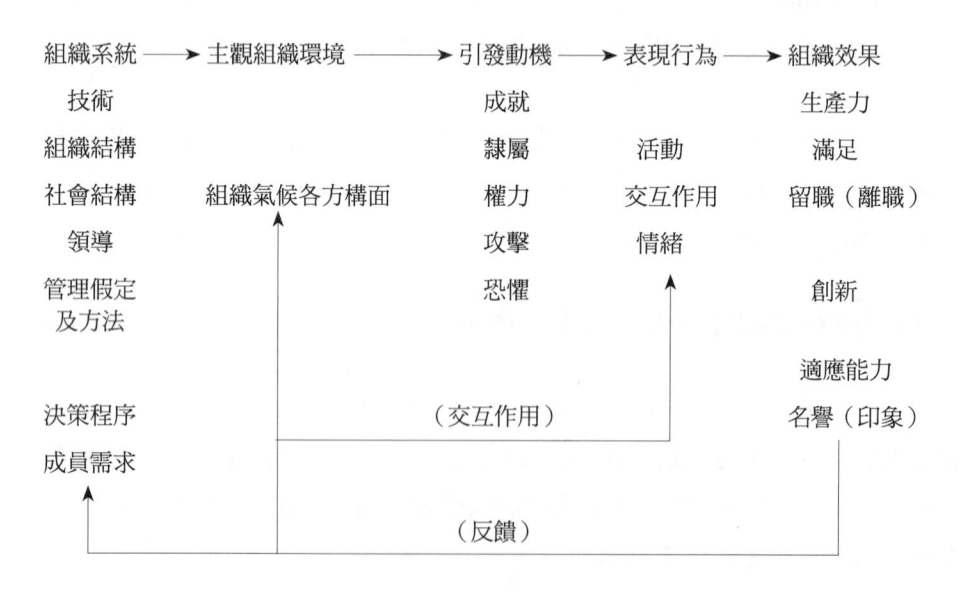

圖 12-3　組織行為之動機與氣候模式

一致,乃視當時組織氣候如何而決定。又如領導方式所造成的影響,也發現乃受組織氣候為中介變項之影響。

（三）做為因變項

此即認為組織氣候乃受其他變項之影響。譬如有許多學者選擇組織結構變項,例如組織階層（Schneider and Bartlett, 1970; Porter and Lawler, 1965）、階層化程度（George and Bishop, 1971）等,其性質如何,將可能導致不同之組織氣候。

四、組織氣候在管理上的涵義

基於以上對於組織氣候的討論,管理者未嘗不可自組織氣候著手,以求增進其管理及組織效能,那就是設法發展有利的組織氣候:

第一、首先發掘目前本機構或單位的組織氣候如何,這可利用若干已發展之組織氣候尺度（許士軍,1972）,以瞭解組織人員在於各構面上的知覺。
第二、影響組織氣候的因素甚多,除了前此所稱之領導方式、組織結構以外,還有許多其他因素,包括管理者之態度,甚至日常表情等。
第三、培養一種支持性氣候,這可以從瞭解他們的需求著手。譬如在本章首節中我們所討論之各種需求,如被尊重和自我實現之類具有激勵作用之需求。
第四、注意所培養的組織氣候要能適合任務性質。正如前此我們所討論的組織結構模式：機械模式或有機模式,各有其適合之條件,不同的任務性質也可能需要有不同之組織氣候。

第四節　工作滿足

組織成員參加一組織工作,既係受到各種需求之激勵——包括生理、安全以至自我實現各種需求——則這種滿足程度高低,對於成員個人而言,不但重要,而且又間接影響其對於組織的態度與行為,早期人群關係學者（Parker and Kleemeir, 1951: 10）,普遍認為,快樂的工人也就是有生產力的工人,因此,為使工人發揮較大生產力,就必須使其需要獲得較大滿足。

雖然,在過去四十餘年間,有關工作滿足與工作績效的關係研究甚多,結果發現二者之間關係並非如此簡單（Schwab and Cummings, 1970）。但是工作滿足本身,仍有其研究之價值:

第一、工作滿足有其本身所代表之社會價值,如果有所謂「心理上的國民生產毛額」(psychological GNP)的話,則一社會內成員所獲工作滿足多少,應構成其中之一重要部分。

第二、工作滿足可做為一組織健康與否之一種早期警戒指標;如能對成員之工作滿足保持繼續不斷的監視的話,則可及早發現本組織的問題,採取補救措施。

第三、提供組織及管理理論研究以一個重要變項,既可做為衡量種種管理或組織變項的影響後果,亦可做為預測各種組織行為之指標。

一、工作滿足之意義

人們對於他所經驗或知覺的事物,常常會用喜歡與否或喜歡程度大小,加以評估。因此,一般對於工作滿足的定義,即為:「一工作者對於其工作所具有之感覺(feelings)或情感性反應(affective responses)」。而這種感覺——或即滿足大小,乃取決於他自特定工作環境中所實際獲得的價值,與其預期認為應獲得之價值的差距。差距愈小,則反應愈有利,或滿足程度愈高;反之,則反應愈不利,或滿足程度愈低。因此,在此係假定滿足與不滿足乃屬一個連續的構面,而不是如前此郝茲伯所稱,工作滿足與不滿足乃屬兩個不相連續的構面。

有關工作滿足的作業定義,經學者(Wanous and Lawler, 1972)歸納,大致有四種類型:

1. 工作者在各工作構面上所獲滿足程度之和,此即:

$$JS_1 = \sum^i (目前滿足程度)\quad (JS = 工作滿足;i = 某特定構面)$$

2. 工作者在各工作構面所獲滿足程度及其重要性的乘積和,此即:

$$JS_2 = \sum^i (重要性 \times 目前滿足程度)$$

3. 工作者所認為應獲滿足程度與實際滿足程度之差距和,此即:

$$JS_3 = \sum^i (預期應有之滿足程度 - 目前滿足程度)$$

4. 將前項各構面所得之差距分數,乘以各有關構面之重要性權數,再求其和,此即:

$$JS_4 = \overset{i}{\Sigma} \left[重要性 \times (預期應有之滿足程度 - 目前滿足程度) \right]$$

事實上,此四類作業定義,乃反映上述觀念定義之不同層次:JS_1 及 JS_2 所衡量者,為工作者對於某些工作構面態度中之情感性成分;而 JS_3 及 JS_4 所衡量者,為一人在各工作構面上所知覺的需求缺陷(need deficiency)。

二、工作滿足之構面

有關工作滿足之衡量,有兩種基本方式:(1)整體性者,所衡量的,乃是一種整體滿足(overall satisfaction),並未辨別所針對之工作性質或環境之具體構面;(2)列舉性者,此即事先列舉有關工作之具體構面,然後由被訪者表示其滿足程度。

有關工作滿足的構面問題,譬如前此所舉之內在工作滿足或外在工作滿足,即代表兩個構面。甚多學者利用因素分析於實際資料,企圖發現工作滿足之潛在構面,譬如伏隆(Vroom, 1964: ch. 5)曾檢討這類研究結果,發現如下:

1. 公司及管理當局
2. 升遷機會
3. 工作內容
4. 直接主管
5. 金錢待遇
6. 工作環境
7. 工作同事

不過,什麼是工作滿足之最佳構面,迄今屬一個未獲圓滿解答的問題。不同的樣本構成,或量表(尺度)項目,常可導致不同的因素結構。但依學者(Baehr, 1954; Wherry, 1954; Ash, 1954)的研究,似乎只要四至六個因素,或再加上一個一般性因素,即可相當充分地解釋工作滿足之內涵。

甚多學者以為,整體性工作滿足乃是各構面態度所造成。依此假定,則在各種構面之間,何者對於整體滿足之影響較大?何者較小?

郝茲伯、莫斯納、彼特森、卡普威（Herzberg, Mausner, Peterson, and Capwell, 1957）曾歸納十六個研究，總計多達一萬一千多工人的重要性評等資料，發現各構面之重要性順序如次：（1）安全，（2）升遷機會，（3）工作興趣，（4）上級讚賞，（5）公司及管理當局，（6）工作內容，（7）主管領導，（8）工資，（9）工作社會性，（10）工作環境（不包括工作時間），（11）溝通，（12）工作時間，（13）工作難易程度，（14）福利。

令人感到有趣味者，工資及福利並非最重要的態度因素，甚至不在前幾名以內。不過，如郝茲伯等人所指出，這些重要性順序並非是普遍性的，每隨被訪者的組織階層地位及教育程度不同而不同。譬如對於教育程度較高的人來說，安全一項之重要性將較以上所列之次序為低，而工作內容之重要性則相對提高。這種觀點，也獲麥考密克及鐵芬（McCormick and Tiffin, 1974: 320）之支持。

三、工作滿足及其相關因素

對於工作滿足有關的研究中，有絕大部分乃是探討其前因（antecedents）及後果（consequences）因素者。由於工作滿足所涉及變項之眾多與關係之複雜，至今還沒有一個完整的模式，能將所有與工作滿足可能相關的因素都包括在內。所發現者，或為一種部分模式，僅包括部分因素在內；或僅僅是某項個別因素與工作滿足間的關係。

最近，有學者（Seashore and Tabor, 1975）設法將與工作滿足有關的主要變項——包括前因及後果在內——整理為一構架，對於學者更進探討，發展研究設計，頗有幫助。

依圖 12-4，以工作滿足為中心，分為前因變項及後果變項兩方面：

（一）前因變項

將可能影響工作滿足之前因變項，歸為兩大類：

- **環境變項**，如：
  （1）政治及經濟環境，如失業率等。
  （2）職業性質，如職業聲望等。
  （3）組織內部環境，如組織氣候等。
  （4）工作與工作環境，如工作特徵等。

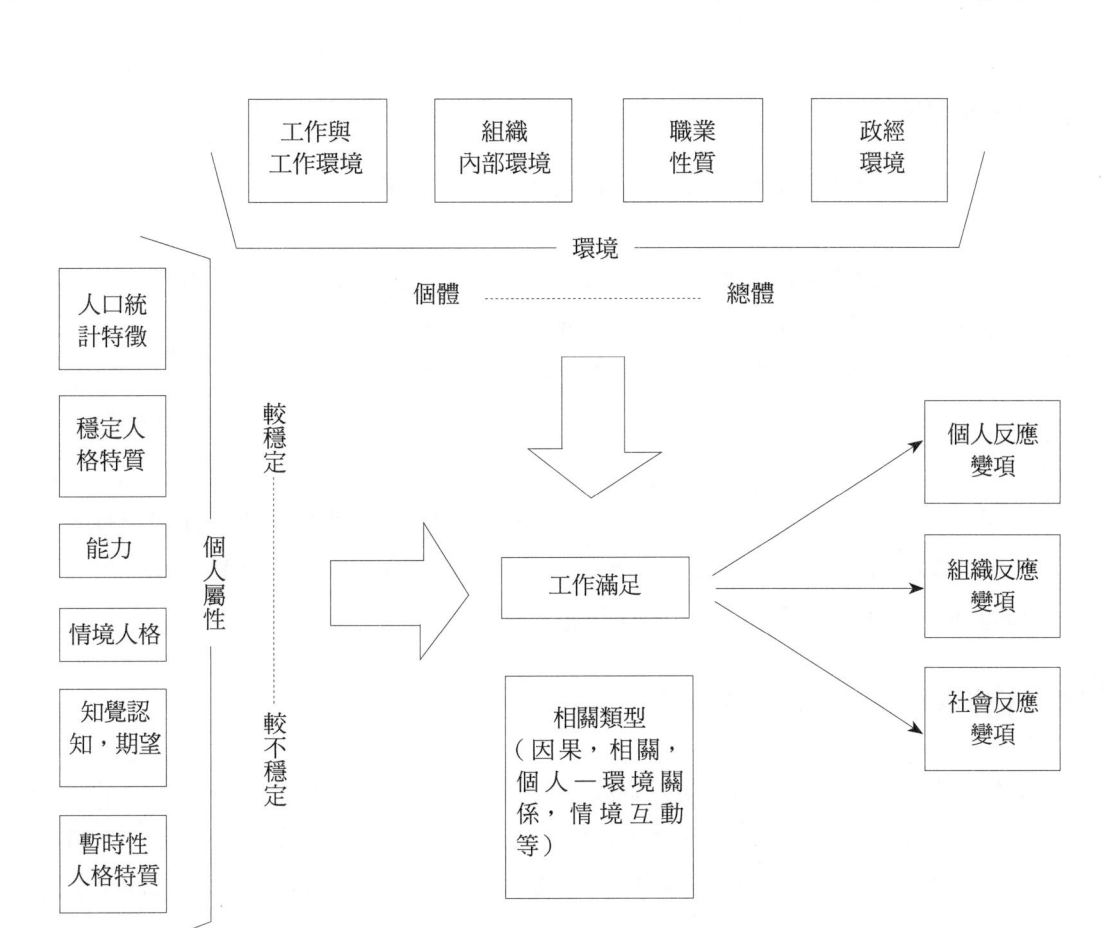

圖 12-4　有關工作滿足之前因與後果相關變項

- 個人屬性，如：
  (1) 人口統計特徵，如年齡、性別等。
  (2) 穩定性人格特質，如價值、需求等。
  (3) 能力，如智力、運動技巧等。
  (4) 情境性人格，如動機、偏好等。
  (5) 知覺、認知及期望等。
  (6) 暫時性人格特質，如憤怒、厭煩等。

不過，一般學者都承認，就影響工作滿足之前因變項而言，既非完全取決於工作者之個人屬性，亦非完全取決於工作與工作環境，而是取決於此兩方面變項之互動作用。

（二）後果變項

在工作滿足所能影響的後果變項方面，也可分為三大類：

- 個人反應變項，如退卻（withdrawal）、攻擊（aggression）、工作績效（work performance）、知覺歪曲（perception distortion）、疾病等。
- 組織反應變項，如品質、生產力、流動率、曠職、怠工等。
- 社會反應變項，如國民總生產、疾病率、適應力、政治穩定性、生活品質等。

不過，在此必須說明者，因果（causation）關係，只是變項間關係之一種類型而已，其他關係類型尚有：相關（correlation）、個人與環境配合（P-E fit）、情境（contingency）、或回饋循環（feedback loop）等等。

四、工作滿足與工作績效的關係

雖然工作滿足本身，不可否認乃構成組織存在目的之一，但自管理者立場，仍然關切其與工作績效間之關係。1964 年時，伏隆（Vroom, 1964: ch. 5）曾就這方面主要 20 個研究予以檢討，發現二者間的相關係數之中位數，為 0.14，其中有正相關，也有負相關。

歸納言之，對於工作滿足與績效間的關係，有以下幾種不同觀點：

- 滿足→績效：早期人群關係學派的主張。
- 滿足→？→績效：此即在滿足與績效之間，尚受其他調節或中介變數之影響，譬如工作者對於生產力的態度，組織之生產要求壓力大小等。
- 績效→滿足：認為滿足乃由績效而產生，不過，這種觀點也並不一定否認滿足亦可導致績效，二者間可能屬於一種循環關係。
- 滿足與績效無關：亦有學者（Cherrington et al., 1971）認為，二者之間並無本質上之關連。

第十三章　管理哲學與工作設計

第一節　管理哲學——人性假定
第二節　參與管理
第三節　傳統之工作設計觀念及方法
第四節　工作設計觀念及方法之較近發展

在前章中,我們係以組織中的個別員工為中心,說明影響其行為的若干主要因素,包括其個人動機,群體影響及組織氣候,同時也談到個人自組織中所可能獲得之滿足。本章及以下數章所要說明者,則自組織立場,如何能配合個人之行為因素,使其能趨向於組織目標;易言之,如何使個人行為與組織目標發生整合之結果。

必須說明者,組織所賴以整合的手段,除在此所要討論之工作設計,領導與溝通等外,尚包括本書前此所討論之各種正式組織結構、規劃與控制等均在內。不過在本篇內所討論之各項目,比較偏重於行為方面的因素,亦即行為學派之主要貢獻所在。

但是組織所採整合的方法,乃建立在有關人性的假定上,基於不同的人性假定,則所採方法大相逕庭。究竟目前在管理上,有那些假定,以及何種假定較為接近事實,這都屬於管理哲學問題。由於此一問題所具根本性質,所以在本章首節先加討論。

第一節　管理哲學——人性假定

在前章內,雖然我們討論了人的行為動機、群體影響等等因素,但對於人們究竟追求什麼這一問題,仍然沒有提出一個比較完整的答案。

早期管理學者對於人性本質,採取一種「經濟人」的假定。譬如,一位學者在 1954 年所出版的書中(Brown, 1954: 160)還這樣寫著:

> 經濟人乃是一種理性的動物,其心機主要用在斤斤計較,如何能以最少的努力得到一定的滿足,或減少不可避免的不快。所謂「滿足」,並非指工作本身的驕傲感、成就感、或他人的尊重。它所指的,唯一就是金錢。同樣地,所謂「不快」,並非指工作失敗或遭同事輕視,而是對於饑餓的恐懼。很自然地,經濟人是具有競爭性的,基本上是自利的,在生命的戰鬥中盡力以求勝算;他唯一關心的事,就是本身的生存問題,休談什麼幫助弱者或雪中送炭。

這種假定,反映於管理上的,很自然地,就是「科學管理」的種種辦法:一方面,將工作予以細分並例行化,使工作單純化和重複化,幾乎不需什麼思考,而且容易確定責任所在;另一方面,利用獎工制度以滿足工作者之金錢需求。但是,問題在於,事實顯示,人們在上述情況下得不到滿足和快樂,影響到他的工作和績效。可見純粹採取「經濟人」的假定,乃與事實不相符合的。

與此相反地,乃是許多人群關係及行為學派學者所採假定。他們認為,基本上,人們所追求的,乃是成長和成就。依馬士洛的說法(Maslow, 1973):

即使所有這些（較低層次）的需求都獲滿足，但除非他當時所從事的工作，也就是他所擅長的，則我們仍可預料到，人很快地又會感到一種新的不滿和厭煩。如果一人要能真正快樂的話，音樂家就要譜曲，畫家就要繪畫，詩人就要寫詩。一人能做什麼，他就要做什麼。這種需求，我們稱為自我實現。

同樣地，在這種假定下，從事管理或組織設計，最基本的工作，就是提供工作者一種工作環境，使他能夠發展其才能而有所貢獻。

一、X 理論與 Y 理論

在管理學中，對於人性假定問題最具影響的理論，應推麥克里高（McGregor, 1960）在其著作《企業的人性面》中所提出的 X 理論及 Y 理論。這是對於人性兩種相反的假定，可以說是將許多對於人性不同說法的整合。

麥克里高認為，一個組織之一切做法，都受其有關人性假定的影響。傳統的組織之所以採取集權式決策，金字塔形之隸屬關係，以及依賴外在力量以控制人員工作等等辦法，就因為所採人性假定是屬於「X 理論」，此即：

1. 一般人對於工作有一種先天性的厭惡感，只要可能的話，總是設法避免。
2. 由於上述原因，要使大多數的人能為達成組織目標而出力的話，必須靠強制、控制、指揮以及懲罰等方法加以威嚇不可。
3. 一般人寧可接受令命，也不願負擔責任。人們沒有什麼野心，最重視的乃是安全感。

在這種假定下，人們之所以工作，主要是為了金錢及福利，或是避免被懲罰，而這些也是管理者所能利用的主要手段。配合這種管理方式、細密分工、種種詳盡之規章辦法、以及嚴密的監督，都是不可缺少的條件。

但是，麥克里高對於這種人性假定的正確性，表示懷疑。他以馬士洛的需求階層理論為基礎，提出另一種 Y 理論，此即假定：

1. 人們使用體力及心智於工作上，正如同遊戲或休息一樣自然。
2. 外在控制以及懲罰之威脅，並非是使人們為組織目標出力的唯一手段。人們為了他所決意實現的目標，自然會運用自我督促與控制。

3. 人們對於某種目標之獻身意願大小，乃取決於他完成該目標所感到的滿足，例如自我實現需求之滿足。
4. 在適當情況下，一般人不但會學習接受責任，而且想法子去擔負責任。
5. 運用相當高度想像力、智力和創造力以解決組織問題的能力，並不限於少數人才有，而是相當普遍存在的。
6. 在現代工業生活條件下，一般人只發揮了他一部分的潛在智慧能力。

在這種假定下，管理者的任務乃是幫助工作人員自我成長與發展，使他們為了實現有價值的目標而自我控制與努力。假如人員表現懶惰、消極、逃避責任，那麼管理者應自己檢討是否所採取的領導或控制方法，違反了人性積極的一面。

二、管理上的涵義

自管理者立場，要應用麥克里高的 X 理論與 Y 理論於實務上，涉及兩個問題：

第一、究竟人性是屬於 X 理論或 Y 理論？

自規範觀點，一般人總願意相信，Y 理論代表人性。此即每一個人都會自動自發、獨立而負責、具有發展潛力和自我實現需求。但事實上，X 理論也好，Y 理論也好，都是代表極端狀況，絕大多數的人乃處於兩者之間。而且個人間存在有相當大的差異；在同一情境下，不同的兩個人就會有不同的表現；而同一個人，在不同時間和組織環境下，其表現也不同。前章內有關組織氣候一節所要說明者，就是代表這種組織環境的影響。

因此，就本問題而言，並沒有一個絕對的答案，這乃隨個人而不同，也是個人與環境互動的結果——情境理論。

第二、管理者在態度上接受某種人性假定、和他在實際管理行為之間，有無必然的關係？

這就是說，是不是採取某種人性假定，必然會導致某種行為模式？更具體地說，有無可能一位管理者在態度上傾向於 Y 理論的人性假定，但是在行為上卻採取比較命令式、督導式的管理方式？

艾吉里斯（Argyris, 1971）即認為，在態度與行為之間可能不同；因此，他在 X 理論與 Y 理論之外，再加上 A 型行為模式與 B 型行為模式。所謂 A 型行為模式，表示一個人

固步自封，拒絕試行新的方法，也不願幫助他人從事比較開放或創新的行為。這種行為模式，表現在管理上，就是高度結構化和嚴密的監督。反之，B 型行為模式與此相反，開放性，嘗試新的事物，並且幫助他人從事這種行為。在管理上，也就是比較屬於支持性和鼓勵性的行為。

艾吉里斯認為，雖然在一般情況下，A 型行為通常總是和 X 理論相聯結，稱為 XA；B 型行為和 Y 理論相聯結，稱為 YB，但並不一定必然如此。在有些情況下，A 型行為也可能和 Y 理論結合，而 B 型行為與 X 理論結合；易言之，XB 和 YA 也是可能的組合。

所謂 XB 型的管理者，在態度上認為人性是屬於 X 理論所描繪者，但所採行為卻表現為支持性和鼓勵性的。這有兩種可能：一種可能是，他們被告知或自經驗中發現，這種行為模式可增加人員生產力；另一種可能是，他所服務的組織或上司已培養出一種環境氣候，使他們非這樣做不可。

所謂 YA 型的管理者，在態度上認為人性乃如 Y 理論所假設者，但由於類似上述兩種原因——生產力與環境——使他在行為上屬於命令式和督導式的管理。不過，這種管理者會逐漸地培養下屬發展本身的才能和自動自發精神，而他自己也逐漸減少利用外在控制力量，而代以人員的自我驅策和控制作用。

第二節　參與管理

由於行為學派主張，動機及激勵因素在管理上具有重要性，使得這一問題構成管理理論及實務上最主要之中心問題之一。根據行為學派理論所發展出的一個重要管理觀念，即是「參與管理」（management by participation），種種近代管理方法之發展，即係基於這一觀念而來，本節即擬對於這一管理觀念的意義、作用及其應用等問題，做一扼要說明。

一、參與管理之意義及利益

所謂「參與管理」，最基本的意義，就是給予組織成員對於與其有關的問題有積極參加決策之機會。這包括設定組織績效目標以及對於進度與成果的評估。由此可見，本書前此所討論的「目標管理」，也屬於「參與管理」原則的一種應用。

根據若干研究（Lowin, 1968），參與管理與一組織之群體生產力、忠誠、工作滿足等指標，都有顯著的正相關。這可能有幾方面的原因，可資解釋。

在對工作者方面來說，由於參與決定的緣故，使他感到工作本身不是那樣單調乏味，在心理上感到工作有較多的意義，其中有他的貢獻在內，因而帶給他較大的成就感。在這種激勵作用下，使他對工作有較深切的認同，也願意盡較大的努力。

早期的觀念，採取參與決策，所希望者，就是員工較大程度的支持而已。但後來的研究（Coch and French, 1948; Lawler and Hackman, 1969）發現，參與決策亦可提高決策的品質。第一、參與決策的結果，使決策所根據的資訊比較完整而正確，尤其是來自實際從事該等工作的人員者。第二、由於群體分子感到這是「自己」的工作，因而發展出一種有利的「群體規範」以支持該項決策。尤其涉及改變現狀的決策，經由參與決策可減少抗拒之阻力。有關此點，本書將於討論「組織改變」（organizational change）時再加說明。

不過，實行參與管理，也不是沒有條件的。最重要的一點，就是公司當局是否真誠，使人員真正參與決策，還是做為幌子而已，如果是後一情形，必然為員工所發現，結果反而招致失敗。

除此以外，欲期參與管理獲得良好的結果，還要考慮其他情境條件：

- **員工的能力和經驗**：讓員工參與決策，乃誠心使他們有所貢獻，因此，必須實行之後能夠真正發生這種效果，才對員工及組織雙方具有意義。這和員工的能力和經驗，大有關係。因此管理者必須考慮員工們是否達到這一地步，或是有賴發展與培養等。
- **組織氣候**：此將影響員工的心理作用，如果在一高度結構化或權威式的組織氣候下，員工已經習慣於接受命令或按手續辦事，即使公司明文規定採取參與管理，也將難以發生效果。
- **時間和費用的考慮**：參與管理可能需時較多，如果某些問題或決策在時間上十分緊迫，可能不容許採取群體決策方式。又如採取參與管理所費較多，一旦超過其可能價值時，也未必值得採取。
- 最後，必須強調的，仍是管理者與其下屬間，必須存在有一種坦誠而信任的關係，參與管理才能發生積極的效果。否則，群體所做決策，可能只顧到個人或群體的利益，而與組織目標背道而馳。

二、參與管理的類型

參與管理代表一種基本原則，其實際應用，可採各種不同型態，而且有不同的程度的做法。

譬如建議制度，就是一種最低程度的參與管理，也可能是象徵性的。此外還有所謂「複式管理」（multiple management）（McCormick, 1949），在這種制度下，由公司內之資淺管理人員組織一「青年董事會」（junior board of directors），類似正式之公司董事會，對於後者所討論的問題進行討論，甚至也配合達成若干次要決策。這一辦法，也被認為是公司培養未來繼承幹部的有效途徑。

也許最為常見的參與管理制度，乃屬所謂「諮商管理」（consultative management）。此即有關日常決策問題，並非由主管單方面決定，然後告知下屬去實施，而是讓下屬表示意見，達成決策。不過，實際上，下屬究竟參與程度大小，以及究竟參與到達什麼程度為佳，這都不是能夠一概而論的問題，我們將要在領導一章內再加討論。

三、李克之參與管理系統

真正的參與性管理，還不是採取某一種特定之制度或實務，使員工有表示意見與參加決定的機會，應該是一個完整的參與管理系統（participative management system）。在美國密西根大學社會研究中心（Institute for Social Research, The University of Michigan）的李克（Likert, 1967: 4-10）構想出一種他認為最具效能的參與式管理組織，他稱為「第四系統」（system IV），代表一種最理想的管理系統。現將這種構想說明於次。

李克根據他及社會研究中心其他學者多年觀察組織行為的結果，認為可以將組織管理方式依照六個構面，分為四種類型。這六個構面是（Albrook, 1967: 167）：

1. **領導**：譬如
   - 對於下屬之信任程度如何？
   - 下屬是否感到能自由地和上司討論工作問題？
   - 上司是否主動尋求並使用下屬有價值的觀念？
2. **動機作用**：譬如
   - 主要是利用那項或那幾項方式：（1）恐懼、（2）威脅、（3）懲罰、（4）獎酬、（5）參與？
   - 那一階層或那些階層感到自己負有達成組織目標的責任？
3. **溝通**：譬如
   - 溝通的目的，有多少程度是為了達成組織目標？
   - 資訊流通的方向是怎樣的？
   - 下向溝通被接受的情形如何？

- 上向溝通的準確程度如何？
- 上司對下屬所面臨的問題瞭解到什麼程度？

4. 決策：譬如
   - 依正式組織結構，決策屬於那一階層？
   - 決策中所使用之技術性與專門性知識，係來自那些來源？
   - 下屬是否參與和本身工作有關之決定？
   - 決策過程是否有助於激勵作用？

5. 目標：譬如
   - 組織目標如何建立？（命令、討論或群體行動）
   - 對於目標，存在有多大程度的潛在抗拒？

6. 控制：譬如
   - 檢討及控制功能的集中程度如何？
   - 是否存在有非正式組織抗拒正式組織情形？
   - 有關成本、生產力之類控制性資料，係使用於何種用途？

根據以上問題之答案，李克認為可歸納為四種類型的管理系統：

（一）第一系統（system I）——剝削—權威（exploitive-authoritative）方式

管理者對於下屬既不信任，也不敢重用，因此極少讓他們參與決策程序。有關組織目標及絕大部分的決策，都是由高層主管決定，然後透過指揮系統，以命令下達給基層主管及人員實施。下屬乃在恐懼、威脅、懲罰的驅策下工作，所得滿足也限於生理和安全需求層次而已。上司和下屬少有互動情形；即使有之，也是充滿畏懼和不信任心理。雖然在表面上，一切權力及控制高度集中於高層主管，但實際上卻往往發展有非正式組織，和正式組織所追求的目標呈抗拒狀態。

（二）第二系統（system II）——仁慈—權威（benevolent-authoritative）方式

管理者對於下屬存在有某種程度之信任，就像主人相信僕人一樣。主要的決策及組織目標設定，仍然掌握在高層手中，但基層人員也可以在一定範圍及限度內做若干決定。賞罰兼用。上司和下屬之間交往時，上司降尊紆貴而下屬心存謹慎及畏懼。控制程序雖仍操於高層主管之手，但部分已授權中層或基層負責。一般也發展有非正式組織，不過並不完全和正式組織目標對立。

(三) 第三系統 (system III)──諮商 (consultative) 方式

管理者對於下屬具有相當高──雖非完全──的信任。高層主管只做一般性的政策及決策，而將較具體決策授權下層人員去做。溝通流向是兼具向上和向下。激勵人員的方法，以獎酬為主，偶爾也使用懲罰，或讓下屬有限度參與決策。上司和下屬交往較多，一般也能保持相當程度的信任和信心。控制程度有大部分是下授給各級主管，而且高層及各級主管感覺到這是他的職責。也會發展有非正式組織，可能是支持組織目標，但有時也會抗拒。

(四) 第四系統 (system IV)──參與 (participative) 方式

管理者對於下屬抱有完全的信心和信任。決策功能乃廣泛地分佈於組織各階層，不過保持有良好的整合。溝通流向，除上下雙向外，還有平行的溝通。工作者在於擬訂經濟獎酬、設計目標、改進工作方法及評估績效等方面，都可以參與，並因此感到激勵作用。上司和下屬交往關係是廣泛而友好。控制程序也是分佈於組織之內，而且基層單位充分參與其事。非正式組織和正式組織通常合而為一，因此所有社會性力量也都會支持人們去努力達成組織正式目標。

這種第四系統，也就是參與群體性的系統，代表參與管理的理想型態，它乃建立在團隊合作和互相信任的基礎上，因此也是一種以人際關係為導向的管理方式。這和第一系統那種以工作為導向，高度結構化與權威性的管理方式，恰恰相反。二者大致也和 Y 理論與 X 理論相對應；此即第四系統對應於 Y 理論的人性假定，第一系統對應於 X 理論的人性假定。而第二和第三兩系統，也就介於兩個極端之間。

李克自己也稱，這一第四系統乃屬一種理想型態，因為根據他對於許多實際的公司的研究，還沒有發現有那一家公司可以稱得上是純粹的第四系統的管理，最多只是比較接近而已。但是李克認為，一組織如能移向第四系統，不但工作員感到較大滿足，而公司之生產力和收益也將獲得改善。

第三節 傳統之工作設計觀念及方法

在本書第三篇中曾討論到組織正式結構以及授權與分權等問題，均構成組織成員活動之組織環境，影響其動機及行為。但是對於一人在組織內之動機、態度與行為，關係最為直接，而影響力也可能最大者，就是他每天所擔任的工作。由於工作本身，一方面要符合組織生產力的要求，另一方面又關係到工作者需求之滿足；再加上，不同的工

作，需要不同的技術能力與條件，因此使得工作設計（job design）問題，變為十分複雜。但是，這是如何使個人能與組織整合問題中的一個重要課題，本節及下一節均將加以討論。

一、工作設計之基本管理哲學及其歷史發展

工作設計的意義，代表對於工作內容、工作方法及相關工作間之關係，予以界定。工作設計的根本問題在於，如何使其兼顧工作效率和工作者滿足；易言之，只顧到工作效率而使人員感到單調乏味——甚至痛苦——的工作設計，固然不是理想的解答；反之，能使工作者輕鬆愉快，但毫無效率可言的工作設計，同樣不佳。那麼如何使工作者需求和工作本身需要能夠配合呢？

早期對於工作設計的思想，乃以工作為主，譬如科學管理學派所主張的，就是以科學方法，將工作予以分析，使其成為簡單的單元，然後分配給工作者，並告知其最有效率的工作方法。對於工作者的想法是：一方面根據工作需要以選擇適合條件的人，同時訂定嚴密的規定手續，以避免發生個人的錯誤。另一方面，由管理者給予工作者以嚴格的訓練，使他們更能勝任所擔負的工作，並彌補甄選程序之不足。最後，對於能遵照規定工作，並接受嚴密監督的人，給予金錢報酬以資鼓勵。凡這一切，都代表其背後的哲學，乃假定工作是既定的條件，不能加以改變，因此只有靠工作者去適應和配合工作的要求。

可是事實顯示，許多工作者並不喜歡例行和簡單的工作。若干研究發現，當工作過於簡單和例行化以後，曠職和流動率隨之增加，不滿心理亦形加深（Guest, 1965; Walker and Guest, 1952; Garson, 1972）。在這種情況下，若干學者及企業界人士發覺，不能再採取工作簡化和例行化這一做法；相反地，乃將工作內容予以擴大，使其較多變化：譬如由工作者自行設置及檢驗本身工作、選擇工作方法及程序、並在一定範圍內自行控制進度等。在許多實驗中。發現這種改變可使工作生產力及工作滿足程度都形增高（Ford, 1969; Davis and Taylor, 1972）。

這種趨勢——一般稱為「工作擴大化」（job enlargement）或「工作豐富化」（job enrichment）——代表最近十餘年來有關工作設計之根本哲學之改變；不再認為工作是先決條件或已知因素；反之，它本身可能是一種手段，可藉由某種工作設計以影響工作者之動機、滿足及生產力。

但這樣是否表示，我們可以完全放棄工作本身的要求呢？當然不是，一種比較平衡的觀察應該是雙方——工作和工作者——都應當改變，以獲致二者之間最佳的配合。在

本節內,我們將先自工作方面討論其要求及對工作者的影響,下節則討論如何調整工作設計以配合工作者的需求。

二、專門化(specialization)及標準化(standardization)

工作設計的一項基本方法,稱為工作簡化(work simplification),此即將工作細分為若干單純的部分。舉個例子說,以製造一張椅子而言,可以對於工作內容採取以下各種不同的組合:

1. 每一工人負責製造一整張椅子。
2. 每一工人負責製造椅子之某一主要部分(如椅背,坐位或把手等)。
3. 每一工人只做某一細部工作,如椅腳。
4. 每一工人只負擔某一部分製作過程中之某項操作,如椅腳之磨光過程。

工作簡化原則,即將一較大的組合予以分解成較基本動作,然後設計工作內容儘量求其簡化和專門化。譬如利用動作研究(motion study)以分析各基本動作:

- 是否有某些動作可以免除?
- 是否某些動作可以合併?
- 是否某些動作之次序可以改變?
- 是否某些動作可以簡化?

從事動作研究工作,有各種工具和技術之幫助,在此不擬涉及。主張採用工作簡化者,認為其利益甚多,如:

- 可以僱用技術水準較低之工作者,因此減低生產成本。
- 這類工人不需長時間訓練,比較不致發生找不到工人問題。
- 一人重複從事相同工作,可以增加熟練和技巧。
- 工作速度較快,生產力提高。

一旦訂定工作程度及動作以後,就可以將工作標準化,包括工作方法及設備之標準化,然後訂定時間標準(time standard),這也就是科學管理運動中的「時間研究」

（time study）範圍。目的在分析在正常情況下一工人從事某項特定工作各部分所需之時間；注意的是，在此所重視的時間，乃是一工作各部分的時間，而非全部完成時間，因為這樣對於分析用途上作用較大（Barnes, 1968）。這種方法一般都配合使用馬表，因此又稱「馬表時間研究」（stopwatch time studies）。

再一種方法，稱為「事先決定之時間標準」（predetermined time standards），此即利用過去馬表研究之成果，自大量資料中計算各項動作之平均時間，因而將完成某項工作所需之動作平均時間相加，並考慮寬容時間，然後得到一標準時間。譬如一般所稱之MTM（Methods-Time-Measurement），就是這類方法之一型態。

還有一種方法，稱為「工作選樣」（work sampling）方法，包括以下各步驟：

1. 決定一工作之主要構成部分，譬如一位秘書的工作可包括打字，筆錄和接電話等。
2. 連續若干天或若干週，依照時間發生順序，對這位秘書所做各種工作項目，逐一記載所費時間。
3. 決定所要觀察之樣本數，以能獲得穩定之結果為原則。
4. 隨機選取某些時間，觀察所做工作之記錄。
5. 根據上述資料，計算各項目工作所費時間之百分比分配，代表一工作者所用在各構成部分之時間。

在科學管理思想下，上述時間標準乃是管理的主要基礎，除了一般所熟知的獎工制度，要用到這時間標準外，譬如生產排程（production scheduling）、生產線平衡（line balancing）、標準成本計算（standard costing）、投標價格（bidding pricing）等等，也都應用得到。

三、工作輪調（job rotation）

工作輪調並不是一種工作設計，而是根據工作簡化所安排的工作，如何與工作者配合的方式。依照這種制度，每一人員擔任某種工作一段時間後，定期改變擔任其他工作。這一制度的利益，一般認為有以下各點（Miller et al., 1973）：

- 調派靈活：每一工作者不只是會做一種工作，而會做幾種工作。因此必要時，如臨時有人曠職或離職，所遺留的工作又不能停頓，即可調動其他人來補充，不致

發生困難。當然，採取這種制度，需要配合較多的訓練工作，而且在安排工作日程上也較為麻煩。
- **公平負擔**：有時不同工作可能勞逸程度不同，有人辛苦，有人輕鬆，容易引起不平和糾紛。在輪調制度下，大家輪流擔任，在感覺上較為公平。
- **減少單調和枯燥的感覺**：簡化後的工作，範圍較狹，也較為重複，容易滋生單調和枯燥之感，影響工作者之工作滿足及生產力。如能加以輪調，可產生一些變化，以資調劑。
- **增進溝通**：由於輪調結果，一個人對於不同的幾種工作都有親身經驗，如果這些工作彼此間有關連之處，則由於工作者所具有之共同經驗，可增進瞭解和配合。

四、工作設計對於工作者之行為影響

傳統觀念往往以為，工作本身對於工作者並無直接影響；如有影響，乃透過其金錢報酬或工作環境。俗語說：「做一天和尚，撞一天鐘」，或「反正公司付了薪水，要我做什麼，就做什麼，時間由他去支配」，似乎反映上述觀念。可是，事實上，工作本身對於工作者的態度和行為，具有重大的影響作用的。學者認為（Porter, Lawler, and Hackman, 1975: 289-298），這種影響作用，透過三種途徑而發生：

第一、是透過對於個人生理活動（physiological activation）水準的影響。根據「活動理論」（activation theory）（Scott, 1966）的說明，人們在從事單純而重複性的工作時，一旦對於這種工作本身及環境變為熟悉之後，其生理活動水準將逐漸降低，而其工作績效也同樣降低。當活動水準低於其一般常模（characteristic norm）後，他將感到不適，企圖增加某種激動力量，因而導致各種行為後果。

他所採取的行為，有的乃與工作無關，甚至有害，譬如和同伴說笑、做白日夢等等。在這情況下，這人的活動水準和士氣都保持於某一水準以上，但其績效卻降低。但是他也可能採取與工作有關的行為，以刺激其活動水準，譬如將工作分成若干部分，逐一完成，或調動工作步調等等，這時不但能提高其生理活動水準，同時也提高績效表現。前此所討論的工作輪調，也可以說是一種激動工作者低落之活動水準的方法。

第二、是透過所給予個人需求滿足與目標達成的途徑。由於不同的工作安排，人們所得需求滿足與目標達成的程度和內容，都不相同。譬如某種工作可給予人

們較大的社會需求之滿足，某種則為較大之生理需求滿足，或自我實現需要之滿足。而依據本書第十二章中所討論的「期望理論」，由於所可能滿足的需求不同，可能使一人採取這一種行為，而非另一種行為。當然，在此我們必須考慮到個人間的差異，各人所重視的需求並不一致，因此同樣工作設計，對於不同的人，所將引發的行為反應也將不同。這一點非常重要，下一節中將再予討論。

第三、是透過對於個人需求及目標本身的影響。上一段中所說明的，乃是假定個人需求及目標乃是原來就存在的和已知的，因此，不同的工作設計可給予不同的滿足，也可導致不同的行為。而在此所說明者，乃是由於工作設計之不同，可使個人需求及目標本身發生改變。

這種影響可分為短期與長期兩方面來說。自短期影響而言，一項工作對於工作者而言，並不是單純的一項工作而已，基於他已有的經驗，這項工作本身可能引發他的某種需求或壓抑其他某種需求，因而改變了這人的需求結構。舉個例子說，某人過去曾投下相當力量以解決某種問題——譬如某一數學計算——並獲成功，使他感到成就需求獲得滿足。因而當他再次面臨類似問題時，這一任務本身就能引發他的成就需求，促使他再度去做這件工作。

就長期而言，一人的需求和目標結構乃是後天習得的，而所從事的工作性質，就代表一種重要的形成力量。譬如有人（Kornhauser, 1965）發現，兩群在人口特徵上相似的人員，一群從事低層次、例行和重複性質的工作；另一群則擔任較複雜、較為自主性質的工作。一段時間後，前群人員所表現的乃是對於工作的主動行為降低，對於生活及事業趨於消極，較少個人野心及發展欲望。後群人所表現的，則與此相反。

第四節　工作設計觀念及方法之較近發展

在一九五〇年代，若干管理學者及企業界人士發現，科學管理運動並沒有帶來泰勒所預期的境界；所謂使工人和企業同享最大的繁榮和滿足。恰恰相反地，他們認為，工作專門化和例行化的結果，乃是工人的不滿情緒以及較高之流動率。因此他們之中遂一反前此潮流，主張採取「工作擴大化」（job enlargement）及「工作豐富化」（job enrichment）以資匡補。尤其隨著工作者教育水準及期望水準的提高，更需要使所設計工作本身，能對於工作者具有較大意義，方能配合他們的需要。

一、「工作擴大化」及「工作豐富化」

所謂工作擴大化,即係擴大工作內容,使其包括有不同的項目,並表現有較大程度之完整性;如將其擔任的工作項目組成一工作循環,則此一循環之週期亦因工作擴大化而延長。譬如,裝訂一本電話簿,原來分為 21 個步驟,各由一人擔任,不斷重複同一工作,經工作擴大化後,所有 21 個步驟——也就是整個裝訂工作——交由一個工人擔任。

工作擴大化,依上述解釋,又被認為是屬於工作內容水平方向的擴大,這和下面所要討論的「工作豐富化」屬於垂直方向的擴大不同。但究竟怎樣擴大其內容,也不是很容易決定的一件事;因為不能超過工作者的能力,也不可使其工作過分不穩定。

工作豐富化的意義,乃給予工作者對於所擔任工作具有較多機會以參與規劃、組織及控制,因此,他可以對於進行步驟、工作方法及品質控制,有較大的參與和決定機會。工作豐富化和擴大化常常合併採行,因此也常被合併討論。

自管理理論觀點,工作豐富化較工作擴大化更進一步,以增加工作對於工作者之內在意義,使對工作者產生較強烈的激勵作用。一般而言,工作豐富化所表現的效果,較單純工作擴大化為顯著(Lawler, 1969);譬如在美國,國際商業機器公司(IBM)、西爾斯・羅拔(Sears Roebuck)、底特律愛迪生(Detroit Edison)等公司都採行工作豐富化計畫,發現無論在個人及整體績效上,都發生較前為佳之效果(Trewatha and Newport, 1976: 420-421)。

不過,在開始實行工作豐富化時,員工一般認為,工作變為較以前困難,但過後逐漸感到工作有意義的一面(Argyris, 1970)。不過,這也和員工對於工作的態度有關,如果他們認為工作具有重要性,則工作豐富化可導致較低之流動率、曠職和意外事件,較高之生產力及滿足;反之,則可能收到適得其反的效果。

由於根據甚多研究(Turner and Lawrence, 1965; Blood and Hulin, 1967; Hackman and Lawler, 1971)顯示,不管工作擴大化、豐富化,或是工作簡化,所給予工作者的反應,都不能一概而論。此一方面固然工作本身所具特性不同,但工作者本身的差異,也有影響,因此我們對於工作設計所導致效果的問題,必須採取一種情境或權變的觀點。

二、工作特性理論(jog characteristics theory)與個人差異

究竟怎樣的工作設計可增進工作者的動機作用和工作滿足?要答覆這一問題,先需要能找到用以描述工作特性的方法,而且這種描述方法要能做較廣泛之應用。

海克曼及勞勒根據透納及勞倫斯（Turner and Lawrence, 1965）所建議的「任務屬性」（task attributes），發展為六個工作描述構面（Hackman and Lawler, 1971）：

（一）自主性（autonomy）

此即一工作能否使工作者感到，他對其中某一有意義的部分成敗負責。如果這種感覺愈強烈，則工作者也愈會感到工作成敗乃是自己的成果；反之，則是屬於主管或他人的功勞。

（二）完整性（task identity）

此即一工作之始末及範圍是否完整，或只是一件工作的一小部分而已。如果愈完整，則工作者加以完成，才愈會感到成就感和意義；否則將不會有這種滿足。

（三）多樣性（variety）

此即一工作是否需要用到多種技術和能力，這對於工作者而言，也代表一種工作意義；使用多種技術和能力的工作，其意義亦較高。

（四）回饋性（feedback）

此即一工作能否將其完成情形回饋給工作者知道。如果回饋功能愈健全，則工作者就愈能獲得以上所說幾種感覺和滿足。這種回饋，也許來自工作完成本身，也許來自主管意見，或是同事的反映。但是重要的是，這些信息被工作者認為是可信的。

（五）合作性（dealing with others）

此即在工作中必須和其他人交往或合作才能完成工作的程度。

（六）交友機會（friendship opportunities）

此即在工作中是否有和他人做非公務交談的機會。

在上列六個構面中，前四者被認為是屬於「核心構面」（core dimensions），後二者則為人際關係構面。但所有這六個構面，都是根據工作者之主觀知覺。海克曼和勞勒認為，真正影響員工態度和行為的，並非工作之客觀性質，而是他們的主觀經驗。海勞二人又認為，一項工作是否具有內在激勵的作用，和上述四個核心構面有關。具體言之，凡在這幾個構面——自主性、完整性、多樣性及反饋性——上程度較高的工作可給工作者較高的動機作用和滿足，也能導致較高的績效。

基於這種內在激勵作用大小的觀點，他們又發展一所謂「動機潛力分數」（motivation potential score, MPS）以資衡量；此即（Hackman and Oldham, 1975, 1976）：

$$MPS = \left[\frac{技能多樣性 + 任務完整性 + 任務重要性}{3}\right] \times 自主性 \times 回饋性$$

在這公式內，增加一任務重要性（task significance）之構面。同時，由式中亦可看出，如果在自主性及回饋性二者中，任何一者接近零分，則整個「動機潛力分數」也趨近於零。從這裡，我們也可發現，前面所討論之工作擴大化或工作豐富化的目的，也就是希望能在這些工作構面上獲得較高之分數，產生較大的動機作用。

但是海克曼等人所提出的工作特性理論的主要貢獻，並不是為「工作擴大化」或「豐富化」建立理論或實證的根據；相反地，他們所要證明的，乃是這些工作設計策略並非一萬應藥方，而是有其適用的條件，正如同前此透納與勞倫斯等學者所主張者。

主要的關鍵發現為：工作特性對於一工作者所產生之激勵和滿足作用如何，和工作者之「高層次需求強度」（higher order need strength）有顯著之關係。對於高層次需求較強的工作者而言，使他們擔任具有較高動機潛力分數之工作，其滿足程度和工作績效也較高，曠職及流動率較低。但對於高層次需求較弱之工作者而言，其間關係則不明顯。這種關係，最近在國內一次對於實驗銀行與非實驗銀行基層人員（沈文恕，民國六十七年）的研究中，也完全得到印證。

果然如此，在管理上的涵義應該是，工作擴大化和豐富化之實施，應該考慮到所應用之工作者之需求狀況。此即工作設計應該和人員特性互相配合考慮方可。這點也和工作者之甄選條件有關，容稍後討論人員發展時，再加論及。

三、工作設計與組織結構

最後，我們將要討論工作設計與組織結構之間的關係。因為工作設計如與組織結構不相配合的話，則前此所討論的，皆將失去效用。當然，組織結構也同樣受工作設計的影響。

譬如在「機械式」組織結構之下，要想實施「工作擴大化」即有相當困難，而要認真實行「工作豐富化」，更幾乎是不可能的。因為這種工作設計，恰恰和機械式結構所要求的嚴密監督、指揮系統、工作簡化背道而馳；反之，在有機式組織結構下，如實行工作擴大化和工作豐富化，則二者可收相得益彰之效果。

學者（Porter, Lawler, and Hackman, 1975: 308-310）企圖將組織結構、工作設計與前此所討論之個人需求三方面因素予以組合，在二分法下：（1）組織設計：機械式及有機式；（2）工作設計：簡單例行及擴大化、豐富化；（3）人員成長需求：高及低，共有八個組合狀況，如圖 13-1 所示。

在圖 13-1 中，以第 2 組與第 7 組的工作者情況，最為和諧。第 2 組為：機械式組織設計——工作簡單例行——人員成長需求低；這是古典管理理論下的標準情況，此時工作績效及滿足均達水準以上。第 7 組與第 2 組之情況恰恰相反：有機式組織設計——工作擴大化——人員成長需求高，此時績效及滿足水準更超過第 2 組情形。

除這兩組外，其他各組所面臨的因素，至少有一方面與其他方面不諧調。譬如：

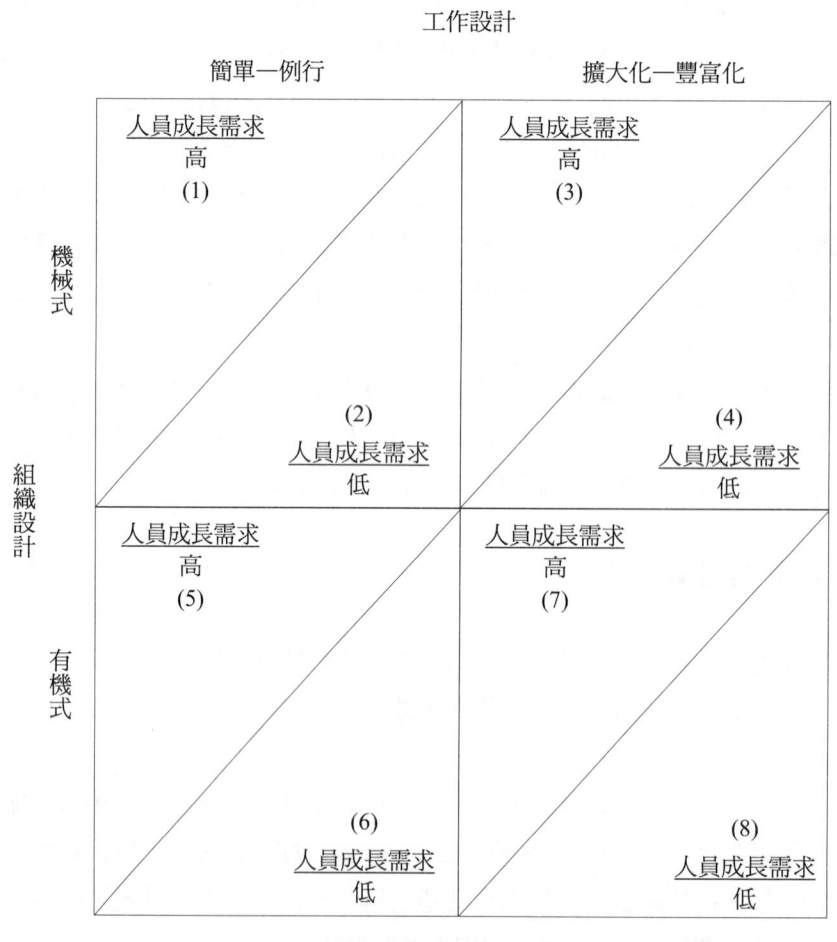

	簡單—例行	擴大化—豐富化
機械式	人員成長需求 高 (1) / 人員成長需求 低 (2)	人員成長需求 高 (3) / 人員成長需求 低 (4)
有機式	人員成長需求 高 (5) / 人員成長需求 低 (6)	人員成長需求 高 (7) / 人員成長需求 低 (8)

圖 13-1　組織設計、工作設計及人員成長需求之組合關係

第 1 組：工作簡單、組織機械，但由於人員成長需求高，因而感到英雄無用武之地，且受限制太多，將發生較高之不滿及流動率。
第 3 組：工作擴大，人員成長需求亦高，組織設計機械化，因此人員感到組織所加束縛過大。
第 4 組：組織機械化，人員成長需求低，但採取工作擴大化，不會發生什麼效果。
第 5 組：組織設計有機化，人員成長需求亦高，但工作設計簡單而例行，因而人員對所擔任工作不滿，企圖加以改變，否則將離職他去。
第 6 組：工作簡單，人員成長需求較低，但組織設計採有機化，因此人員普遍有不安定和不知所措之感。
第 8 組：組織有機化，工作亦擴大化，但人員成長需求低，因此他們感到所負責任太大，因而有退縮或敵對之態度表現，這種組織亦無效果可言。

第十四章　領導

第一節　領導的意義及性質
第二節　各種領導理論
第三節　領導方式與情境
第四節　有效的領導者

在個人與組織整合過程中，一項最具動態影響作用的因素，便是領導（leadership）。在一組織內，一管理者能否發揮其「群策群力以竟事功」的管理功能，和他所具領導能力關係非常重大。僅僅擁有正式組織的職位和頭銜，並不代表就能發揮這種領導作用——雖然不可否認地，正式職位和職權可能有助於領導——這取決於眾多而複雜的因素。可惜的是，即使到現在，我們還不能說，對於領導的性質和有關因素已充分明瞭。

在本章內，首先自領導作用之基礎，亦即所產生影響力之來源及其表現方式等，加以澄清。其次，歸納各種有關領導的理論，譬如早期的領導者屬性理論以及近年所發展的領導行為模式理論。我們發現，在這許多理論之間，有的是大同小異，有的是名異實同，但也有名同而實異等情況。因此，本章內亦企圖將這些理論予以整理與歸納，提出若干基本的領導行為方式及影響因素。

不過，依最近觀念，沒有一種領導方式是普遍有效的，這往往取決於其所應用之情境。因此，我們不能不將這類情境因素考慮在內，並設法加以系統化，探討其與領導方式及效能間之關係。

最後，由於領導者本身也是整個領導程序中的一個重要因素，為使領導效能得以充分發揮，對於領導者有關之能力以及如何加強此方面能力，也應給予應有之重視。

第一節　領導的意義及性質

首先必須加以澄清者，就是有關領導的意義。多年以來，人們往往將領導與領導者混為一談，又認為領導即是管理，嚴格說來，這類說法是有問題的。

領導代表一種行為及影響作用，雖然這種作用和某個人脫離不了關係，但是它並不就等於領導者（leader）。這種行為及影響作用，在管理中乃一不可缺少的功能，但它也不就等於管理。因此我們對於領導的意義和性質，究竟是什麼，必須先加以扼要之探討，然後才能進一步瞭解有關領導的理論，以及增進領導效能的途徑。

一、領導的意義

以領導問題之重要，使得有關領導的定義自然非常繁多，譬如戴利（Terry, 1960: 493）認為：「領導乃係為影響人們自願努力以達成群體目標所採之行動。」譚寧邦等人（Tannenbaum et al., 1961: 24）則更進一步指出，領導乃係「一種人際關係的活動程序，一經理者藉由這種程序以影響他人的行為，使其趨向於達成既定目標」。在這兩個具有

代表性的定義中,我們都發現,它們所強調的,是:(1)人際關係程序,(2)影響他人之自動行為,以及(3)有助於達成群體目標。或從反面來說,領導並非指正式權力結構:強制行為、以及漫無目標的行為。同時,領導行為之發生,並不限於那一類機構,只要有人群存在——正式或非正式都在內——有人企圖影響他人行為以達成某種目標,這時就有領導行為發生。

不過,我們也不能認為,領導只是單方面領導者的行為,其他群體分子好像純粹被動地接受領導者的操縱。領導作用能否發生,以及效果大小,仍然要看是否能引起其他分子的反應並加以接受,因此領導乃是領導者與被領導者——或且說影響者與被影響者——之間的互動過程。實在說來,所謂被影響者,對於影響者也有若干影響作用,不過相較之下他的影響作用較小而已,因而他會朝向被影響之方向移動(Cohen, Fink, Gadon, and Willits, 1976: 192-195)。

近年以來,由於實證研究的結果,以及情境理論的影響,有關領導問題的研究,發現必須考慮其發生的情境。因為隨著情境條件的不同,領導行為及其效果如何,也都發生改變,因此,要瞭解領導行為及作用,必須加上這一情境因素。

綜上所述,一個比較普遍性的領導定義,似可說是:在一特定情境下,為影響一人或一群人之行為,使其趨向於達成某種群體目標之人際互動程序。換言之,領導程序乃係:(1)領導者(1),(2)被領導者(f),及(3)情境(s)三方面變項之函數,或以符號表現為:$L = f(l, f, s)$(Hersey and Blanchard, 1977: 84)。

在本章稍後討論到各種領導理論時,我們將會發現,有些理論企圖利用這三類變項中的一類或兩類因素以解釋領導行為,因而是偏而不全的。最近的理論則是企圖包括所有這三類因素,而且認為它們之間是屬於互動關係,以資接近實際狀況。

二、領導功能之基礎

依前此的說明,我們特別強調領導的本質在於其所發生的影響作用,這種影響作用,代表一種「力量」(power)。這種力量是如何產生的?這是我們在此所要探討的問題。

依學者(Glueck, 1977: 184-188)的歸納,有關領導力量基礎的理論,主要包括以下各項:

- **法統力量**(legitimate power):一位主管由於經過正式任命,具有領導下屬之法統權力,這也就是本書在正式組織結構內所稱之職權(authority),因此其下屬認為,接受其命令乃屬理所當然,如此使這位主管得以影響其下屬之行為。但

是，假如由於某種原因，下屬不願接受這位主管領導時，這種法統權力常常不發生多大作用。一般情況，法統權力必須配合以下所說的各種權力基礎，方能發生增強作用。

- **獎酬力量**（reward power）：一位領導者如掌握有對下屬獎酬的決定權時，將可增加他所具有的影響力量。因如下屬按照領導者之意思去做，將可獲得某種獎酬。這種獎酬如能滿足其生理、安全或其他需求時，自然形成一種動機作用，使下屬願意接受領導者的影響作用。

- **脅迫力量**（coercive power）：脅迫有各種形式，譬如處以重刑或關入集中營，這是極端的脅迫方式。但在企業組織內，一領導者所能採取者，乃是調職、減薪、降級、或解僱等方式。由於一位領導者擁有這些權力，亦可使其他人接受他的命令，以避免遭受痛苦或損失。

- **專技力量**（expert power）：一人擁有專門技術和知識，有助於領導之順利和有效進行；將可贏得其他人的尊敬和信從，這樣使他對於其他人產生影響力量。

- **感情力量**（affection power）：在群體中，常有某人獲得其他人的喜愛，因而使他獲有影響他人的力量。

- **敬仰力量**（respect power）：這種敬仰力量，有人認為也就是上述之感情力量。不過，有時一人受人敬仰，但未必為人喜愛，譬如某人德高望重，使他人對他感到敬畏，因而接受他的影響，但未必是喜愛。

以上這六種領導力量的基礎，大致又可分為兩類，一類與組織有關，譬如最前三種來源：法統、獎酬、及脅迫力量，一般乃屬於組織授予一主管的職權；也就是來自正式組織。這也說明了，為什麼研究領導問題不能忽略正式組織的理由。另一類力量，則與個人特質有關，譬如專門技術和知識，為人喜愛和敬仰等項。非正式群體領袖所具有的領導力量，即係來自這些方面，不管正式領袖或非正式領袖，如果其領導力量所依據的來源愈多，其影響作用也愈大。

三、影響作用之表現方式

廣義的領導既係指一種影響作用，則所採方式，自然也就不是下達命令。學者（Kast and Rosenzweig, 1970: 309-310）認為，影響作用一般有以下幾種表現方式：

- **身教**（emulation）：俗語說：「言教不如身教」，這也就是藉由領導者的言行，自然使他人仿效，因此這是一種非常微妙而間接的影響方式。在組織中，某些管理者成為其他人員所仿效的對象後，他的一舉一動都會影響他人行為。
- **建議**（suggestion）：這是較上述身教稍為直接的影響方式，由一人向另一人或另一群人提出某種意見，希望後者接受或採行。如果建議不被接受，這種影響作用即告失效。
- **說服**（persuasion）：這是較建議更為直接的影響方式，而且可能帶有某些壓力或誘力。至少如果說服不被接受時，將使影響者與被影響者之間，造成一種緊張關係。
- **強制**（coercion）：強制可能代表實體上的壓力，如利用某種武器、言語責罵、或以減薪、調職或解僱等相威脅，使他人接受其要求，採取或不採取某種作為。當然，如果以收回某種獎勵做為威脅內容，也算是這一種影響作用的表現方式。

第二節　各種領導理論

自古以來，人類對於領導及其效能問題，存在有各種各樣的解釋或理論，在我國典籍之中，尤其豐富，可惜有待系統化之整理和科學化之驗證。在此所討論者，僅限於近數十年來管理學者——尤其行為學派學者——以較科學方法所發展出來的領導理論。

大體而言，現有之領導理論，可分為三大類：（1）領導者屬性理論（trait theory）或「偉人理論」（great man theory），（2）行為模式理論（behavioral pattern theory），及（3）情境理論（contingency or situational theory）。由於情境理論基本上乃係綜合前二類理論，因此留待下一節予以討論，在此僅先討論屬性理論及行為模式理論。

一、領導者屬性理論

早期學者多認為，成功的領導乃由於其領導者擁有某些個人屬性或特質，包括其生理、人格、智力以及人際關係各方面。在生理方面，譬如身高、體重、儀容、精力等項；譬如，史托迪（Stogdill, 1948）曾歸納十二個有關領導的研究，發現其中有九個研究認為領導者之身材應高於其追隨者，二個研究認為應低於其追隨者，一個認為身材高低與領導是否成功，其間並無關係。

亦有研究者（Mahoney, Jerdee, and Nash, 1960）發現，成功的經理人一般較為聰明，積極和依靠自己；同時，他們也比較具有說服他人的能力，所受教育也較好。而在另外一個著名的研究中（Ghiselli, 1963），作者分析好幾百位管理者，其中包括有領班、

中層經理,以至高層經理等,他發現多數的成功管理者在以下各方面都有較一般為優之表現,如智力(intelligence)、主動(initiative)、自信(self-assurance)以及監督能力(supervisory ability)等。他們尤其感到,智力與監督能力代表最具重要的兩項特色。

但自一九四〇年代以後,這類利用領導者個人屬性以解釋或預測領導效能的理論,逐漸被放棄。這有幾點理由:

第一、它們忽略了被領導者的地位和影響作用;事實上,一領導者能否發揮其領導效能,每隨被領導者不同而不同。

第二、就所發現的屬性而言,內容非常繁雜,且隨不同情況而異,使人感到迷惑,不知究竟是何種屬性,才是導致一領導者獲得成功的真正因素。

第三、與上述第二點相關者,即在於各種不同屬性之間,難以決定彼此之相對重要性。

第四、各種實證研究所顯示的結果,相當不一致。

二、領導行為模式理論

這類理論認為,領導效能如何,並非由於領導者是怎樣的人,而是取決於他怎樣去做——也就是他的行為。換言之,這種理論主張我們應當研究領導者的行為模式與領導效能之間的關係。但不幸的是,不同學者之間,對於所謂的領導行為模式,並無一致接受的分類,因此我們只能逐一介紹比較重要的理論。

(一)懷特和李皮特的三種領導方式理論

懷特和李皮特(White and Lippett, 1953)所提出的三種領導方式理論:權威式(authoritarian)、民主式(democratic)及放任式(laissez-faire),恐怕是一般人最耳熟能詳的分類。

- **權威式領導**:所有政策均由領導者決定;有關採行步驟及技術,也聽由領導者命令行事;工作分配及組合,也多由他單獨決定;和下屬較少接觸,如有獎懲,常係對人而非對事。
- **民主式領導**:主要政策均係經由群體討論與決定,領導者採取鼓勵與協助態度;經由討論,使其他人員對工作全貌有所認識,在所勾畫之基本途徑與範圍內,工作者對於進行步驟與採用技術,有相當選擇機會。

```
                                        非經理者之權力及影響力
經理者權力及影響力  ←——————————————————————
                  ——————————————————————→
```

|經理者決策，非經理者聽命|經理者必須將他的決定說服下屬接受|經理者提出主張但下屬得提出質問|經理者提出初步方案容納下屬意見後決定之|經理者先提出問題由下屬表示意見後決定之|經理者界說範圍，在此範圍內由下屬決定之|經理者與其下屬均在組織所給予範圍內共同決定|

（經理者與非經理者之行為）

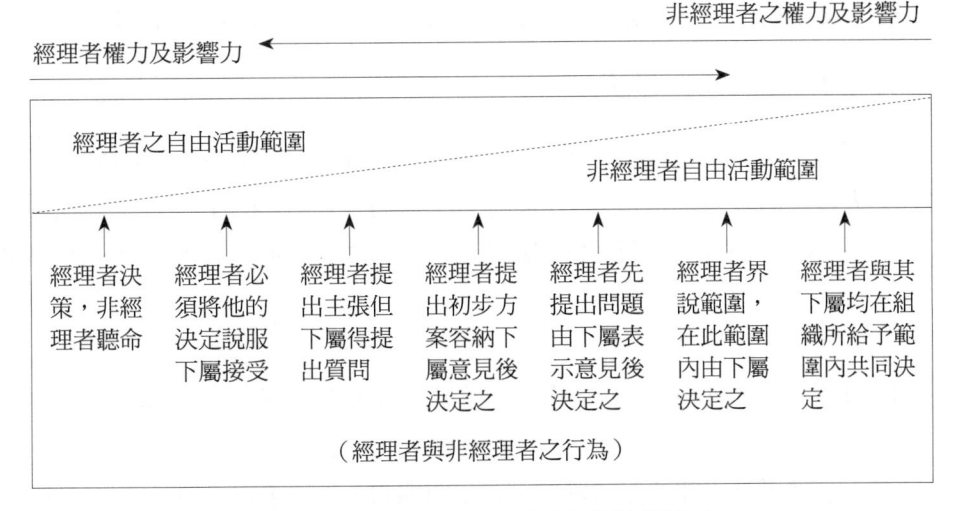

圖 14-1　經理者與非經理者之行為連續構面

- **放任式**：工作者個人或群體有完全之決策權，領導者儘量不參與其事；領導者僅負責供應其他人員所需之資料條件及資訊，而不主動干涉；偶爾表示意見，工作進行幾全依賴各人自行負責。

依這兩位作者所進行之研究顯示，在權威領導方式下，工作量雖稍較他兩種為多，但其品質總是不及民主領導方式下所達到者。而且在權威式領導下，一旦領導者離開房間，整個工作馬上瓦解；在民主式領導下，就比較不會發生這種問題。而放任式領導的效果，無論在產量和品質，以及士氣與滿足等方面，也都不如民主領導下的群體。因此，他們認為，三種領導方式中以民主式最佳。

（二）譚寧邦與史密特的連續構面理論

譚寧邦與史密特（Tannenbaum and Schmidt, 1958）二氏採用與上述理論相似的分類，但將領導方式，依下屬參與決策之程度，表現為一連續構面。如圖 14-1 所示。[1]

在這連續構面的極右端，經理者係採取參與管理，與下屬共享決策權，此時下屬獲有最大之權力及影響力，也有較大之自由活動範圍；反之，在極左端，經理者所採取的，乃是權威式領導，由他一人獨斷獨行，下屬所獲之權力及影響力最小，一切聽命於經理者，因此自由活動範圍極其有限。

在這兩個極端之間，有各種不同程度的組合方式。譚史二位作者認為，一位明智而

---

[1] 在原著作者中尚包括外在之社會環境與組織環境，認為對於領導方式具有影響，但在此僅為說明領導方式，故未在圖中將社會與組織環境二項繪入。

有彈性的經理人可權衡各種有關因素，在兩極端之間，選擇一最適合的領導方式。

（三）麥穆利的「仁慈專制」理論

自從人群關係學派興起以後，民主式領導幾乎獲得普遍的讚揚，認為這種領導方式不但合乎人性，而且可創造較高效能。但在一九五〇年代末期，有一位學者麥穆利（McMurry, 1958）卻認為，在現實的組織生活中，民主式領導是行不通的，他所舉的理由，主要有：

- 和企業界主管的性格不合：他們多是經由多年奮鬥才達到今天的地位，一般意志堅強，具有魄力，不願授權下屬，也不願和下屬分享決策權。
- 不能配合實際上迅速決策的需要：因為組織內多數決策都必須迅速決定，因此集中於少數人擔任這種決策，較能符合需要。如果經由多數人採取由下而上之方式，曠時日久，將不免失去時效。
- 與傳統組織及管理原則不相配合：由於今天大多數的組織都仍舊依照傳統原則進行其工作，而且不乏成功的事例。在這種環境下，單獨採行民主式領導，將不能和其他管理功能配合，顯得格格不入。

因此，麥穆利所主張的，乃是一種折衷型態的「仁慈專制」（benevolent autocracy）或「開明專制」領導方式。在這種領導方式下，擔任主管者應具有權威和地位，由他分配人員工作，決定政策，嚴格執行。不過，他應當關切下屬的情緒、態度和福利，也可徵求下屬意見，但最後決定權一定操在他手中。麥穆利認為，這種領導方式最具效能。

（四）李克的「工作中心式」與「員工中心式」理論

自 1947 年以後，李克（Rensis Likert）及其他密西根大學社會研究所研究人員，曾進行眾多的領導研究，其對象包括企業、醫院及政府各種機構。

他們（Likert, 1961）將領導者分為兩種基本類型：「以工作為中心的」（job-centered）與「以員工為中心的」（employee-centered），或簡稱「工作中心式」與「員工中心式」的領導。前者的特色是：任務分配結構化、嚴密監督、工作激勵、依照詳盡規定行事；而後者的特色是：重視人員行為反應及問題、利用群體達成目標、給予員工較大自由裁量範圍。

依照李克研究的結果，凡生產力較高單位，多屬採取「員工中心式」領導者；反

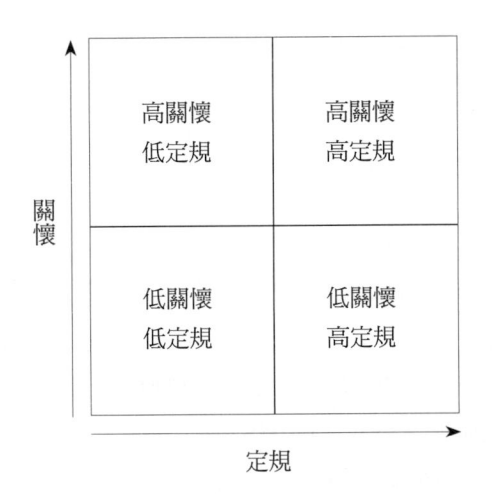

图 14-2　俄亥俄州立大學領導行為座標

資料來源：R. M. Stogdill and A. E. Coons, eds. *Leader Behavior: Its Deseription and Measurement* (Columbus, Ohio: Bureau of Business Research, No. 88, The Ohio State Univ., 1957)

之，生產力較低的單位，則多屬採取「工作中心式」領導者。同樣差別也發生於一般性監督與嚴密監督單位之間，以前者生產力較高。

（五）俄亥俄州立大學的兩構面理論

在美國俄亥俄州立大學（Ohio State University）有一群研究者，自 1945 年起開始對領導問題進行廣泛的研究。他們發現，領導行為可以利用兩個構面（dimensions）加以描述：一是「關懷」（consideration），一是「定規」（initiating structure）。這和前此所介紹的單一構面理論不同，且因發源於俄亥俄州立大學，所以一般常稱之為「俄亥俄學派理論」或「兩構面理論」（two-dimension theory）。

所謂「關懷」，乃係一領導者對於其下屬所給予尊重、信任以及互相瞭解的程度。自高度關懷至低度關懷，中間可有無數不同程度。而所謂「定規」，也就是說領導者對於下屬的地位、角色與工作方式，是否都訂下有規章或程序。這也可有高度的定規和低度的定規。因此，兩個構面可構成一領導行為座標，如圖 14-2 所示，大致可分為四個象限，或四種領導方式。

這些學者企圖發掘這些領導方式與若干績效指標——例如曠職、意外事件、申訴、流動率等——間的關係。他們發現，在生產部門內，工作技巧評等結果乃和定規程度呈正相關，而和關懷呈負相關。但在非生產部門內，這種關係恰恰相反。一般而言，高定規和低關懷的領導方式效果最差（Fleishman, Harris, and Burtt, 1955）。

雖然其他人的研究，未必都支持上述結論，但這些研究激發了日後對於領導問題愈來愈多的系統性探討。

（六）布萊克及摩頓的管理方格理論

布萊克及摩頓（Blake and Mouton, 1964）所提出的「管理方格理論」（managerial grid theory），和上述兩構面理論極為相似。第一、它也是採取兩個構面以界說領導方式：關心生產（concern for production）及關心人員（concern for people）。第二、它也以座標方式表現上述兩構面的各種組合方式，各有九種程度，因此可繪製為 81 個方格，這是其名稱「管理方格」的由來。如圖 14-3 所示。

在圖中所顯示的 81 個可能組合關係中，最具代表性者，為其中五個組合，依所在位置分別命名為：（1, 1），（9, 1），（1, 9），（5, 5）及（9, 9）之各種領導方式。

- 1, 1 型：對於生產或人員之關心程度均低；只要不出差錯，多一事不如少一事。
- 9, 1 型：關心生產，而較不關心人員；要求達成任務和效率，但忽略人員之需求滿足，並儘可能使後者不致干擾工作進行。

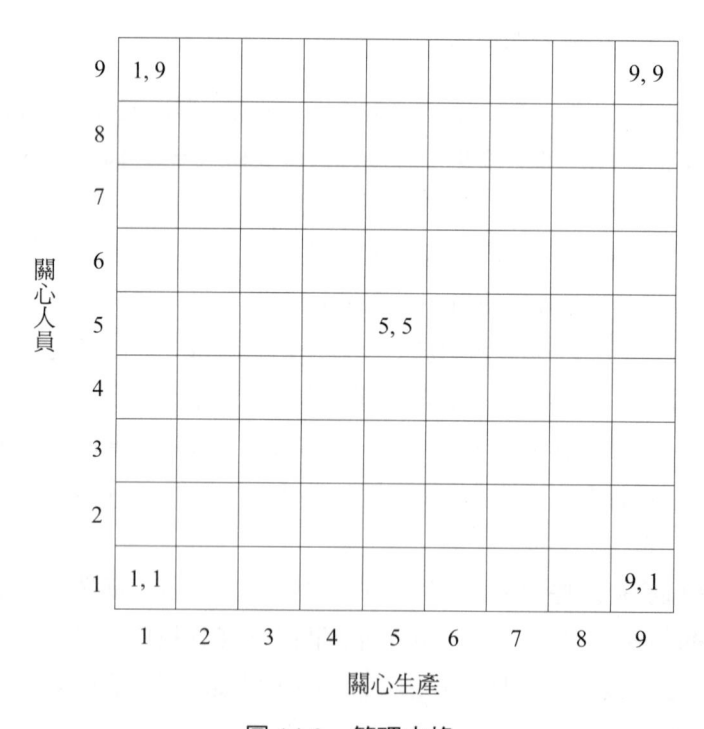

圖 14-3 管理方格

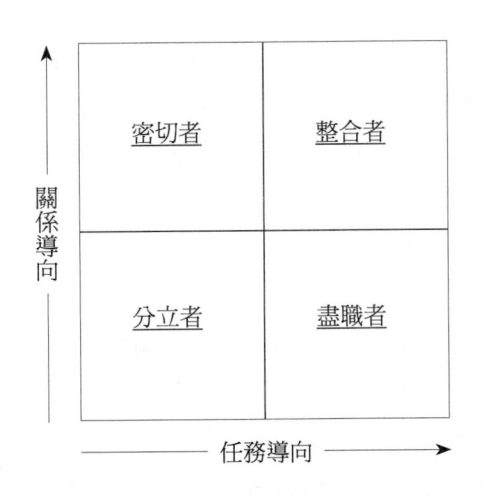

```
        ↑
    ┌───────┬───────┐
    │密切者 │整合者 │
關  │       │       │
係  ├───────┼───────┤
導  │       │       │
向  │分立者 │盡職者 │
    └───────┴───────┘
        ──任務導向──→
```

圖 14-4　雷定之四種基本領導方式

資料來源：W. J. Reddin, *Managerial Effectiveness* (N. Y.: McGraw-Hill, 1970)

- 1, 9 型：較不關心生產，但關心人員；注意人員需求是否獲得滿足，重視友誼氣氛與關係之培育，但可能疏忽工作績效。
- 5, 5 型：中庸之道的領導方式，兼顧人員及生產兩方面，但都只要求做到適可而止。
- 9, 9 型：對於生產和人員同樣非常重視；藉由溝通和群體合作以達成組織目標。

布列克及摩頓二人認為，（9, 9）型領導乃是最有效的方式，他既不偏於工作，也不偏於人員，而是兩方面兼顧；而且達到極高水準。在這種領導方式下，將可激發人員之工作熱誠、認真負責以及創造能力。

（七）雷定的三構面理論

由兩構面進而到三構面理論（three dimensional theory，或簡稱 3-D theory），係屬近年來雷定（Reddin, 1970）的貢獻。他所利用的三個構面是：（1）任務導向（task-oriented），（2）關係導向（relationships-oriented），與（3）領導效能（leadership effectiveness）。

就前兩構面而言，和上述布、摩二氏理論中的「關心生產」及「關心人員」構面相似；不過，為簡化起見，雷定並未分得如此詳盡，他只分為四種組合，如圖 14-4 所示：

- 分立者（separated）：這種領導者，既不重視工作，也不重視人際關係，和所屬人員似乎各不相干，一切照規定行事，不考慮個人差異和創新。

- **密切者**（related）：這種領袖重視人際關係，但不重視工作和任務。只要能使群體和睦相處，關係融洽，時間和效率均屬次要。
- **盡職者**（dedicated）：這種領袖一心達成任務，鐵面無私，憑公辦事。
- **整合者**（integrated）：這種領袖兼顧群體需求及任務達成，能透過群體之合作以達成目標，故屬於整合性質。

雷定理論到此為止，似乎和前此各種兩構面理論並無不同之處。他的特色乃在於第三構面——領導效能——雷定不認為上列四種領導方式中有那一種最具效能，而是每一方式均可能發生效能，也均可能缺乏效能，故效能乃是另一單獨構面。因此，雷定分別於每一方式另外給予兩個名稱，一個代表有效的領導方式，另一個代表無效的領導方式，如圖 14-5 所示。[2]

雷定認為，一種領導方式有效或無效，乃是決定於使用之情境；用得對了，便是有效的領導方式，用得不對，便是無效。由此我們也發現在他的理論的背後，已隱含有情境因素在內。如何將這一因素納入領導理論，這是本章第三節中所要討論的內容。

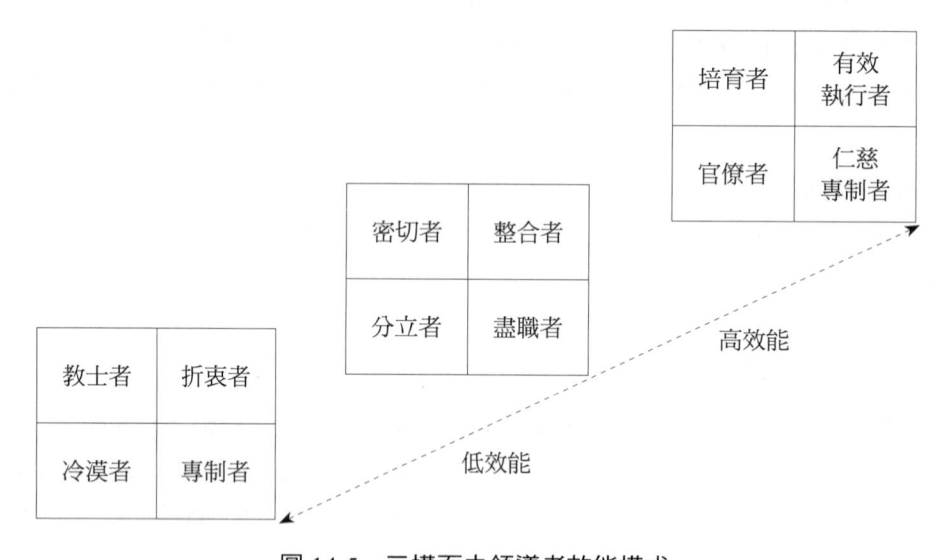

圖 14-5　三構面之領導者效能模式

---

[2] 雷定在採命名在中譯者極為不易，為供讀者參照起見，茲將原文附列於次：教士者（missionary）、冷漠者（deserter）、折衷者（compromiser）、專制者（autocrat）、培育者（developer）、官僚者（bureaucrat）、有效執行者（executive）、仁慈專制者（benevolent autocrat）。

第三節　領導方式與情境

在前節內，我們討論了七種不同的領導行為模式理論，它們是否真正不同，也很難說，其間不乏語意上的問題，譬如名異而實同，或名同而實異之類。有人（Donnelly, Gibson, and Ivancevich, 1975: 223-224）認為，俄州大學的理論即可與布拉克及摩頓的方格理論合併。因此在沒有考慮情境因素以前，我們先將這些領導行為模式予以綜合。

一、領導方式的綜合討論

歸納各種領導行為理論（Cohen, Fink, Gadon, and Willits, 1976: 203-207），我們將可發現，它們背後所依據的構面，大致有以下各項：

（一）控制權之保留或分享程度

領導者所給予下屬之活動餘地有多大？法令規章有多嚴格？下屬所能獲得的資訊有多少？下屬能否表示不同意見，或提出問題要求上級答覆？如果領導者將這些權力都予以保留，這代表一個極端，如讓下屬分享，這是另一極端，在這兩個極端間可以有各種不同的領導方式。

（二）對任務的關切程度

雖然達成任務乃領導者之基本職責，但在事實上不同領導者對於此一職責之關切程度可能甚為不同。我們常將對任務關切，與對人員或人際關係之關切，視為相對的特色，但事實上，對一者之關切，並不排除對另外一者的關切，因此二者分屬不同的構面。

（三）對人員的關切程度

如前項所稱，這是一單獨的領導行為構面：領導者是否關切他人的情緒或態度？是否給予下屬以溫暖的、支持性的工作環境？是否在工作以外也關切他人的問題？在這一構面上，領導者也表現有不同程度的關切。

（四）依賴正式或非正式的影響途徑

領導者所依賴正式規章及手續的程度如何？以及對於這些正式規章的嚴格遵行程度？是否會隨問題或情況不同而採取非正式途徑以解決問題？自完全依賴正式途徑──公事公辦──至完全藉由非正式途徑──公事私辦──之間，可能有各種不同的組合情況。

（五）小心謹慎或大膽冒險的程度

雖然在前一節內所提到的各種領導行為模式中，都沒有直接提出這一構面，但在實際上這一構面代表迥然不同的領導風格。尤其在我國社會中，一般人常受到所謂「諸葛一生唯謹慎」的影響，因此領導方式也多偏向於小心謹慎這一端，但毫無疑問地，領導方式也可以偏向大膽冒險的另一端。

雖然以上所列舉的五個構面，已超過現有理論同時所考慮的構面數目；以雷定所提出的，也只涉及三個構面而已。但我們相信，領導方式所包含的構面還不限於這些，再進一步分析，一旦我們發掘出許許多多的構面以後，我們一定還想從它們之間再歸納出更中肯、但較普遍性的構面，凡此均有待未來繼續的研究。

二、兩個情境性的領導理論

如果我們承認，領導的作用在於影響人們的行為，而人們的行為又受其動機和態度等因素的影響，因此討論領導效能就不能脫離人們的動機和態度，以為某一種領導方式可以普遍應用於所有情況、所有人群。相反地，必須把這些情境因素考慮在內。這也就是情境性領導理論的基本觀念。

兩個比較著名的這類理論是：「徑路—目標理論」（path-goal theory）及費德勒（Fred E. Fiedler）的「情境模式」（contingency model），現扼要介紹於次：

（一）徑路—目標理論

豪斯及密契爾（House and Mitchell, 1974）所提出的「徑路—目標理論」，和本書第十二章中所討論的「動機期望理論」頗有聲氣相通之關係。基本上，這一理論認為，領導行為對於下列三項下屬行為具有影響作用：（1）工作動機，（2）工作滿足，及（3）對於領導者之接受與否。

領導者的任務，就是設定達成任務的獎酬以及協助下屬辨認達成任務和獲取獎酬的徑路，並替他們清除可能遭遇的障礙。不過，實際上，領導者的任務乃隨人員工作結構而定：如果是高度結構（具體）化的話，由於達成任務的徑路已十分清晰，這時，領導方式應偏重於人際關係方面，以減少人員由於工作之枯燥單調所引起之挫折感與不快。反之，如果工作性質之結構化程度低，表示富於變化與挑戰性，此時領導者應致力於工作上的協助及要求，而非人際關係上。諸如此類，均表示什麼是適當的領導方式，乃隨情況而不同。

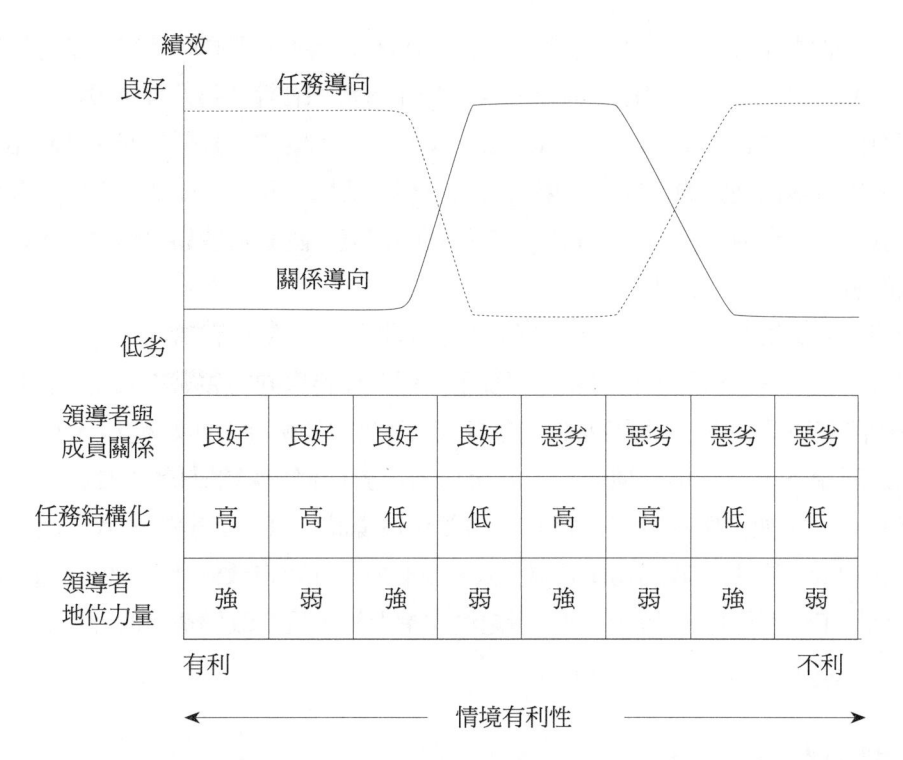

圖 14-6　在各種情境下任務導向與關係導向領導者之績效

資料來源：Fred E. Fiedler, "The Contingency Model-New Directions for Leadership Utilization," *Journal of Contemporary Business* (Autumn 1974): 71

（二）費德勒的「情境模式」

費德勒（Fiedler, 1967）根據已有之研究，歸納出三種情境因素（參圖 14-6）：

- **領導者與下屬關係**：這表示下屬成員對領導者的信任和忠誠程度（分為良好與惡劣兩類）。
- **任務結構**：這表示下屬所擔任的工作性質，是否清晰明確而且例行化，或是模糊而多變（分為高與低兩種程度）。
- **領導者之地位堅強與否**：這表示領導者所擁有之獎懲力量，以及他自其上級與整個組織所得到的支持程度（分為強與弱兩類）。

將這三個情境構面各自分為兩類,如括弧內所顯示者,則同時考慮一領導情境時,將有八種(2×2×2)可能組合,如圖 14-6 所示。費德勒綜合這八種情境,認為他們對於領導而言,其有利程度(favourableness)又有不同;譬如在關係良好、任務結構化程度高、領導者地位堅強的情境下,屬於最為有利的情境;反之,如關係惡劣、任務結構化程度低、領導者地位軟弱時,屬於最為不利的情境。隨著這些領導情境之不同,什麼是有效的領導方式也會不同。

費德勒所採領導方式分類,和前節中所採者相同,一為任務導向,一為關係導向。費氏發現,在最有利和最不利的領導情境下,都以任務導向的領導方式所獲績效較高,而處於中間有利程度時,以關係導向的領導方式所獲效能較高,亦如圖 14-6 所示。

在這理論下,沒有那一種領導方式可以適用於任何情境都有效;易言之,一種有效的領導方式,如果應用於另一種不同的領導情境時,就可能變為無效。因此,有人(Fiedler, 1965)認為,我們為使領導方式變為有效,亦可自改變情境入手,譬如改善與下屬關係、工作例行化,或增加領導者之獎懲權力等,這種改變情境的程序,稱為「組織工程」(organizational engineering)。

三、情境因素

歸納以上兩個代表性之領導情境理論以及其他理論,我們認為,與領導有關的情境因素,主要有(Cohen et al., 1976: 207-210):

- **任務情境**:有些工作性質穩定而事先均可安排,有關科技亦無迅速改變可能,因此並不需要有緊急之決策。有些工作性質則與此相反。一般而言,工作性質愈接近前者,則所適於採取的領導方式為:嚴密控制、利用正式與標準化之規章手續,偏向於謹慎小心。如愈接近後者,則所採的領導方式亦趨於另外方向。
- **領導者能力**:有些領導者對於工作有關之技術知識或環境狀況的瞭解,勝過其下屬。在這情況下,他不必耗費時間徵詢下屬意見或進行方法,而偏向於單方面控制(unilateral control)。但如他在許多方面不如其下屬,譬如一科學研究單位主管,在許多專門範圍內,不如其單位內的研究人員,這時就偏向於分享控制(sharing control)。
- **下屬態度及需求**:有的人喜歡比較困難並富於挑戰性的工作,同時也希望有較大的決策與行動自由。在這情境下,領導方式應容許下屬有較大的自主與獨立程

度。反之，如果下屬比較消極、被動，喜歡循規辦事，則領導方式所採控制程度就應該比較高。
- 領導者的力量：此處所指者，包括領導者本身地位是否鞏固，是否得到上級或外界的支持、獎懲權力是否充分等等。一位地位堅強的領導者，所採領導方式可能比較冒險大膽，比較不照正式規章行事。反之，地位力量較弱之領袖，可能比較小心謹慎，依照正式規章辦事。當然，領導方式也可能影響一領導者之地位力量，譬如他能獲得下屬之支持與合作，自然他的地位力量也隨之增強。所以這些因素間的因果關係也是十分複雜的。

第四節　有效的領導者

在前幾節中，我們將已有的主要領導理論做一扼要說明。相信讀者至少發現兩點：第一、已有的理論都是非常初步的和暫時性的，迄今尚無一完整而具體的領導理論。這點充分表現在不同學者所使用的名詞上面，譬如命令式（directive）、專制的（autocratic）、關心生產（concern for production）、定規的（initiating structure）等等，實際上是大同小異，但卻各用各的（Donnelly, Gibson, Ivancevich, 1975: 228）。第二、沒有那一種領導方式或領導者特徵是絕對有效的，此乃隨情境狀況而定。

這樣一來，似乎管理學中有關領導方面不能給予實際工作的經理人什麼具體幫助了。事實上，也不盡然。因此，本節之目的，乃將有關領導之觀念與理論，自一實務工作者立場，予以整合並說明其在管理上的涵義。

一、領導程序及領導能力

綜合而言，有效的領導行為乃取決於各種因素。基本上，領導行為乃以被領導者及當時工作情境為前提，在這前提下，領導者基於本身的需求、行為及目標，還有對於情境的知覺（看法），選擇某種行為方式，企圖藉以影響下屬之行為。而後者實際上被影響之方向與程度，代表領導者之領導成效。這一程序，可表現如下頁圖 14-7。

在圖 14-7 程序內各有關因素間，我們將特別選擇領導者這一因素加以進一步的討論。學者（Donnelly, Gibson, and Ivancevich, 1975: 229-232）認為，一領導者之領導（影響）能力和他三方面特質最具密切關係：

- **自知能力**(self-awareness):他知道自己在他人——尤其下屬心目中的形象(image)為何,也知道自己所採行為將對下屬產生何種影響、何種反應。
- **自信**(self-confidence):他自信具有領導他人的能力,這將使他能從容處理各種問題,也能給予下屬以充分信任,不致猶豫和猜疑。這樣不會所謂「察察為明」,處處干預下屬,也不會因掩飾自己弱點而放棄了某些應採的判斷或行為。
- **溝通能力**(ability to communicate):這是十分明顯的,如果一位領導者不能將自己意見正確有效的傳達予他人,他將無法有效協調和指導他人工作。

當然優秀的領導者所具優點,絕對不限於這三方面。但是這三方面乃是最基本與普遍需要的;不管在那種領導方式下,具有這三方面的能力,都是有利無害的。所以它們和上述情境理論並不矛盾。

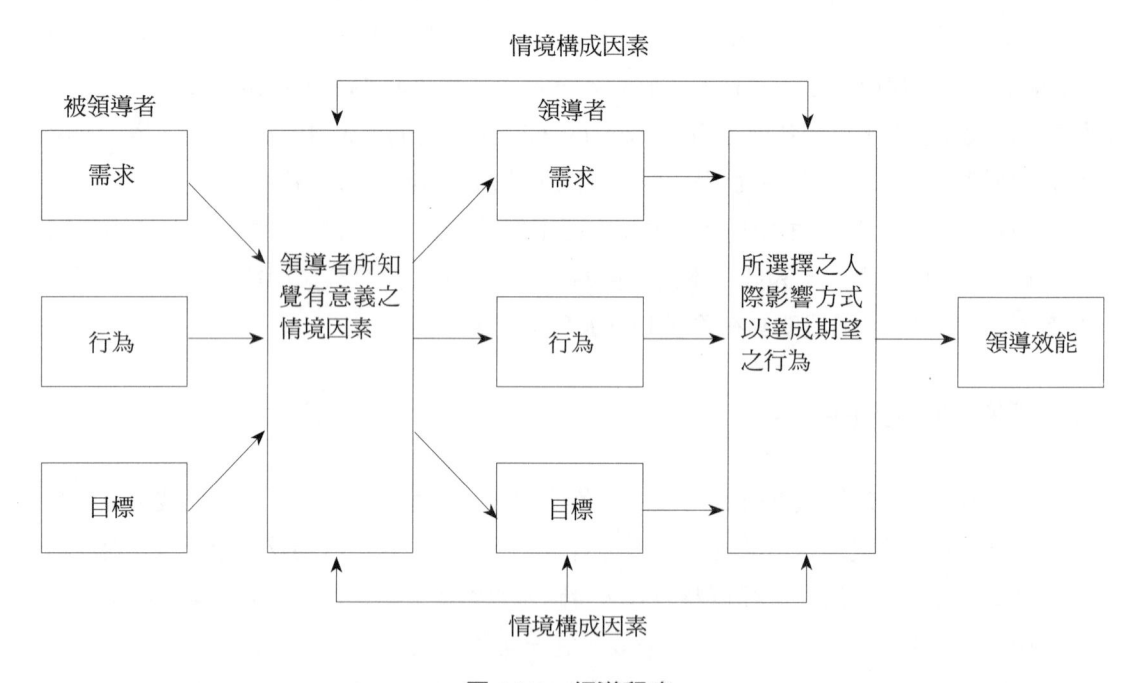

圖 14-7　領導程序

資料來源:R. Tannenbaum, I. R. Weschler, and F. Massarick, *Leadership and Organization: A Behavioral Science Approach* (N. Y.: McGraw-Hill, 1961), p. 32

二、改變領導方式

由於領導方式和領導情境之互動性質,為獲得較高領導效能,我們可以設法改變領導情境——前面已提到此點——也可以改變領導方式。

有人(House and Mitchell, 1974)認為,同樣一個人能夠隨情境不同而改變他的領導方式;但是也有人(Fiedler, 1974)認為,一人的領導方式乃受他的人格特質的影響,而此種人格特質主要形成於他的童年時期,因此要改變其領導方式是非常不易的。

工業心理學家認為,要改變人們的領導方式,可以經由訓練方法達成。譬如:

(一)領導訓練(leadership training)

今天一般機構內所舉辦的所謂「管理發展」(management development)活動,主要內容之一,即係這種領導訓練。訓練內容一般包括:(1)特定功能範圍(行銷、財務、生產等)內之專門知識;(2)較新的管理技術(計畫評核術、管理資訊系統等);及(3)各種人際關係訓練(如溝通、參與和激勵等)。

所採用的訓練方法,可以包括講演、討論、教練、諮商等等。不過,不管那種方法,最重要的,乃是在於參加人員有無學習動機,如果缺乏這種動機,再好的方法也難以生效。

(二)敏感訓練(sensitivity training)

所謂「敏感訓練」,意即經由這種訓練,使得一人瞭解(敏感於)自己以及自己和他人的相處關係。其背後的假定是:有些人之未能有效擔負其任務,乃由於他的情緒問題。可是在一般情況下,他自己不會意識到這種問題,也沒有人會告訴他。因此設計出這種訓練,使他經由與他人坦誠而密切地交往中,增加他對於以下各點的瞭解:

- 自己行為
- 自己行為對他人所產生的影響
- 他人的情緒和需求
- 自己對他人行為的反應
- 群體動態程序
- 組織的複雜性以及改變之程序

一位主管如果能對這些方面有更多的瞭解和體認——而且不是知識性的瞭解，而是行為上的敏感性——則必然對於他的領導能力，大有幫助。有關敏感訓練方法，本書將於第十六章討論管理人才發展時再加以說明。

第十五章　溝通

第一節　溝通的意義及性質
第二節　非正式溝通
第三節　組織角色與溝通
第四節　促進有效之組織溝通

麥克里高（McGregor, 1967: 150）曾說過，所有社會互動（social interactions）都涉及溝通；沒有這種互動，組織將不成為組織。以一企業機構為例，主管與下屬、同事與同事、公司人員與外界顧客、供應者、社會大眾、政府……等，其交往沒有不涉及溝通的。溝通之是否有效，對於組織目標之能否順利達成，關係極其密切。戴維斯（Davis, 1968）也曾說過，不管怎樣有效的管理觀念，要想加以實現，溝通每每代表一種瓶頸因素。所以溝通問題，在管理中居於一關鍵性地位。

以組織內部而言，幾乎所有的管理功能，沒有不需要透過溝通過程的。溝通可以：（1）提供人員以其工作上所需要的資訊，（2）培養他們對於機構及其目標之有利態度，促進協調、績效，並增加工作滿足感。本書第九章討論管理資訊系統時，主要偏重於溝通之第一點作用，而本章所討論者，比較偏重於第二點作用。

本章首先說明溝通之意義及其構成要素，以及在一群體中溝通可能表現之基本型態。由於在組織內部溝通中，非正式溝通一般具有極其重要之作用，管理者必須對於這種溝通及其在管理上之涵義，有所知曉，並能採取適當對策。對於組織溝通影響最為顯著者，乃有關人員所扮演之組織角色，使得溝通發生各種改變和歪曲現象。最後，本章自一管理者立場，就如何選擇適當之溝通途徑問題，探討可能之組合以及應加考慮的因素。

第一節　溝通的意義及性質

一、溝通的意義

溝通有許多不同的定義，在此所採取的，認為溝通乃是一人將某種資訊與意思傳遞予他人的程序（Beach, 1970: 581），不過僅僅是一人把他所要表達的意思，用文字、語言或其他媒介，表現出來，還不能稱是完成溝通程序，因為對方可能根本沒有覺察到這種表示，或對方完全誤解了他的表示。溝通必須要包括接受信息的一方，以及他所實際獲得的信息在內。

白羅（Berlo, 1960: 32）曾提供一種技術性模式以描述溝通程序。他的模式包括以下各要素：

1. 溝通來源（communication source）
2. 變碼（encoding）
3. 信息（message）

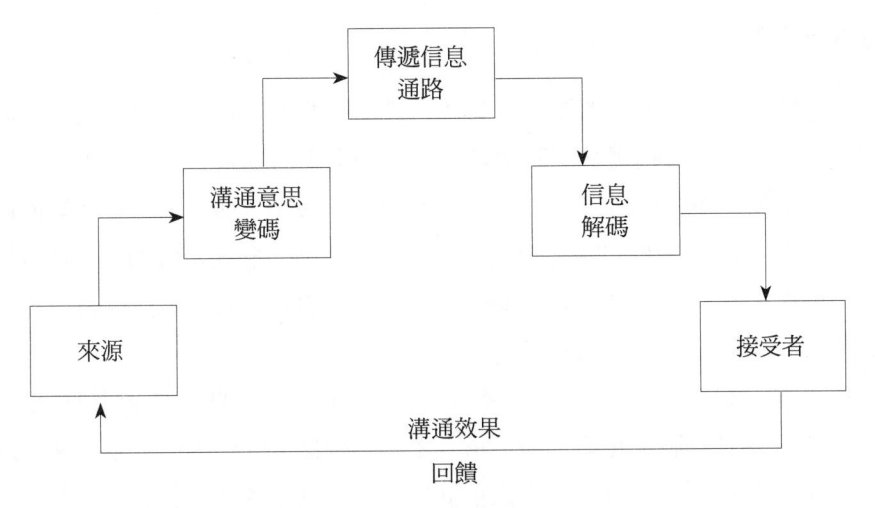

```
         ┌─────────┐
         │傳遞信息 │
         │  通路   │
         └─────────┘
        ↗           ↘
┌─────────┐         ┌─────────┐
│溝通意思 │         │  信息   │
│  變碼   │         │  解碼   │
└─────────┘         └─────────┘
   ↑                     ↓
┌─────┐               ┌───────┐
│來源 │               │接受者 │
└─────┘               └───────┘
   ↑                     │
   │      溝通效果       │
   └─────────────────────┘
            回饋
```

圖 15-1　溝通程序

4. 通路（channel）
5. 解碼（decoding）
6. 溝通接受者（communication receiver）

但在一種有目的的溝通狀況下——譬如組織內溝通大多數是有一定目的的——溝通者常想知道，他所傳遞出去的信息，是否被接受者所瞭解、相信及接受，以及其程度如何，這就是溝通的*效果*（effectiveness）問題。而這種效果大小，有賴某種衡量方法及途徑以回送這種資訊，這也就是「回饋」（feedback）。因此，在上述六項要素以外，我們就管理與組織的溝通情況而言，還要加上「溝通效果」及「回饋」兩項要素，這一構架才較為完全。

根據以上所提出的各項要素，我們可將溝通程序表現為圖 15-1，並分別說明於下。

（一）溝通內容——信息及意思

在上述模式內，溝通的內容一般表現為事實或意見，譬如某些記錄、數字、預測或技術性意見等，由一人提供另一人，以協助後者解決其所面臨的問題。但每遭疏忽者，溝通內容也可能是某種態度或情緒，譬如溝通者之喜怒哀樂、信任或懷疑、贊成或反對等等。雖然這種內容並未形之於有形的語言文字，但常常隨著溝通者之臉色、眼光、語氣等等而微妙地表現出來。在有些特殊情況下，表現於正式語言文字的，未必是溝通的真正內容或信息，反而是其背後或字裡行間所間接表示的，才是真正意思所在。

（二）變碼及解碼

不管是怎樣的溝通內容，都需要以某種方式或符號予以表現，這稱為「變碼」。所採的表現方式甚多，譬如利用文字和語言，代表最常用的變碼方式，也可以是圖畫或符號，但是並不限於這些有形的方式。有人（Harrison, 1970）估計稱，在面對面溝通中，人們依靠語言表現的，不及 35%，其他都是靠語言以外的形式。譬如面部或身體其他部分的表情和動作——身體語言（body language）——如握手的方式，就是一種最明顯的例子。即使沉默本身，也是一種意思表示方式。

除此以外，人們還可以藉由他的衣著、用具或交往地點以傳達其所表現的意思（Hall, 1959），這往往和文化背景與習俗有密切的關係；同樣動作或事物在不同文化系統間，極其可能乃含有不同的意思；而相同的意思，卻可能由不同動作或事物予以表現。

因此，某種特定的語言、文字、圖畫、動作或事物等，究竟表示什麼意思，同樣亦有待接受的解釋，這種解釋過程稱為「解碼」（decoding）。所解釋的結果，是否和溝通來源的原意相符，構成一大問題；尤其當來源者和接受者的文化社會背景不同時，這一問題變得十分嚴重。

（三）溝通通路

不管溝通者採取那種表現（變碼）方式，一般都可以經由不同溝通通路，將其傳達予接受者。以使用語言方式表現者，可以直接面對面交談，可以透過對講機或電話，也可以在某種會議中宣佈等。使用文字表現者，也可以選擇正式公文，私人函件或公開出版品發表等等。至於非語言文字以外的表現方式，一般多應用於面對面接觸情況之下。不過也並非絕對如此，譬如有時溝通者可以利用照片將某種現象顯示予接受者；或者，溝通者可故意當接受者看到某些事物之時，自己不在現場。

在表面上，使用某種媒體以溝通某種信息，似乎只是一種技術上問題或過程，但實際上卻對於溝通的效果極可能產生重大的影響。此不但涉及所使用媒體的傳真程度，而且隨著所使用媒體之不同，將使接受者對於所獲得的信息，產生不同的解碼方式。譬如一位主管為了對下屬表現不滿，可將同樣內容以不同的媒體傳達——如私人晤談、公開宣佈等——這對於接受者而言，往往代表極其不同的意義，因而引起極端不同的反應。

二、外界環境的影響——噪音（noise）

不管人際間溝通或組織內溝通，都不是發生於真空狀態中。雖然在圖 15-1 中未將外界環境的干擾因素包括在內，但是我們卻不能加以忽視。在許多情況下，溝通之無法有

效達成,就是由於這些外在因素的干擾的緣故。

這些外界干擾因素,一般稱為噪音,包括有以下這些情況(Glueck, 1977: 248):

- 在溝通進行中,突然受到其他人的打斷。最常發生者,就是電話。
- 所採用的溝通通路,發生錯誤,以至於未能將信息傳達予目標接受者。
- 所受到的時間壓力,在倉促情況下,未能暢所欲言,或充分表達溝通的內容。
- 身分或地位的懸殊,使得接受者懾於對方的威嚴和聲勢,反而不能平心靜氣以瞭解所傳達的信息內容。

三、溝通程序中接受者的影響作用

如前所述,溝通程序中包括有接受者這一要素,這表示溝通效果是否能夠達成,接受者同樣扮演有重要的角色;他並非消極的受命者——溝通者傳遞給他什麼,他就聽什麼——而是具有積極的影響作用。因此,溝通者在傳遞信息以前,必須瞭解接受者所能發生的作用。

屬於接受者所能發生的影響作用,主要有以下幾項:

- **解碼過程**:如前所述,不管溝通來源所傳達的信息為何,都先要經過接受者的解碼過程,才能產生真正的意義,如果解釋結果與發送者(sender)所構想的不同時,整個溝通將失去其預期效用。
- **興趣問題**:如果接受者對於所傳達的信息內容不感興趣,他很有可能會發生「視而不見、聽而不聞」之類的「選擇性知覺」(selective perception)現象,此時的溝通將發生極少,甚至沒有作用可言。
- **態度問題**:如果接受者對於某些問題,已經有了先入為主的態度,贊成或反對某種立場,此時傳達給他的信息所能產生的作用,將受其原有態度之影響:和他原有態度一致的信息,將迅即獲得接受;反之,和他原有態度不一致的,將會受到排斥、歪曲或忽略。
- **信任問題**:此即指接受者對於居於溝通來源的發送者,是否信任的問題。如果信任的話,則溝通內容將容易被接受,否則,將甚為困難。

由此可見,有時發生溝通失效的情況,問題不在信息內容或溝通通路,而在於接受者方面。因為,後者並不是毫無條件,毫無選擇地全盤接受傳達給他的信息。

四、群體溝通之型態

以上所討論，基本上乃假定處於一種兩人間的溝通狀況，但實際上，溝通乃進行於一群體情況，所涉及的人數超過兩人。因此，信息在眾人間的流通路線，就可以有不同的型態。

根據許多研究的結果（Berelson and Steiner, 1964: 356），以一五人群體為例，基本上有四種溝通型態；此即：（1）環狀（circle），（2）鏈狀（chain），（3）Y 狀（Y），（4）輪狀（wheel）。如圖 15-2 所示。

在四個圖形中所標示的數字，代表處於該一位置群體分子被認為是領導者的次數。第（1）種環狀型態下的溝通，一般屬於同層次的或水平的溝通狀況，任何人都可擔任一溝通者的地位，並沒有明顯的領袖。這種溝通在速度上十分遲緩，準確程度也低，但是似乎每一成員之士氣及滿足程度較高。第（2）種鏈狀溝通，實際上，就是環狀的變型，只是最右和最左的一環未曾聯結起來，因此其溝通總量較環狀為小。

第（3）種為英文字母 Y 形之溝通，也可視為鏈狀溝通之變型，因為有一分子似乎置身圈外，只和群體中某一分子發生溝通關係。以一正式組織而言，這人可能就是配屬某一直線經理下的幕僚人員。

第（4）種輪狀溝通比較特殊，有一顯然之領導者居於車輪中心之處，由他和其他四位分子溝通，而後者彼此間則無溝通發生，這和傳統組織結構中主管和下屬的關係十分相似。在這種型態下，溝通速度和正確性均較高，但除居中的領導者外，其他人都比較感到自己地位之無足輕重，滿足程度最低。

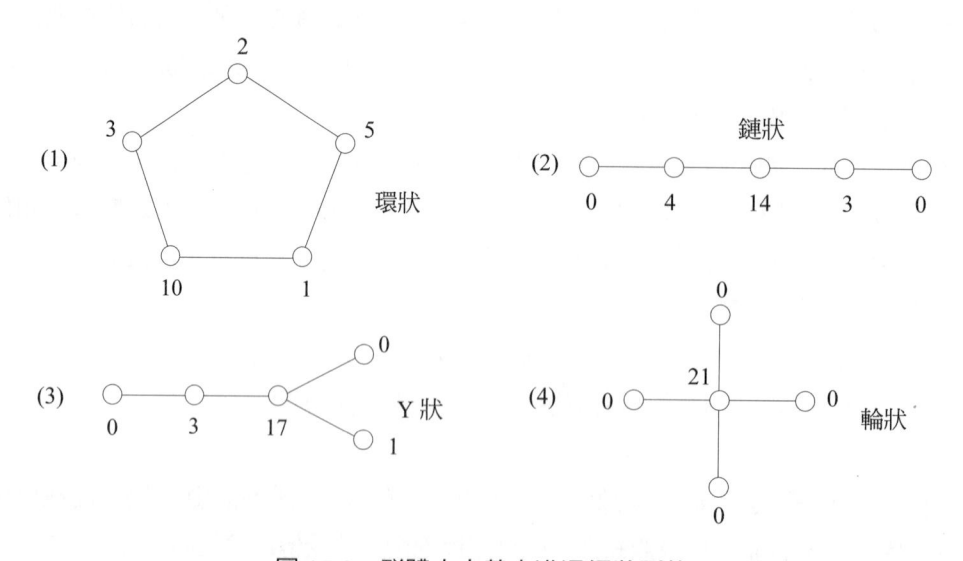

圖 15-2　群體中之基本溝通網狀型態

依照這種研究結果,顯示不同的溝通型態,對於生產效率以及工滿足都可能有不同的影響作用,而這些溝通型態,又和組織結構與領導方式息息相關,使我們對於溝通在管理上的功能,有更進一步的認識。

五、組織內之溝通途徑——正式與非正式溝通

在一正式組織內,成員間所進行的溝通,可依其所經由途徑之不同,分為正式溝通與非正式溝通兩種系統。前者係經由組織正式結構或層級系統而進行,後者則經由正式系統以外的途徑。現扼要說明於次:

(一)正式溝通

根據古典管理理論,溝通應循指揮或層級系統進行。嚴格說來,越級報告或命令,或不同部門人員間彼此逕行溝通,都是不被允許的。因此,在組織內只有垂直之溝通流向(vertical communication flow),而甚少水平之溝通流向(horizontal communication flow)。但是在事實上,嚴格照這種模式進行溝通,不但是不可能的,而且不能符合一組織的需要。因此遂有委員會、會報或公文副本之類組織及措施以便利水平溝通,但這仍是依照組織正式結構所安排的路線,仍屬正式溝通性質。

因此,就正式溝通流向而言,仍有下向(downward),上向(upward)和水平(lateral)幾種,如果我們再加上外向(outside)溝通在內,則一組織之正式溝通流向狀況,如圖 15-3 所示。

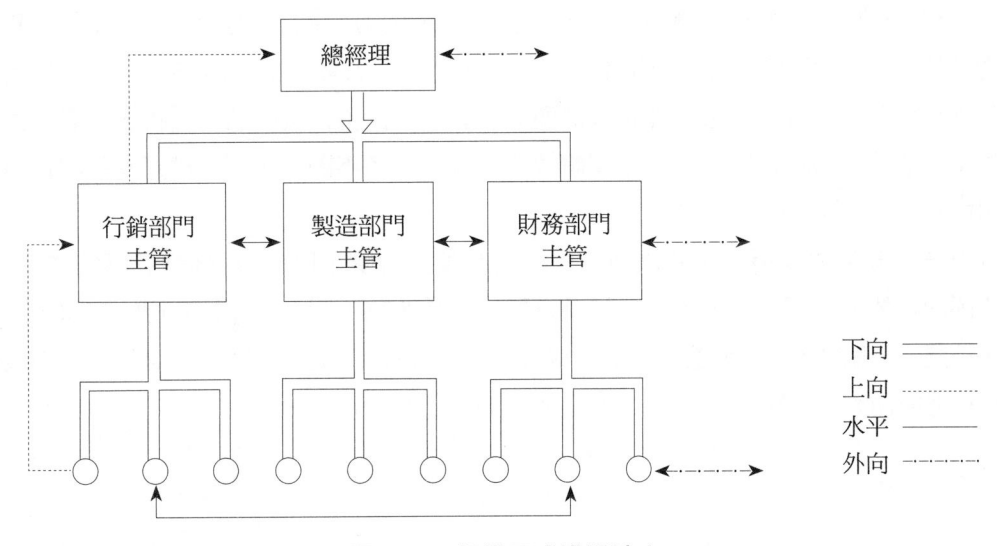

圖 15-3 組織正式溝通流向

下向溝通，在傳統性組織內，乃代表最主要的溝通流向。一般以命令方式傳達公司所決定的政策、計畫、規定之類信息，但有時係由上級向下屬要求提供某種資訊，或頒發某種資料供下屬使用等等。如果一公司之組織結構包括有多個層次，則層層轉達結果，常使下向信息發生歪曲，甚至遺失情況，而且過程遲緩，這些都是在下向溝通中所經常發現的問題。

上向溝通，主要是下屬依照規定向上級所提出的正式書面或口頭報告。但除此以外，許多機構還採取某些措施以鼓勵向上溝通，例如意見箱、建議制度、動員月會，以及由公司舉辦之意見或態度調查等等。有時某些高層主管採取所謂「門戶開放」政策（open-door policy），使下屬人員可以不經組織階層向上報告。但是根據若干研究（Read, 1962; Cohen, 1958），這種溝通也不是很有效的，而且由於當事人之利害關係，往往使溝通信息發生與事實不符或壓縮之情形。

至於水平溝通，在正式溝通系統內，一般機會並不多，以委員會和舉行會議方式而言，往往所費時間人力甚多，而達到溝通之效果並不很大。因此，一組織為順利進行其工作，必須依賴非正式溝通以補正式溝通之不足。

（二）非正式溝通

非正式溝通和正式溝通不同，因為其溝通對象、時間及內容各方面，都是未經計畫和難以辨別的。非正式溝通之發生，乃基於組織成員之知覺和動機上的需要。其溝通途徑乃經由一組織內的各種社會關係；這種社會關係超越部門、單位、以及階層，如圖15-4所示。

在相當程度內，非正式溝通之發展也是配合決策對於資訊的需要；這種途徑較正式溝通途徑具有較大彈性，它可以是水平流向，或是斜角流向（diagonal flow）。一般也比較迅速。在許多情況下，來自非正式溝通的資訊，反而獲得接受者的重視。再者，由於傳遞這種資訊一般以口頭方式，不留證據和負責，許多不願經由正式溝通途徑的信息，卻可能在非正式溝通中透露。

但是過分依賴這種非正式溝通途徑，也有甚大危險，因為這種信息遭受歪曲或發生錯誤的可能性，相當之大，而且無從查證。尤其與員工個人關係較密切的問題，如升遷、待遇、改組之類，常常發生所謂「謠言」（rumors）。這種不實消息之散佈，對於公司往往造成極大的困擾。

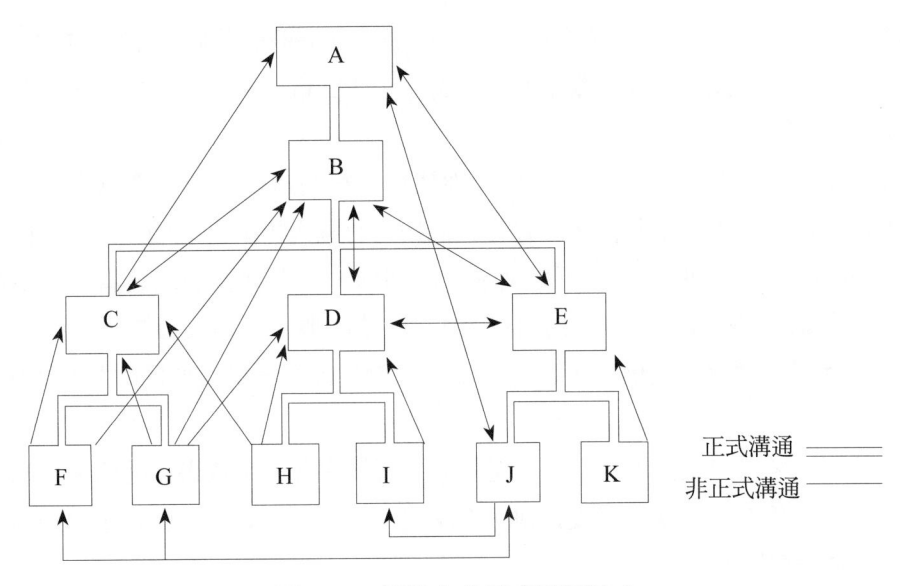

圖 15-4　組織內非正式溝通流向

資料來源：Trewatha and Newport. 1976, 473

但是任何組織均無法避免這種非正式溝通途徑的存在，對於這種溝通方式，管理者既不能完全依賴以獲得必須之資訊，也不能完全加以忽視。他應密切注意錯誤或不實信息發生的原因，設法提供公司人員正確而清晰之事實，加以防止。

第二節　非正式溝通

如上節所稱，在組織內，有兩種溝通系統，一為正式溝通系統，一為非正式溝通系統。正式溝通系統係按照組織正式結構及職權系統運行，近年並發展為具體的資訊系統。第九章所討論者，即係屬於這一方面。本節所將討論者，則屬於非正式溝通方面。

一、非正式溝通之意義及性質

所謂非正式溝通，係指經由正式組織途徑以外之資訊流通程序。這些途徑非常繁多且無定型，譬如同事之間任意交談，甚至透過家人之間的傳聞等等，都算是非正式溝通。所以非正式溝通和個人間非正式關係，往往平行存在。學者（Peterson et al., 1962:

293）認為，由於非正式溝通不必受到規定手續或形式的種種限制，因此往往比正式溝通還要重要。在美國，這種途徑常常稱為「葡萄藤」（grapevine）以形容其枝葉蔓生，隨處延伸之情形。

非正式溝通之產生，可以說是人們天性使然。藉由這種溝通途徑以交換或傳遞資訊，常常可以滿足個人的某些需求。譬如人們探聽有關人事調動之類消息，可能由於安全需求；而朋友之間交換消息，可以增進友誼關係，獲得社會需求之滿足。換言之，這類消息，對於組織成員而言，往往代表他們最感興趣，可是又最缺乏的消息。因此依靠非正式溝通以獲得這種信息，也可以使成員感到工作環境對他們的意義（Hershey, 1966）。

非正式溝通多以口頭傳遞為主，但是偶爾也可能採取文字或書面通路。它和正式溝通相比，最大特色之一，就是速度較快，俗語說：「不脛而走」，就是用以描述這種非正式溝通的快速情形。

一般認為，經由非正式溝通途徑所傳遞的信息比較不可靠。有關這點，曾有人（Hershey, 1966）就一組織內的「謠言」（rumors）進行查證研究，結果發現有幾點：第一、在三十個謠言中，事後證明有 16 個純屬虛構，並無事實根據；有 14 個日後證實或實現，其中有 9 個和事實完全一致，5 個部分正確。第二、由謠言流傳到獲得證實的時間，平均為 44 天，也就是謠言較快出現。第三、就某項謠言被聽聞次數多少而言，和其正確性並無關係；易言之，一再被傳述的謠言，並不見得更可靠。

當然，以上所引述的這一個研究只是一個機構中某一段時間的現象，未必能代表普通情況；尤其文化社會背景不同，更未必能應用於我國機構情況。但是，在沒有更可靠的研究告知我們實際狀況以前，也許我們能假設，這種非正式溝通的信息雖然含有相當不真實成分，但也包括有重要而有意義的資訊在內。

但是，對於管理當局而言，無論這種信息，是屬於無稽的謠言，或是真實的內幕，都可能給他帶來若干問題，不能置之不顧。究應採取怎樣的態度和處置的方法，稍後再加討論。

二、非正式溝通的類型

在前一節內，我們曾討論到溝通的四種基本型態，那是指在實驗狀況下，由研究者設計和控制所造成的。因此，我們不禁要問，在自然狀況下，非正式溝通是以什麼流通型態出現呢？

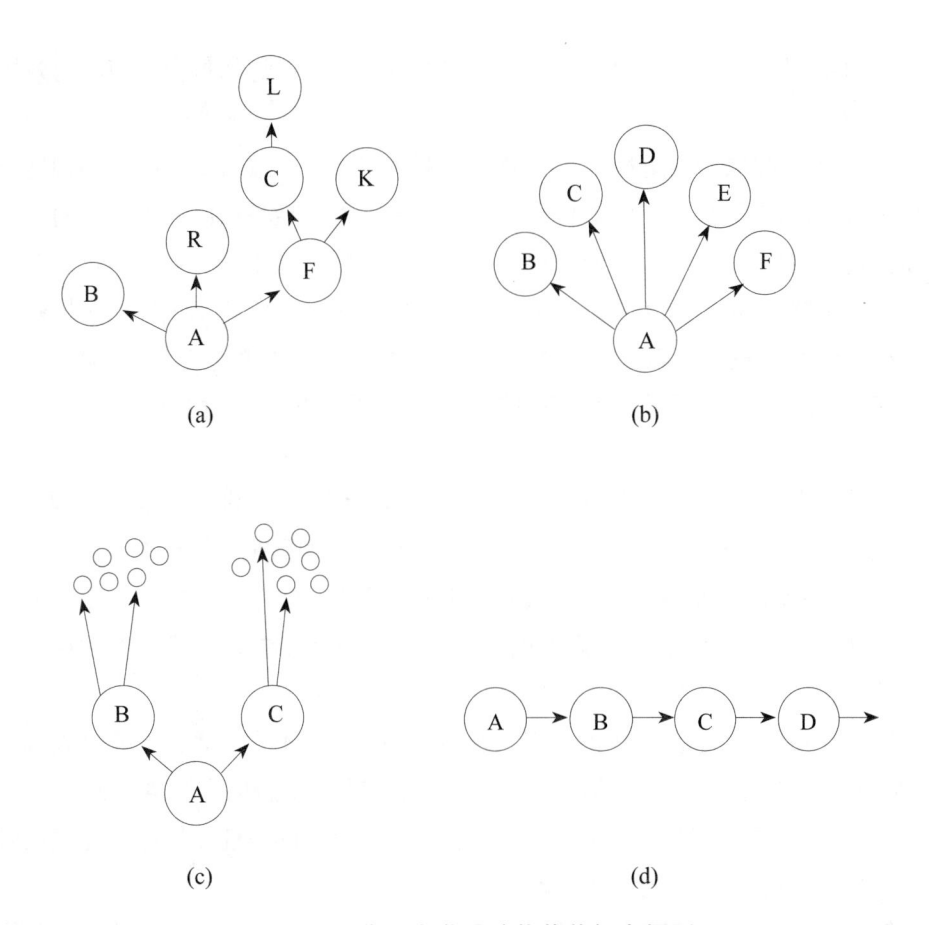

圖 15-5　非正式溝通（葡萄藤）之類型

戴維斯（Davis, 1972: 261-273）發現也有四種型態，如圖 15-5 所示。依照最常見至較少見的次序，分別為：（1）集群連鎖（cluster chain）：此即在溝通過程中，可能有幾個中心人物，由他轉告若干人，而且有某種程度的選擇性。如圖（a）中的 A 和 F 兩人就是中心人物，代表兩個集群的轉播站。（2）密語連鎖（gossip chain）：由一人告知所有其他人，有如其獨家新聞，如圖（b）。（3）機遇連鎖（probability chain）：此即碰到什麼人就轉告什麼人，並無一定中心人物或選擇性，如圖（c）。（4）單線連鎖：就是由一人轉告另一人，也只轉告一個人，這種情況最為少見。

三、非正式溝通在管理上的意義及對策

在傳統的管理及組織理論中，並不承認這種非正式溝通的存在；即使發現有這現象，也認為要將其消除或減少到最低程度。但是，今天的管理學者知道，非正式溝通現

象的存在是根深蒂固，無法加以消除的，應該加以瞭解、適應和整合，使其有效擔負起溝通的重要功能。

譬如，管理者將去發現這種非正式溝通的網狀模式中，誰居中處於核心和轉播站地位，也許透過這種溝通網可以使信息更迅速傳達。他也可能設法自非正式溝通中去發現所流傳的信息內容。不過，這些做法也有其危險或代價，譬如過分利用非正式溝通的結果，冷落了或破壞了正式溝通系統，甚至組織結構。而設法自非正式溝通中探聽消息，結果造成了組織背後的一套諜報網和打小報告的偵探，都會帶來管理上的問題。

郝謝（Hershey, 1966）建議管理者對於非正式溝通所採的立場和對策是：

- 非正式溝通的產生和蔓延，主要由於人員得不到他們所關心的消息。因此，管理者愈故做神祕，封鎖消息，則背後流傳的謠言愈加猖獗。故正本清源，管理者儘可能使機構內溝通系統較為開放或公開，則種種不實的謠言將會自然消弭。
- 要想予以阻止已經產生的謠言，根據研究結果，於其採取防衛性的駁斥，或講其不可能的道理，不如正面提出相反的事實為有效。
- 閑散和單調乃是造謠生事的溫床，為避免發生這些不實的謠言，擾亂人心士氣，管理者應注意，不要使組織成員有過分閑散或過分單調枯燥的情形發生。
- 最基本的做法，乃是培養組織成員對公司管理當局的信任和好感，這樣他們比較願意聽公司提供的消息，也較能相信。
- 在對於公司管理人員的訓練中，應增加這方面的知識，使他們有比較正確的觀念和處理方法。

第三節　組織角色與溝通

一、地位與角色

在組織內所發生的溝通現象，每受到組織成員之地位（status）或角色（role）所影響；因為每一個人都會根據他的地位或角色，對於所流通的信息，給予不同的過濾和解釋。

所謂地位，一般是指一人在一階層系統中所在位置，因此有高低之分。在任何團體中，都會發展出這種地位現象；有人較高，有人較低。學者（Kast & Rosenzweig, 1970: 242）認為，地位可分「社會地位」（social status）及「組織地位」（organizational status）兩種：社會地位係指一人在一社區或社會中的聲望（prestige），常常決定於年

齡、家庭、職業等因素。而組織地位係指一人在一機構內的階層位置，常常表現在不同名銜、職等或辦公室、用具上面。

所謂角色，係指對於居於某種位置的人——不管是誰——所被期望表現的某類行為。譬如在一非正式群體中，常常會漸次發展出不同角色，由不同成員擔任；有人擔任創議者，有人擔任附和者，有人擔任置疑者。諸如此類，一旦形成以後，很自然地，其他人都期望擔任某種角色的人會表現特定的某型行為，或不會表現某型行為。譬如一個經常總是唱高調，提反對意見的人，如果某天忽然會立即附和一個非常現實的意見，其他人都會感到奇怪，因為這不符合他的角色行為。

同樣地，在一正式組織內，居於不同地位或位置的人，也會由於他所居地位或位置而表現出某種特殊行為型態。譬如，一位總經理會怎樣說話和表現怎樣態度，一位行銷經理會採取怎樣立場，不待真正發生，大家都事先有了某種期望——不管誰擔任這些職位。否則，就會有「望之不似人君」的感覺了。

雖然地位和角色，嚴格說來，代表不同的觀念，但本節討論中，由於我們限於組織環境以內，為方便起見，都稱為組織角色（organizational role）。

二、組織角色對於溝通的影響

在組織內的每一個人，都有其不同的組織角色。譬如高層管理者、中層或基層的管理者，其組織角色不同；又如在不同功能部門工作者，也會由於本身屬於行銷、生產或財務部門，表現為不同組織角色。

人們由於所擔任之組織角色的不同，就會產生不同的態度和觀點與不同的利害關係，因而每逢接觸到什麼新的資訊時，就會依本身的態度或利害加以評估，因此導致不同的意見和結論。這說明了，為什麼在企業組織內，不同功能部門間會產生那麼多的爭論。

曾經有人（Dearborn and Simon, 1958）利用一次中級主管訓練場合，要二十三位經理人員就一個個案發掘主要問題所在。結果是：83% 的銷售經理認為這個案中最重要的問題在於銷售方面；80% 的生產經理認為是組織方面。這也顯示了，雖然他們所獲得的，乃是相同的資訊，但這些資訊所代表的意義，卻受每人組織地位的影響而不同。

有關組織地位對於溝通的影響問題中，最為嚴重者，乃是主管與下屬之間的組織角色關係所造成者，以下將專就此一問題提出討論。

三、上司與下屬間的溝通關係

上司和下屬之間,往往不能像平常人們一樣的溝通,因為他們具有特殊的組織角色關係。下屬在組織內的發展前途,在相當大程度內,乃操之於上司之手,這包括他的升遷、待遇或工作分配等等。這使得下屬在與上司接觸的時候,很自然地會懷著一份特別心理狀態,影響了他和上司間的整個溝通過程。

以下屬的上向溝通(upward communication)而言,他不願意在這上面發生對自己有什麼不利的影響,因此對於溝通內容不免加以選擇和控制。他會儘量壓抑對自己不利的事實,或者如果必須報告,則會企圖加以有利的解說;即使與自己沒有直接相關的消息,為投上司之所好,也傾向於只挑選上司喜歡知道的部分,提出報告。這都使得其間溝通發生歪曲現象。

在另一方面,下屬對於上司所傳達給他的「下向溝通」(downward communication),也同樣會因上司和下屬關係而發生歪曲。由於下屬想從溝通中得到更多或微妙的信息,每每自字裡行間去揣測可能的涵意,往往捕風捉影,自以為是。上司一句非常漫不經心的話,可能被一位下屬解釋為帶有特別的意義,以致造成「庸人自擾」的結果。

對於上司方面而言,也不是沒有問題的。由於上司所接觸的範圍較廣,知道的事情可能較多,因此在與下屬接觸的時候,往往一個人滔滔不絕,變成單方面的溝通。甚至有些上司在心理上就認為,在上司和下屬之間,上司就應該擔任「講」的角色,下屬只有「聽」的份。這也不能認為是有效的溝通。

當然,並非所有上司和下屬之間的溝通,都會發生上述情況;或即使發生,也未必會達到相同嚴重程度。這乃取決於上司和下屬之間的原來關係如何而定。譬如:凡是屬於權威型的領導,愈可能發生上述情況。反之,如果上司一般表現為能容忍下屬某些錯誤,自己又能接受某種程度的批評,也許可使溝通所發生的歪曲程度大為減低。但是,最基本的,還是上司不要忘記或疏忽在溝通中還有「聽」的一面。

◆「聽」的一面

在社交生活中,我們常常聽到一些有經驗的人的忠告,不要只顧「講」,還要講求「聽」或「聽」的藝術。在上司與下屬的溝通關係中,這一忠告也同樣可以應用在上司身上。不過,這種的「聽」,不是「聽聽」就算了,而是能夠設身處地——站在說的人的立場——去「聽」,或稱為「傾聽」(empathetic listening)。

這種傾聽的要點是,先不要有什麼成見或決定,應密切注意講的人所要表達的內容及其情緒。這樣才能使後者暢所欲言,無所顧忌。而後聽的人才能得到比較真實而完整的溝通意義,供他做為判斷和行動的依據。

根據臨床心理學及心理治療研究與經驗,學者(Newman, Summer, and Warren, 1972: 530-532)對於這種「傾聽」的技術,歸納出若干指導原則:

1. 即使你認為對方所講的是無關緊要或者錯誤,仍然從容而耐心地傾聽。雖然不必表示你對他所說的都贊同,但應在適當間歇中以點首或應聲之類舉動,表示你的注意和興趣。
2. 不僅要聽對方所說的事實內容或話本身,更要留意他所表現的情緒,加以捕捉。
3. 必要時候,將對方所說的,予以提要重述,以表示你在注意聽,也鼓勵對方繼續說下去。不過語調要儘量保持客觀和中立,以免影響或導引說的方向。
4. 安排較有充分而完整的交談時間,不要因其他事而打斷,更不要使對方感到這是官式談話。
5. 在談話中間,避免直接的置疑或反駁,讓對方暢所欲言。即使有問題,也要留到稍後才來查證。此時重要的是,獲知對方究竟有什麼想法。
6. 遇到某一點,你確實想多知道一些的時候,不妨重複對方所說的要點,鼓勵他做進一步的解釋或澄清。
7. 注意有那些方面是對方儘量避免不談的,這些方面可能正是問題癥結所在。
8. 如果對方確實想要知道你的觀點,不妨誠實以告。但是,在聽的階段,仍以瞭解對方意見為主,自己意見不要說得太多,以免影響對方所要說的話。
9. 不要自己在情緒上過於激動,此時儘量求瞭解對方;不管贊成也好,反對也好,稍後再加評論。

可以想像得到的,確實應用這些原則,似乎屬於管理或溝通的藝術範疇,有待管理者不斷嘗試、磨鍊及體會。但是聽的一面的重要性,應係不容置疑。

但是我們也要知道,這種傾聽,並不是任何情況下都能應用,或應用之後,都能生效。這還繫於若干條件:

1. 管理者是否有這麼多的時間用於傾聽,或者說,是否值得投下較多時間於傾聽下屬的意見或反應。如果沒有這種時間,則不可能做到上述地步。

2. 必須認識到每個人都有每個人的特殊之處，包括他的態度、價值觀念和情緒之類，這樣才會去注意和發掘各個人的特點和問題。
3. 管理者本身要有適當的修養，保持冷靜和客觀。
4. 在講的一方，也要有說的意願。否則，吞吞吐吐或沉默不語，則場面勢必變得十分尷尬和冷漠。

第四節　促進有效之組織溝通

在前幾節內，我們就溝通的意義、性質和有關問題，依據已有的知識和理論，提出扼要的說明。整個而言，比較偏重在非正式溝通方面。多年以來，學者（如 Melcher and Beller, 1967）深感，討論組織溝通問題，一般多分為正式與非正式兩種溝通加以探究，很少予以整合。而事實上，為促進有效的組織溝通，必須兩方面的溝通同時考慮，或配合運用。本節目的，即在說明這兩種溝通間的關係及其利用問題。

一、溝通途徑及媒體之組合[1]

我們平常並未覺察到，要將某種信息或資訊傳達出去，存在有許多不同的途徑和媒體；一般總是，當時那種途徑或媒體比較方便，就用那種。事實上，溝通途徑和媒體的結合方式甚多，學者僅就書面、語言、正式、非正式等可能加以組合，就發現有十六種之多。如表 15-1 所示。

在討論正式溝通理論時，一般多針對表中第 1，5，9，13 四種組合，而主要偏重第 1 種；這也就是經由書面文字媒體的正式溝通。而討論非正式溝通時，所描述的，一般也就是表中第 2，6，10，14 四種組合，而主要偏重第 6 種；這也就是利用口頭或語言傳達的非正式溝通，本章第二節即係針對此方面內容。

表 15-1　溝通途徑及媒體之組合

溝通媒體	正式	非正式	先正式後非正式	先非正式後正式
書面	1	2	3	4
語言	5	6	7	8
先書面後語言	9	10	11	12
先語言後書面	13	14	15	16

---

[1] 本節內容主要根據 Melcher and Beller, 1967。

二、選擇溝通方法的考慮因素

當管理者面臨某種溝通需要時,究竟應該採用那種溝通方法——途徑及媒體——為適當?這是一個相當複雜的問題;沒有那一種方法絕對有效,也沒有那一種方法可以應用於所有情況。不過以下所列舉的四方面因素,可以提供管理者考慮時之參考。

(一)溝通性質

所謂溝通性質,是一相當廣泛的說法,因為我們可以自不同觀點將溝通性質予以分類:

第一、依照溝通任務的複雜性予以分類:依由簡而繁的順序,可能是:(1)傳達命令,(2)給予或要求資訊或資料,(3)達成一致意見或決定。尤其當意見分歧時,第(3)項溝通之任務尤其複雜。此時,應可先行分析不同意見間有何共同之點,透過非正式溝通先行協調,然後再將私下(非正式)商量結果經由正式途徑加以肯定。反之,如果一開始便企圖經由正式途徑討論,可能使歧見公開化,使得不同意見雙方的立場和態度硬化。即使由於正式職權之行使,勉強達成決議,但因此可能造成關係上的裂痕,影響以後的合作。

第二、溝通內容的合法性,或名正言順程度:有的溝通內容乃是依照規章或慣例行事,大家視為當然;有的與法規或慣例頗有出入,但事實上確有此種需要,譬如對於公司政策採取變通或彈性的措施之類。在這種情況下,究應採取正式或非正式溝通或以書面或口頭為宜?也是頗有講究,但是似乎並無一種標準的答案。

第三、溝通所涉及資源動用的多少:如果一項要求、命令或決議,涉及大量人力和財力之動用時,將來必須有人負責這種資源支出及其效果。因此,有關人員為求責任分明,每希望此種溝通能透過正式而書面之途徑進行。當然,這種希望的程度又和上述溝通內容的合法性有密切關係;愈是屬於變通或彈性的處理性質時,可能愈要求有正式和具體的根據。

(二)溝通人員

所謂溝通人員,包括來源者、接受者、居間傳達者,以及他們的上級主管人員。這些人的特性,對於溝通方法的選擇也有密切的關係。主要的幾點特性如下:

第一、目標或手段導向：有人對於做事的基本導向，是以達成目標或任務為主要。在這種導向下，可以變更或不顧規定及手續。但是有人卻堅持必須合乎規定及手續，甚至到後來，以規定及手續當做工作的目的。如果屬於後類人員，則溝通傾向於正式和書面；反之，對於目標導向的人，則比較願意採取非正式和口頭的溝通方式。

第二、能否信託的程度：這是指溝通的媒介者或接受者，對於所流通的信息，能否正確解釋，促成其有效溝通，甚至增添某些有用的資訊。如果在溝通過程中能找到這種媒介，將可增進溝通效能。反之，如果經由媒介的人不能正確瞭解和傳送溝通信息，不是設法避免經過它，就是靠書面和口頭並用以資補救。

第三、語文能力：溝通者的語文能力，顯而易見地，乃是選擇溝通方法的重要因素。除了影響溝通者的選擇外，並且影響溝通內容及其表現方式，以配合語文能力。

（三）人際關係之整合程度

這是指溝通過程所涉及的人群間，存在怎樣的關係？高度整合者，表示成員間接觸頻繁，關係密切，互助合作；在這種狀況下，溝通常常採用口頭而非正式的方法。反之，如果各人極少往來，各不相干，則溝通只有依賴正式及書面的方法進行。

（四）通路性質

所謂通路性質，主要有以下幾項：

第一、速度：不同通路的溝通速度相差頗大，譬如，一般認為，口頭及非正式的溝通方法，就較正式與書面的溝通速度為快。

第二、回饋：利用不同溝通方法，所得到的回饋速度和正確性，也都不同。譬如，面對面交談，可以獲得立即的反應，而書面溝通，有時得不到回饋。

第三、選擇性：這是指對於信息的流通，能否加以控制和選擇及其程度。譬如在公開集會宣佈某一消息，對於其流通範圍及接受對象，毫無控制。反之，選擇少數可以信任的人，利用口頭傳達某種信息，則富於選擇性。

第四、接受性：同樣信息，卻可能經由不同通路，造成不同之被接受的程度。譬如，以正式書面通知，可能使接受者加以十分重視；反之，在社交場合所提出的意見，卻被對方認為講過就算了，並不加以重視。

第五、**成本**：選用不同通路，也可能涉及不同的人力物力成本。譬如在一地區相隔遙遠而分佈的狀況下，利用口頭親身傳達，就可能費用高昂；利用信件，則所費無幾。

第六、**責任建立**：隨著信息的溝通，常常也代表責任的付託，譬如動用資源，完成任務之類。隨著所使用通路的不同，這種責任的建立或交代的嚴格程度，也會不同，假如是利用正式書面所傳達的責任，其嚴格與清晰程度最高，所以有時即使為了快速的需要，開始先利用非正式口頭溝通，接著仍需利用正式書面的通路再加確定，就是為了建立明確的責任。

第十六章　管理人才發展

第一節　管理人才之人事管理
第二節　管理人員發展及訓練
第三節　組織發展
第四節　管理績效評估

管理人才乃是一機構最重要的一種資源,一機構之發展前途如何,有極大一部分乃取決於管理人才素質而定。因此,本書所採觀點即係,一組織的成長及改變如何,首要條件即在管理人才,這是在本篇內首先討論管理人才發展的理由。

管理人才不像機器設備,可以根據一定規格到市場上採購或訂製,然後一經適當裝置和試用以後,即可發揮預期效能。管理人才之發展,則除了經由甄選過程以發掘適合需要的人以外,還要經過不斷的訓練與培育,然後才能擔當重要的責任。

何況,隨著管理者所擔任職位的不同,以及環境的改變,有關科技的發展,原來被認為十分勝任的一位管理者,稍過時日,就可能變為落伍和陳腐了。在這情況下,使得管理人才發展工作成為組織謀求生存與成長的重要功能。

本章內容仍分四節:在第一節內,將就管理人才的需求估計與規劃,甄選、報酬及升遷之類問題,做一基本說明,這些也都是一般所認為屬於管理人員的人事管理方面的問題,但是都和管理人才發展具有極其密切的關係。第二節內,將集中討論組織內的人才訓練與發展工作,尤其有關訓練計畫及方法方面。由於此類訓練內容涉及知識性、技巧性及態度性之不同層面,訓練目的及方法各不相同,因此分別予以討論。最後,就管理績效之觀念及評估問題,做一扼要說明,以為本章結束。

第一節　管理人才之人事管理

一、認識問題的本質

基本上,我們知道,人是一組織最珍貴的資源,但是也是最難發展、維持和利用的資源。每個人都有他個人的事業目標,這種目標可能和他所服務的組織的目標一致,也可能不一致。如果目標發生嚴重的分歧,他可能離開這個組織;即使由於某種原因仍然留在這組織內,他所能發揮的貢獻也可能十分有限。

一個人的能力在某種程度內是可以培育的——經由訓練或經驗的累積——因而對於他個人以及組織來說,都代表是可貴的資產。但是這也包含有一些問題,譬如,這種培育的能力是否加以適當的應用,以及如何加以適當的應用。如果不能加以有效的應用,不但所投下的時間金錢變為白費的,而且這種能力將會消失,或者這人將會求去他處,以便發揮所長。

因此,就管理人才的管理問題而言,就是如何使人員的事業目標與專長,能和一組織的發展計畫相結合。在此,我們乃站在一組織立場,探討如何採取一些行動以達到這一目的。

二、管理人才需求之規劃

　　一般企業常常等到有職位出缺時，才進行甄選工作，這時由於需要緊逼，未必能從容選擇和考慮最適當的人選以至於勉強將就，任用不當。企業對於管理人才的發展工作，正如同其他方面的活動一樣，應有事先的規劃。而規劃的基礎，即為估計未來一段時間內對於管理人員的需求狀況。

　　一企業對於管理人員的需要，乃係一種「導引需求」（derived demand），此即取決於這一企業未來市場業務的需求，如果市場對於其產品或勞務需求增加，則這企業對於管理人員的需求也隨著增加。反之亦然。一般而言，在上述基礎上，對於未來管理人員的需求估計，有以下幾種方法：

- **專家估計**：此即公司高層主管徵求人事專家的意見，由其估計未來所需的管理人員人數。
- **趨勢延伸**：此即根據營業額與管理人員需求之間的關係，利用營業額之未來趨勢曲線，推算公司對於管理人員的需求。
- **部門預測**：此即由各部門根據本身現有人員之未來動態狀況，譬如有多少人可能升遷、多少人可能退休、或多少人可能離職等等，預計未來管理人員需求量。然後由人事部門彙總而得整個公司之未來管理人員需求狀況。
- **其他方法**：譬如將本公司對於管理人員需求建立各種數理模式，或將這種需要與利潤、國民生產毛額、產業趨勢等數值發生關聯。

　　在另一方面，管理人才規劃也應包括組織內部來源之估計。最具體的辦法，是在公司內部建立一管理人才檔案，甚至加以電算機化，以便儲存、查考和更新。至少應有一卡片制度，記載每一管理人員之若干基要資料，如年齡、到職年月、現職、在職時間、經歷、學歷、語文能力以及優缺點等。

　　根據這種人才檔案，公司可分門別類估計，由公司內部可獲得多少的人才供給。如果這種來源不敷公司未來對管理人才需求之數，就要另尋來源；不是向公司內部非管理人員群中選拔，就是向外甄選。

　　從事這種人事規劃的好處，就是可以事先發掘可能發生的問題，設法加以補救或解決。譬如公司高層主管年齡都十分接近，則在他們尚未到達退休年齡以前，就可以預先考慮他們如果同時退休的問題，公司將發生群龍無首的混亂狀態，因而事先做某些適當安排，以便順利渡過這一段時間。

三、甄選標準來源及方法

在公司沒有進行甄選工作以前，必須先訂有某種甄選標準，一方面根據這標準以吸引適合的人選，另一方面也根據這些標準進行實際上的選擇過程。這些標準，一般包括教育背景、經驗、人格等方面。但是由於很難找到一個十全十美的對象，因此常常必須在這些標準中有所取捨，也許放鬆教育條件而取經驗，或因一個人表現有極大潛力，因而放鬆經歷條件之類。

談到甄選來源問題時，一般常常聽到有所謂「內升制」和「外求制」的爭論；這也就是比較組織內部來源或外界來源的優劣問題。內升制的優點，計有：

- 可以激發現有人員的士氣，只要表現良好，就有升遷希望。
- 由內部升遷者，對於公司狀況、做法及問題，較為瞭解。

而內升制的缺點，在於：

- 甄選範圍較為狹小，不易找到優秀人才，結果造成憑年資升遷，濫竽充數。
- 不易有新觀念和創新的做法。

外求制的優劣點，大致恰和內升制相反，不擬在此重複。在外求制中，最普遍採取方法之一，即係向同業「挖角」。這種辦法涉及兩方面問題，一為是否可以找到確實優秀的人才，一為是否合乎企業倫理規範。就前者而言，企業界認為，所挖對象已有多年經驗及事實績效的證明，其能力自然要比一個剛出校門的人有把握得多。但是其原來僱主願否割愛，以及挖角所要付出代價有多大，這都是在實際上必須考慮的相關問題。

就企業倫理標準而言，如果挖角是為了自競爭者偷取業務機密或客戶，自然是違反企業倫理的行為。否則的話，這是個人對於職業的選擇自由問題。不過，如果一個人經常跳槽的話，僱主對他也會慎重考慮的，因此形成對他更換工作的自然限制。

除了以上兩種來源——內升和挖角——以外，其他可能的來源，計有：

- 大學或其他教育機構——自然以與管理有關之系所為主。
- 職業介紹所或管理顧問公司。
- 刊登求才廣告——報紙、雜誌、廣播、直接郵件、甚至電視等媒介。
- 在某中心地點設立辦事處，歡迎自動報名或申請。

- 專門學會或會議場合。
- 個人或機構推介。
- 工會等。

如果求職的人超過所需要的人數——這是甄選所應該做到的一點——則如何從中選擇，也是一個困難的問題。在實質上，如前所述，應事先訂定有理想的標準；但在程序上，問題為如何發現申請者是否合乎這些標準。

在甄選管理人才所用的程序而言，主要有以下各種方式：

- **填寫申請表格及個人資料**：一方面希望自這些資料中獲知申請者的一般背景及動機；另一方面，有些公司認為，可以自這些資料中，辨別那些人值得進一步考慮，那些人不值得進一步考慮。因此對於求職者人數眾多的場合裡，會根據這些資料淘汰部分求職者，以縮小選擇範圍。
- **面談**：這代表一種使用最普遍的方法，既可以和求職者當面交談，有什麼疑問，可以當面查問，而且也給求職者以提出問題的機會，這是其他甄選方法所不如的地方。和求職者面談的人，一般不限於一個人，而且包括公司人事部門以及未來單位主管在內。根據各人的面談結果，做為是否僱用的重要考慮。
- **推薦信及背景調查**：由這種途徑所得的參考資料（reference data），其內容可能因來源而異，譬如求職者以前僱主所提供的，多屬於工作態度和經驗方面；而來自朋友或師長者，可能屬於個性和學業成績表現方面等等。
- **測驗**：除了體格檢查外，還可能要求申請者參加某些測驗，其內容種類甚多，譬如智力、興趣、人格、技巧或知識等，視所將要擔任之工作性質而定。以我國情況而言，考試乃是用人的最主要甄選方法，而考試內容偏於知識，尤其書本上知識為主，究竟這種考試成績對於未來工作績效有多少預測能力，似乎缺乏具體而科學的資料加以衡量。要能做到「人盡其才」的境界，考試不僅能做到程序上的公平而已，還要能具有辨別真正合乎工作需要的人的能力才好。譬如對於擔任高階層職位的人，就不適宜採取一般的文字考試做為甄選方法。
- **其他方法**：譬如一種稱為「檢核中心」（assessment centers）（Byham, 1970; Wollowick and McNamara, 1969）的方法，乃將一群人員——十二人左右——集居某地二至三天，在這期間，舉凡上述面談、測驗等方法都加以應用外，並舉行若干實際的演習活動，例如專題討論、企業模擬、企業競賽、角色扮演之類。這也就是說，儘量多方面考驗，多方面觀察參加的人選，除了客觀的成績外，還可

以就其自信心、領導及行政能力等,加以評估。雖然這一方法在國外發現頗具效果,但所費人力及時間甚多,因此使用並不普遍,而且限於公司內部高層人員升遷之場合。

四、薪酬問題

在現代社會中,有極大比例的人都是靠工作所得薪酬生活,管理者也不例外。對於管理者而言——同樣也可以適用於其他工作者——薪酬有幾層意義:第一層,也就是最低的一層意義,薪酬可以使一人及其家庭維持在一社會中合理的生活水準;第二層意義,薪酬可以使一人願意參加某公司工作,並繼續在這公司工作(雖然薪酬不是唯一的原因,但無疑是一重要原因);第三層,薪酬對於一人在組織內的工作績效具有相當的影響作用,適當的薪酬對於管理者可以產生重要的激勵功能。

由於一組織之需要管理者,並非只是為了解決後者的「飯碗」問題,也不是只是使他留在本機構內不走,而是要求他能發揮工作績效和表現。因此我們討論管理者的薪酬問題,應該自上述第三個層次出發,這也就是涉及薪酬與工作動機之間的問題。

一般認為,薪酬待遇只能滿足一人的生理——基本生活——上的需求,但是實際上,它也能滿足一人之安全、自尊、地位等較高層次的需求,唯有和自我實現需求之關係較為薄弱。因此,對於大多數的人來說,薪酬高低仍具有影響行為之潛在力量。

依照動機作用之期待理論,薪酬能否產生激勵作用,乃基於兩項條件:

第一、人們認為,良好的績效表現可以導致較高之薪酬;
第二、所謂的良好績效表現,是可以藉由個人的努力達成的。

但是在實際上,組織內的薪酬高低和調整,未必和績效表現發生關聯。這當然是由於其他種種考慮,譬如年資、教育程度以及避免收入相差懸殊等等,也都是決定薪酬的重要因素。但是利用薪酬可做為一種激勵手段,也不應該予以完全忽視。

一般而言,企業所給予管理人員的薪酬,可以採取以下幾種方式:

- 基本薪資(basic salary)
- 紅利(bonuses)或分紅(profit-sharing)
- 購股(stock purchase)或分股(stock payment)
- 認股權(stock option)

- 退休金（pension）
- 保險（insurance）
- 延後支付薪酬（deferred compensation）

五、升遷問題

自管理人才發展觀點，升遷管理人員所擔任之職位，同時代表管理發展之目的及手段。一方面，使一機構不乏可擔當重要責任之後繼者，另一方面，也可使現有優秀人員可發揮其潛在能力。

尤其在於採取內升制的機構，在甄選新進管理人員時，就要考慮到其未來之發展潛力，也就是考慮俗話所說：「這人是怎樣的一塊材料？」當然，有些人儘管做為管理者的發展潛力並不大，但其具有之某些特殊技能或作業能力，卻為機構所需要。再者，一個機構也不必須每一新進人員都有升任最高層職位的可能或潛力。

換言之，考慮管理發展問題，必須配合升遷機會及可能。如果沒有給予管理人員以擔負更重要責任之機會，憑空進行訓練或發展計畫，往往是徒勞無功的。參加者將會感到「英雄無用武之地」，因而缺乏學習動機。

有些機構採行所謂的「規劃性升遷」（planned progression）制度；此即，公司已為每一管理人員安排其未來升遷路線。譬如，一位營業所主任知道，只要他表現不錯，未來的機會是這樣的：先升任地區經理，再升業務部副理，然後有可能達到業務部經理。當然，機構規模愈大，升遷機會愈多，彈性亦愈大。

不過，在升遷方面，應注意所謂「彼得原理」（The Peter Principle）現象；此即：如一位管理者在現有職位上表現良好，將會不斷予以擢升，最後終於將他升到一個超出其能力所及之職位上。這和不能有效發揮一管理人員潛力的情況相比，同樣屬於「過猶不及」（Peter and Hall, 1969）的做法，都是應予避免的。

第二節　管理人員發展及訓練

如本章開始時所強調，管理人才之培養，並非組織單方面問題，或認為組織可任意將其人員加以塑造和安排。這是不可能的，因為在自由社會中每個人均有他的事業目標，有人希望能在組織內逐步升遷到達高層管理職位，也有人希望找到安定的工作，較不重視職位高低。良好的管理人才發展計畫必須配合個人之事業目標，才不會發生背道而馳的結果。

換言之,管理人才發展計畫必須將人員因素包括在內,而非認為,任何人經過公司所安排的途徑和訓練,都同樣可以發展為預期的人才。學者(Porter, Lawler, and Hackman, 1975: 214)認為,這包括有三個條件:

第一、對於各種職位的工作性質及所需要之能力與行為,必須先加客觀分析;
第二、分析有關人員本身條件,以便決定能否加以培養,使其具有上述之能力及行為;
第三、考慮個人之事業目標及需求,是否願意朝向公司預期的目標努力和發展。

我們發現,有許多管理發展計畫之未能獲得預期之效果,即因未曾考慮這三方面因素,尤其個人之需求與事業目標之配合上面。

一、訓練計畫之一窩蜂現象

二次大戰以來,由於各種機構都體認到人才培養之重要性,因此舉辦各種訓練蔚成風氣,投下相當程度的人力與財力以從事這種工作,可稱是一大進步。我國也是一樣,政府及企業對於訓練工作都相當重視。

但是,不論中外,訓練很容易變成了為訓練而訓練的工作,而成為一種趕時髦的一窩蜂現象。康波(Campbell, 1971)就有一段很生動的描寫,他說:

> (這種訓練和發展的)趕時髦現象,乃以某種新的方法技術為中心,而表現為一定的過程。當一種新的方法技術剛剛出現時,馬上就有一群鼓吹者,紛紛描述這種方法或技術在某些情況下加以應用,獲得如何如何的成功。接著,第二批支持者出現,根據原來所提出的方法或技術,試行各種各樣的改進;也許還有人進行一些實證研究,以顯示這種方法確屬可行。再下去,幾乎不可避免的發生物極必反結果,出現有若干大聲疾呼的反對者,開始批評這種方法的用處——多數也沒有資料的支持。一般而言,這種批評也不會造成多大影響,但是,這時會又有另外的新方法或技術出現,再次重複上述循環現象。

我們若以過去十餘年內在管理上所流行的種種訓練,如人群關係、參與管理、無缺點計畫、目標管理等等,和上面一段描述相印證,似乎若合符節。在此並非謂,因此我

們不需要訓練——絕對不應如此。所要強調者，乃是一個組織進行其人員之發展與訓練工作，應根據本身的需要以及有計畫的進行。

二、訓練計畫之進行步驟

（一）分析組織目標及目前績效

因為這是所有訓練或發展計畫所追求的最後標的。這一工作，有時又稱「組織分析」（organizational analysis），對於組織的目標、計畫、環境、實務及問題，進行客觀的檢討，以資發現問題所在。

譬如分析結果，發現組織內人員士氣普遍低落，或者各階層間的溝通常發生阻塞現象等等，從而發掘訓練需要。在這階段內，最好能使高層主管參與並且使其重視，瞭解到訓練計畫乃是為了解決組織問題而來，並非只是點綴而已。

（二）發掘人員所表現之實際績效與預期績效間的差距

一方面，根據一人的職位說明與計畫，以瞭解其預期之績效表現；另一方面，經由績效評估——本章第四節將要討論——以瞭解現況。對於所發掘的差距，並且加以評估，是否非常重要，必須加以解決，或是無關緊要。

（三）問題界說——確定訓練需要

根據前兩步驟所得結果，歸納出這一組織內存在的一些問題。但是這些問題，未必都能藉由訓練加以解決——訓練並非一萬應藥方——譬如公司內部兩部門間人員經常發生摩擦問題，未必能藉由給予這兩部門人員以人際關係或溝通的訓練，就能加以消除。因為進一步分析造成摩擦的原因，乃是根源於兩部門職務劃分不清所造成，這一問題若不加解決，則什麼訓練都不能發生重大作用。

（四）訂定訓練目標並選擇訓練方法

假如經過分析，確可利用訓練以解決所發現的問題，這時應該更進一步界說訓練目標並選擇適當的訓練方法。就訓練目標而言，有時乃是灌輸或加強人員的知識，有時是培養和磨鍊人員的工作技巧，有時是改變人員態度及行為。那麼所選擇的訓練方法，就應該配合這種訓練目標而定。有關訓練方法，我們將在下項內討論。

三、訓練方法及內容

我們在本書首章中曾經討論管理能力的構成，大致分為技術能力，人際關係能力與觀念化能力三方面。這和前項中所稱的訓練目標在於（1）培養工作技巧，（2）改變態度和行為，（3）灌輸知識，相當接近。根據學者（Dessler, 1977: 239）的歸納，各種訓練目標下的主要訓練方法，如表 16-1 所示。

在本節內，我們將就灌輸知識與培養技巧兩類之訓練方法，加以討論。至於改變態度之訓練則留待次節討論。

（一）知識性訓練

- **講演**：這是最普遍使用的一種訓練方法，由講師說明或講解事實、觀念、原理，而接受訓練者，雖然可以發問，但主要扮演傾聽角色。這種訓練方法的主要優點在於簡單明瞭，而且在較短時間內能提供聽講者較多內容，而且同時可以容納較多的受訓者。

  但是講演的缺點也正在於此，由於聽講者只是處於被動地位，缺乏參與機會、常常感到乏味，不容易發生真正的學習效果，尤其在於傳授技巧和改變態度方面，收效極微。

- **程式化學習**（programmed learning）：所謂程式化學習，此即利用一教科書形式或在電算機程式的控制下，使學習者對於所學習的內容經過下列步驟：第一、提出問題或事實予學習者；第二、使學習者採取某種反應，譬如嘗試解答所提出的測驗；第三、對於所做反應的正確性，提供反饋。這種學習方法的優點，據說（Nash et al., 1971）是可以縮短學習時間，而且可以配合學習者的進度。但是在準備教材及設備上所費代價甚大。

表 16-1　各種訓練方法之主要目的

	灌輸知識	培養技巧	改變態度
講演	✓		
程式化學習	✓		
會議	✓		
在職訓練	✓	✓	
管理競賽		✓	
角色扮演		✓	✓
敏感訓練			✓
方格訓練		✓	✓

- **會議**：所謂會議，有三種型態：第一種是「導引式討論」（directed discussion），一切在主持者的引導下進行，甚至就是由他講解某些事實、原理或觀念，有如講演式訓練。第二種，稱為「訓練式會議」（training conference），此即由參加者就某項問題各自提出自己的知識、經驗或觀點，互相交換。第三種，稱為「研討式會議」（seminar conference），此即利用會議方式以群體討論來解決某項問題，主持者的任務只是界說問題，鼓勵發言和充分參與，而非提供正確答案。

這種會議式訓練方法，近年甚受歡迎和重視，因為它給予參加者以表現和參與機會，而參加者彼此間也可以自由溝通意見，可以提高學習的興趣和效果。不過，要能使這種會議——尤其研討式會議——成功，除了要有良好的會議主持人外，參加成員的素質是否具有必須的基本知識，背景是否相調和，以及有無公開發言的習慣等，也都是重要因素。

（二）技巧性訓練

- **在職訓練**（on-the-job training, OJT）：所謂「在職訓練」，包括範圍極廣，因此我們幾乎可以說，每一個在組織內工作者，都受有某種的在職訓練。譬如一人在主管指導下工作，可稱為在職訓練；或者由他觀察主管如何工作，也算是在職訓練。

  比較正式的在職訓練，包括「輪調」制度，此即經由事前的安排，讓一位接受訓練者（trainee）在同一單位工作一定時間後，即更換到另一單位。這種在職訓練，也可做為知識性訓練的方法，不過由於它給予較多和較長時間的練習和參與機會，所以更適合於學習某種實務技巧，因此在此列為技巧性訓練方法。

- **管理競賽**（management games）：由於憑空的學習不容易使參加者有真實感，因此效果較為膚淺。為了克服這種缺點，乃有這種管理競賽訓練方法的設計。在一典型的管理競賽中，將參加者分為五或六人一組之若干組，由主持者賦予各組以一定目標，例如擴大營業額或爭取最大利潤之類，為達到這一目標，各組必須達成若干具體決定，例如產品之選擇，產量及存貨水準之決定，廣告支出數額等等。而各組所做決定又彼此發生影響作用。譬如一組決定增加廣告支出，而另外一組也做同樣決定，結果兩組都增加了支出而效果互相抵銷之類。藉著這種訓練方法，可以培養管理人員在於解決問題及領導方面的技巧。

  由於電算機之使用，使得今天人們可以設計十分複雜的管理競賽，其間互相關聯與反應之程式均事先存入電算機，因此大大簡化了計算工作，使得競賽進行

更為有趣。但也因此大大增加了這種訓練的成本。不過，不管怎樣設計，管理競賽所考慮的因素以及所提供的代替方案，仍然較實際上所遭遇者，要單純得多。

- **角色扮演**（role-playing）：此種訓練方法，即由參加者在一特定情況中分別扮演不同的角色，譬如主管與下屬，總公司幕僚與分公司經理之類。同時參加的人可以兩人，也可以更多些。這種訓練方法的作用，是將一個人置於一種實際情況中，因而產生某種自然的反應，這種反應極可能和他在口頭上或文字上所回答者不同。因此幫助他瞭解自己的角色和行為，能夠對於自己的行為有更多的控制。這種訓練，一般認為對於主持會議及決策的技巧的培養，有相當幫助。不過所費時間較長，如運用不當，也可能變為時間的浪費。

第三節　組織發展

在前節中所討論的各種訓練方法，都比較屬於一人的理性或認知層面的學習，而沒有深入到一人的情緒或行為層面。因此，自心理學家看來，只是屬於一種「表面介入」（surface interventions）。但是做為一位優秀的管理人員，不僅僅需要具備某些知識或技巧，尤其要具有某種態度、信念和價值觀念。如何能對一人的這些特性加以改變，乃屬極其複雜而困難的工作。若干年來，工業心理學家企圖根據心理學所發展的理論，發展一些方法以資達到這種目的。這類方法，在管理學中，稱為「組織發展」（organizational development，簡稱 OD），又稱為一種「深度介入」（in-depth intervention）方法。

一、組織發展之意義及目的

嚴格說來，組織發展的意義，不僅代表一類訓練方法，而且也屬於某一種特定的訓練內容。這使得它和前此所討論的其他訓練方法頗為不同，譬如以講演式訓練而言，其本身並不限定是那種內容。但組織發展卻不然，其目的乃在使一組織能朝著「Y 理論」假定上的有機式組織結構發展，因此其本身也是建立在同樣的實質基礎上。譬如一個採取機械式或傳統階層式的組織結構的企業，就不可能進行組織發展這種訓練，因為二者乃是背道而馳的。

依本書前此有關組織理論的分析，每一種組織結構的背後，都隱涵著某些態度和價值觀念，譬如以有機式組織而言，所強調的態度和價值觀念，就是開放、信任和自我控制。因此，要想改變一個機構的組織結構，並非一夜之間就能做到，就是由於這種改變

涉及了組織管理者及人員的態度、信念和價值觀念；必須先求這些改變了，然後組織結構才會跟著改變，這也說明了「組織發展」這一名稱的由來。[1]

一般而言，組織發展的具體目標，主要包括有以下各點：（French, 1974: 665）

第一、增進參加者彼此之間互助合作與信任的程度。
第二、鼓勵人們將組織問題公開提出討論。
第三、促進組織溝通之開放與真實程度。
第四、激發人員之熱誠與自我控制。

組織發展並非某一種特定的方法或具體程度；以本節而言，所要討論者，就有「敏感訓練」及「方格訓練」兩種方法，但基本上，幾乎所有組織發展訓練計畫都包括有以下三個步驟：

第一、蒐集有關一組織業務性質及人員態度之資料。
第二、將此等資料回饋予有關之人員。
第三、由群體的研討以求解決各種問題的辦法。

讀者如對於組織發展訓練之原理及方法，感到興趣，可自行查閱專書（French and Bell, 1937; Bennis, 1969; Kimberly and Nielsen, 1975）。以下將就兩種較為常見的組織發展方法，做一概括說明。

二、敏感訓練（sensitivity training）或 T 群訓練（T-group training）

本書曾於第十四章討論領導時，提及此種訓練方法，此處在沒有正式說明這種訓練方法之前，我們先引述一段對於一次敏感訓練實況的描寫（Tannenbaum, Weschler, and Massarik, 1961: 23）。

> 當訓練進行到第五次集會的時候，大家開始關心到這一訓練本身的進展上：每次總是那麼一些人講話，而話題跳來跳去，毫無系統可言。漸漸地，小組中充滿了不滿情緒，有人表現為大聲吼叫，亂發議論，而有人卻變得冷漠異常，毫不關心。

---

[1] 當然這並不是改變組織的唯一途徑，請參閱本書有關「組織改變」一章所討論之改變策略。

老范顯得特別不耐，最後終於拍著桌子，大聲叫著：「究竟我們在這裡搞些什麼名堂！難道人家拿錢給我，就是來聽這些無聊的話？我已經不耐煩再這樣浪費時間……」老范吼了這麼一頓以後，感到有一種說不出的痛快；他發了一頓脾氣，而且把心裡的話都說了出來。而且他感覺到，他是把大家心裡的話都說了出來；儘管大家都這麼想，只有他有膽量說出來。事實上，並不是所有參加的人都贊成老范的話，有人覺得他是小題大做，有人認為他為什麼不提出更具建設性的意見，還有人對於老范說大家討論只是無聊的話這一點，大生反感。這麼一來，討論重心轉移到老范身上來了，「老范！你說說看，大家的討論是怎樣的『無聊』？」「老范！難道大家都要照你的意思去做！」七嘴八舌的質問，使得他感到招架不住。這下子，老范逐漸發現，原來大家的想法並非如他原來所想的那樣，從這中間他學到了一些過去不瞭解的事情。

老白開始也對老范不滿，但是現在看這種討論講個沒完，終於他忍不住了，對大家說：「你們為什麼這樣和老范過不去！這樣講下去，最後將會毫無結果。」

好了，老白這樣一說，大家的注意力──在主持人的協助下──又對準了他。「誰說我們和老范過不去？」「為什麼我們不能討論這個？」「老白，憑什麼你這樣維護老范呢？」……這時，老白心中也在嘀咕，自以為替大家打圓場，卻遭到這一場沒趣。他發現，大家喜歡以老范做為討論中心，而老范本人似乎也不以為忤。他心裡想，為什麼我要這麼做？為什麼當大家在爭執時我會感到難過？這樣一來，使得老白對自己的行為，也有了一次反省和學習的機會。

當然，以上所摘引的，只代表一次事例而已。一般而言，敏感訓練的要點，大致如下：

- 參加人數大約為十至十五人，在這段時間內完全離開原來職務，集聚一處，但是並無事先安排的議程。
- 所討論的問題，限於在小組中所發生的事情和問題，不討論過去的事，或服務單位內所發生的問題，這是所謂「此時此地」（here and now）原則。
- 可能有人企圖訂出某種議程，或要大家照他的意思進行，主持者一般都設法打消這種做法。
- 主持人或稱為訓練者，雖然在場，但並不接受，甚至拒絕，擔任領導者的角色。他經常都是保持沉默。
- 參加者原有的地位象徵，如職位高低、教育程度或家世之類，在小組中並不受到重視。

這種敏感訓練，並不是要傳授什麼知識或技能，而是讓每一個人對於自己的行為──尤其在群體環境下所表現者──有更深入與客觀的悟解；而對於別人的行為所表示的意義，也增強敏感程度。要做到這點，主要依靠群體互動中的回饋作用；每個人都把自己對於他人的行為的感受說出來；而被討論的人，再將自己的反應和想法說出來，這是「回饋的回饋」（feedback on feedback）。在這過程中，將使得一個人產生心理上的緊張和焦慮；因為他發現他一向的想法和做法，竟然是錯的，或出乎他意外的。從這種經驗中，才能獲得深一層的學習。

但是，要能達到這種境界，必須參加的人能講真話，包括自己真正的想法以及對別人行為的真正感受。這要能使參加的人在心理上獲得充分的安全感，無所顧忌，才能做到，同時，由於這種訓練既沒有主題，又沒有議程，對於許多人來說，也是感到不自在和難以忍受的。至少開始時會如此。因此，敏感訓練的效果大小，和參加者的人格特質有密切關係，一般而言，凡是自衛（self-defense）意識過高，或不能容忍「含糊」（ambiguity）的人，不適合參加這種訓練（Argyris, 1964）。過分熟稔的人也不宜同時參加一次訓練，因為彼此之間不易表現坦誠和公開。

除此以外，敏感訓練還有其他問題：最主要者，第一、它侵入一人內心深處，應用不當，可能使人在心理上遭受無可彌補的創傷。第二、即使在小組內一人態度和行為確能發生改變，但是一旦回到原來工作環境，是否仍能保持呢？第三、這種個人態度和行為的改變，對於組織目標的達成，究竟有怎樣的幫助？這些問題，迄今都沒有一致的解答，有待更多的研究（Campbell and Dunnette, 1965; House, 1967）。

三、管理方格訓練（grid training）

有關管理方格理論，本書第十四章中已加討論。基於「9, 9型」領導方式的構想，原作者布列克與摩頓二人乃設計一整套訓練計畫，以培養管理人員趨向這種領導方式和組織型態（Blake and Mouton, 1969）。

照所設計的訓練計畫進行，需時三至五年之久。其主要內容包括以下各階段：

- **第一階段**：先將管理方格理論及訓練計畫要點告知接受訓練者，大約為時一週。
- **第二階段**：分別由各單位主管和其下屬討論、分析及嘗試解決本單位的問題，所強調的，乃是團隊合作。
- **第三階段**：利用上一階段所發展出來的方法，用於討論、分析和嘗試共同解決本單位與其他單位間的問題。

- 第四階段：由高層管理與各單位討論和分析整個公司所存在的問題，並設定發展目標。
- 第五階段：就如何達成上述整個公司發展目標的具體辦法，進行擬訂工作。
- 第六階段：分別各單位以及整個公司的績效，進行檢討，並發掘新的或未注意的問題，設法予以解決。

四、發展計畫效果之衡量

我們都相信，有關管理人才的發展計畫，應該可以產生多多少少的效果。但是究竟有多大效果？尤其在於一特定環境中，所獲得的效果是否超過所投下的代價？這些都是不易回答的問題；甚至可以說，迄今還很少有人或機構提出這些問題。但是自管理觀點，這種成本—效益關係是不能加以忽略的。

衡量發展計畫效果，涉及兩層問題：第一、要能測量人員在知識、工作績效以及組織績效上的改變，而在這三種標準中，知識的改變必須要和工作及組織績效的提高發生關聯，然後才有意義。第二、要能分析所發現的改變乃因發展或訓練計畫而來，這比上一問題還要困難。因為有許多其他原因，同樣可導致個人知識、工作績效或組織績效的增進。譬如一個人的成熟化、經驗增加、設備改良等等。有關發展計畫效果之衡量，涉及許多專門問題，在此提出此一問題，僅僅提醒讀者之注意和興趣而已（Campbell, Dunnette, Lawler, and Weick, 1970）。

第四節　管理績效評估

一、管理績效與組織績效

管理績效（managerial performance），又稱管理效果（managerial effectiveness），與組織績效（organizational performance），或又稱組織效果（organizational effectiveness），代表兩種相關但不相同的觀念。管理績效乃是影響組織績效的重要因素，但並非唯一的因素；因為除了管理績效以外，還有其他種種因素，如市場需求、競爭、科技等等，都會影響組織績效。譬如，傳統上所用以衡量一企業成敗的種種標準，如利潤、市場佔有率或成長速度等等，都是屬於組織績效方面的指標。

如果照上述分類，管理績效乃指一管理者在從事「管理功能」上的表現，但是這種表現應有利於組織績效之增進才算。譬如孔茲和歐唐納（Koontz and O'Donnell, 1976:

120）在所提出之比較管理模式中，即將企業——在此稱為組織——績效分為兩個來源，一為來自管理因素（管理績效），一為來自非管理因素。此外尚有甚多其他學者，如杜拉克（Drucker, 1977）、范麥和李區曼（Farmer and Richman, 1965: 35）、奈甘迪及艾塔奮（Negandhi and Estafen, 1965）等，也都採取這種區分方式。

二、管理績效評估之意義

本書之所以在本章內討論此一管理績效評估問題，乃因這一項工作與前此所談的各種管理發展功能，都具有極其密切的關係。譬如以甄選而言，所著眼的，便是如何吸引能發揮管理績效的人才，加以鑑別和聘僱；種種訓練和發展計畫的目的，也是企圖藉此增進管理人員的績效表現；而人員的升遷調補，主要也是基於管理績效評估的結果。尤其待遇和年終獎金之類，所根據的，主要也和一些績效評估發生關係。

三、管理績效評估之標準及方法

究竟怎樣評估管理績效？多年以來，這是一個爭辯甚多的問題。大致而言，有人認為，所採評估標準以愈客觀愈具體，則愈佳；而有人卻認為，有許多十分重要的績效因素不可能利用數字加以衡量或表現，而有賴主觀的判斷（Labovitz, 1969）。

在本書第六、七兩章內曾討論各種績效評估標準，如利潤中心、預算、銷售成長目標等，同時在目標管理制度內，績效評估標準乃隨同目標訂定。這些都是事實上最常應用的績效評估標準。有關此等標準之意義及內容，在此均不擬重複說明。

事實上，採用這些標準，等於以組織績效代替管理績效，因為一位主管能否達成其規劃目標或預算之類，或多或少尚受其他非管理因素的影響；也許負責作業性活動的基層主管所受此種因素的影響較小，而高層及行銷主管所受此種因素的影響較大。因此，純粹根據這些標準以評估管理績效，未免發生不公平情事。這種「數學標準」之不切實際，早已受到嚴厲之批評（Patton, 1960）。

再者，此種客觀標準的用途，似乎主要在於兩方面：一方面為供修訂原有計畫或擬訂新計畫之基礎，另一方面為供決定獎金或待遇之依據。雖然不可否認的，它們對於管理人員具有某種激勵和學習作用，但做為管理人才發展計畫的基礎，卻嫌不足（Miner, 1973: 494-495）。

學者（Labovity, 1969）認為，組織乃是一種人際關係所構成的系統（a system of interpersonal relationships），一位管理者的成敗，固然在表面上——或表現為客觀的事實

上——乃看他是否達成其任務或目標,但是在基本上,乃是看他在人際關係上的能力,尤其看他能否隨著人際關係互動模式之改變而能適應調整。巴納德（Barnard, 1958: 215）稱管理者在這上面所表現的功能為「管理功能」（executive functions）,以別於技術性的「非管理功能」（non-executive function）。對於一位管理者而言,前項功能是極為重要的,但是其績效如何,卻難以利用客觀或數量標準加以衡量。

這種基於管理人才發展導向的績效評估,一般是十分主觀的,譬如由主管對於其部門的管理人員分別若干項目評定分數。例如對於所屬人員的領導,顧客問題之處理,有關資訊之溝通等等（Miner, 1973: 494-499）。有時,為求穩當起見,不只是由一位主管評分,而是由好幾位上司分別評分,而後加以平均,或者集會討論以產生一共同分數。

實際上,這樣做的構想雖好,但卻產生了許多問題。除了過分主觀以外,學者（Connor, 1974）批評說,這樣所評估的,乃是人員的態度、意見、信念和價值觀念,而不是績效了。由此可見,對於管理績效的評估問題之複雜,迄今實在並無令人滿意的答案。

第十七章　組織成長及改變

　　第一節　組織成長
　　第二節　組織改變
　　第三節　組織改變之實施及問題
　　第四節　科技改變

傳統上，管理學所探討的組織，乃是處於一靜態狀況；此即假定所探討的機構乃固定於某一時點下，然後研究如何能獲致一最佳均衡。儘管有部分管理學題目，如策略規劃或資本預算之類，較具動態性質，但在整個管理學中所佔比重並不甚大，且係近年的發展。

事實上，在今後的世界上，沒有一種組織能保持一成不變。即使一機構原來極其成功和有效，都可能由於外界環境的改變，甚至就是由於本身的成長，使得原來的那一套組織和管理方式，變為不再適合。

不過，改變有被動和主動之分。在今後的世界裏，一個健康而有活力的機構必須能主動地、有計畫地，創造本身的改變。因此，使得有關組織成長及改變此種問題，逐漸成為管理中極其重要而居於核心地位的課題。本章目的，即在針對此等問題之意義、性質、及其管理等方面，予以扼要說明。

首先，乃就組織成長之意義加以澄清，並非僅指規模擴大而已；組織成長之具體內容如何，必須配合一組織之發展階段加以認識。其次，就組織改變之著手方式，討論若干不同的途徑與所憑藉的機能作用；其中涉及許多策略及實施問題，均係規劃組織改變者所必須瞭解者。最後，特別選擇近年甚受重視之科技改變問題，說明其意義，以及如何有計畫地予以推動及實施之步驟。

第一節　組織成長

組織保持繼續成長（growth），常常是管理及經營者所追求之主要目標之一。但是究竟什麼是成長，初看起來十分明顯，那應該是指一組織規模的擴大；但是什麼代表一組織的規模？員工人數？營業額？或是生產產能——例如一煉油廠的煉油能量，或醫院的病床數？——但學者（Litterer, 1972: 651）認為，這些不是成長本身，而是成長的結果。

一、組織成長的意義

在管理學中，對於什麼是「組織成長」？迄今尚無一清晰的定義；因為隨著外界環境的變動和不同，組織所表現的成長型態也隨之不同；譬如在一新興而成長迅速的產業，或是在一已達成熟階段的產業；處於一繁榮景氣的經濟，或是處於一陷於衰退狀況中的經濟；所謂的成長，就不能應用相同的標準或眼光，加以衡量。因此，對於組織成長的意義，有人（Trewatha and Newport, 1976: 498）採用比較抽象的說法，認為是一組

織在其面臨環境中維持生存和繁榮的能力。依此界說,在一競爭劇烈而變化迅速的產業中,如某一公司仍能維持其原有市場地位,仍然算是一成長的企業。

二、組織成長階段之理論

在管理學中有關組織成長的文獻並不多,多數都是假定在一靜態組織中所遭遇的問題,或即使討論到組織成長,也僅視為某些問題眾多相關因素之一而已,其本身並非討論之中心問題。

有關組織成長理論中較為著名者,為顧林納(Greiner, 1972)所提出的組織成長階段理論。他認為,一個組織的成長經歷五個演進階段,在每一階段最後都面臨一段危機和突破時期。在每一階段中都有其主要的管理問題,也有其主要的管理策略,藉以達到成長目的。

如下頁圖 17-1 所示(Greiner, 1972: 41),在這五個階段中,各有不同的成長管理策略,也有不同的成長危機,現分別說明於次:

(一)第一階段

在這階段中,組織成長主要經由創業者的創造力,由他創造了產品及市場,掌握了整個組織的活動和發展,因此稱為「成長經由創造力」(growth through creativity)。但是一般言之,這些創業者屬於技術或業務導向,不重視管理活動。不過隨著組織成長,管理問題愈來愈多,也愈複雜,使得創業者感覺到,無法靠他個人以非正式溝通和努力予以解決。因此到了創業階段後期,組織內部管理問題層出不窮,創業者精疲力盡而無法應付,因此產生領導危機(crisis of leadership)——誰來重新收拾這一局面?

(二)第二階段

在領導危機下,一個企業如求繼續成長,就必須找到一位強有力的經理人,在創業者的支持下,以鐵腕作風來整頓已陷入混亂狀態的這一組織。他以集權管理方式來指揮各級管理者,而非讓他們獨立自主,這就是所謂的「成長經由命令」(growth through direction)。但在這種管理方式下,經過一段時間後,中下層管理者感到事事都必聽命於上級主管,或事事均須請示,感到不滿,因而要求獲有較大自主決定之職權。但是高層主管已經習慣於集權管理方式,難以改變,因此發生衝突,有些人紛紛離去,即使留下者,情緒也極低落。這就發生了所謂的「自主性危機」(crisis of autonomy)。

（三）第三階段

如果一組織要繼續成長，必須能克服上述之「自主性危機」。解決之道，就是採取「授權」管理方式；此即發展一分權式組織結構，容許各級管理者有較大的決策權力，而高層主管只保持最低限度的控制。在這種組織和管理方式下，這組織遂能獲得再進一步的發展。因此，這一階段乃屬於「成長經由授權」（growth through delegation）。

但是，漸漸又到達了一個地步，高層主管感到，由於過分採取分權和自主的結果，公司業務發展變為十分分歧，各階層及各部門人員各自為政，造成濃厚之本位主義，使整個組織有失去控制的危險，這就是這一階段後期所發生的「控制危機」（crisis of control）。

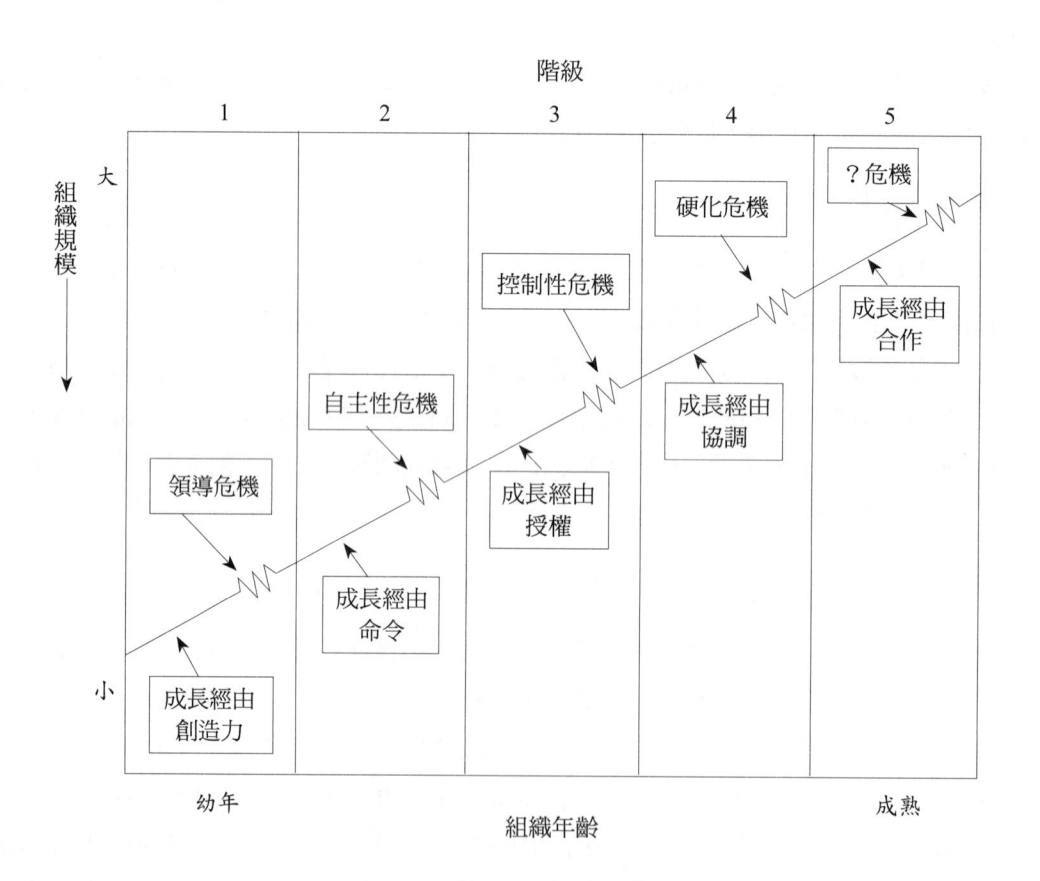

圖 17-1　組織成長之五個階段

(四)第四階段

　　為了克服控制危機,組織又有採取集權管理的必要,此即將許多原屬中基層管理者的決策權,收歸總公司或高層管理者掌握。但是,由於這一組織已經採取了分權管理,不可能再恢復到第二階段那種命令式管理。因此,適當的解決辦法,乃是在高層主管監督下,加強各部門之間的協調功能。這種協調,表現為委員會組織,整體規劃和管理資訊系統;一方面,使各部門之間所作所為,能夠互相配合協調,另一方面,高層主管對於整個公司的活動和發展,也有較多的瞭解和掌握。因此,在這種管理方式下,乃屬「成長經由協調」(growth through coordination)階段。

　　可是,為了達到協調目的,必須增加許多工作上的步驟和手續,還有各種規定。隨著組織規模再行擴大,業務更為複雜以後,這種種步驟、手續和規定,變成了妨害效率的「官樣文章」(red tape),它們本身便為了目的,以致妨害一組織之生存和發展,此時,這一組織遂被稱為發生了「硬化危機」或「官樣文章危機」(crisis of red tape)。

(五)第五階段

　　事實上,一個相當規模的組織不可能沒有一套協調的制度或辦法,硬化危機之發生,主要由於過分依賴正式制度和規定以達到這種目的。為避免這些刻板的規定和手續,必須培養管理者及各部門之間的合作精神,透過團隊合作和自我控制,以達到協調配合的目的。如果一組織能做到這一地步,將可進入「成長經由合作」(growth through collaboration)階段了。

　　這一階段究將導致何種危機?對於這一問題,顧林納本人也不敢確定。不過,依他推測,很可能產生在組織成員之「心理負擔感」方面;此即,不斷在群體繁重的工作和不斷要求創新的雙重壓力下,將有不勝負擔和精疲力竭之感。

　　對於以上所描述的各個階段,我們也許不必堅持其發生的次序,但可以相信,在組織──也彷彿和生物一樣──的不同時機內,面臨有不同的成長問題,和需要有不同的管理方式,而非一成不變的。這和本書前此所稱的「情境理論」,可說若合符節。

三、組織規模對於結構的影響

　　如前所述,僅僅規模擴大並非就是成長;因為正如人體一樣,數量上的不當擴大,那是「癡肥」,而非成長。反之,有些時候,一個成長企業所追求的,卻是更精悍、更靈活的規模,因為這樣,反而可以增進其經濟績效和社會生產力。同樣理由,也說明了,為什麼中小企業可以一面不斷成長,而另一面卻仍然保持其為中小企業的規模,而

不必一味追求數量上的擴大。杜拉克就曾說過,企業成長所追求的,乃是經濟績效性質目標,而非數量目標。

不過,在瞭解上述觀念(或警告)之後,我們仍然要承認,在多數情況中,成長都會帶來規模擴大的後果。因為規模本身可帶來種種利益——所謂規模經濟就是一個顯然利益——滿足一組織的成長需要,和幫助解決其成長問題。譬如以我國的貿易組織來說,要能發揮其行銷及經濟效能,就需要有若干大型貿易機構;而近年來,如紡織業等之進行合併,也代表這是適應其成長需要。基於這一觀點,在此以規模擴大這一點為例,說明成長可能對組織結構帶來何種影響。

根據上述組織成長階段以及其他研究(Blau, 1970),最先的影響便是較大的分工和工作差異化;同時,管理階層增加,控制幅度擴大,還有較多委員會組織(Starbuck, 1965; McNulty, 1962)。還有人研究成長對於幕僚人員數目的影響(Wasmuth, 1970),所持標準,為幕僚人員與直線人員的比率。他們發現,在較早階段內,當一機構員工不過幾百人時,有一時期幕僚人員增加甚速,但等到正式幕僚部門設置以後,組織再行擴充時,上述比率似乎沒有顯著的增減變化。

第二節 組織改變

任何組織,由於外在及內在原因,無時不是處於一種改變狀況之中。不過,有的改變非組織本身所能控制;有的改變,卻是組織有意識的努力的結果。前者屬於一種非規劃性的改變,而後者卻屬於規劃性的改變(planned change)。如前節討論組織成長中所強調,規劃性的組織改變——不管表現在結構、人員或科技那方面——都是為了使組織能發揮更大的效能,創造更高的績效。本節及以後各節所討論的,都是限於這種經由人為努力所進行的「規劃性」組織改變。

這種改變既然是相應於一組織內外環境情況之變動,因此我們首先看一看有那些促使組織改變的原因。

一、促使組織改變的原因

(一)外在原因

促使組織進行規劃性改變的外在原因,可歸納為以下四種主要來源:

- **市場**：譬如顧客的所得及偏好發生改變；競爭者推出新產品，增強推廣活動，減低價格等等。面臨這些情況，一企業一般不可能是「以不變應萬變」，而必須採取某些相應調整，或某些創新活動，以增強本身之市場地位。
- **資源**：一企業所需要的資源供應，範圍甚廣，包括人力、原料、能源、資金等等。這些資源條件發生變化，也是促使組織採取某種改變的原因。
- **科技**：在企業將各種投入轉變為產出的過程中，科技因素扮演一極重要角色，除了生產製造方法外，諸如電算機及資訊系統之發展，對於企業以及其他組織，都帶來革命性改變，其影響至為深遠。
- **一般社會經濟環境**：這還包括政治、法律環境在內，譬如政府所採行的經濟、投資、貿易和租稅等政策的改變；社會大眾對於企業的態度；國際經濟及貿易情況的變動等等，也都是引起一企業改變的原因。

（二）內在原因

屬於一組織內在的改變原因，也不比上述外在原因為單純；因為一組織感到有任何比較屬於結構性、基本性或長期性問題存在，都可能考慮改變組織現有結構或做法。譬如一企業感到其決策程序過於遲緩，「議而不決，決而不行」；或是溝通上發生重重阻礙或歪曲；對於外界情況的回饋，極不靈敏；諸如此類，都可能促成組織採行改變。

在前節中，我們曾舉出顧林納氏的成長階段理論，依此理論，當一企業面臨到每一階段的危機時，都要採取某些不同的對策，以期保持繼續的成長，這也就是促成組織改變的原因。

二、組織改變途徑

要進行組織改變計畫，並不是僅僅靠訂定一些規定，或頒佈一些命令——雖然這也算是一種途徑——就可奏效。這有待瞭解一組織的構成，然後探討從那一方面著手，藉由構成部分之間所具有的互相關聯的機能作用，將改變效果擴散到其他各部分，最後收到改變整個組織的效果。

根據李維特（Leavitt, 1965）所提出的理論，組織改變可經由三種不同的機能作用（mechanisms）：一為自改變組織結構著手，一為自改變人員行為著手，一為自改變科技工具著手。基本上，這三者乃是「牽一髮而動全身」，任何一者發生改變，都可能引起其他兩方面的改變。問題是管理者（或外界顧問）必須分析，在某一特定狀況下，採取那一種改變策略著手，最為有效。

現就這三種改變的機能作用，扼要說明於次：

(一) 結構性改變（structural change）

所謂結構性改變，即指經由改變工作之正式結構及職權關係，以達到增進組織績效之目的。具體言之，結構性改變可能涉及以下各方面：

- 改變工作設計：譬如本書第十三章中所討論之各項問題，就像採行工作簡化、工作擴大化或工作豐富化之類，此類改變都將涉及工作內容廣狹和工作方法等等。實際上，所改變者，不僅是工作本身，將會影響到所用科技工具及工作者之人際關係與工作滿足。以工作豐富化而言，由於工作者感到有較大程度的獨立自主，因而培養出較高的工作動機與滿足。
- 改變部門化基礎：例如自功能基礎改變為產品或顧客基礎，將使部門主權獲得較大職權和責任。
- 改變直線主管及幕僚的關係：譬如設置幕僚人員或單位以協助各直線主管，或將各直線部門的幕僚工作集中於總公司以內等。

以上三方面，事實上，乃屬舉例性質。因為與結構有關者，實在極其廣泛而複雜，不能在此一一列舉說明。但在此應提出說明者，為有關結構性改變之兩個重要理論——它們彼此之間並無關聯，一為行為學者對於組織結構改變與行為改變之間的作用程序：他們（Hackman, 1977）認為不必企圖先去改變人員態度，只要組織結構和工作改變了，人們行為先行改變，然後自然會影響到他們的態度。

一為有關組織結構改變與外界環境變動的關係。陳德勒（Chandler, 1962）曾提出一著名的假設；他說：「結構追隨策略」（structure follows strategy）。此即，當一企業為相應社會及環境的變遷，因而擬訂新的策略，此時其基本結構也將隨著改變。否則，策略改變了，而結構仍然一成不變，則新策略之種種利益將無法實現。

(二) 行為性改變（behavioral change）

採取這一途徑，企圖自改變組織成員之行為著手，此包括他們的價值觀念、態度和信念等等。這一途徑所假設的改變機能為：一旦組織成員的行為發生改變，自然會去改變組織結構及所利用之科技與工具。而有關導致行為改變之方法，本書已於前一章（第十六章）討論組織發展一節中加以說明，如敏感訓練等，在此不擬重複。

所有行為改變方法,幾乎都是以黎溫(Lewin, 1958)所提出的改變三階段理論為基礎:

- **解凍階段**(unfreezing):此一階段的目的,為引發人們改變之動機;並為改變做準備工作,所採具體行動,例如:(1)將所要改變的對象移離其原有的工作場所、工作程序、資訊來源及社會關係,(2)消除其所獲得之社會支持力量,(3)設法使他發現,原有態度及行為並無價值,(4)將獎酬之激勵與改變意願相聯結,反之,將懲罰與不願改變相聯結。
- **改變階段**(changing):此時提供改變對象以新的行為模式,並使之學習這種行為模式。
- **再凍結階段**(refreezing):此即使組織成員所習得的新的態度或行為獲得增強作用,以致和他的行為型態發生整合,成為其中比較穩定的部分。許多訓練計畫在訓練期間似乎獲得成功,但一等到回到原工作場所,往往故態復萌,這就是缺乏這一再凍結過程。

(三)科技性改變(technological change)

所謂科技的範圍包括甚廣,除了新的機器設備外,還包括工作技巧(如科學管理運動下所提倡者)在內。當然,採用新的科技,可以提高組織效率,但這只是指經濟或工程方面效率而言。在此所強調的,乃是:隨著新的技術或機器使用的結果,將會引起組織結構及人員行為方面的改變。本書前此在管理與科技環境一章中即曾對此加以討論。最常見的實例,便是一機構採用電算機或自動化生產後,其組織結構及人員行為都會跟著改變。而今天許多企業,為了能配合及有效利用科技發展的成果,乃採行某些特殊組織結構,如專案管理,事業開發單位等。

有關科技發展與組織改變的關係,本章第四節中將再進一步予以探討。

以上係根據李維特所提出的組織改變三種機能作用,予以扼要說明。在此應補充者,為在實際上,並非不可同時採取兩種或三種改變方式;譬如一方面改變人員之態度及信念等,另一方面,也對於組織結構加以改變,雙管齊下,以求達到更佳之改變效果。

三、自系統觀點看組織改變

綜合前此所討論之組織改變途徑,我們可將一組織看做是一有機體,不斷改變以適應環境之改變,但其本身又包含著許多相互關聯的部分。譬如組織結構、組織成員及科技設備,就代表這些組成部分。事實上,一組織尚有其他構成要素,如控制系統、工作設計、組織氣候等等,如此區分及辨認,乃受學者所採觀點的影響。

從這觀點看,一組織的生存問題,就是如何維持其各組成子系統間,本身與其他系統間,以及本身與所屬更大系統間之一致性或均衡性。如果這些均衡關係發生問題,意味這一組織的健康或生存面臨威脅,他即將聚集力量以求恢復均衡。

根據這一系統觀念,要主動改變一組織,可藉由外在力量,導致組織內任一構成子系統發生改變。開始時,由於這一改變將威脅到系統內的一致性或均衡性,必將遭到阻力,但若改變已成事實,則組織本身為求恢復均衡,就會自然產生某種力量,使系統內其他部分發生相應改變。這樣,終於導致了整個組織系統的改變,又恢復了一種新的內在一致性和均衡性局面(Hackman and Suttle, 1977: 23-25)。

第三節　組織改變之實施及問題

有計畫的進行組織改變,係將這一工作——至少在觀念上——劃分為若干步驟,逐項實施。圖 17-2 代表一個組織改變之管理模式(a model for the management of change)(Donnelly, Gibson, and Ivancevich, 1975: 266-291),其中共計包括八個步驟。在這模式背後——而未在此表現者——為一組織之外在環境,不斷給予這一組織以各種衝擊。在這情況下,管理者的任務,就是將得自本身控制系統及其他來源之資訊,加以整理和分析,以瞭解各種改變力量及本身反應之道。而此處改變管理模式所表現者,即屬其反應之步驟。

一、組織改變之管理

現依圖 17-2 所列步驟,逐項說明於次:

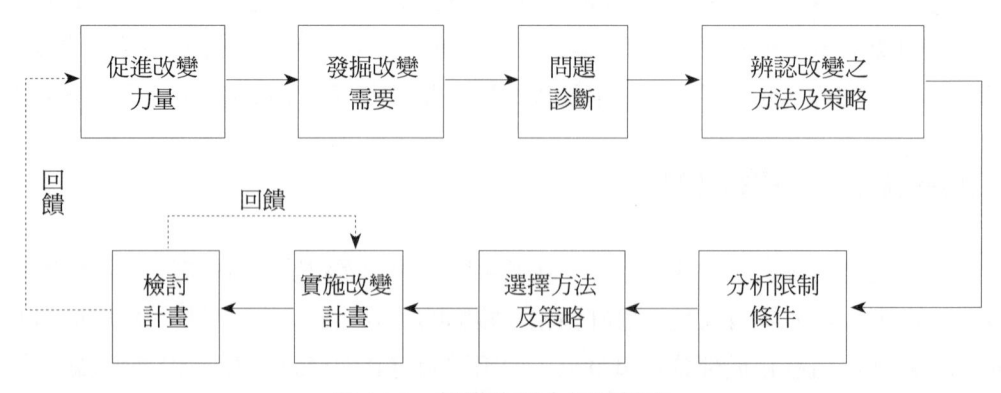

圖 17-2　組織改變之管理模式

（一）促進改變力量

所謂促進一組織採行改變的力量，包括外來力量及內在力量。其可能構成，已於本章第二節內予以說明，在此不再重複。

（二）發掘改變需要

一組織未必會感到，它有改變之需求；或等到發現時已經為時已晚，無法挽救。因此，它必須有某種方法及早發掘此種需要。

最主要者，為來自組織之資訊回饋功能。以企業而言，例如利潤或銷售、市場佔有率、各種財務指標、員工士氣調查等等，都可能顯示一組織所遭遇之問題，必須及早診治。因此，這種工作屬於控制功能之一重要部分。

（三）問題診斷

原來所發現的問題，未必就是真正的問題。譬如一工廠發現其人員工作時斷斷續續，表現散漫。這是否代表他們缺乏工作動機呢？未必如此。極有可能，這乃由於生產程序設計上的缺陷所造成，也可能工人故意如此，以表示對於某位主管過分嚴苛領導方式的抗議，諸如此類，還可能有數不完的原因。

問題診斷的目的，在求解答下述三個問題：（1）什麼是真正的問題，而非問題的癥兆？（2）應對什麼加以改變以資解決上述問題？（3）所預期的改變後狀況是怎樣的？如何能加以衡量改變的效果？

由此可見，問題診斷的作用，在於產生改變之目標，以資引導並藉以評估改變的效果。

（四）辨認改變方法及策略

如第二節中所討論的，進行組織改變，可藉由各種不同的機能作用或策略——有關策略上的考慮將稍後討論——以期達成。這時，管理者將自改變目標觀點，探討此等方法及策略，那種最有希望和有效。

（五）分析限制條件

究竟將要採行那種改變方法及策略，一組織受到各種因素或條件的限制。有人（Filley and House, 1969: 423-434）列舉三項影響來源：

- **領導者作風**：任何改變計畫必須獲得高層主管或管理者的信任和支持——最低限度不表示反對——才會成功。當然，有時領導方式也正是改變的標的，但如新的領導方式和領導者的人格和作風有相當衝突時，這種改變也是難以實現的。
- **組織正式基本政策及法令規章**：例如採行某種新的生產技術或設備，將使公司裁減大量工人，而此舉將嚴重牴觸公司基本政策，或違反政府有關勞工規定。顯然，這種改變將難以實施。
- **組織文化**（organizational culture）：這代表一組織內之不成文之群體行為規範和價值觀念，任何改變如果和這種組織文化相違背，毫無疑問地，將會遭遇極其強烈的抗拒力量。

（六）選擇改變之方法及策略

進行改變，有各種策略上的考慮——不管所採基本方法為結構性、行為性或科技性改變——不同的策略將會對於改變的效果產生不同的影響。在此，僅先提出幾項策略性問題，稍後再加探討：

- **從組織中何處開始？**如果一項改變涉及整個組織，則應自何處著手？自高層著手？或自基層著手？或自中層著手，然後向上向下同時進行？
- **全盤規劃或逐步進行？**所謂全盤規劃，即在實施以前，已將整個改變過程詳細規劃，然後逐步付諸實行。這種計畫，有時係由外界管理顧問所設計，同時也可能在不同機構內實施過。所謂逐步進行，即在事前並無上述之全盤計畫，而是經由診斷問題、研議行動、資料反饋的循環過程，使得改變過程能配合一組織之實際狀況及反應。
- **改變步調問題**：其中一個極端是希望一次改革，就能達到整個改變目的；而另一極端是採取漸進方式，在不知不覺狀況下達到改變目的。

（七）實施及檢討改變計畫

實施改變計畫，也涉及兩項策略性考慮，一為改變時機問題，一為改變範圍問題。

就改變之實行時機而言，取決於甚多因素。但一般情況下，除非改變之需要至為緊迫，不要選擇業務過於繁忙時期，進行改變計畫。至於改變範圍大小，取決於上述之改變策略，究竟是在整個組織同時進行，或是一個部門接著一個部門，一個階層接著一個階層進行，這當然也和改變之內容有關。

有關實施以後的檢討問題，也涉及兩方面：一是如何衡量改變效果，所需資料，有的可能自原有資訊系統獲得，有的還需另行設計專門來源，例如舉行員工態度調查之類。另一方面，則為根據衡量結果，對於改變效果進行評估；此涉及效果顯現之時間，效果大小及其持續情形。這也表示，評估改變效果，並非選取某一點上的表現，而要觀察其改進趨勢。有的改變模式可能是開始非常顯著，但迅速又恢復原狀；有的則可能開始無甚效果，但稍後逐漸穩定上升，而且繼續保持；甚至有的開始呈現反效果，但過一段時間後，卻有出乎意外的良好表現。

二、幾個策略問題

在上述第六步驟內，我們曾提出幾個改變策略問題，現擬在此予以討論。

第一、為何處開始問題。多數組織發展學者（如 Schein, Bennis, Argyris, Blake and Mouton）都強烈主張「由上而下」之策略，其主要理由，即因任何組織發展計畫都難免造成一組織內部之緊張（stresses）情勢，此時有賴高層主管給予支持，然後才有繼續實行之可能。其次，在一般組織內，下屬都有模仿上司的傾向，如果自後者先行改變，則「上行下效」，再行對下級人員進行改變計畫，效果自然較好。

但是如果所要改變者，乃是現有組織結構或科技方面，也許自較低階層著手，較易進行，也容易發生效果。因為只要先在某一部門實行有效，其他部門自然會相繼接受。再者，如果發現有窒礙難行之處，也容易加以分析，謀求對策，不至於影響整個組織的業務進行。但即使如此，也需要得到高層主管的瞭解和支持。

第二、有關全盤規劃或逐步規劃問題。全盤的改變計畫，如目標管理、工作豐富化或敏感訓練之類，常係由一些管理顧問機構所設計，而且過去已應用於不同的組織，獲得有相當豐富的經驗和資料，事先瞭解推行過程中可能發生的問題及解決之道。對於公司管理當局而言，能有事前全盤規劃，心理上感到較有信心和把握，所以對於這些計畫也表示相當歡迎。

但這種做法的缺陷，也正在於它減少負責主管的參與。後者認為一切都有現成辦法，如果又有管理顧問負責，自己可以退居一旁冷眼旁觀。在這情況下，很難產生真正的組織改變。如果在逐步規劃策略下，雖然有管理顧問或行為科學家的協助，但他們主要從事資料蒐集及分析的工作，根據分析結

果,仍由管理當局和他們共同研究次一步驟之行動計畫,這樣不但使管理當局有更多的參與,而且容易保持改變計畫不致與現實脫節,因而似乎較照整套現成計畫實施的策略為佳。不過,我們也可以想像得到,在這辦法下,管理當局必須投入極多的時間和精力,還要有相當的行為科學方法的素養,才可能順利地採行這一改變策略。

第三、有關推動改變的步調問題。有人主張,要實施改變,就應該以最大的決心和魄力,一鼓作氣完成改革;尤其當一組織面臨危機之時,要採取一種「壯士斷腕」精神,該改的都改。事實上,以這種方式進行改變,不乏有成功事例。但學者(Blake and Mouton, 1969: 8-9)擔心的是,誠然某些短期問題可因此獲得迅速解決,但種種「人的問題」,卻可能因之更形嚴重。

可是過分緩慢的改變,也有其不利的一面。最常發生的,就是曠時日久而沒有顯著的效果,原來即使熱心的人也逐漸冷淡,所謂「師老兵疲」似乎就屬這種現象。

因此,如何找到一種恰到好處的改變步調——既不是操之過急,也不會過分緩慢——實非易事。尤其對於外界管理顧問而言,這也是一個相當嚴重的問題。如果過於急躁,本身還沒有充分進入情況,不容易被組織內人員所接受;但是時間過於冗長以後,別的問題暫且不說,管理顧問就會被組織同化了,失去了原來較為客觀的地位以推動改變。因此,步調快慢乃是一種極其微妙的選擇問題。

三、對於組織改變計畫之反應及相關因素

有計畫的組織改變,應該將所有將引起的可能反應,預先加以考慮,分析其原因。這不但對於日後推行有莫大幫助,而且也可藉此反省計畫本身有無不妥之處。

大略而言,任何改變計畫所將遭遇的反應,有三種可能性:一是極積的支持,這對於改變計畫的推行最為有利;一是中立的觀望態度,因為成員們還不能決定改變對於組織及自己的影響如何;再一種則為反對,一般討論最多的,就是這種反應,即所謂「抗拒改變」(resistance to change)。

(一)抗拒改變的因素

抗拒改變並非一種非理性的行為,它和個人、群體及組織因素之間,存在有某種關係。

就個人因素而言，由於組織改變可能影響到組織內的權力分配，當後者對於某些人的現有地位和力量構成威脅時，很自然會引起他對改變的反對。還有改變和人的價值觀念、友誼關係、安全感發生衝突時，也可能引起他對改變的反對。有時，反對的原因並不是真正的反對，而是做為在改變過程中一種談判的條件（Dalton, Barnes, and Zaleznik, 1968）。

還有研究顯示，除開上述原因，某些類型的人特別容易採取反對立場。譬如：

- 極其相信個人經驗的人，他們總認為未來情況將和過去一樣，過去的好辦法對未來一樣有效。
- 缺乏負擔風險傾向的人，深恐一旦改變，大大增加不可知因素，因而感到焦慮不安。
- 教育程度較低和智力較低的人等（Trumbo, 1961）。

就群體因素而言，當改變有破壞現有工作群體關係及規範時，也會引起群體成員對於改變的抗拒。最著名的事例，就是當英國某些煤礦中改變採煤方法之後，由於破壞了原有工作群體關係，變為每個人孤立工作，遂導致曠職率大增而生產力下降（Trist and Bamforth, 1951）。

就組織因素而言，對於改變的抗拒，可能和組織結構有關。一般而言，屬於「機械式組織結構」者，較為不利於「改變」；[1]因為這種組織結構先天上即傾向於維持現狀。再者，對於改變的抗拒，也可能和一組織之非正式價值結構有關。譬如在一機構內所重視者，為人員之間的和睦相處，而所將推行之改變計畫卻將使同事之間互相競爭，這種改變也將遭受較強烈的反對。

（二）促成改變的因素

與上述情況相反者，也有若干個人、群體和組織因素，對於推行組織改變計畫，具有積極促成作用。

以個人而言，如果改變計畫恰好和個人的願望和性格相符合，無疑地，將會受到這些人的支持。譬如組織成員期望有所表現，獲取經驗，或傾向冒險等等。

以組織結構而言，有機式組織比較適合於改變。譬如以矩陣式及專案式組織為例，比較接近有機式組織，人們心理上瞭解──也適應──這種暫時性的編組型態，因此，遇有任何改變時，都比較容易接受。

---

1 有關機械式結構之性質，請參閱本書第十章內之說明。

促成人們接受改變的最基本力量,乃來自一種視改變為解決問題的手段的心理。俗語說:「窮則變,變則通」。尤其,遇到較重大危機時,常常是一組織實施改變計畫的最有效時機(Barnes, 1967)。

第四節　科技改變

在本章第二節中,曾經說明一組織改變所經由的機能作用,其中之一,即係經由科技途徑以求改變。由於這一途徑表現具體而顯著,並且往往和一機構之作業效率發生直接的關係,已成為一個主要的改變途徑。雖然有許多時候,一機構採行某些新技術或工具,純粹出於技術或經濟觀點,但在多數情況下,這種改變不會只限於——或停留在——這一狹窄範圍,遲早都會波及到組織結構及人員行為方面。

在本節內,將自管理之觀點以討論科技改變的意義、規劃及實施,以及其所可能帶來之社會影響,故可稱為科技改變之管理。但在未討論正題以前,必須對於幾個相關名詞之意義,予以澄清。

一、幾個相關名詞的意義

有幾個名詞,經常和科技或科技改變同時出現,但是它們所代表的意義,也常令人感到混淆不清。為便於讀者瞭解我們所討論時所指的,究竟是那一個意義,所以加以列舉說明:

- 發明(invention):在此所稱之「發明」,係指產生新的科技的程序,或即稱所產生之科技本身。譬如萊特兄弟發明飛機,愛迪生發明電燈;而在當時,飛機和電燈自無到有,自能稱為發明。發明乃屬一種科學或技術性質的名稱,本身並不具有經濟上的意義。因為有些發明,可能不具實用價值或其他原因,未為人們接受,因而對大眾的生產和消費,以及資源之有效利用,不發生任何作用。歷史上就存在有許多偉大的發明,要等到數十年後,才被人們採用。在此以前,它沒有經濟上的價值,也不具管理上的意義。
- 創新(innovation):在此所稱之「創新」,係指將某些新發明、新觀念或新事物付諸實際採用之程序。這一過程,表面上似乎簡單,實際上卻甚複雜,其間涉及文化、經濟、社會、政治各種因素。尤其在今後的世界及人類社會中,有賴具有高度效能的機能——譬如企業——有計畫的推動和努力,組織各種有利的力量,

克服各種不利的因素,才能達到「採用」(adoption)及「擴散」(diffusion)的目的。因此,創新有賴管理之作用。

- **研究**(research):研究有許多不同的範疇。譬如一般有純粹(pure)研究或應用(applied)研究之分:純粹研究又稱「基本研究」(basic research),其目的乃純粹為了增加人類對於自然界、社會或生物界的瞭解,求得更多和更真的知識,並不關心這種知識有無立即實用價值。應用研究又稱發展研究(development research),[2] 此即企圖將基本研究所獲得的知識及觀念應用於解決人類實際問題之上,最具體的結果,便是各種機械設備及產品。

就本書所討論科技改變及其管理而言,所指的,乃係指創新及發展研究為主。

二、科技改變之管理

表面上,似乎科技改變乃屬科學或工程人員的工作,管理者應儘量放手讓他們去做,愈少干預愈佳。但是在一組織環境內,這是不切實際,也是不可能的想法。因為從事科技活動並要求有所成效,必然要涉及以下各種問題:

- 預算之決定:不可能要用多少就有多少。
- 人員之選擇:如果人員選擇不當,將影響整個計畫之成功。
- 設備及其他支援之提供;涉及其他部門之配合及資源之有效利用。
- 人員薪資及獎酬之決定,俾可激勵人員工作情緒。
- 進度之評估,不致使一計畫成為永無止盡之支出。
- 將研究成果提供其他部門或人員利用。

諸如此類,都是不可避免的問題,也都是重要的管理決策問題。

科技改變需要有良好的管理,以科技改變之規劃而言,其步驟大致即係應用一般規劃步驟而來(Haynes, Massie, and Wallace, 1975: 634-638):

(一)設定研究發展之目標

研究發展之目標,應能配合一機構之整體目標,由此,管理者可以評估一研究發展

---

2 嚴格言之,自「基本研究」開始,隨著研究之實用性增加,而有「應用研究」、「產品發展」及「產品應用」四個階段,參閱 Novick, 1966。

計畫之價值和成效。而對於從事該項計畫之人員而言,如有清晰之目標,可以指導他們工作的方向,因而免除過分瑣細的控制。

問題常常在於如何使這種目標,即不要過於短期,不斷跟著業務及利潤之類短期指標而變動,以致難有較大成就;但又不能過長,無法產生較為具體之行動計畫。易言之,既不要過於瑣碎,也不能過於籠統。這種目標,應能表現一組織之業務特質,以及其發展方向。

(二)探討有關環境,尋求科技發展之問題及機會

一企業之需要科技發展,可能來自競爭者在技術上的突破和創新,也可能來自顧客需要狀況之改變,使一企業原有科技無法適用或滿足。諸如此類狀況,如能較早加以發掘,及早準備對策,將給予一企業以重大之發展機會。

如何能較早,而且較正確的,發展這些問題和機會,有賴一機構能有系統地蒐集此方面的資料,並運用某些技術分析此等資料,例如科技預測(technological forecasting, TF)即係其一。

(二)研擬具體研究發展策略及計畫

除了考慮一機構本身的目標以及可能之問題及機會以外,管理者也還要考慮本機構的科技發展條件——那些方面較佳,那些方面較弱——然而研擬具體之研究發展策略及計畫。

研究發展策略所考慮者,包括選擇專精方向,所進行研究之類型(較為基本性質,或是現有產品之改良),內部研究或委託外界研究等等。根據此等研究策略,遂可進一步擬訂具體行動計畫。

(四)溝通及批准

上述研究策略及計畫必須向高層主管或有關部門提出,獲得其注意,爭取其瞭解和支持。有關研究計畫內之許多管理決策問題——如本項開始者所列舉的那些——必須經由負責主管之批准,才能發生效力,付諸實行。

(五)事後追蹤

研究發展之成果未必都能獲得採用。如果未獲採用,究竟是由於何種原因;而如獲採用,究竟其得失如何,常常都非負責研究發展部門及人員所瞭解。自管理者觀點,需要在事後加以追蹤檢討,以為改進之依據,並增加此方面的經驗。

第十八章　國際環境下之管理

第一節　管理與文化
第二節　比較管理研究
第三節　國際管理

本書第三章曾對於管理之各種外界環境，如科技發展、政治、社會及國際等，給予扼要說明。近年以來，無論從事管理實務或研究者，對於這些環境都愈趨重視，主要原因，即在於體認到任何組織機構，都屬於一種開放性系統，其生存和發展和這些環境狀況息息相關；或更具體地說，一組織之能否維持其生存及發展，基本上，即取決於其適應外界環境變動，並主動創造有利機會的能力。因此，對於在各種特定環境下如何管理的問題，應有其研究和探討的意義和重要性。

本章所要首先提出說明的，就是在於國際環境下的管理問題。所謂國際環境，或即考慮國與國間的各方面差異，如文化、社會、資源、經濟等等。但近年最受注意者，主要為文化差異因素。究竟這些因素對於管理理論或實務有何影響，這是本章首節所要討論的。

自理論立場，鑒於在不同文化環境下，管理有相當大部分表現為不同之哲學及實務，如能加以比較和歸納，可能建立更高層次的管理理論模式，使管理理論更臻完整，這種比較管理的研究途徑，乃是本章次節中所要討論的。

自實務立場，由於二次大戰後國際企業的蓬勃發展，這類企業所面臨的管理問題，不僅是體認不同文化及經濟環境所帶來的歧異性，更要求管理方式之整合，以獲取整體之最佳效果，俾能發揮國際企業之優越潛力。這是本章後一節所要探討的問題。

第一節 管理與文化

一、文化之意義

文化的意義極其廣泛，而且隨使用者所屬學科以及使用場合，而有不同的解釋。甚至以研究文化為主的人類學家而言，也沒有一個共同一致採用的定義（Ajiferuke and Boddewyn, 1970）。依學者的歸納，有的定義著重於文化的動態性質，認為文化乃人類在歷史演進過程中對於內外環境刺激所採反應的特定程序；有的定義著重對於文化的一種描述，認為它是一種生活的外顯和內涵的型態，也是由歷史中發展而來，為某群人全體或特定分子所共有。當然，無論採取那一種定義，文化都不是靜止不動的，而是繼續不斷的演進。

研究比較管理的學者，雖然都以文化做為解釋不同管理制度及實務的主要變數，但對於文化究竟包括那些內容，也沒有一定的界定。甚至，如一項研究（Ajiferuke and Boddewyn, 1970）所指出，在二十二個研究中，二十個都沒有對文化下一定義，而只有另外兩個嘗試給予定義，但是彼此間也不一致。例如費威塞（John Fayerweather）界說文化

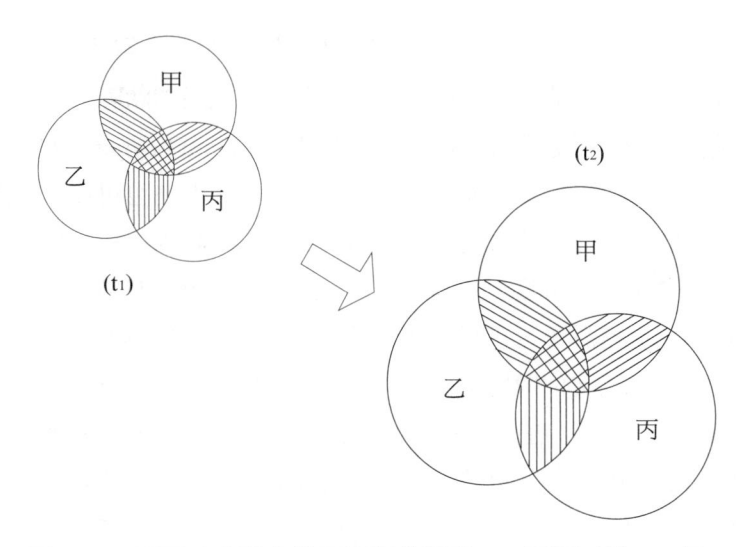

圖 18-1　不同社會間之共同面與差異面──兩個時點，t_1 及 t_2

為一社會的態度、信念及價值觀念；懷德希爾（Whitehead）則將文化視為一特定社會在某一發展階段中所有特質的組合，因此整個社會、政治、經濟、教育、科技、法律之特質，都包括在內。採取這種廣義的解釋的原因，是可以理解的，因為自比較管理立場，所有這些特質都將影響管理及其效能。

有若干學者認為，至少我們應該將解釋管理的因素除了文化以外，還要增加經濟和心理兩類，而將社會因素分別納入文化和心理之內。以經濟因素言，譬如一社會中的工業化發展階段和速度，以及其經濟制度，對於管理具有極重大的關係；在心理因素方面，如成就動機之類心理因素，也被證明和不同的管理行為可能有關（McClelland, 1961）。但迄今為止，研究比較管理，似乎仍以文化為主要的解釋變項。因此，在本節內所討論的，也仍以文化因素為主。

二、文化差異與管理

如果採取一種較為廣泛的解釋，將文化包括七個構面：物質文化（科技）、語文、藝術、教育、宗教、態度及價值、社會結構（Terpstra, 1978: 86-118）。我們發現，在不同的社會之間，既非完全相同，但也非完全不同。實際情況乃是介於二者之間。當然，以英國和美國而言，可能相同程度甚大，但是美國和印度，卻可能相同之處較小。而且隨著今後世界交通與電信之發達、旅遊之普遍以及國際企業之影響，也將使國與國間、社會與社會間，相同之處益形擴大。如圖 18-1 所示，自 t_1 至 t_2 兩個時間內，不同社會面的重複或共同面將趨向擴大。

在圖 18-1 中，除了顯示不同社會間相同面擴大外，但同時也顯示歧異（不相重複）面也增加。這表示每一社會都趨向於複雜化，而非停留在最初狀態，因此儘管在許多方面彼此趨於相同一致，但也發展出許多不同之處（Massie and Luytjes, 1972: 363-365）。

在本書第三章中，曾經提出管理的普遍性問題，我們現在也可以利用以上所發現的觀念，嘗試做一觀念性之解答。首先就管理功能而言，如設立目標、擬訂政策、建立組織、規劃、決策、領導與控制等，基本上，所有國家或社會都有這種需要；但是如何從事此方面活動以滿足這種需要，在觀念、分析方法，採用策略及進行方式等方面，卻可能因環境不同而不同。以文化環境而言，究竟不同到什麼程度，就要看兩個社會文化差異的大小。如圖 18-1 所示，在兩個社會的文化相同的範圍內，管理應有其共同或普遍性，而在不同的方面，則各有其特殊性。因此管理的普遍性乃取決於不同文化間共同面和差異面的大小。

以下將就各主要文化構面，扼要說明它們和管理之間的關係：

◆ 科技

科技因素不但影響生產力，同樣也影響工作設計、人際關係以及組織結構，此在前面各章，尤其討論科技改變時，已經論及，在此不擬重複。

◆ 語言文字

語言文字乃溝通之最重要媒介，而種種溝通問題，常係導源於語言或文字的障礙或誤解而來。管理方式往往需要配合語言或文字的特性，譬如人們認為日本企業中高層與低層之間，存在有較多的面對面直接溝通，研究者解釋稱，這和日本文字有關，因為難以將書面文字採取機械處理，不如以口頭當面交談為方便（Pascale, 1978）。

語言文字在國際之間的溝通上，尤其形成一項嚴重障礙。由於語文的不同，常需經過翻譯的過程，這不但費時和費錢，而且往往不能表達原意。對於多國公司而言，這是一項不可避免的困難問題。

◆ 藝術（美感）

不同文化背景的人，對於美和風格的愛好習性，往往存在有懸殊的差異。這對於產品的設計、顏色以及包裝、品牌等，產生極大的影響，所以構成國際行銷上的重要考慮。

對於管理而言，似乎其關係不像前此所討論的科技和語文因素之密切。但如將此一因素擴大及生活風格以及人與人間相處關係，則對於管理就有直接影響，例如南美國家

中,一般人追求享樂和熱情,北歐人民則勤奮努力;東方人見面多需先行寒暄,再談正事,而美國人比較直截了當。這些對於規劃及控制,領導及激勵等方式,都有影響。

◆ 教育

教育對於組織人員的素質,尤其管理人才的培養,具有最直接的關係。譬如在美國,由於管理教育——尤其所謂「企業碩士」(M. B. A.)教育——的普遍,使得美國企業有極優秀而大量的管理人才可用。這種青年人,具有一定的知識、技能背景和對於事業目標的體認,使企業界事先即已知道所獲得的,是怎樣一批人才。

反之,在有些國家,其教育制度或者偏向於純學術性的學科,或技術性訓練。因此,其管理人才培養主要靠個人的經驗和體會。凡此,一國教育制度如何,對於組織發展和人才培養,顯然具有密切的關係。

還有,一國教育究係重視知識的傳授,或是重視啟發;重視理論的探討,或是實務上的應用,對於管理者的思考和決策方式,也有密切的影響。

◆ 宗教

宗教對於管理的影響,主要透過宗教對於人們價值觀念及行為的塑造。譬如在次項內,我們將要討論美國管理理論背後的價值觀念之假定,在相當大程度內,和清教徒之宗教觀念有關。同樣地,印度人之傾向於樂天知命,輕視物質上的追求,恐怕也和其宗教信仰有關。

◆ 社會結構

社會結構中,恐怕以家庭組織最為基本而重要。一個人出生和成長於家庭環境中,對於他的人格形成和態度,具有最重要的影響作用。尤其是家庭中家長的權威和領導方式,常常被帶到其他正式組織中,成為所模仿的依據。事實上,在我國企業中,主管和下屬以及同事之間的關係,常以家庭成員之間的關係,做為比喻和努力的對象。所謂長官愛護下屬,有如子女,同事之間相親相愛,有如手足,可說都是家庭關係的擴大,也可看出家庭組織在我國文化中所佔地位之重要。

家庭對於管理更直接的影響,則表現為家族企業,在這種企業內,高層或重要管理職位,乃由創業者或所有者之家庭成員擔任,其主要條件,並非績效表現,也非管理才能,而是家族關係(當然這並不排除家族成員也可能兼有績效表現與才能)。同時,在這種企業內,所採取的決策標準,一般重視家族利益,甚至超過事業本身的利益。這些對於管理,當然有重大影響。

◆ 政治環境

　　一般而言,政治環境並不包括於文化環境之內(當然不可否認的,二者之間具有密切的關係),但是由於政治環境對於管理所具有的密切影響,為方便起見,故亦包括在內,予以扼要說明。

　　譬如政府在經濟活動方面所採的基本政策,如國有化或國營事業、獨佔或競爭、經濟計畫及管制、租稅政策等等,都和企業的發展和管理息息相關,這些都是比較具體的因素。除此以外,尚有兩方面甚為重要。一為政治的穩定性,在穩定的政治環境下,使得管理者對於未來,獲有較多確定的因素,使他能較有信心從事較長期的規劃。一為政府和企業界的基本關係,究屬密切合作或是敵對。譬如二次大戰以後,人們常以「日本公司」(Japan, Incorporated)以形容日本政府和企業界之密切關係,有如一公司內的不同部門,使得企業界對於政府政策的形成,有較大的發言和影響力量。反之,在其他國家中,有的政府對於企業採取一種懷疑或監視的態度,在這種氣氛下從事企業經營與管理任務,其做法自亦不同。

三、管理理論及實務之文化假定

　　在本節中所要表達的基本觀念是這樣的:管理和環境具有密切關係;儘管管理的基本功能為所有國家或社會所需要,但為滿足這種需要所採取的方法、途徑和技巧,卻可能因環境——尤其文化環境——不同而不同。所幸者,在世界上各種文化之間,雖有相當大的差異,但也有不可否認的共同之處,使得管理理論和實務,既非完全普遍一致,「放諸四海而皆準」,也不是不能轉移和通用。因此問題在於,如何能區別那些方面是具有普遍性質的,另外那些方面則屬於環境與文化限定的?

　　無可否認的,目前管理學及管理實務,在相當大的程度內,乃是以美國為背景發展出來的,因此常使人懷疑,這些觀念和實務是不是可以全盤轉移應用於其他國家。譬如紐門(W. H. Newman, 1972)就認為,在美國管理觀念及行為的背後,蘊藏著許多文化假定——價值觀念和態度——如果另外某個國家在這些上面存在有不同的假定,則將導致不同的管理觀念和行為。紐門所舉出的美國文化假定,主要有六點:

1. 人們可以自己掌握自己的命運

　　　這就是不承認宿命論的假定,「有志者事竟成」(Where there's a will, there's a way.),認為人類有能力對自己的前途做相當大程度的控制。因此,人們不可自暴自棄,要訂定努力目標,選擇途徑和方法,以求達成所設定的目標。

非常顯然的，這種自我掌握命運的假定，對於管理中所採取的規劃（尤其策略規劃）、領導和控制，都有相當直接的關係。

2. **獨立的企業組織乃是人們藉由合作達成特定目的之社會工具**

此即承認企業組織有其獨立的社會和法律地位，它乃獨立於個人、家族、教會及政府以外的社會機構；企業成員對於其服務機構的忠誠，應該超越於其個人及家族利益；當然，如果他不願做到這點，他可以離開這一機構。同樣地，一企業是否僱用一人員，也是基於本身的需要。

管理上有關組織的許多基本觀念及實務，就和這一些文化假定有關。組織可以有其獨立的目的和地位，職權和職責的授予及分配，就是基於個人對於機構及其目的所具有的忠誠。領導的基礎，不是靠個人或家族的關係，而是為了達成共同目標的需要。

3. **組織對於工作人員的選用，乃是根據績效需要和表現**

這和上一點有密切關聯，在達成組織任務和目標之要求下，員工的選用以及升遷，自然也要依照這種標準。即使是大股東或老闆，如非具有工作上所需要的能力和表現，也不能參與管理工作，和擔任高層職位。

這種觀念，顯然對於組織發展以及人事管理具有密切關係。也因此使得人們對於績效的評估及控制，給予特別重視。

4. **決策基於客觀分析**

雖然管理決策和行為不可能做到十分科學的地位，但是並不會因此而放棄理性與客觀的分析方法。不過，在另一方面，人們亦應容許或鼓勵每一個有關的人，都根據他所能獲得的資訊，形成並提出自己的意見，互相交換，甚至辯論，以求最後獲得一最好的決定。

由這種基本觀念，我們可以理解，何以種種科學的決策方法及技巧——如本書第八章中所提出者——在美國能夠迅速發展和被普遍採用的原因。

5. **參與決策**

美國人一般似乎總認為，集體參與決策要比個人單獨決策要好（「三個臭皮匠，賽過一個諸葛亮」）。這種信念，一方面和美國社會中的「平等主義」（equalitarianism）觀念有關，相信每個人，不管地位高低，都有其長處和潛力；另一方面，也是認為，每一個人為求增進他在組織中的地位，也會努力表現，願意貢獻他的觀點和意見。

在本書有關組織、規劃與控制，尤其領導、溝通各章中，都一再提出參與或共享決策的問題，就和上述基本文化信念有關。

6. 追求進步的努力是沒有止境的

　　在這觀念下，完美永遠是一個可望而不可及的境界，但是人類必須不斷向前追求這一境界。改變是正常的；追求新的和不同的，總是帶來更好的希望。因此人們要不斷對於現狀，進行評估和懷疑，以求加以改變。

　　由於這一觀念，配合前述人類可以自我主宰的觀念，使我們發現，有關策略規劃、預測、組織改變以及評估控制等管理觀念和方法，都可以說是建立在這些文化假定之上。

四、各國經理人之個人價值觀念

以上所描述者，係代表美國一國有關管理之文化假定，至於其他國家或文化系統內又如何呢？在此引述一最近完成之一項大規模研究之結果，做為一個例示。

殷格蘭（George W. England）以美國、日本、韓國、印度及澳大利亞五國之經理人為對象，蒐集了 2,500 人以上的資料，研究他們的個人價值觀念及其對於行為的影響（England, 1975）。首先，他認為，經理人的個人價值觀念具有極大重要性，因為：

1. 個人價值觀念影響一位經理人對於其他個人及群體的看法，因而影響了他的人際關係。
2. 個人價值觀念影響一位經理人對於他所面對的情境及問題的知覺。
3. 個人價值觀念影響一位經理人的決策及解決問題的辦法。
4. 個人價值觀念影響一位經理人對於組織壓力及目標接受或抗拒的程度。
5. 個人價值觀念不但影響對於個人及機構成功的知覺，而且將影響所獲得的成就本身。
6. 個人價值觀念設定一經理人的道德行為界限。
7. 個人價值觀念提供比較研究之一項有意義的分析層次，以此比較和分析不同國家或機構間人員的行為。

根據這項研究結果，顯示上述五國內之經理人，在個人價值觀念上，確有相當差異。基本上，作者將價值觀念大致分為三種行為導向：成就、道德或快樂（England, 1978）。以此為基礎，經歸納各國經理人之價值觀念一般特徵如次：

美國經理人
- 實用導向
- 組織目標導向
- 才能導向
- 重視群體,做為參考群體

日本經理人
- 高度實用導向
- 高度組織目標導向
- 高度才能導向
- 價值觀念最為近似
- 重視改變

韓國經理人
- 實用導向
- 不重視員工團體之影響力量
- 個人中心之成就導向
- 組織目標之價值不高也不低
- 傾向平等主義導向

印度經理人
- 高度道德導向
- 重視穩定,而非改變
- 重視個人目標及地位導向
- 兼顧組織服務及組織才能
- 不重視員工群體之影響力

澳大利亞經理人
- 高度道德導向
- 高度人道觀念
- 不重視組織成長及利潤
- 不重視諸如成就、成功、競爭、風險此類觀念
- 價值觀念因地區而異

當然，以上所列舉兩項研究，是否確實；還有，這些文化和價值觀念怎樣影響管理理論和實務，都是值得進一步探討的問題。至少我們可以肯定一點：管理和一國環境和文化間，存在著十分密切的關係。某種管理制度或方法，所以在某地發展出來，或獲得成功，這和當地的文化條件，是具有關聯的。由此可見，要提高一國管理水準或績效，決不是僅僅靠介紹一些外國成功事例，舉行幾次研討會，或仿行一些新制度，就可以成功的。（雖然我們不可否認，所說這些可能是有用的步驟。）

第二節　比較管理研究

一、比較管理及其研究問題

在前一節中所討論的內容，乃以文化因素為出發點，探討其對於管理的影響或關係。在本節中，則將自管理效率之觀點，探討環境及文化變項如何影響一企業所採之管理功能及方法。

將外界環境因素納入管理理論及研究範圍以內，乃是近十餘年來的發展。因為在 1964 年時，兩位著名管理學者（Farmer and Richman, 1964）曾對於當時為止的管理理論感到不滿，他們說：

> 事實上，迄今為止的管理研究，絕大多數都只局限於一個被稱為「管理」的黑盒子內，很少考慮到廠商從事經營活動所依存的外界環境。假如有廠商所生存的外界環境都是相同的話，上述研究方法確屬可行。可是，事實上就有許多情況下，這種外界環境具有重大的差異，此時，現有的理論就無法適當解釋管理效率之比較差異。因此，在於環境不同的狀況下——國與國間就是如此——必須探討外在壓力或限制條件對於內部管理的影響。

所謂「比較管理學」，即係以不同國家內的管理及管理效率問題為研究對象，企圖對於它們彼此間的相同或不同之處，予以發掘、辨認、分類、衡量及解釋。在本質上，這種研究方法所重視的，乃是客觀的事物現象，而非它們可能以及應該怎樣（Donnelly, Gibson, and Ivancevich, 1975: 400）。

將環境及文化因素納入管理研究範圍——或者說解除管理學研究局限於特定文化體系之限制——以後，增加那些研究問題呢？下面代表一些具體看法（Massie and Luytjes, 1972: 355）：

- 在不同文化體系內，人們對於經理人在社會中所扮演的角色，有無共同的瞭解？
- 隨著經理人在不同國家內所扮演角色的改變，是否影響了管理理論或實務？
- 什麼是一國在某特定時期內之最佳管理辦法，是否隨所處經濟發展階段不同而不同？
- 管理中有那些部分可以轉移應用於不同的環境？
- 在過去幾十年內，管理思想有無趨向一致的現象？
- 不同的政治及經濟主義，對於管理觀念，是否會發生重大的影響？
- 在所描述的各種研究方法中，是否能發掘有新的構想和實驗？
- 對於管理採取這種遠較過去為廣泛的看法，是否可幫助我們對於各國內部以及國際之間管理發展之未來趨勢，能做更佳之預測？

這些問題，迄今多無一定的答案，在此予以列舉，希望能對有興趣的讀者，產生若干啟發和刺激作用。

二、比較管理之研究——奈根迪及艾斯塔芬模式

為便於進行比較管理研究——即探討文化與環境因素對於管理效率之影響——有待發展研究之觀念構架，以導引資料之蒐集及分析，並且和有關之理論發生關係。在本書第三章最後，曾經提到一個「范麥及李區曼模式」，即係代表這種研究模式中之一個。在此將要提出一個較范李模式稍後出現的「奈根迪及艾斯塔芬模式」（Negandhi and Estafen model）（Negandhi and Estafen, 1965; Negandhi, 1969）。

在此奈艾模式中，除了環境因素以外，主要包括三組變項：

（1）管理哲學（management philosophy），（2）管理實務（management practices）及（3）管理效果（management effectiveness）。與范李模式相較，多了一組「管理哲學」變項，這代表兩個模式主要不同之處。有關奈艾模式之主要結構，如下頁圖 18-2 所示。

現就這一模式中的三組主要變項（環境因素已因於前節及他處詳細說明，此處不再重複），予以扼要說明於次：

（一）管理哲學

將管理哲學自管理功能或實務中分離出來，代表奈艾模式之一大特點。以范李模式而言，就是認為管理哲學並非一獨立或外生變項（exogenous variable），而是由文化及環境所決定，因此可包括於管理程序以內，不必予以單獨表現。但奈艾二氏認為，就廣義之管理哲學而言，其受文化及環境之影響，並無問題。不過，他們發現，在管理哲學

中,卻有某些成分可以自一國輸出到另外一國,並且獲得成功的應用,可見至少此一部分並非完全受文化及環境所限定。他們以印度的兩家紡織廠為例,一家追求短期內的快速利潤,另一家則著眼於長期利潤,這兩種哲學顯然對於組織及管理行為,例如員工士氣、生產力、組織結構、授權、管理幅度以及溝通模式等,產生重大影響作用。而這種不同的管理哲學,同樣可發現於其他國家,並非由文化及環境所決定。

因此,奈艾模式中所稱的管理哲學,並非泛指任何管理哲學,而限於「一廠商對於其外在及內部人群的明示及蘊涵的態度或關係」,這包括了顧客、員工、供應者、股東、政府及社區等六方面,如圖 18-2 所示。

（二）管理實務

所謂管理實務,乃指管理者從事各種管理功能——規劃、組織、指令、用人及控制——的方式,此乃受廠商之管理哲學及外在環境之影響。譬如:

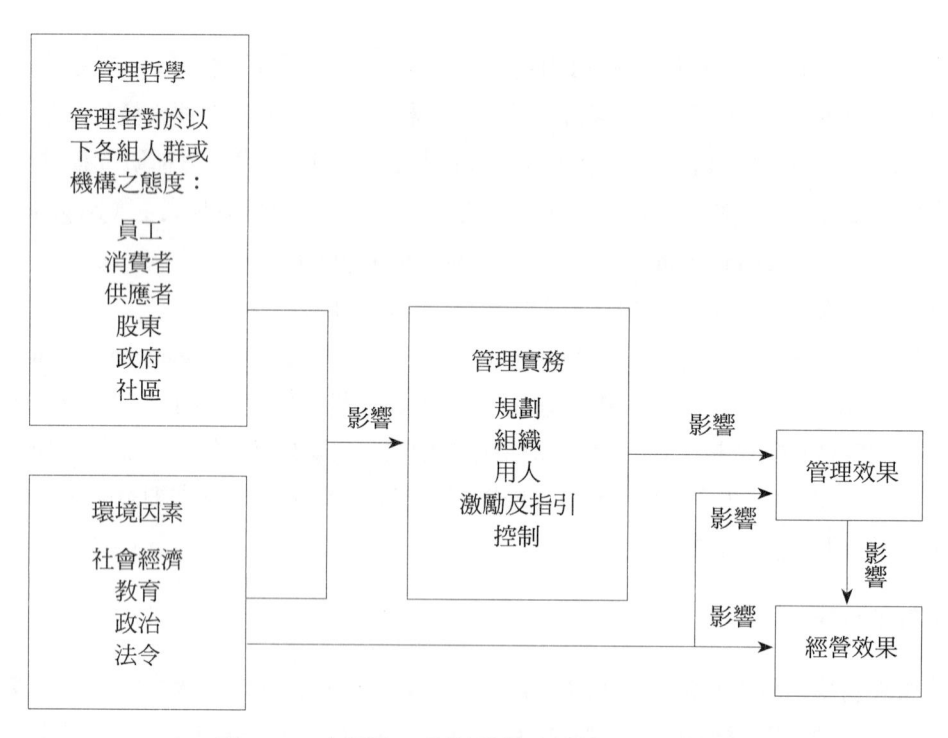

圖 18-2　奈根迪－艾斯塔芬比較管理研究模式

管理功能	進行方式（實務）
規劃	(1) 涵蓋期間 (2) 規劃職權之歸屬 (3) 方法、技術及工具之使用
組織	(1) 權—責關係 (2) 組織系統圖 (3) 集權及分權之程度 (4) 控制限度 (5) 非正式組織之利用及管理者對於此種群體之態度 (6) 工作之編組及部門化 (7) 專門幕僚之利用及其與直線主管之關係
用人	(1) 評估、選擇及訓練人員之方法 (2) 升遷所憑藉之標準 (3) 管理發展方法
指引及領導	(1) 激勵高層人員，使他們合作與努力以達成組織目標所採用之方法 (2) 激勵工人所採用的方法及技術 (3) 溝通技術 (4) 監督技術
控制	(1) 在不同業務範圍（財產、生產、行銷等）所用的控制技術 (2) 控制標準類型 (3) 資訊回饋系統及改進活動之程序

讀者將可發現，這一系列的管理活動，正是本書前此所討論的主要內容。

（三）管理效果

管理效果乃是一相當複雜而難以衡量的觀念，不過在奈艾模式中所指者，認為包括以下各因素在內：

1. 過去五年所得淨利及毛利。
2. 過去五年內各年利潤增加之百分比。
3. 公司主要產品線之市場佔有率及其過去五年內之增減百分比。
4. 公司股票之市場價格及其過去五年內之增減百分比。
5. 過去五年內公司銷售額之增加百分比。
6. 員工士氣及流動率。
7. 員工對於公司之評估以及對於不同公司之評等。
8. 一般大眾對於公司之整體評估及評等。
9. 消費者對於公司的評估及評等。

依本書觀點，上列各因素中，甚多乃屬於經營效果而非管理效果，例如利潤、股票價格、銷售額等等，因為此等績效如何，除受管理效果影響外，當時外界環境狀況如何，關係甚大。在某些極端狀況下，一管理效果良好之公司，卻可能由於外界環境之逆轉，因而在利潤、股票價格等方面遭受嚴重打擊，因此本項模式未能將管理效果與經營效果所採衡量標準分開，似屬一項缺陷。

三、研究設計之例示

如果要對比較管理問題，進行科學研究，除了要有觀念構架——如范李模式或奈艾模式之類——以外，還要根據所選擇的模式，進一步從事研究計畫之設計。在此再以奈艾模式為例，說明他們所建議的研究設計。

假如分別以 X、P、Z 三符號代表管理哲學、管理實務及管理效果三方面之變項。每一變項均可能有不同程度或類型之事實表現，以 1、2 或 3 表示之。假如以美國境內之美國公司所採管理哲學為 X_1，管理實務為 P_1，管理效果為 Z_1；而此一美國公司在某一國外子公司與母公司具有相同之管理哲學為 X_1，但所採管理實務與管理效果與母公司不同，分別為 P_2 及 Z_2；而在當地另有一當地人所經營的公司，在三方面與美國公司及其子公司均不同，分別為 X_3、P_3 及 Z_3，如表 18-1 所示。

根據以上的設計，如發現第一組與第二組公司採管理實務有顯著差別，則此種差別可推論為受了外界環境的影響；而第二組與第三組公司間管理實務之差別，則可推論為係來自不同的管理哲學。

表 18-1　比較管理研究設計例示

樣本構成	管理哲學	管理實務	管理效果
1. 美國境內之美國公司	X_1	P_1	Z_1
2. 某國境內之美國公司之子公司①	X_1	P_2	Z_2
3. 某國境內之本國公司②	X_3	P_3	Z_3

① 和母公司有相同管理哲學，但不同外界環境。
② 和美國公司之子公司有相同之外界環境，但不同之管理哲學。

　　如果以管理效果為標準進行分析，發現 Z_2 優於 Z_3，此在政策上之涵義是，第三組公司應改變原有之管理實務 P_3，採用 P_2；但要改採 P_2，這組公司可能先要改變其管理哲學，自 X_3 改為 X_1。

　　歸納言之，P_1 與 P_2 管理實務上的差別，乃由於外界環境因素，而 P_2 與 P_3 則來自管理哲學。

第三節　國際管理

　　二次大戰以後，由於日益增多的企業，從事國際性經營活動，使得管理問題進入一個新的境界。這種國際公司管理者所面對的，不是一個相同的文化與環境，而是許多彼此不同的文化環境。在這情況下，他既不能以相同的一套管理方法及技術應用於不同的環境，也不可能為每一個別的環境發展和應用一套特殊的管理辦法。為求獲得一種最佳的管理效果，必須在上述兩個極端間找到一適當之均衡之點。換言之，從事這種管理工作，不僅要客觀辨認不同文化環境下之異同及其管理，最重要的乃是求其整合。有關此方面的研究及經驗，迄今都還很缺乏，本節僅就若干基本事實及問題，予以概括說明。首先，則為瞭解國際企業活動發展之背景。

一、國際企業活動發展之背景

　　在本書第三章中討論企業經營之國際環境時，即曾對於國際企業活動發展問題，約略加以說明。扼要言之，這一發展過程，可分為五個階段（Haynes, Massie, and Wallace, 1975: 607-608）：

（一）第一階段

在這一階段中，所謂國際經營活動，主要就是國際貿易，亦即將原料及成品之由一國輸出和輸入至他國；一般而言，多數是工業化國家輸出成品至低度開發國家，再自後者輸入原料至工業化國家。此時所涉及的問題，如比較利益、對外匯兌及行銷通路等，亦即國際經濟學及貿易實務中所討論之問題。

（二）第二階段

這個階段中，國際經營活動涉及金融和投資方面。資本充足國家將其資金投資海外，不過純粹自金融或財務觀點出發，而且透過銀行、投資機構或政府進行，而不涉及海外事業的管理活動。

（三）第三階段

進入本世紀以後，若干大型公司設立一些海外子公司以經營國際業務。這些子公司的管理，純粹配合總公司需要，甚至主要人員及決策仍然留在母國，只有倉庫、銷售處所、服務站之類單位設在當地，因此所涉及的國際管理活動，在質和量兩方面，都很有限。

而且這類海外事業通常和地主國經濟不發生密切關係，也沒有為當地人民創造大量就業機會，純粹是為了取得本身所需原料或推銷製造產品的目的而已。

（四）第四階段

大約到了二次大戰結束以後，由於若干國際企業介入當地業務活動之程度加深，為了加強協調和控制這些活動，遂開始重視國際管理問題。具體表現之一，為在總公司內設置國際部門，由副總經理階層人員負責。這時，才算開始有了比較正式的國際管理活動。

（五）第五階段

到了 1960 年以後，所謂「多國公司」（請參閱第三章第四節中有關多國公司之討論）之組織型態逐漸出現，而且趨向普遍化。自多國公司觀點，僅僅將母國以外的業務活動集中於國際部門的管理方式，已經不適當了，而是打破母國和國外的界限，採取一種「全球導向」的經營方式，因此所謂國際管理也跟著發展到一更完整、也更複雜的境界。

二、國際管理的問題

如果以多國公司為背景來討論國際管理，其中包含了若干重大問題：

第一、是如何與地主國及母國同時保持良好關係的問題。基本困難在於，多國公司必須遵守母國政府所訂定之政策，但同時又必須表現為地主國的良好公民。這兩方面的要求，不但彼此經常發生衝突，使多國公司左右為難，而且也和多國公司本身的目標和利益相衝突。在 1972 年以前，人們總認為，多國公司神通廣大，可以操縱全局，左右逢源，但近年來的事實發展，卻顯示了，脆弱的一方，往往是多國公司，而非地主國或母國（Truitt, 1977）。在這情勢下，一位多國公司管理者，僅僅是能幹的管理人才，還嫌不夠，他必須也是一位出色的政治家和外交家。

第二、在不同之文化、社會、經濟及法令環境下，如何能協調和控制各海外事業之經營和管理活動，使它們能配合整個公司的全球規劃和策略。分權可能是一個解答，但過分的分權將導致各地事業各自為政，發生部分最佳化（suboptimum）的現象。

第三、在多國公司管理人員中，往往有不同國籍的人員。尤其依全球導向（geocentric orientation）的管理哲學下，任何人，只要表現優異，能力卓越，應該一樣可以升任總公司高層主管，而不問國籍為何。但是事實上，每個人都免不了受本身文化背景的影響和支配。因此，有關管理人員的甄選、派用以及合作等等，都將因文化背景的不同而帶來許多困難問題（Kuin, 1972）。

三、國際企業組織結構

前此討論國際企業活動發展階段時，即曾強調，各階段之劃分，主要即係根據此種活動之範圍及功能而決定。愈到較後階段，則國際經營活動涉及之功能範圍愈廣或愈完整，因此也需要有較整體之規劃與控制。

基於組織配合策略之原則，在不同階段內之國際企業，其組織結構自然也隨著改變。依學者（Stopford and Wells, 1972: 18-29）分析，後者也可分為三個階段：

（一）第一階段：自主地位之子公司

早期進入海外市場的企業，多數未經詳盡之規劃，一般數額不大，而且帶有碰運氣性質。因此儘管在海外設有行銷或生產單位，並沒有一整套規劃和控制之制度或辦法，使得這些海外事業主持人幾乎除了每年向總公司報告經營之財務結果及匯回盈餘以外，獲有極大之自主經營權。

不過,這種狀況乃是暫時性質的。隨著這些海外子公司或附屬事業經營成功,不斷成長,使得它們在整個公司內所佔地位愈趨重要。很自然地,母公司就要加強對於它們的指引和控制了。

(二)第二階段:國際部

為使總公司內有一高層主管專責管理國外經營活動,許多公司遂設置一「國際事業部」(international division),由一副總經理負責。這一部門,往往是由原來地位較低之「外銷科」(export department)擴大而來。

在國際部之統籌下,企圖將各海外事業活動予以協調配合,以求增進整體之管理及經營效果。譬如各姊妹公司間互相供應產品與勞務,調劑有無,並且透過內部轉價(internal transfer pricing)以減少公司稅負。其他如分配生產及市場,調度資金等等,也都是國際部的主要任務。

不過,這種國際部的組織結構,在整個公司組織內,仍屬一種特殊的和例外的單位,而不是真正的整合。因此在國際部與國內各部門之間,往往仍是各自為政,缺乏良好之協調配合。

(三)第三階段:**全球性結構**(global structure)

到了一九六〇年代中期以後,美國的許多國際企業又逐漸放棄國際部組織方式,改採一種全球性結構。所謂全球性結構,乃是一甚為廣泛的說法,其中包括有許許多多不同的具體型態。基本上,仍然是根據產品、地區或功能三種基礎,設置組織結構(DeMartino and Searle, 1972)。不過,在實際上,常常是混合採用二種甚至三種基礎。如圖 18-3 所示。

這種全球性組織結構,不但容許一企業有較大彈性,進入不同之市場或產品線,也便於進行策略規劃和政策控制。不過,為達到這種目的,在總公司內需要有較多的國際性管理人才以及完備的資訊處理系統,這都代表公司必須有較大的投資。

四、組織與策略之結合

自從一九六〇年代初,學者提出「組織追隨策略」之觀念以後(Chandler, 1962),這一觀念發現亦可應用於國際企業組織之狀況。

例如,學者(Hutchinson, 1976)利用多國公司一般採取之各種組織結構,探討其對於各種策略重點之適合程度。譬如說,一公司之策略重點在於迅速成長,則以產品事業

(1) 產品基礎

```
                          總經理
                            │
  地區專家 ──── 總公司 ──┼── 幕僚單位 ──── 工程/行銷/生產/財務
                            │
        ┌───────────────────┼───────────────────┐
   產品事業部甲         產品事業部乙         產品事業部丙
```

(2) 地區基礎

```
                          總經理
                            │
  產品經理 ──── 總公司 ──┼── 幕僚單位 ──── 工程 生產 / 行銷 財務
                            │
        ┌───────────────────┼───────────────────┐
   副總經理甲地區       副總經理乙地區       副總經理丙地區
                            │
              ┌─────────────┼─────────────┐
            生產           行銷           財務
```

(3) 功能基礎

```
                          總經理
                            │
        ┌───────────────────┼───────────────────┐
   副總經理行銷部      副總經理生產部      副總經理財務部
        │                   │                   │
       甲國                甲國                甲國
        │                   │                   │
       乙國                乙國                乙國
```

圖 18-3　國際企業組織結構

部門，功能―地區或產品組織，以及產品―地區單位三類結構方式最為適合。因為在這些組織下，可有利於公司及早推出新產品於海外市場。反之，如國際事業部或單純地區性部門組織，則較不利――雖然並非不可能。

再如，一公司之策略重點在於保持總公司之嚴密控制，則地區性部門組織將極不適合所採策略。反之，如果公司為了彌補管理者之經驗不足，則採國際事業部組織。一方面，集中少數人才於一部門充分發揮；另一方面，某些國際活動或功能利用外界機構，如經銷商或貿易商，代替公司直接負擔。

總而言之，一國際企業於選擇公司組織結構方式時，亦應先行決定本身所採策略重點為何，然後考慮最為適合之組織。

表 18-2　多國公司組織結構與其策略重點之結合

策略重點所在	國際事業部	產品性部門	地區性部門	功能―地區或產品組織	產品―地區單位
迅速成長	M	H	M	H	H
產品多角化	L	H	L	H	H
科技密集	M	H	L	H	H
管理者經驗不足	H	M	L	L	L
總公司嚴密控制	M	H	L	H	H
與政府保持密切關係	M	L	H	M	M
資源調配：					
產品性考慮為主	L	H	L	M	M
地區性考慮為主	M	L	H	M	M
功能性考慮為主	L	M	L	H	M
相對成本	M	M	L	H	M

適合程度：高＝H；中＝M；低＝L。

第十九章　非營利組織及其管理

　　第一節　非營利組織之範圍及其特色
　　第二節　非營利組織之類型
　　第三節　改進非營利組織之管理

雖然依本書首章中所採立場，任何組織都有管理問題和管理的需要，但是事實上，迄今所發展出來的管理理論和方法，主要乃以其中特定一類組織為基礎，這就是以提供產品與勞務謀求利潤的企業，一般稱之為營利事業或組織。當然，這種稱法也不是十分正確的，因為即使是這類組織，仍然有利潤以外的動機和目的。但是，無可否認地，利潤至少是這類組織最主要目的之一，也是衡量其經營績效之重要標準之一。

與這類組織不同的，還有另外一類組織，其主要目的為提供服務，而非利潤；衡量這類組織所採的標準，乃是在於一定資源條件下，是否提供大眾以最佳之服務。儘管這類組織，在有些時候，可能收益超過支出，而產生類似利潤之餘額，但其存在目的，並不是追求利潤。[1]因此一般稱之為「非營利事業或組織」。

依本書首章所做有關管理性質之說明，這類非營利組織同樣有管理之需要；並不因其不以營利為目的，便可以不必講求管理。反之，由於一般而言這類組織管理水準之落後，使得管理問題愈形重要，管理需要愈形迫切。並且隨著社會發展，有日益增多的社會服務，如文化、教育、家庭計畫、醫藥衛生以及宗教、公益等等，都仰賴這一類非營利組織擔負和提供，他們的效能和效率如何，關係整個社會及其成員之福祉和生活品質甚大。在這情況下，如何加強其管理效能，更不能等閒視之。

不過，迄今為止，有關此方面之研究文獻不多，且甚零散，而在我國內尤其缺乏。本章目的，並不在有系統提供管理此類非營利組織之一整套知識，而只是提醒讀者有關此方面問題之存在及其重要性，並對於此類組織之意義及性質，做一扼要說明；將其與營利組織對照，舉出若干管理上的問題。最後，依據近日若干經驗及研究，提出若干可供應用之管理方法，特別強調如何將企業界所累積之寶貴經驗，轉移應用於這一類非營利組織上。

第一節　非營利組織之範圍及其特色

一、非營利組織之範圍

儘管，如上所述，非營利組織就是不以營利為目的之組織。在許多情況下，一個機構是否屬於非營利組織，還是很難嚴格區別的。譬如一方面，像公營企業和公用事業，常常自稱或受法令規定，不以營利為目的，似乎和一般營利事業不同；另一方面，有些

---

[1] 事實上，一個以服務為目的之非營利事業，如果持續產生相當的利潤一段時間，反而可能代表這一事業之經營發生問題，不是利用其獨佔或其他有利地位，收取太高之費用，就是未能充分利用其收益用於改善或加強其服務水準。

醫院或研究機構,表面上屬於非營利事業,但在實際上,其經營有如一般公司企業。在這種認識下,我們也許可以說,所謂非營利組織,主要包括有:(1)醫藥及衛生機構,例如醫院、診所、檢驗室及其他公共衛生服務單位;(2)教育文化機構,例如大、中、小學、圖書館及資訊服務機構,技術學院、補習班等等;(3)會員組織,如同業公會、學會、協會、社團、慈善事業、宗教及政治組織等等;(4)非營利性研究機構。

二、政府與非營利組織

在許多方面,政府與非營利組織似有甚多共同之處:譬如,最基本一項,二者皆缺乏明確具體之目標——如利潤那樣——以供決策及評估績效之依據。但是,二者之間,仍存在有重大差異。譬如政府機關之目標、組織及資源條件等,均非機關本身所能直接控制,而受上級行政機構或立法等機關之控制及影響。政府政策之成敗,多賴由政府以外機構及國民之支持合作。政府公務員,屬於文官系統,必須具備一定資格,獲有一定保障,並且有一定之升遷、獎懲和薪給制度。凡此種種,使得政府和一般非營利組織具有顯著不同,因此,在本章內所討論之非營利組織,不擬包括政府組織在內。

三、非營利組織之特色

依照學者(Anthony and Herzlinger, 1975: 34-58)歸納,非營利組織之特色有以下幾方面:

1. 缺乏利潤衡量標準。
2. 屬於服務性組織。
3. 市場作用較小。
4. 專業人員(professionals)居於主要地位。
5. 所有權無明顯歸屬。
6. 政治性較濃厚。
7. 傳統上缺乏良好之管理控制。

雖然以上七點未必全部同時適用於所有各種以非營利組織,但種種管理問題直接和間接都和以上所列特色有關,因此我們在此所感到興趣者,乃是這些特色所具有管理上的涵義。現分述於次。

（一）利潤標準

在一般營利事業中，利潤乃衡量一機構之效率及效能之主要標準，因此可以用以比較和評估機構之經營和管理績效。但是在於非營利事業，由於其目的不在營利，因此即使其產出可以用貨幣數額加以表現，後者與投入數額間差額大小，仍然不能代表這一機構的服務績效。在多數情況下，對於非營利事業的理想狀況是：長期收益恰等於長期支出。（在此強調長期的理由是，必須包括這一機構為了謀求長期發展所需之資本支出或擴充需要在內。）以一所非營利性質之醫院而言，如果連續若干年內都有鉅額結餘，則不但不能據以認為這是一家績效良好的醫院，反而要加以檢討，是否收費過高，或是否未將其收益用於改善服務或應有之設備上。學校也是如此。當然，如果一所醫院長期入不敷出，其生存將發生問題，也絕不是健康現象。

何況，在許多非營利機構中，其成果根本無法以貨幣數額加以表現，如宗教組織、文化團體等等。還有更複雜情況，一機構同時有多種目標，其彼此間的相對重要性如何，在缺乏單一衡量標準狀況下，更是難以評估比較。

（二）服務性質

多數非營利組織之產出，屬於無形之服務，而非具體產品。由於無形服務具有難以衡量、無法儲存、品質不易控制種種特性，也帶來許多管理上的困難問題——不管這一機構屬於營利或非營利性質。

譬如，在於規劃方面，事先較難估計所需之人力及設備，俾能滿足主顧之需要；運用和調配之餘地較為有限。品質之控制，尤其成為問題，一位醫生一天診治幾個病人或一位教師擔任多少小時課程，或教多少位學生，並不能代表其真正「產品」——「治療」或「教育」。

一般而言，服務性組織都偏向於勞力密集性質（雖然目前已有一種趨勢，企圖以機器或電算機代替由人工提供的某些服務，例如銀行提存款項，健康檢查等等），控制人的行為，要比控制機器困難而複雜得多，尤其在於工作者本身屬於所謂「專業人員」時，其行為標準和價值取向未必和組織目標一致，控制問題更為困難。

（三）市場作用

在營利機構中，其經營和管理主要受市場之指引和支配，有關產銷什麼產品或勞務，多少數量，售價若干等等決策，大多憑藉市場需要和市場競爭狀況而調節。如果顧客人數愈多，銷量愈大，一般也就代表其經營績效愈佳。

但是在非營利機構中，情況並不相同。有許多機構，究竟提供什麼服務，並非基於市場需要，而是基於主持人之判斷。這並非說，非營利機構沒有其主顧或市場，或是說，其市場無需要問題，而是由於一個非營利事業的成敗，與其市場或市場需要，關係並不像在營利事業狀況下那樣直接和密切。譬如，一非營利事業機構之收入並不因主顧或服對象增多而增加；反之，後者人數愈多，只是增加其工作負擔和資源需要之壓力。例如一所公立學校在一定員額和預算下，不願意多招學生或增加班次。

再者，有些非營利事業設置之目的，乃在減少其服務對象之人數，例如社會慈善機構、少年感化院。這類機構愈是成功，其「市場」愈形縮小。還有一些非營利機構，也不存在有市場競爭問題，其本身居於獨佔地位，因此在運用資源之效率方面，並不感受有直接壓力。

一個非營利機構之管理者，在缺乏市場作用或壓力下，一般傾向於由自己決定什麼業務和活動重要，什麼不重要。同時，他的大量精力將投諸於爭取更多預算或資源方面，而非改善服務方面。

（四）專業人員影響力

多數非營利事業之主要工作人員，屬於所謂「專業人員」，例如醫生、教師、科學家、牧師、專門技術人員之類。由他們根據本身所受專業訓練與能力，提供服務予機構之主顧，構成這一機構的產出。

問題在於，這類人員往往有自己一套的價值觀念和行為方式，經常和機構目標及要求標準不一致。譬如：

- 專業人員重視本身在同行間的聲譽和成就，而將機構目標及其前途置於次要地位。
- 如由專業人員擔任管理職位，其大多時間仍然會用於本身專業性工作，而非管理性工作。
- 專業人員傾向於獨立工作，而且由自己動手完成，這和管理上所講求的「藉由合作完成任務」，不相調和。
- 由於專業人員素質之被重視，這類機構投下大量時間與精力於遴聘優秀之專業人才，但對於如何將其有效利用，反而疏忽。
- 專業人員在組織內之升遷，其所依據的標準，一般仍以專業標準為主，或來自外界之成績表現，如學位、獲獎、出版等等。這些並不直接代表一人對於組織之貢獻。
- 專業人員所受教育，一般未包括管理教育在內，因此在觀念上並不認為管理之重要，容易心存輕視。

- 金錢激勵對於專業人員所產生的影響作用較小，他們可自工作本身獲得主要滿足。

一個機構之組成分子，如果以屬於上述性質之專業人員為主，則種種管理問題必將隨之產生，使得這類機構的管理，較一般營利機構更為困難。

（五）權責基礎

在企業組織中，其最後權力屬於股東或投資人，其實際行使，乃由股東或投資人選出董事會負責，由其遴聘並授權總經理主持實際經營業務，同時他亦必須向董事會負責。這種權責來源及路線非常清楚。

可是在非營利事業中，其情況頗為不同。實際負責者，其權力並非來自諸如「股東」之所有者來源；相反地，實際捐贈基金或經費之個人或機構，常常不能干預或選擇所捐贈之機構之人事或業務。理事會之組成，或由會員推選，或由政府任命，甚至即由業務主持人之聘請。在這種情況下，一個非營利事業經營究竟向誰負責，按照什麼標準，都較營利事業為含混不清，這自然增加其管理上的困難。

（六）政治性

許多非營利機構具有濃厚之政治氣氛。對外而言，他們深受社會上各種政治性或社會性團體之注意和壓力。例如工會、協會，甚至學校，其政治性立場——有時乃依外界之主觀解釋而定——常受某種政治力量所歡迎，又受他種政治力量所反對。這樣使得管理這類機構者，必須將這些政治性壓力或因素納入考慮，處置不當，可能危及本身的發展和生存。

對內而言，由於這些非營利機構所具有的多種權力來源，以及所受多種政治壓力，常常不免滲透到機構之內部組織中。在於缺乏明確之指揮系統和決策標準（如利潤）狀況下，內部業務之進行，常亦有賴政治性運用和合作，以及技巧的折衷磋商。雖然在營利組織中也同樣存在有這種成分，但相較之下，不如非營利機構之濃厚。

（七）管理控制之微弱

傳統上，非營利機構一向不重視管理控制，甚至排斥這種想法，認為管理控制乃屬於營利組織之特殊問題，與非營利組織的本質不相符合。這最明顯表現於非營利組織的會計制度和預算制度上。

以會計制度而言，多數非營利組織所有者，均甚簡陋，其目的僅為記載財產及收支款項，以資備忘和查考之用，並不能供給管理者經營或管理上所需要之資訊，例如成本分析之類。至於預算，可能有相當比例的非營利機構並無一定的預算制度，有關收支，乃取決於當時情況及管理者之判斷。即使有之，可能用於爭取經費或滿足法規要求，徒具形式，而非用於管理控制之目的。

事實上，非營利組織同樣需要有效之管理控制，甚至其需要程度還超過營利組織。問題在於：一方面，人們傳統上缺乏這種觀念；另一方面，若干發展自營利組織之控制方法及技術，無法直接應用於許多非營利組織。因此造成這類機構管理上的一大問題。

第二節　非營利組織之類型

一、非營利組織之類型

事實上，並非所有非營利組織都具備上述各種特性——或具有相同程度——因為所謂非營利組織本身包括有各種不同的類型，彼此間存在有極大的差異。就以醫院、學校、同業公會和教會幾個例子而言，其差別之顯著，即可不待說明。

大致而言，非營利組織包括有三大類型：

（一）提供個別服務之組織

這類組織，包括醫院衛生機構、學校、大眾運輸、公用事業、藝術文化事業等。其主要特色，為提供個別主顧以某種服務，例如病患、學生、乘客、觀眾等等。同時，這類機構也根據所提供的服務次數及內容，收取一定費用。因此，依據所收到費用數額多少，可以估計及代表所提供的服務數量。而所得到這種收入，也可用於其支出。

自上述特性來說，這類機構，除了在目的方面不同於營利組織外，其他都幾乎相同。

（二）提供公共服務之組織

這類組織所提供的服務，不是以個人為對象，而是整個社區或更大範圍內的人群及機構，經濟學家常稱這種服務為「公共財貨」（public goods）。最典型的例子，便是燈塔，凡是在附近海面或港口行駛的船隻，都可以享受其服務，但是提供者卻無法向個別受益者收取費用。再如公園、救火隊、清潔隊之類機構，都是屬於這一類型。而國民中小學，由於所具有免費和普遍性質，所提供的服務也可歸入這種公共性質。

（三）以會員為基礎的組織

這類組織所提供的服務，乃以本身會員為對象；所不同於上述首類者，乃在於所提供的服務，基本上，不是針對個別會員之需要，而是給予其整體，因此，往往也不是根據個人所得到服務多少而收取費用。這類機構，包括工會、同業公會、專業組織、學術團體、宗教組織，以及俱樂部等等。

在此必須強調者，由於非營利組織內容之複雜，種類之繁多，勢無可能將它們完全納入上述分類以內。譬如以某些非營利性之研究機構而言，例如我國之工業技術研究院或美國之阿崗國家研究所（Argonne National Laboratory），一方面，它們並非如史坦福研究所（Stanford Research Institute）一樣憑提供外界主顧以研究或諮詢服務收取費用；另一方面，其經費來自政府或一定基金，但卻不屬於政府或某一贊助人之內部研究單位。在這情況下，究竟屬於提供個別服務性質，或是公共服務性質，頗為不易區分。再如郵政機構，顯然不是──也不應──以營利為目的，屬於非營利機構。自表面上看，凡利用郵政服務者，均應按照所需服務種類及等級，付給費用，似屬提供個別服務性質。但是實際上，郵政代表現代國家或社會的一種基本功能或設施，提供全體國民以一種通訊服務，其意義超過一種提供個別服務性質，亦屬於一種公共服務。

二、非營利組織之管理問題

由於非營利組織所具有之種種特性，如本章首節所述，使其與營利組織顯然不同。因此，基於後者背景所發展的一般管理方法及技術，應用於這種非營利組織時，發生若干困難。

> 第一、為有關目標之訂定。如前所述，非營利組織缺乏像利潤這樣具體而單一的標準，可資應用於訂定目標。絕大多數的非營利組織，其目標是多重的，而且是無形的。本來，一機構──不管其為營利或非營利──之基本目的，多數以較廣泛與抽象之文字加以描述，但要將這種目的轉換為一定期間內所應達成的具體目標時，能否發展客觀而具體之衡量標準，即構成一項重要問題。非營利組織在這方面顯得特別困難。
>
> 第二、為有關組織權責系統問題。依本書前此有關組織原理之討論，權責關係及其系統乃是決定一組織結構之主要成分，也是層級模式的基本精神所在。雖然僅僅靠有正式的權責關係，不能使一組織產生績效，但如缺乏一種良好而清

晰的權責系統,則一組織之不能發生作用,幾可斷言。對於一些非營利組織來說,卻往往由於其構成分子之複雜,外界影響力量之眾多,以及政治因素之干擾,使得其組織內並不存在有清晰而確定的權責關係。

第三、為有關管理控制問題。所謂管理控制,依安東尼及郝林格(Anthony and Herzlinger, 1975: 16-17)的定義,代表一種管理程序,經營者藉由這種程序以保證能夠有效地——包括效果和效率兩方面——取得及使用資源以達成組織目標。一機構要建立一套有效的管理控制系統,必須在組織內能分別責任中心,在資訊處理上能衡量各中心之成本及績效,同時在激勵制度方面能顧到個別管理者與組織目標之相符(goal congruence)。但是,如前所述,非營利組織除了其成本或績效難以具體表現之問題以外,在傳統上,也不重視這種管理控制功能和需要。

第四、有關成本衡量及控制問題。所謂成本,代表使用於一機構業務用途所消耗之資源,通常以貨幣數額表現。因此,不管營利或非營利組織,都同樣有成本支出,以及成本之衡量及控制問題,但是多數非營利組織對於成本衡量及其控制問題,都不加重視。一方面,他們認為,由於非營利組織的目的崇高,並非追求利潤或金錢目的,一旦斤斤計較成本,可能影響一組織的精神及服務品質;另一方面,其經費來源屬於預算、基金或捐贈之類,不像營利機構一樣要靠減低成本支出,因此瞭解與控制成本與否,並不致影響其財務收入與生存。在這些情況下,種種發展於營利事業的成本會計觀念及方法,都未曾應用於非營利組織上;例如有關固定或聯合成本之分攤,使用資產折舊之攤提等等。這樣一來,使得從事各種活動之真實成本,也難以正確估計,因此無法予以有效控制。

第五、有關工作人員之激勵問題。激勵乃是管理上一重要問題,藉以鼓舞士氣、激發工作熱情、提高工作效率。在營利組織中,一般發展有各種激勵方式,但主要為金錢獎酬及升遷。可是在非營利組織中,應用這些方法涉及若干問題。首先有關績效之衡量問題,工作者所提供者,屬於無形的服務,如何評定績效,甚感困難;何況,在非營利組織工作人員中,部分可能屬於自願或不計薪酬人員,可能對於任何績效評估法在心理上不願加以接受。再者,工作績效如何,並不能反映在諸如「利潤」這種財務成果上,因此要給予財務獎酬也有困難。第三、種種非營利組織的內部結構並沒有強烈升遷意味。何況,職位安排常受外界壓力所管理和決定,工作績效並不一定是主要條件。

在這些限制下,反映在非營利組織的升遷和薪資制度上,特別強調年資和安定,既無重賞,也無重罰,因此缺乏激勵作用(Selby, 1978)。

以上所列舉的非營利組織之幾個管理問題,乃是較為明顯者,事實上將不限於此。但僅就這幾個問題而言,迄今並無妥善或令人滿意之解決辦法,這也說明了何以近年來有關非營利組織管理問題受到重視的原因。

第三節　改進非營利組織之管理

一、界說組織使命

依本書有關規劃一章之說明,組織使命(mission)之界說乃構成一機構整體規劃之主要基礎之一。此一觀念也應該能夠加以應用於非營利組織之管理上;應尋求諸如下列問題之解答:本組織存在之根本目的何在?能提供什麼利益?給那類對象?這種組織使命應以較一般性文字表現,而非短期內的具體工作或其成效。以青年會組織而言,其組織使命乃在增進青少年之健康與教育機會,而非限於一年內舉辦幾次夏令營或其他康樂活動。

這一組織使命之界說,不但有助於外界瞭解此一非營利組織的任務和性質,並爭取其支持外,尤其可以溝通內部有關人員之觀念,對於努力之方向與目標,方案之抉選判斷等,能有較為協調一致的看法和做法,從而增進合作效能與效率,提高工作情緒。

應用行銷觀念於界說非營利組織的使命,將可發現,有許多非營利組織,其顧客主要包括有兩方面:一方面為提供服務之對象;另一方面為獲得其財務支持之機構或個人(Shapiro, 1973)。這和營利事業頗為不同,因為對於後者而言,其服務對象同時也是財務收入的來源,因而只要給予顧客以滿意之服務或滿足,同時亦可獲得可靠而充分之財務收入。

可是,對於非營利組織來說,滿足其服務對象,未必獲得其財務支持者之贊同。譬如美國某一教會組織,動用本身資源以幫助不屬於本教會內之黑人,便遭部分教友之反對。在這種情況下,如何界說組織使命將成為爭執焦點所在;或者這一組織改變其服務對象之界說以滿足支持者之願望,或者堅持其服務對象,然後根據該項內容尋求可能之支持者。如果現有組織不能滿足雙方面的要求,便可能需要成立一個新的組織以期達成該種組織使命。

二、成本會計

對於營利事業，成本會計乃是謀求利潤的必要工具。雖然非營利事業並不必謀求利潤，但是成本會計本身仍有其作用（Macleod, 1971）。

（一）藉以增進效率並控制成本

人們從事某種活動，如果對所花成本缺乏清楚觀念，往往會忽略所付出之代價。成本會計可用以設定標準並衡量績效，以克服這種傾向。有人深恐，過分計較成本，可能導致降低品質之後果，因此為求安全起見，至少成本會計可以應用於較為具體的活動，此即其成果可以具體界說與衡量，在這情況下，較易保持品質水準，而不致受衡量成本的影響。

（二）藉以幫助資源之規劃與調配

以一機構有限之財源與人力，投諸各種不同之活動，有賴瞭解各種活動之成本，在傳統之非營利事業會計制度下，並不能表現出此種成本，因而無法從事良好之規劃與調配。如能應用成本會計方法於年度規畫，分析所包括各種活動之成本，將可有助於主持者之選擇與調配。

（三）藉以訂定合理價格

許多非營利組織仍係依賴服務收入以求生存，因此如何訂定合理服務價格，乃一實際上重要問題。例如醫療費用或公共汽車票價之類，為避免入不敷出，無形損耗機構寶貴資源，或對於不同類別的服務的收費，有畸重畸輕現象，都需要有良好的成本資料，以為計算價格之依據。即使所需服務費用並非由受惠者負擔，而係由政府或其他機構撥款供應，也需要有正確合理之成本資料，做為請求與撥款之基礎。

三、改進資訊系統

與會計及控制系統密切相關者，為一機構之資訊系統，足以供應外界政府及有關機構與內部管理上之需要。一般而言，非營利組織在這方面甚為粗陋。基本上，這和高層人員的態度有關（Herzlinger, 1977）。因此，要發展一有用的資訊系統，應自高層人員之重視與參與做起。

設計非營利組織之資訊系統,基本上,和營利組織所設計者,並無不同。此即必須辨認各方面對於資訊之需要,不過由於非營利組織之權責劃分不甚清楚,使得資訊需要之界說,亦較困難。

四、應用企業管理經驗於非營利組織

由於種種管理觀念及方法主要發展於企業機構,因此如何將其應用於非營利組織,由富有經驗之企業界人士現身說法,應可收事半功倍之效。

鑒於非營利組織對於管理之迫切需要,因此在美國,業已有企業界人士主動成立組織,給予前者此方面之協助。例如 1969 年時,美國紐約市一些企業界人士組成一城市自願者諮詢團(Volunteer Urban Consulting Group, VUCG),最先乃以少數民族所經營之企業單位為服務對象,及至 1973 年時,擴大其服務對象,括及非營利組織在內。而且其主要服務內容屬於管理方法及技術之轉移,而非像以前那樣限於財務方面之支援。

要企業界經理人員直接應用其經驗及能力於非營利組織,有其困難;此即,他們不知道那些機構需要他的專長,對於所協助機構缺乏背景瞭解、如何與後者本身人員密切合作。在這種情況下,需要有一中介機構,如上述自願諮詢團組織,有其專任之管理專家,各有相當豐富之工作經驗,由他們接受非營利組織之請求,衡量所需協助之性質及解決之可能性,根據所需專長之特性,徵求自願參加之企業界人士,協助後者應用其專長於解決非營利組織之管理問題。

由於企業經理和非營利組織雙方都缺乏諮詢和被諮詢經驗,使得中介機構扮演一極重要角色。就以上述紐約市所成立之自願諮詢團所得經驗而言,提供諮詢予非營利組織涉及多重困難:

第一、諮詢者對於工作環境一般並不熟悉。

第二、他所接觸對方,一般並非「企業」人士,因此其思想方式和價值觀念,和企業經理大相逕庭。

第三、並非所有非營利組織所遭遇的問題,外界顧問都能加以解決,譬如對於非營利組織最為重要的兩項問題——籌募款項及業務執行——往往即非外界顧問所長。因此使得後者不受被諮詢機構所重視。

第四、在非營利組織理事們和工作者之間,往往對於業務發展方向及重點,存有不同意見,因此使得外界諮詢人員介於其間左右為難,或不知所從。

第二十章　管理之未來

第一節　管理環境的演變
第二節　創新的管理
第三節　未來之管理者

本書對於管理所持觀點，認為它代表人類為謀解決問題、達成任務所採取的一條途徑。早期的管理，僅僅局限於企業機構，而且其任務乃以謀取利潤為主，但到近年來，如本書前此各章所討論者，管理的應用範圍與所擔當的任務，都發生基本上的改變和擴大。這象徵了管理所具有的動態性質，使得我們對於管理的未來發展方向問題，產生了探究的興趣和需要。

易言之，管理乃和每一時代的社會背景與環境條件，息息相關。我們所要探討的，乃是，在未來的一段時間中，我們所生活的世界，將會有怎樣的演變，又將出現有那些特別重大或新的問題，有待管理謀求解決。同時，隨著科學進步與工具發展，管理本身也將有那些改變，使其效能更加提高。

以一九七〇年代而言，我們已經看到了許多特殊重大的管理問題，譬如，外界環境之瞬息萬變——如能源危機、國際貨幣制度崩潰、通貨膨脹、政變與難民等事件層出不窮——使得各種組織措手不及，不知如何適應；又如社會對於企業所具地位及功能，發展不同的觀念，認為它應在達成基本營利任務之同時，甚至之前，應肩負有對於社會的責任；還有非營利機構之日臻重要，它們對於管理之需要極其迫切，如何能將發展於企業機構之管理方法，加以調整應用；而隨著各種機構規模擴大——尤其國際企業——以後，如何使部門或單位之間配合協調，不致各自為政，甚至互相衝突，違反整體目標之達成。諸如此類，對於管理實務以及理論，都產生極大的衝擊和影響。

相應於這些問題的發生，我們也同時看到許多管理觀念和方法之進展。舉出幾項重要者，例如策略規劃和環境預測技術、系統觀念與方法、非營利事業管理、企業社會責任等，都代表了管理為了配合時代背景與需要所採取的動態改變。

顯然地，在過去、現在和將來之間，並無什麼明顯的界線可以將它們截然劃分；基本上，一切發展還是連續不斷的。至少在今年和明年之間，沒有理由說，其區別和任何其他兩年間所產生者，有何根本不同之處。因此，展望管理之未來發展，大部分仍然屬於過去和目前之沿續。

本章內容，即係基於上述觀點，從未來人類所面臨的環境的重大演變與問題出發，探討管理所將擔負的任務與扮演的角色，以及配合種種新的任務與條件，管理本身將發生何種改變，尤其是有關未來經理人的地位與性質問題。

第一節　管理環境的演變

所謂管理環境，乃是一種非常概括的說法，幾乎所有文化、社會、經濟、政治、科技各方面環境的演變，都可能對於管理產生或多或少的影響。在此所強調者，乃就未來一段時間內這些環境內所將發生的一些演變，與管理具有特殊密切關係者，特別提出說明。

非常顯然地,這種環境,不但受到時間因素的支配,也同樣和空間因素有關。譬如,嚴格說來,在同一時間內,美國的管理環境和非洲國家的管理環境固然不同,和我國的管理環境亦異,這在比較管理一章中已有說明。不過,由於今後交通運輸之發達,通訊之便利,以及文化、經濟與貿易等交往之密切,使得國與國間所發生的問題與採取的手段,共同或共通之處日益增多,因而使得在此所討論的管理環境,在不同國家或社會之間,也有相當共同的趨勢。在此所提出者,主要即屬於這些方面的演變。

一、一個黯淡的前景

一般而言,學者專家們對於一九八〇年代的看法,是相當黯淡的。譬如賈可貝氏(Neil Jacoby, 1976)曾舉出目前對於企業界的六大挑戰:

1. 高度混亂而不確定的政治環境。
2. 遲滯的經濟成長。
3. 資金不足。
4. 工作精神消失,工業紀律鬆弛。
5. 社會要求及政府規定增多。
6. 對於私人企業制度的挑戰。

雖然這些問題將構成企業之最大威脅,但同樣地它們也影響多年來管理所依據之重要假定或基礎,使得過去被認為是正確或有效的管理理論及方法,發生動搖,甚至被推翻,因此需要有新的理論或方法出現,以期取代或滿足新的需要。

二、組織機構性質之改變

依本書首章所稱,管理乃因機構而存在,因而機構性質如何,對於管理具有最直接的影響作用。

自從公司組織發展以來,我們已看到了多國公司及複合企業(conglomerate)之出現,使一企業可同時進入不同市場及互不相干的行業,譬如勝家(Singer)公司,除了其市場包括 180 個家或地區以外,所生產之產品,涉及縫紉機、電算機、清潔劑、紡織機、收銀機以及桌上計算機等等。

但在今後,我們所要看到的,卻是另一類機構之日趨重要,它們出現於教育、國防、太空、海洋、醫藥及城市各種範圍,其共同特徵為:

- 沒有「例行化」（routinized）的解決辦法，更不可能應用裝配線方式大量生產。所需要的，是不斷找到新的解決方法。
- 它們以科技為基礎，工作人員以科學家與工程師為主，極少非技術性質之工人。
- 其產品可能只是一個計畫，即使是電算機系統，其產品單位也不會很多。
- 其產品涉及問題極廣，有賴各方（政府、教育、工業界）之協調合作。
- 這類機構所追求的，多非傳統的利潤，而是服務，因此難以具體衡量。

三、工作性及工作者組成之改變

隨著前項所稱組織之出現，自然影響到組織內工作性質。從事製造或直接生產之人員將顯著減少，代之而增加的，為從事分配及行銷、金融保險、運輸及通訊、文化、衛生福利、教育、娛樂及政府人員（Wilson, 1978）。這些人員多受有某種專業訓練，教育水準較高，和他們上一代的工作者具有迥然不同的工作態度和價值觀念。

除上述以外，一般而言，未來工作者之年齡及性別亦將和今日所有者不同。在許多國家——主要為歐美工業先進國家，但也包括臺灣地區在內——年輕工人（尤其二十歲以下者）顯著減少；相對地，二十五歲以上至四十歲者顯著增加。在性別方面，婦女參加工作行列者也大為增加，尤其是有較多擔任高層職位。這些改變，都將影響到一機構所要採取的管理和領導方式。

四、價值觀念與工作態度

如何激勵工作者願意貢獻其能力以達成組織目標，代表管理上的一基本功能。這和工作者之動機有關，而後者又受其價值觀念與工作態度之關係影響甚深。

在西方國家，尤其美國，人們感到（Sheppard and Herrick, 1972: 118-119）原有的清教徒倫理——人生而為了工作，而且應該努力工作——已經發生動搖。因此，要使人們願意努力工作，必須能提供他們新的吸引力。但是這吸引力也不是金錢報酬，而是工作本身能使他們感到興趣，並且發揮自己的專長和能力。

人們期望有較多的休閒時間，依估計，在美國的每週工作時間，平均每十年縮短兩小時。到了八〇年代時，可能達到每週四個七小時工作天，此外還有四週的帶薪休假。而到公元 2000 年時，人們休閒時間將佔 40% 之多（Fulmer, 1978: 467）。

五、政府與企業的關係

近數十年來，政府職權範圍之擴大，已成一普遍而重要的趨勢。除了政府本身組織膨脹、僱用大量人力、從事各方面工程建設、文化教育及福利業務等外，而且對於其他機構之就業、安全、標準化及待遇等問題，也有更多的規定和管制。

這和整個社會對於企業態度的改變，也有關係。一方面，社會對於企業缺乏信心，甚至抱懷疑態度，認為企業唯利是圖，所採行為常常違反社會或消費者利益，因此希望透過政府加以管制。另一方面，人們又希望企業能貢獻較多力量，以解決各種社會問題，這是它們的社會責任，因此企業必須面對社會上各種政治壓力的影響。使得今天經營企業者不能只是埋首做生意，而對其他問題不聞不問。

六、科技的發展

早在二十年以前，學者們（Anshen and Bach, 1960）預測 1985 年的管理時，即特別提出電算機所將造成對於管理的影響。當時認為，種種屬於高度程式化之決策，如例行性採購或產品定價，將可由電算機自動化管理。因此原來擔任此方面工作之中基層管理人員將會減少。

至於不能加以程式化或結構化之決策問題，也就是一般屬於高層管理者所負責者，如新產品發展及勞資磋商等，則被電算機取代較慢，不過自技術觀點，其中也有部分仍屬可能的。還有系統觀念之應用以及管理者規劃之時間幅度之延長等等，也都和電算機之發展與應用有關（Simon, 1960）。

事實證明，當時對於電算機在管理上的應用，所做預測似乎過於樂觀，尤其中層管理者並未因電算機使用而減少或變為不重要。而有關電算機將使一組織變為集權或分權的爭辯，目前較為平衡的看法是，兩種方向都有可能，而且電算機都可發揮其協助管理者之功能（Fulmer, 1978: 489-490）。

尤其近年來，由於低成本、高效能之小型電算機之發展，將其與各種辦公室事務機器結合使用，使得辦公室工作自動化向前邁進一大步，有所謂「事務機器革命」（Business Machine Revolution）之稱，對於組織結構、規劃及控制程序、決策水準與工作設計等，產生重大影響（Morgenbrod and Schwartzel, 1979）。身任管理工作者，面對這一發展趨勢，也需要不斷經由各種途徑充實自己這方面的知識和能力，才不致與時代脫節。

七、未來之決策

以上所列舉的各種發展趨勢，必將使管理理論及實務發生相應的改變。這包括組織設計、規劃及控制、管理教育各方面。數年前，即有學者以決策一項，分別內容、程序及資訊三方面，加以比較（Hellriegel and Slocum, 1974: 463-464），目前看來，仍有相當參考價值，如表 20-1 所示。

由表 20-1 可看出，未來環境對於管理造成最大衝擊者，乃在於創新之管理，此將於次節中詳加說明。

表 20-1　今天與未來企業決策之比較

	今天的企業	未來的企業
決策內容	作業問題，公司政策	策略之擬訂，策略執行系統之設計
	加強公司當前地位、經濟、科技、國內、業內之發展	產品、市場及科技之創新 經濟、社會－政治、科技、多國、業際之發展
決策程序	強調歷史經驗、判斷、以及過去用以解決類似問題所採方法	強調預測，理性分析，各方面專家及技術，以解決新的決策情況
	人員密集程序	科技密集程序
決策資訊	有關內部績效表現之正式資訊系統	有關預測，外界環境資訊之正式資訊系統
	單向，由上而下之資訊流通	互動、雙向之流通，以結合經理、專業人員及專家
	電算機系統強調能量及速度以供一般管理需要	電算機系統強調多樣、彈性及便利以供一般管理需要
	強調定期性之作業計畫、資本與營業支出預算	強調繼續不斷之規劃，包括作業、專案及系統資源發展，基於成本－效益預測以為控制

第二節　創新的管理

隨著管理環境之急劇改變，使得今後各種機構所擔負的任務，採用的方法以及所臨的問題，都將和過去有極大的不同。這樣一來，使得創新能力成為決定今後所有各種機構成敗之主要條件。

所謂創新，可以有不同的定義，但在此所採者，係指任何「創造改變之程序」（the process of creating change）（Steele, 1975: 19-20），所強調者，並非改變之內容——它可能是新產品、新技術、新材料、新制度或新觀念之類——而是帶動、促成、實現此等新

事物之力量、因素及程序。譬如一製造公司發展或設計一種新產品，經過試製、試用或試銷，而後決定正式上市，這一過程，稱為創新。再如一機構採納一種新的規劃技術，應用於本身業務上，這一過程，也算是創新。

一、創新之性質及機構創新

基於上述所採之創新意義，它具有以下幾方面性質：

- 它是針對未來的需要。此種需要可能亦已存在，但所採解決方法未能令人滿意，例如過去的交通運輸工具，在速度、舒適及安全等方面，不能配合今後此方面的需要。但是，也有許多需要，為過去所無的，例如防治污染、節省能源消耗等等。基本上，今後眾多機構之存在價值，即在於能對於此等未來需要有所貢獻。
- 它是行動導向的。創新並非指一種新學說、新知識或新發明，而是指一系列的實際行動，對於其相關的外在環境——譬如市場——產生某種影響作用。過去曾有許多偉大的發現或發明，出現並存在於世界上漫長的一段時間，但因缺乏資源及行動的支持，對於現實世界未產生任何改變作用，它們都不算創新。
- 它屬於社會或心理程序，而非技術程序。一種新的事物或行為，能否被人們接受，並非純粹取決於技術因素，甚至經濟因素。由於接受新的事物，需要改變人們的觀念、知識和行為模式，每每遭受抗拒，這是屬於社會及心理作用的範圍，因此要獲得成功的創新，往往要針對這方面因素著手。

在歷史上，創新的推動者，乃屬於所謂「興業家」（entrepreneur）的人物，他們往往也就是「發明家」（inventor）。他們將所發明的新事物，爭取外界資源的支持，以無比的毅力和熱情，發展為一種事業，提供人們更好的產品和服務，帶動人類生活水準的提高和社會的進步。在西方社會中，十九世紀被認為是屬於這類興業家的世紀，他們所留下的傳記，多多少少都帶有傳奇的色彩，為後人所景仰和驚嘆。

但是，隨著科學技術的進步，市場的驚人擴大，近年來的創新所需要的，往往是各方面知識和技術的結合，必須使用昂貴的設備，尤其推廣費用數額龐大，凡如這些條件，幾乎都不是單獨興業家所能支持。於是這方面的創新活動，很自然落在機構的身上；後者擁有各方面的人才、設備及資金，其創新能力遠非個別興業家所能比擬。

可是，在另一方面，由一機構擔負創新，也有其不利之處。其中最普遍者，約有以下幾方面（Quinn, 1979）：

- 缺乏個人興業家所擁有的狂熱，因此遇到困難和挫折時，往往經不起打擊而放棄。而具有興業家性格者，又不能適應組織內的氣氛與工作方式，也無法發揮其興業精神。
- 重視計畫及步驟，希望創新和一般業務一樣，能夠有條不紊進行。而實際上，創新過程中所將發生的事物問題，常無法事先預計。遇到這種情況，常被視為計畫失敗，而負責者一味企圖挽救原擬計畫或證明其價值，反而忽略了創新本身的目的。
- 費用支出浩繁，增加規劃成本。在組織內，種種直接及間接成本，都歸由一創新專案負擔。工作者不能像個人興業家那樣，設法以個人時間和努力，以「克難」方式節省開支。諸如夜間或假期趕工，都將大幅增加規劃成本，使創新專案的現值（present value）必須相應提高，才能被接受或維持。
- 控制系統著重短期財務報酬，如年度盈虧或投資報酬率之類，這對於創新計畫極為不利。因為在一機構中，經理者希望有較佳之績效表現，獲得升遷或其他報酬，如果投下較多資源及時間於創新計畫，不但後果難以逆料，而且曠時日久，影響其當期績效，對於本身利益不利，很自然將創新活動減少到最低限度。
- 對於擔負風險缺乏獎酬。與上項相關者，為機構之獎懲制度。一般而言，下屬如採取錯誤決策或行動，常可能遭受懲罰，但如錯過良好機會，使機構遭受無形損失，則完全不受懲罰。反過來說，如下屬主動創新並獲得成功，則所得獎酬亦甚有限，甚或沒有。權衡之下，使得機構成員缺乏負擔風險之動機。

根本問題，在於創新活動所要求的條件，和古典管理思想互相衝突。以威伯式的組織理論言，所強調的層級式組織、講求層層節制、分工專責、嚴密規定種種特性，對於創新而言，本質上產生以下幾方面的不利影響：

第一、過分強調單一性。每一組織成員的地位和所扮演的角色，都由他所處的組織階層所決定。職位高者，不僅權力較大，而且其知識和經驗也被假定是高人一等；職位低者，不必有自己主張，只要遵照上級命令和規定，忠實執行即可。在這情況下，任何改變都必須由最高主管開始，然後透過層層指示而實施，這對於創新程序而言，呆板無效可以想見。

第二、過分強調一致性。在威伯構想中，組織內部秩序井然，不可能──也不容許──有不同意見。但就創新過程言，要改變現狀，不可能沒有不同的立場和意見。禁抑不同的立場和意見的結果，也等於阻絕了創新的來源和途徑。

第三、過分強調確定性。在層級式組織觀念下，管理決策程序，必然是十分理性的；決策者必須充分瞭解本身目標，周詳探究每一可能途徑，客觀分析其利害得失。這樣所做的決定，其後果應該是十分確定的。可是，實際上，這種決策狀況是過於理想化與簡化的，尤其不適合創新狀況。過分追求確定性的結果，也是放棄了創新的機會。

在此並非說，傳統的組織及管理理論一無是處，而是說，它們所追求的，乃是一機構的經常業務效率（operational efficiency），其背後的假定是：一定的目標和業務內容，一定的外界環境和競爭狀況。在這靜態狀況下，藉由建立一定的程序和步驟，有系統地分工合作，將可有助於達成組織目標。

問題在於創新有其不同的邏輯（logic）（Drucker, 1974: 801-803）。對於一組織而言，所謂創新的管理，其目的不是建立一種「一體遵行的例規」（routine），而是一種「改變的程序」，使得這種「改變程序」制度化。難怪有人懷疑，創新的管理本身是否即屬一自相矛盾之舉（Steele, 1975: 1-7）。

杜拉克（Drucker, 1974: 787）曾稱，一創新性組織為能將創新精神制度化，並培養一種創新習慣的組織。這方面能力的高下，乃取決於管理，而與產業、規模或歷史無關。令人驚奇的是，迄今幾乎每一本管理學教科書都強調創新之重要，以及管理者所負創新之重大責任，但極少討論到機構及管理當局應如何作為，以激發、導引並實現有效之創新，這代表今後管理學發展之一大挑戰及方向。

二、將科技活動納入企業規劃

本書前此已討論企業規劃程序，提供一企業未來發展之指針。如果要想經由科技發展而導致企業創新，必須能將有關科技活動納入企業規劃構架之內，使其成為企業經常活動之一部分。或從另一方向來說，此即組織內負責研究發展經理或部門，能自企業規劃中獲得必要之指引，以推動其科技活動，並選擇其方向，評估其成效。

（一）科技活動類別

首先，要將科技活動分成若干類型，以供採擇之依據。傳統上，社會發展活動分為：（1）基本研究（basic research），（2）應用研究（applied research）及（3）發展（development）等類別，以期反映其實用程度。

但是學者（Steele, 1975: 66-75）以為，這種分類不易用於規劃構架之內，因其乃自研究人員立場所採分類，而非負擔風險之管理人員立場。自後者立場，他並不在乎所從事之研究發展工作之性質，而所關切者，為這些工作之結果，及其對於其業務上之涵義。較佳的一個分類辦法，乃依研究發展成果所包含之風險程度為基礎，將研究發展工作分為：（1）應用現有科技，（2）延伸現有科技，（3）發展新科技三類，現扼要說明於次：

1. 應用現有科技

    所謂「現有科技」（state-of-the-art），廣義言之，乃泛指某一專業範圍內之知識、觀念、研究方法及技術，凡受過此種專業訓練者，都會知悉並能加以應用者。

    人們談到科技工作，總以為是發展新的科技，事實上，絕大多數乃屬於此類──應用現有科技。例如，將若干現有科技加以新的組合，或用以滿足某種需要，應用於某種新的用途或範圍二類。這類科技活動也需要有高度的創造力和技巧，不過，所包含的風險程度甚低；人們對於所要獲得之結果、效能及所費時間及成本等，都可做較確實之估計。

2. 延伸現有科技

    這類科技工作，又可包括若干類別，譬如：改進設計、改進使用材料及程序，改進所使用之工具本身等。和前此應用現有科技相同，採取這些改進辦法的作用，可以達到降低成本、改進品質或性能，以及增加產品新的特性等目的。譬如改進產品設計，使物料所承受壓力減輕或更均勻化，這樣可以減少所使用的材料或延長產品壽命。當然，採用改進後的材料，也同樣可能達到此等目的。

    這類科技活動的風險，顯然較應用現有科技為高。不過，一般言之，在大多數情況下，科技人員仍能給予相當可靠之估計，以判定是否能做到所期望的目的。比較有問題者，為所須投下的時間及成本，難以把握。如想要將這類改進納入生產或行銷計畫，將含有較高度之不確定成分。

3. 發展新科技

    在一般人心目中，甚至在從事科技工作者的心目中，只有這類科技活動，才算是真正有光彩的科技發展活動。不過，自投資或管理者立場，這類活動的風險最大，而且如有可能利用現有科技，或延伸現有科技，以達到同樣的目的，他們寧可選擇後兩類。

    發展新科技，自所應用之功能觀點，又可分為兩類：一為應有於現有之某種功能，不過它較現有方法為優，因此具有代替性質。最著名的例子，便是以電晶體代替真空管，以噴射引擎代替螺旋推進器。

在多數情況下,這類新的科技乃發源於現有科技應用者範圍以外。後者為了保護其已有的投資及利益,對於侵入其應用範圍之新科技,每採一種抗拒態度。而且,在事實上,最先發展某種新科技者,對於其可能用途,並無確定之目標。乃是先有科技,然後才發現其應用,這屬於一種「供應推動型」(supply-push type)之發明,以別於另一類「需求吸引型」(demand-pull type)之發明。

因此,要能獲得這類新科技,常不能求之於現有之應用舊科技單位,而要安排一無既得利益關係之單位,負責尋求並評估此類新科技。

另一類新科技,乃創造一種新的功能或產品,為過去及現在所無者,例如電視、傳真電話、複印機或拍立得相機之類科技。由於這類科技,為人類社會帶來一嶄新的產品和工業。

不過,這類科技發明,乃是可遇而不可求的,和前此所討論的科技活動性質極為不同。因此,它們乃被稱為是不在正常規劃與管理程序以內的。

(二)決定科技投入在企業策略中之角色

我們已自管理者立場,分別不同類型之科技活動,探討其可能扮演之角色及功能,現在將自企業規劃程序觀點,來看這些科技活動,如何能納入企業策略之內。

本書前此第四及第五兩章內,曾經討論規劃程序及策略等內容。在此假定一企業可採取下列四種發展策略中之任何一種:

1. **坐享其成策略**

　　這是一種最保守的策略,但卻未必是一不當的策略。譬如產品已達成熟階段,市場缺乏成長潛力,而競爭又十分劇烈,在這情況下,一廠商可能是儘量獲得最大短期利潤。不過,這並不表示,這廠商完全不採任何改進活動;相反地,為了獲得最大短期利益,它仍要採取某些策略活動,當然包括一些科技活動在內。

2. **繼續成長策略**

　　設如市場仍有成長潛力,一廠商仍可針對這一既定市場,利用相同通路,提供相同產品,滿足相同用途,設法增加銷售量或市場佔有率,以求繼續成長。

　　為了達到上述目的,一廠商可能要減低成本,改進產品品質或績效等等。採取這些策略,未必都要依賴科技創新;譬如降低售價,擴大產量,即可達到降低成本的作用。但無可否認地,在此種繼續成長策略之下,科技創新亦可扮演一重要角色。

3. **延伸當前業務策略**

　　一企業可利用當前業務為基礎,然後設法發展相關之業務。發展或擴伸的方向,包括有:(1)增加新的產品線,以滿足現有市場之需要,或進入相關之市場;(2)將現有之產品,或略加變更,以期進入一新市場;(3)從事垂直整合(vertical integration),包括向前整合(forward integration)趨向於最後顧客,或向後整合(backward integration)趨向於原物料之供應業務。

4. **多角化策略**

　　此即利用公司所擁有之管理經營才能,以及財務與人力資源,發展新的業務。後者和公司現有產品或市場之間,並無直接關係,在一九六〇年代中美國迅速發展的所謂「複合企業」(conglomerates),即屬這類策略之產物。

　　在事實上,實施這種策略,多透過「購併」(acquisition)途徑行之;有時也可利用「授權」(licensing)方式取得某種科技;而由內部發展科技者較少。但這並不表示,在多角化策略下,科技活動不能扮演重要角色。

　　有關這些企業策略之選擇,對於一企業之發展前途,具有決定性影響,不過在此不擬深談。一般而言,一企業採取何者,將視目前市場發展狀況、競爭壓力、本身能力以及高層管理所採基本目的與信念等決定,讀者可參考本書內有關策略規劃部分之討論。

　　在此所關切者,乃是這些策略選擇之後,如何實施的問題。雖然,如前所稱,在實施途徑方面,未必都涉及科技創新;但如需要利用科技,將需要那種性質之科技,這是此處所要說明的重點。換言之,我們如何能在前述之科技活動類型與此處所提出之企業策略之間,建立某種橋樑問題。

為探討科技因素在實施一特定企業策略中之地位,可考慮一些基本因素,其中包括:

- **市場特質**

　　此乃就所選擇的市場言,所重視的,屬於何種條件:價格?或是品質?效能?如果市場所重視的,屬於更優良的品質,則這一發現,將提供科技活動以努力的方向;設法應用現有或較新的科技,以生產更精良的產品。當然,在這過程中,公司當局不能忽略成本及價格等因素之限制作用。

- **競爭地位**

　　與競爭者相較,本身產品或其行銷之優缺點為何,公司是否能在某方面發揮本身的突出優點,而科技創新如何能有助於達到這種要求,這些都是分析的重點。

表 20-2　科技投入與企業策略之矩陣規劃

科技投入 \ 企業策略及目標	坐享其成 改進效能	坐享其成 減低成本	坐享其成 增加特色	繼續成長 改進效能	繼續成長 減低成本	繼續成長 增加特色	延伸業務 相關產品	延伸業務 相關市場	延伸業務 相關科技
應用現有科技		Ⓐ							
延伸現有科技				Ⓑ					
採用代替科技							Ⓒ		
發展新科技								Ⓓ	

- 科技應用之現況

　　檢討目前所應用之科技方法，就所提供之功能言，有何優點或缺點；此外尚有那些已存在或新發展的科技，同樣可能加以應用，和現用科技比較，其優劣如何。從這些方面考慮，也可幫助企業規劃者發現所需要的科技類型及其作用。

綜合以上所述，我們可用一矩陣形式加以表現，如表 20-2 所示。在這表中，以一電動馬達公司為例，在所列之三種企業策略下，顯示如何將科技投入加以配合應用情況。Ⓐ 所代表者，為應用現有科技以達到降低生產成本之目標，譬如改變生產過程設計；Ⓑ 所代表者，為延伸現有科技以消除軸承上問題，因而提高馬達效能，使市場佔有率增加；Ⓒ 所代表者，可能為採用 solventless coating 技術自行產製磁鐵線（magnet wire），實施向後整合；Ⓓ 代表一最為大膽之途徑，發展一種新型 linear 馬達，以進入電動玩具火車市場。

　　透過這一矩陣方式，公司當局得以比較與評估各種企業策略及其對應之可能科技投入。

第三節　未來之管理者

隨著外界環境之劇烈變動，以及組織任務之複雜與艱鉅，使得管理所扮演的角色也日趨重要，因而被認為是一組織機構達成任務所不可或缺之一重要資源（Terry, 1977: 605-606）。而管理能否有效擔負這種任務，這和未來的管理者關係最大。

　　未來所需要的管理者，將具備有那些特色和能力呢？

一、未來管理者之素描

為了適應迅速變動的外界環境以及不斷創新的業務內容，未來的管理者應屬於所謂的「通才」（generalist）。具體言之，這表現在以下幾方面：

- 儘管他出身於某一特定職能範圍，如財務、行銷或技術部門，但是對於其他職能，也有廣泛的瞭解和經驗，並不會拘泥於自己所熟悉的觀念和行為方式。
- 在目標取向上，能在經濟、社會及科技各種目標之間，保持一均衡立場。既非只知追求本身的短期利益，也不偏於好高騖遠的空洞理想。
- 由於環境及科技之高度複雜化，一位經理人不可能對於任何有關事物及其發展，都具備深刻的知識和瞭解，他必須借重這方面的專家和科技人員。這樣做並不致稍減他的尊嚴或資格，但重要者，為他應有和這些專家溝通的能力。
- 他所具備的能力和技巧，應可移轉應用於不同單位和機構之上。例如一民營企業、一所大學、一政府機關或一民間團體。

學者（Terry, 1977: 609）曾列舉七項才能，認為是未來管理者將需具備的。這包括：

1. 激勵員工努力貢獻其能力。
2. 調和經濟及社會目標。
3. 建立與同僚及下屬間的良好關係。
4. 設計有效之組織結構。
5. 發揮員工之自我控制及獻身意願。
6. 發揮及評估科技發展。
7. 培養與政府機關間之良好關係。

二、公共管理者之觀念

在過去的漫長時間中，我們已見到企業管理者地位之不斷變遷。最先是資本主兼經營者，他們憑藉對於專業的所有權，當然地負責一企業之經營工作。接著後來，隨著公司組織興起，發生所有權和經營權之分離，所有人以股東地位退居幕後，而將事業之經營及管理權交給所謂「專業管理人」（professional manager）負責；他們所憑藉的，乃是經營和管理的才能。有關此點，本書已於首章中詳加說明。

以美國而言，這種專業管理人在一九三〇年代後迅速發展（Mee, 1973）。在短短幾十年內，他們對於美國經濟和財富的貢獻，是極其輝煌的。目前在世界上幾乎所有的民主國家內，都非常重視培育這種專業管理者，代表其經濟成長和活力所不可缺少之一項因素。

但是，儘管在專業管理人之負責下，企業的發展和對於社會的貢獻，有非凡的表現，企業卻在近若干年來受到各方面的批評和攻擊，譬如消費者團體攻擊企業所提供的產品，不能切合使用者需要；所從事的廣告和推銷活動，造成顧客錯誤的印象。環境主義者批評企業造成環境污染，破壞自然生態均衡。政府當局通過種種法令規章，防止企業獨佔或逃漏應負稅捐。員工們亦有怨言，認為工作單調，缺乏表現機會，造成較高之流動率。諸如此類，顯示專業管理人所面臨的環境已和過去不同，社會對於他們的要求，也不以達到企業本身目標為滿足。

學者稱這種未來的管理者為「公共管理者」（public manager）或「公共導向管理者」。這種管理者，除了擔負有利潤責任——這仍然是最重要的責任，因缺乏利潤，一民營企業將無法生存——還要滿足社會上其他各方面對於企業的要求，這屬於企業及管理者所應負之「社會責任」。他除了要增進一企業之市場地位外，還要藉由所掌握的資源，有效加以利用，以增進一社會之生活品質。當然，如何在利潤責任與社會責任之間，使其調和一致，或減少其衝突，代表一項未獲充分解決的問題，但今後一企業管理者必須具有社會責任的意識，並納入其決策體系之中，這種觀念在原則上已獲多數人之接受，應無疑問。

三、高層管理團隊及中層管理之角色

在一組織中，尤其一具有相當規模的組織中，管理人所擔任的職責，隨組織階層之不同，有所謂「高層」、「中層」或「基層」之分。各層管理者所扮演的角色與功能，具有顯著差異，本書前此業已論及。

近年以來，有關高層管理職位之性質，今後可能產生何種改變，曾起若干討論。有人認為，以今後高層管理所擔負職責之廣泛、所需才能之眾多，將非任何一個人所能做到或具備，因而需要由若干具有不同能力及經驗者，構成一高層管理團隊（top management team）共同負責。

例如杜拉克（Drucker, 1974: 618-626）曾對這種高層團隊的運作情況，加以描述。首先、高層管理成員乃依各人之性格、資格及經驗等，分別負責某方面任務，如行銷、製造、研究發展等等。各人在所負責範圍內，具有最後決定權。第二、他們對於不屬於自

己所負責範圍內的問題，不做決定，甚至避免發表意見。第三、各成員間應互相尊重，不可彼此攻訐、批評，也不必彼此標榜。在團隊中有一領袖，應特別注意這一問題。第四、這種團隊，依杜拉克意見，並不是一種委員會組織；它需要一領袖，但後者並非其他成員的上司。依若干著名公司的實際經驗，擔任此一功能之董事長，一般只有一票投票權；而且在多數情況下，重要決定都是採無異議方式達成。不過，遇有重大危機時，這一領袖必須要能肩負全盤責任，以求安然解決。第五、但是有些問題，並不屬於任何方面，譬如有關「經營疆域」之界說，重要人事任命，以及重大投資計畫之選擇等等。這類問題必須由整個高層管理團隊決定。什麼是屬於這類問題，也應事先劃定。最後，雖然各高層團隊成員各有專責，但他們彼此之間，應建立並保持良好溝通；每個人都充分瞭解其他同僚所做決定。也只有這樣，他們才能保持充分的自主地位。

杜拉克提出這種高層管理團隊之觀念，一方面，乃鑒於高層管理工作之複雜性，已非任何個人所能勝任；另一方面，乃基於他對於當前世界上許多著名而成功的企業的觀察，歸納而得之結論。不過，就上述各點而言，表面上看，似乎非常理想，但要實際做到、必將極其不易，甚至不可能。這有賴無數條件和環境之配合，至少在高層管理人員之間，必須有極其融洽而合作之默契關係。這絕非一朝一夕所能培養，也和社會觀念、文化背景有密切關係。故如何能建立這種團隊精神和合作關係，將屬未來管理學發展上之一大挑戰。

多年以來，隨著電算機之應用於管理工作，人們預測稱，許多原來屬於中層管理者的工作，將被電算機所取代，表示管理工作，將隨生產工作之後，趨向自動化之方向（Simon, 1960: 17-55）。

在若干程度內，這種預測是正確的；若干中層管理者所從事的例行性工作，現在已不必由他親自處理，而可利用電算機及其程式加以處理。但是，這種工作方式的改變，並非減少中層管理者的職位及其重要性。原因是今後的中層管理工作將發生改變，而和過去不同。

一方面，由於高層管理者必須投下其大部時間及精力，從事各種外界關係及策略規劃工作，其原屬內部經營及管理工作，有甚大部分必須改由中層管理者承擔。在另一方面，由於分權的發展趨勢，也大大增加中層管理者的責任。這樣一來，使得後者所扮演的角色，並不較前遜色。

還有重要的一點原因，使得電算機不可能替代管理者之功能，就是責任的擔當上面。人們無法要電算機承擔成敗責任，也無法加以獎懲以影響其行為，這種核心功能終究仍要靠人來擔任。

四、管理者之繼續進修

最值得管理者警惕者,就是所謂管理者「廢舊化」(obsolescence)問題。今後的管理者,僅僅是埋首努力工作,是不夠的,他必須不斷充實自己,更新和加強本身的知識和能力,以配合時代及任務之改變。否則,將不免有遭到淘汰的危險。

要避免本身變為廢舊,一位管理者可循下列途徑努力:

第一、培養廣泛之學識基礎及興趣

一般而言,一個具有較廣泛知識和興趣的人,不但常識豐富,而且能夠吸收新的知識和經驗,容易和不同背景的人溝通合作,這樣才不會抱殘守缺,故步自封。因此,管理者不宜只注意某一種與自己當前工作直接有關的問題和學識,例如會計,而更應對其他方面,如經濟法規、經濟學、電算機資料處理,以及其他企業功能等,同時具有基本的知識,並保持不斷更新。

第二、把握繼續進修之機會

僅僅靠求學階段所得到的知識,是不夠的。在工作過程中,仍應不時參加各種進修活動和計畫,閱讀有關書刊。為了適應這種需要,未來的學校教育,除了以一般學生為對象外,也將要增加各種長短期之課程及訓練,以滿足就業人士之進修需要,尤其管理學院為然。事實上,我們已經看到世界各國中這種發展趨勢。

第三、瞭解所擔任工作之意義及價值

要使管理者能保持積極進取的態度以及克服萬難的信心,最重要的,就是他充分瞭解到,自己所從事的工作乃是有意義、有價值的。不過,要做到這點,並非純靠個別管理者本身的努力和素養,而有賴整個組織,尤其高層管理者,提供適當的工作職位和機會,在本書中,有關工作設計一章中,即曾討論諸如「工作擴大化」、「工作豐富化」等方法,就是希望藉此能滿足人員更高層的需要,並引發其更大的潛在能力。

參考資料

說明

1. 本書引用參考資料分中文與英文兩部分；中文資料按著者姓氏筆劃排列，英文資料按著者姓氏字母排列。
2. 每項資料著者姓氏後括號內之數字為該資料出版年代，資料末所附括號內之數字為本書引用該資料之章次。

一、中文部分

沈文恕（1978），工作特性與工作滿足的關係──我國實驗銀行與非實驗銀行基層人員之比較研究，國立政治大學企業管理研究所碩士論文。(13)

許士軍（1972），有關黎、史二氏「組織氣候」尺度在我國企業機構之適用性之探討。臺北：政大學報第 26 期（民國六十一年五月）：103-138。(12)

許士軍（1973），國際行銷管理。臺北：三民書局。(3)

許士軍（1977），工作滿足，個人特徵與管理氣候──文獻檢討與實證研究。政大學報第 35 期（民國六十六年五月）：13-56。(12)

二、英文部分

Ajiferuke, M. & Boddewyn, J. (1970) "'Culture' and Other Explanatory Variables in Comparative Studies." *Academy of Management Journal*, 13(2) (June): 153-163. (18)

Albrook, R. C. (1967) "Participative Management: Time for a Second Look." *Fortune*, 75(5) (May). (13)

Allen, Louis A. (1964) *The Management Profession*. N.Y.: McGraw-Hill. (10)

Anderson, David R., Schmidt, Leo A., & McCosh, Andrew M. (1973) *Practical Controllership* (3rd ed.). Homewood, Ill.: Richard D. Irwin. (6)

Anderson, Donald N. (1976) "Zero-Base Budgeting: How to Get Rid of Corporate Crabgross." *Management Review*, 65 (October): 4-16. (6)

Andrews, Kenneth R. (1969) "Toward Professionalism in Business Management." *Harvard Business Review*, 47 (March-April): 49-60. (1)

Anshen, Melvin & Bach, George L. (eds.) (1960) *Management and Corporations, 1985: A Symposium Held on the Occasion of the Tenth Anniversary of the Graduate School of Industrial Proceedings*. N.Y.: McGraw-Hill. (20)

Anthony, Robert N., Dearden, John, & Vancil, Richard F. (1965) *Management Control Systems; Cases and Readings*. Homewood, Ill.: Richard D. Irwin. (4)

Anthony, Robert N. & Herzlinger, Regina E. (1975) *Management Control in Nonprofit Organizations*. Homewood, Ill.: Richard D. Irwin. (19)

Argyris, Chris. (1957) *Personality and Organization*. N.Y.: Harper and Row. (2)

Argyris, Chris. (1962) *Interpersonal Competence and Organizational Effectiveness*. Homewood, Ill.: Richard D. Irwin. (2)

Argyris, Chris. (1964) "T-Groups for Organizational Effectiveness." *Harvard Business Review*, 42 (March-April): 60-74. (16)

Argyris, Chris. (1970) *Intervention Theory and Methods: A Behavioral Science View*. Reading, Mass.: Addison-Wesley. (13)

Argyris, Chris. (1971). *Management and Organizational Development: The Path from XA to YB*. N.Y.: McGraw-Hill. (13)

Asch, Solomon E. (1955) "Opinions and Social Pressures." *Scientific American*, 193 (November): 31-35. (12)

Ash, P. (1954) "The SRA Employee Inventory—A Statistical Analysis." *Personnel Psychology*, 7: 337-364. (12)

Atkinson, J. W. & Feather, N. T. (eds.) (1966) *A Theory of Achievement Motivation*. N.Y.: John Wiley & Sons. (12)

Baehr, M. E. (1954) "A Factorial Study of the SRA Employee Inventory." *Personnel Psychology*, 7: 319-336. (12)

Barnard, Chester I. (1958) *The Functions of the Executive*. Cambridge, Mass.: Harvard University Press. (10) (16)

Barnes, L. B. (1967) "Organizational Change and Field Experiment Methods." in V. H. Vroom (eds.), *Methods of Organizational Research*. Pittsburgh, Pa.: University of Pittsburgh Press. 57-111. (17)

Barnes, Ralph M. (1968) *Motion and Time Study* (6th ed.). N.Y.: John Wiley & Sons. (13)

Barrett, M. Edgar & Fraser III, Le Roy B. (1977) "Conflicting Roles in Budgeting for Operations." *Harvard Business Review*, 55 (July-August): 137-146. (7)

Bass, Bernard. (1965) *Organizational Psychology*. Boston: Allyn and Bacon. (12)

Bavelas, Alex. (1950) "Communication Patterns in Task—Oriented Groups." *Journal of the Acoustical Society of America*, 22: 725-730. (12)

Beach, Dale S. (1970) *Personnel: The Management of People at Work* (2nd ed.). N.Y.: Macmillan. (15)

Bendix, Reinhard. (1956) *Work and Authority in Industry*. N.Y.: John Wiley & Sons. (2)

Bennis, Warren G. (1966) "Organizational Developments and the Fate of Bureaucracy." *Industrial Management Review*, 4 (Spring): 41-55. (11)

Bennis, Warren. G. (1969) *Organizational Development: Its Nature, Origins, and Prospects*. Reading, Mass.: Addison-Wesley. (16)

Bennis, Warren G. & Shepard, Herbert A. (1963) "A Theory of Group Development." *Human Relations*, 9 (Summer): 415-457. (12)

Berelson, B. & Steiner, G. A. (1964) *Human Behavior*. N.Y.: Harcourt Brace & World. (15)

Berle, Adolph A. & Means, Gardiner C. (1932) *The Modern Corporation and Private Property*. N.Y.: Macmillan. (1)

Berlo, David K. (1960) *The Process of Communication*. N.Y.: Holt Rinehart and Winston. (15)

Bernstein, Leopold A. (1974) *Financial Statement Analysis*. Homewood, Ill.: Richard D. Irwin. (6)

Bertalanffy, Ludwig von. (1950) "The Theory of Open Systems in Physics and Biology." *Science*, (January 13): 23-29. (2)

Bertalanffy, Ludwig von. (1951) "General System Theory: A New Approach to Unity of Science." *Human Biology*, (December): 302-361. (2)

Blake, R. R. & Mouton, J. S. (1964) *The Managerial Grid*. Houston: Gulf. (14)

Blake, R. R. & Mouton, J. S. (1969) *Building a Dynamic Corporation through Grid Organization Development*. Reading, Mass.: Addison-Wesley. (16) (17)

Blau, P. M. (1970) "A Formal Theory of Differentiation in Organizations." *American Sociological Review*, 35: 201-218. (17)

Blau, Peter M. & Scott, W. Richard. (1962) *Formal Organization: A Comparative Approach*. N.Y.: Intext Educational Publishers. (1)

Blood, M. R. & Hulin, C. L. (1967) "Alienation Environmental Characteristics and Worker Responses." *Journal of Applied Psychology*, 51: 284-290. (13)

Bock, Robert H. & Holstein, William K. (1963) *Production Planning and Control: Text and Readings*. Columbus, Ohio: Charles E. Merrill. (7)

Boddewyn, J. (1961) "Frederick Winslow Taylor Revisited." *Academy of Management Journal*, 4(2) (August): 104. (1)

Boulding. Kenneth E. (1956) "General Systems Theory: The Skeleton of Science." *Management Science*, 2 (April): 197-208. (2)

Brummet, R., Flamholtz, Eric & Pyle, W. (1969) "Human Resource Accounting: A Tool to Increase Managerial Effectiveness." *Management Accounting*, 51(2) (August):12-15. (6)

Bunge, Walter R. (1968) *Managerial Budgeting for Profit Improvement*. N.Y.: McGraw-Hill. (7)

Burlingame, John F. (1961) "Information Technology and Decentralization." *Harvard Business Review*, 39 (November-December): 121-126. (11)

Burnham, James. (1941) *The Managerial Revolution*. N.Y.: John Wiley & Sons. (1)

Burns, Tom & Stalker, G. M. (1961) *The Management of Innovation*. London: Tavistock. (11)

Business Week Magazine. (1966) "Robot Dons Chef's that to Speed up Burgers." *Business Week*, 1912 (April 23): 42. (3)

Byham, William C. (1970) "Assessment Centers for Spotting Future Managers." *Harvard Business Review*, 48 (July-August): 150-167. (16)

Campbell, J. P. (1971) "Personnel Training and Development." *Annual Review of Psychology*, 22: 565-602. (16)

Campbell, J. P. & Dunnette, M. D. (1970) "Effectiveness of T-Group Experiences in Managerial Training and Development." *Psychological Bulletin*, 70 (August): 73-104. (16)

Campbell, J. P., Dunnette, M. D., Lawler, E. E. & Weick, Jr., K. E. (1970) *Managerial Behavior, Performance, and Effectiveness*. N.Y.: McGraw-Hill. (12) (16)

Canon, J. Thomas (1968) "Strategy's Role in Business." in *Business Strategy and Policy*. N.Y.: Harcourt Brace & World: 3-33. (5)

Carlisle, Howard M. (1969) "Are Functional Organizations Becoming Obsolete?" *Management Review*, (January): 2-9. (11)

Carson, Rachael. (1962) *Silent Spring*. Boston: Houghton Mifflin. (3)

Chandler, Alfred D. (1962) *Strategy and Structure*. Cambridge, Mass.: The M. I. T. Press. (11) (17) (18)

Cherrington, D. L., Reitz, H. J. & Scott, Jr., W. E. (1971) "Effects of Reward and Contingent Reinforcement on Satisfaction and Task Performance." *Journal of Applied Psychology*, 55: 531-536. (12)

Churchman, C. West, Ackoff, Russell L., & Arnoff, E. L. (1957) *Introduction to Operations Research*. N.Y.: John Wiley & Sons. (2)

Coch, L. & French, Jr., J. R. (1948) "Overcoming Resistance to Change." *Human Relation*, 1: 512-532. (13)

Cofer, Charles & Appley, Mortimer. (1967) *Motivation: Theory and Research*. N.Y.: John Wiley & Sons. (12)

Cohen, A. R. (1958) "Upward Communication in Experimentally Created Hierarchies." *Human Relations*, 11: 41-53. (15)

Cohen, A. R., Fink, S. L., Gadon, H. & Willits, R. D. (1976) *Effective Behavior in Organizations*. Homewood, Ill.: Richard D. Irwin. (14)

Connor, Patrick E. (1974) *Dimensions in Modern Management*. Boston: Houghton Mifflin.

Connor, Partick E. (1974) "Interpersonal Effectiveness and Performance Effectiveness: Some Thoughts for Management." in P. E. Connor (1974): 298-308. (16)

Crowningshield, Gerald R. & Gorman, Kenneth A. (1974) *Cost Accounting, Principles and Managerial Applications* (3rd ed.). Boston: Houghton Mifflin. (6)

Cyert, Richard M. & March, James G. (1963) *A Behavioral Theory of the Firm*. Englewood Cliffs, N.J.: Prentice-Hall. (8)

Dalton, G. W., Barnes, L. B. & Zaleznik, A. (1968) *The Distribution of Authority in Formal Organization*. Boston: Graduate School of Business Administration, Harvard University. (17)

Dantzig, G. B. (1951) "Maximization of a Linear Function of Variables Subject to Linear Inequilities." in T. C. Koopmans (ed.), *Activity Analysis of Production and Allocation, Proceeding of a Conference*. N.Y.: John Wiley & Sons. (7)

Davis, James. (1969) *Group Performance*. Reading, Mass.: Addison-Wesley. (8)

Davis, K. (1968) "Success of Chain-of-Command Oral Communication in a Manufacturing Management Group." *Academy of Management Journal*, 11(4) (December): 379-381. (15)

Davis, K. (1972) *Human Behavior at Work* (4th ed.). N.Y.: McGraw-Hill. (15)

Davis, L. E. & Taylor, R. N. (1972) *The Design of Work*. London: Penguin. (13)

Davis, M. D. (1970) *Game Theory: A Nontechnical Introduction*. N.Y.: Basic Books. (8)

Dearborn, D. C. & Simon, H. A. (1958) "Selective Perception. A Note on the Departmental Identifications of Executives." *Sociometry*, 21 (June): 140-144. (15)

DeMartino, Edoardo & Searle, Bruce A. (1972) "Operating on a Global Basis, Today and Tomorrow." *Columbia Journal of World Business*, 7 (September-October): 51-61. (18)

Donnelly, Jr., James H., Gibson, James L. & Ivancevich, John M. (1975) *Fundamentals of Management: Functions, Behavior, Models* (Rev. ed.). Dallas, Tex.: Business Publications. (12) (14) (17) (18)

Drucker, Peter F. (1974) *Management: Tasks, Responsibilities, Practices*. London: Heinemann. (20)

Drucker, Peter F. (1954) *The Practice of Management*. N.Y.: Harper & Row. (5)

Dunnette, M. D., Campbell, J. P. & Hakel, M. D. (1967) "Factors Contributing to Job Satisfaction and Job Dissatisfaction in Six Occupational Groups." *Organizational Behavior and Human Performance*, 2: 143-174. (12)

Dykeman, Francis C. (1969) *Financial Reporting and Techniques*. Englewood Cliffs, N.J.: Prentice-Hall. (7)

England, George W. (1975) *The Manager and His Values: An International Perspective from the United States, Japan, Korea, India, and Australia*. Cambridge, Mass.: Ballinger. (18)

England, George W. (1978) "Managers and Their Value Systems: A Five-Country Comparative Study." *Columbia Journal of World Business*, 13 (Summer): 35-44. (18)

Farmer, Richard N. & Richman, Barry M. (1964) "A Model for Research in Comparative Management." *California Management Review*, 7 (Winter): 58-68. (3) (18)

Farmer, Richard N. & Richman, Barry M. (1965) *Comparative Management and Economic Progress*. Homewood, Ill.: Richard D. Irwin. (16).

Fayol, Henri. (1949) *General and Industrial Management*. Trans. by Constance Storrs. London: Sir Isaac Pitman & Son, Ltd. (2)

Fenstermacker, Roy. (1969) "Managing Technology." *Management Review*, 58 (April): 34-45. (1) (3)

Fiedler, Fred E. (1965) "Engineer the Job to Fit the Manager." *Harvard Business Review*, 43 (September-October): 115-122. (14)

Fiedler, Fred E. (1967) *A Theory of Leadership Effectiveness*. N.Y.: McGraw-Hill. (14)

Fiedler, Fred E. (1974) "The Contingency Model — New Directions for Leadership Utilization." *Journal of Contemporary Business*, 9 (Autumn): 71.

Filley, Alan C. & House, Robert Journal. (1969) *Managerial Process and Organizational Behavior*. Glenview. Ill.: Scott, Foresman. (17)

Flamholtz, Eric. (1974) *Human Resource Accounting*. Encino, Calif.: Dickenson. (6)

Fleishman, E. A., Harris, E. F. & Burtt, H. E. (1955) *Leadership and Supervision in Industry*. Columbus, Ohio: Bureau of Business Research, Ohio State University. (14)

Follett, Mary P. (1942) *Dynamic Administration*. N.Y.: Harper. (10)

Forbes. (1967) *Forbes Fiftieth Anniversary Issue* (September 15). (1)

Ford. R. M. (1969) *Motivation through the Work Itself*. N.Y.: American Management Association. (12) (13)

Forrestor, Jay W. (1962) "Managerial Decision Making." in Martin Greenberger (ed.), *Management and the Computer of the Future*. Cambridge, Mass.: M. I. T. Press. (8)

Frederickson, N. (1966) "Some Effects of Organizational Climates on Administrative Performance." *Research Memorandum*, RM-66-21, Educational Testing Service. (12)

French, Wendell. (1974) *The Personnel Management Process*. Boston: Houghton-Mifflin. (16)

French, Wendell & Bell, Jr., Cecil. (1937) *Organization Development*. Englewood Cliffs, N.J.: Prentice-Hall. (16)

Friedlander, F. & Greenberg, S. (1971) "Effect of Job Attitudes, Training and Organizational Climate on Performance of the Hard-core Unemployed." *Journal of Applied Psychology*, 55: 287-295. (12)

Fulmer, Robert M. (1978) *The New Management* (2nd ed.). N.Y.: Macmillan. (20)

Galbraith, Jay R. (1970) "Environmental and Technological Determinants of Organization Design." in *Studies in Organization Design*. Homewood, Ill.: Richard D. Irwin. 113-139. (11)

Garson, B. (1972) "Luddites in Lordstown." *Harper's Magazine*, (June): 68-69. (13)

George, J. R. & Bishop, L. K. (1971) "Relationship of Organizational Structure and Teacher Personality Characteristics to Organizational Climate." *Administrative Science Quarterly*, 16(4) (December): 467-476. (12)

Gerth, H. H. & Mills, C. Wright (eds. and trans.) (1946) *From Max Weber: Essays in Sociology*. London: Oxford University Press. (10)

Ghiselli, Edwin. (1963) "The Validity of Management Traits Related to Occupational Level." *Personnel Psychology*, 16: 109-113. (14)

Glueck, William F. (1977) *Management*. Hinsdale, Ill.: The Dryden Press. (3) (4) (10) (14) (15)

Gonzalez, R. F. & McMillan, Jr., C. (1961) "The Universality of American Management Philosophy." *Academy of Management Journal*, 4(1) (April): 33-41. (3)

Gouldner, Alvin W. (1954) *Patterns of Industrial Bureaucracy*. N.Y.: The Free Press of Glencoe. (2)

Graen, G. (1969) "Instrumentality Theory of Work Motivation: Some Experimental Results and Suggested Modifications." *Journal of Applied Psychology*, Monograph 53, Part 2: 1-25. (12)

Graicunas, A. V. (1947) "Relationships in Organization." in L. Gulick and L. Urwick (eds.), *Papers on the Science of Administration*. N.Y.: Columbia University Press. (10)

Greenwalt, Crawford H. (1959) *The Uncommon Man*. N.Y.: McGraw-Hill. (1)

Greiner, Larry E. (1972) "Evolution and Revolution as Organizations Grow." *Harvard Business Review*, (July-August): 37-46. (17)

Greth, William T. & Tagiuri, Renato. (1965) "Personal Value and Corporate Strategies." *Harvard Business Review*, (September-October): 125-126. (8)

Guest, R. H. (1965) "Men and Machines: An Assembly-line Worker Looks at His Job." *Personnel*, (May): 6. (13)

Gulick, Luther & Urwick, Lyndall F. (1937) *Papers on the Science of Administration*. N.Y.: Institute of Public Administration, Columbia University. (2)

Hackman, J. R. (1977) "Work Design." in J. R. Hackman and J. L. Suttle (eds.), *Improving Life at Work: Behavioral Science Approaches to Organizational Change*. Santa Monica, Calif.: Goodyear. 96-162. (17)

Hackman, J. R. & Lawler, E. E. (1971) "Employee Reactions to Job Characteristics." *Journal of Applied Psychology*, 55: 259-286. (11) (12)

Hackman, J. R. & Oldham, G. R. (1975) "Development of the Job Diagnostic Survey." *Journal of Applied Psychology*, 60: 159-170. (13)

Hackman, J. R. & Oldham, G. R. (1976) "Motivation through the Design of Work: Test of a Theory." *Organizational Behavior and Human Performance*, 16: 250-279. (13)

Hackman, J. R. & Suttle, J. Lloyd (eds.) (1977) *Improving Life at Work: Behavioral Science Approaches to Organizational Change*. Santa Monica, Calif.: Goodyear. (17)

Hage, J. & Aiken, M. (1969) "Routine Technology, Social Structure, and Organizational Goals." *Administrative Science Quarterly*, 14(3) (September): 366-376. (11)

Hall, Edward T. (1959) *The Silent Language*. N.Y.: Doubleday. (15)

Hall, Richard H. (1963) "The Concept of Bureaucracy: An Empirical Assessment." *American Journal of Sociology*, 69(1) (July): 33. (2)

Harrison, Randall. (1970) "Non Verbal Communication." in J. H. Campbell and H. W. Harper (eds.), *Dimensions in Communication*. Belmont, Calif.: Wadsworth. (15)

Haynes, W. Warren, Massie, J. L. & Wallace, Jr., M. J. (1975) *Management: Analysis, Concepts, and Cases* (3rd ed.). Englewood Cliffs, N.J.: Prentice-Hall. (18)

Hellriegel, Don & Slocum, Jr., John W. (1974) "Organizational Climate: Measures, Research and Contingencies." *Academy of Management Journal*, 17(2) (June): 255-280. (12)

Hersey, Paul & Blanchard, K. H. (1977) *Management of Organizational Behavior* (3rd ed.). Englewood Cliffs. N.J.: Prentice-Hall. (14)

Hershey, R. (1966) "The Grapevine... Here to stay. But Not beyond Control." *Personnel*, 43 (January-February): 62-66. (15)

Herzberg, F. et al. (1957) *Job Attitudes: Research and Opinions*. Pittsburgh, Pa.: Psychological Service of Pittsburgh. (12)

Herzberg, F., Mausner, B. & Snyderman, B. (1959) *The Motivation to Work*. N.Y.: John Wiley & Sons. (12)

Herzlinger, Regina E. (1977) "Why Data Systems in Nonprofit Organization Fail?" *Harvard Business Review*, 55 (January-February): 81-86. (19)

Higginson, M. Valliant. (1966) "Management by Rule and by Policy." in *Management Policies I*. N.Y.: American Management Association. 95-133. (5)

Hinton, B. L. (1968) "An Empirical Investigation of the Herzberg Methodology and Two-Factor Theory." *Organizational Behavior and Human Performance*, 3: 286-309. (12)

Hodge, Billy J. & Johnson, Herbert J. (1970) *Management and Organizational Behavior: A Multidimensional Approach*. N.Y.: John Wiley & Sons. (1)

Hopkins, David S. (1975) "The Role of Project Teams and Venture Groups in New Product Development." *Research Management*, 18 (January): 7-12. (10)

Horngren, Charles T. (1974) *Accounting for Management Control*. Englewood Cliffs, N.J.: Prentice-Hall. (6)

House, Robert J. (1967) "T-Group Education and Leadership Effectiveness: A Review of the Empirical Literature and a Critical Evaluation." *Personnel Psychology*, 20 (Spring): 1-32. (16)

House, Robert J. (1971) "A Path-Goal Theory of Leader Effectiveness." *Administrative Science Quarterly*, 16(3) (September): 321-338. (14)

House, Robert J. & Mitchell, Terence. (1974) "Path-Goal Theory of Leadership." *Journal of Contemporary Business*, (Autumn): 81-97. (14)

Hutchinson, Colin. (1970) "People and Pollution: The Challenge to Planning." *Long Range Planning*, 2 (March): 7. (4)

Hutchinson, John. (1976) "Evolving Organizational Forms." *Columbia Journal of World Business*, (Summer): 48-58. (18)

Inkson, J. H. K., Pugh, D. S. & Hickson, D. J. (1970) "Organizational Context and Structure: An Abbreviated Replication." *Administrative Science Quarterly*, 15(3) (September): 318-329. (11)

Jacoby, Neil. (1976) "Six Big Challenges Business Will Face in the Next Decade." *Nation's Business*, (August): 36-40. (20)

Janis, Irving. (1972) *Victims of Group Think*. Boston: Houghton Mifflin. (8)

Jenks, Leland H. (1960) "Early Phases of the Management Movement." *Administrative Science Quarterly*, 5(3) (December): 424. (2)

Johannesson, Russell E. (1973) "Some Problems in the Measurement of Organizational Climate." *Organizational Behavior and Human Performance*, 10 (August): 118-144. (12)

Johnson, Richard A., Kart, Fremont E. & Rosenzweig, James E. (1964) *The Business Quarterly*, 29 (Summer): 59-65.

Kaczka, E. E. & Kirk, R. V. (1968) "Managerial Climate, Work Groups, and Organizational Performance." *Administrative Science Quarterly*, 12(2) (September): 253-272. (12)

Kast, F. E. & Rosenzweig, J. E. (1960) "Minimizing the Planning Gap." *Advanced Management*, (October): 20-23. (4)

Kast, Fremont E. & Rosenzweig, James E. (1970) *Organization and Management: A Systems Approach*. N.Y.: McGraw-Hill. (1) (3) (4)

Katz, Robert L. (1955) "Skills of an Effective Administration." *Harvard Business Review*, 23 (January-February): 33-42. (1)

Kaufmann, H. & Seidman, D. (1970) "The Morphology of Organization." *Administrative Science Quarterly*, 15(4) (December): 439-452. (10)

Kimberly, J. R. & Nielsen, W. R. (1975) "Organization Development and Change in Organizational Performance." *Administrative Science Quarterly*, 20(2) (June): 191-206. (16)

King, N. (1970) "A Clarification and Evaluation of the Two-Factor Theory of Job Satisfaction." *Psychological Bulletin*, 74: 18-31. (12)

Koontz, Harold. (1961) "The Management Theory Jungle." *Academy of Management Journal*, 4(3) (December): 174-188.

Koontz, Harold. (1969) "A Model for Analyzing the Universality and Transferability of Management." *Academy of Management Journal*, 12(4) (December): 415-430. (3)

Koontz, Harold & O'Donnell, Cyril. (1976) *Management: A Systems and Contingency Analysis of Managerial Functions* (6th ed.). N.Y.: McGraw-Hill. (1) (16)

Kornhauser, A. (1965) *Mental Health of the Industrial Worker*. N.Y.: John Wiley & Sons. (13)

Kuin, Pieter. (1972) "The Magic of Multination Management." *Harvard Business Review*, 50(6) (November-December): 89-97. (18)

Kurtz, David L. & Klatt, Lawrence A. (1970) "The 'Grapevine' as a Management Tool." *Akron Business and Economic Review*, 1(4) (Winter): 20-23. (12)

Labovitz, George H. (1969) "In Defense of Subjective Executive Appraisal." *Academy of Management Journal*. 12(3) (September): 293-307. (16)

Larner, Robert J. (1966) "Ownership and Control in the 200 Largest Nonfinancial Corporations, 1929 and 1963." *The American Economic Review*, 56(4) (September): 777-787. (1)

Lawler, E. E. (1969) "Job Design and Employee Motivation." *Personnel Psychology*, 22: 426-435. (13)

Lawler, E. E. (1970) "Job Attitudes and Employee Motivation: Theory, Research and Practice." *Personnel Psychology*, 23: 223-237. (12)

Lawler, E. E. & Hackman, J. R. (1969) "The Impact of Employee Participation in the Development of Pay Incentive Plans: A Field Experiment." *Journal of Applied Psychology*, 53: 467-471. (13)

Lawler, Edward E., Porter, Lyman W. & Hackman, J. Richard. (1975) *Behavior in Organizations*. N.Y.: McGraw-Hill.

Lawrence, Paul R. & Lorsch, Jay. (1967). *Organization and Environment*. Boston: Division of Research, Graduate School of Business Administration, Harvard University Press. (11)

Leavitt, Harold J. (1965) "Applied Organization Change in Industry." in J. G. March (ed.), *Handbook of Organizations*. Chicago: Rand McNally. 1144-1167. (17)

Leavitt, Harold J. (1964) *Managerial Psychology* (2nd ed.). Chicago: The University of Chicago Press. 9. (12)

Leavitt, Harold J. & Whisler, Thomas L. (1958) "Management in the 1980's." *Harvard Business Review*, 36 (November-December): 41-48. (1) (3)

Levin, R. I. & Desjardins, R. B. (1970) *Theory of Games and Strategies*. Scranton Pa.: International Textbook Co. (8)

Levinson, Harry. (1965) "Reciprocation: The Relationship between Man and Organization." *Administrative Science Quarterly*, 9(4) (March): 373. (2)

Lewin, Kurt. (1951) *Field Theory in Social Science*. N.Y.: Harper & Bros. (12)

Lewin, Kurt. (1958) "Group Decision Marking and Social Change." in T. M. Newcomb and E. C. Hartley (eds.), *Readings in Social Psychology*. N.Y.: Holt, Rinehart and Winston. (17)

Likert, Rensis. (1961) *New Patterns of Management*. N.Y.: McGraw-Hill. (2) (6) (14)

Likert, Rensis. (1967) *The Human Organization: Its Management and Value*. N.Y.: McGraw-Hill. (6) (13)

Lippitt, R. & White, R. K. (1958) "An Experimental Study of Leadership and Group Life." in E. E. Maccoby, T. M. Newcomb and E. L. Hartley (eds.), *Readings in Social Psychology*. N.Y.: Henry Holt. (12)

Litschert. R. J. (1968) "Some Characteristics of Long-Range Planning: An Industry Study." *Academy of Management Journal*, 11(3) (September): 321, 322, 327. (4)

Litterer, Joseph A. (1973) *The Analysis of Organizations*. N.Y.: John Wiley & Sons. (12) (17)

Litwin, G. H. & Stringer, Jr., R. A. (1968) *Motivation and Organizational Climate*. Boston: Graduate School of Business Administration, Harvard University. (12)

Logan, Hall H. (1966) "Line and Staff: An Obsolete Concept?" *Personnel*, (January-February): 26-33. (10)

Lowin, A. (1968) "Participative Decision Making: A Model, Literature Critique, and Prescription for Research." *Organizational Behavior and Human Performance*, 3: 68-106. (13)

Lucas, Jr., Henry C. (1973) *Computer Based Information System in Organizations*. Chicago: Science Research Associates Inc.

Mace, Myles L. (1965) "The President and Corporate Planning." *Harvard Business Review*, 43 (January-February): 50. (4)

Macleod, Roclerick K. (1971) "Program Budgeting Works in Nonprofit Institutions." *Harvard Business Review*, 49 (September-October): 46-56. (19)

Mahoney, T. A., Jerdee, T. A. & Nash, A. N. (1960) "Predicting Managerial Effectiveness." *Personnel Psychology*, 13: 147-163. (14)

Maier, Norman R. F. (1963) *Problem-Solving Discussions and Conferences: Leadership Methods and Skills*. N.Y.: McGraw-Hill. (8)

Maier, Norman R. F. (1952) *Principles of Human Relations: Applications to Management*. N.Y.: John Wiley & Sons. (2)

March, James G. & Simon, Herbert A. (1958) *Organizations*. N.Y.: John Wiley & Sons. (2)

Maslow, Abraham H. (1943) "A Theory of Human Motivation." *Psychological Review*, 50: 370-396. (12) (13)

Maslow, Abraham H. (1970) *Motivation and Personality*. [Reprinted from the English Edition, 1954] N.Y.: Harper & Row. (12)

Mason. R. Hal. (1974) "Conflicts Between Host Countries and the Multinational Enterprise." *California Management Review*, 17 (Fall): 5-14.

Massie, J. L. & Luytjes, J. (eds.) (1972) *Management in an International Context*. N.Y.; Harper & Row. (18)

Massie, Joseph L. (1964) *Essentials of Management*. Englewood Cliffs, N.J.: Prentice-Hall. 32-33. (8)

Mayo, Elton. (1933) *The Human Problems of an Industrial Civilization*. N.Y.: Macmillan. (2)

Mayo, Elton. (1945) *The Social Problems of an Industrial Civilization*. Boston: Harvard Graduate School of Business Administration. (2)

McClelland, D. C. (1961) *The Achieving Society*. Princeton, N.Y.: D. Van Nostrand. (12) (18)

McClelland, D. C., Atkinson, J. W., Clark, R. A. & Lowell, E. L. (1953) *The Achievement Motive*. Englewood Cliffs, N.J.: Prentice-Hall. (12)

McCormick, Charles P. (1949) *The Power of People*. N.Y.: Harper & Row. (13)

McCormick, E. J. & Tiffin, J. (1974) *Industrial Psychology* (6th ed.). Englewood Cliffs, N.J.: Prentice-Hall. (12)

McFarland, Dalton E. (1968) "Organizational Health and Company Efficiency." in *Readings in Business Policy*. N.Y.: Appleton-Century-Crofts. (17)

McGregor, Douglas. (1960) *The Human Side of Enterprise*. N.Y.: McGraw-Hill. (2) (13)

McGregor, Douglas. (1967) *The Professional Manager*. N.Y.: McGraw-Hill. (15)

McMurry, R. N. (1958) "The Case for Benevolent Autocracy." *Harvard Business Review*, 36 (January-February): 82-90. (14)

McNulty, J. E. (1962) "Organizational Change in Growing Enterprises." *Administrative Science Quarterly*, 7(1) (June): 1-21. (17)

Mee, John F. (1973) "The Manager of the Future." *Business Horizons*, (June): 5-14.

Melcher, Arlyn J. & Beller, Ronald. (1967) "Toward a Theory of Organization Communication: Consideration in Channel Selection." *Academy of Management Journal*, 10 (1) (March): 39-52. (15)

Merton, Robert K. (1957) "Bureaucratic Structure and Personality." in *Social Theory and Social Structure* (Rev. ed.). N.Y.: The Free Press of Glencoe. (2)

Meyer, John N. (1969) *Financial Statement Analysis*. Englewood Cliffs, N.J.: Prentice-Hall. (6)

Miller, David W. & Starr, Martin K. (1967) *The Structure of Human Decisions*. Englewood Cliffs, N.J.: Prentice-Hall. (8)

Miller, F. G. et al. (1973) "Job Rotation Raises Productivity." *Industrial Engineering*, 5: 24-26. (13)

Miner, John B. (1973) *The Management Process: Theory, Research and Practice*. N.Y.: Macmillan. (16)

Mockler, Robert J. (1968) "The Systems Approach to Business Organization and Decision Making." *California Management Review*, 11 (Winter): 53-58. (2)

Mockler, Robert J. (1974) *Information Systems for Management*. Columbus, Ohio: Charles E. Merrill. (9)

Mooney, James D. & Reiley, Alan C. (1931) *Onward Industry*. N.Y.: Harper & Row. (2)

Morgenbrod, Horst & Schwartzel, Heinz. (1979) "How New Office Technology Promotes Changing Work Methods." *Management Review*, 68 (July): 42-45. (20)

Mundel, Marvin E. (1967) *A Conceptual Framework for the Management Science*. N.Y.: McGraw-Hill. 174. (6)

Murdick, Robert G. & Ross, Joel E. (1971) *Information Systems for Modern Management*. Englewood Cliffs, N.J.: Prentice-Hall. (9)

Murray, H. A. (1938) *Explorations in Personality*. N.Y.: Oxford University Press. (12)

Nash, G. N., Muczyk, J. P. & Vettori, F. L. (1971) "The Role and Practical Effectiveness of Programmed Instruction." *Personnel Psychology*, 24: 397-418. (16)

Negandhi, A. R. (1969) "A Model for Analyzing Organizations in Cross-Cultural Settings: A Conceptual Scheme and Some Research Findings." *Comparative Administration and Research Conference*. Kent, Ohio: Kent State University. 55-87. (18)

Negandhi, A. R. & Estafen, B. D. (1965) "A Research Model to Determine the Applicability of American Management. Know-How in Differing Cultures and/or Environments." *Academy of Management Journal*, 8(4) (December): 309-318. (16) (18)

Newman, William H. (1972) "Cultural Assumptions Underlying U. S. Management Concepts." in Massie and Luytjes, (1972): 327-352. (18)

Newman, William H., Summer, Charles, E. & Warren, E. Kirby. (1972) (3rd ed.). Englewood Cliffs, N.J.: Prentice-Hall. (15)

Newman, William H. & Warren, E. Kirby. (1977) *The Process of Management: Concepts, Behavior, and Practice* (4th ed.). Englewood Cliffs, N.J.: Prentice-Hall. (4)

Novick, David. (1960) "What Do We Mean by Research and Development?" *California Management Review*, 2(3) (Spring): 9-24. (17)

Novick, David. (1970) *Program Budgeting*. Palo Alto, Calif.: RAND. (7)

Odiorne, George S. (1965) *Management by Objectives*. N.Y.: Pitman. (5)

Parker, W. E. & Kleemeir, R. W. (1951) *Human Relations in Supervision: Leadership in Management*. N.Y.: McGraw-Hill. (12)

Pascale, Richard T. (1978) "Communication and Decision Making Across Cultures: Japanese and American Comparisons." *Administrative Science Quarterly*, 23(1) (March): 91-110. (18)

Patton, Arch. (1960) "How to Appraise Executive Performance." *Harvard Business Review*, 38 (January-February): 63-70. (16)

Payne, R. L., Fineman, S. & Wall, T. D. (1976) "Organizational Climate and Job Satisfaction: A Conceptual Synthesis." *Organizational Behavior and Human Performance*, 16(1) (June): 45-62. (12)

Payne, R. L. & Pheysey, D. (1971) "G. G. Stern's Organizational Climate Index: A Reconceptualization and Application to Business Organizations." *Organization Behavior and Human Performance*, 6(1) (January): 77-98. (12)

Pearse, Robert F. (1972) "Certified Professional Managers: Concept into Reality?" *Personnel*, (March-April): 26-35.

Peter, L. J. & Hall, R. (1969) *The Peter Principle*. N.Y.: Bantam Books. (16)

Peterson, E. et al. (1962) *Business Organization and Management*. Homewood, Ill.: Richard D. Irwin. (15)

Porter, L. W. & Lawler, E. E. (1965) "Properties of Organization Structure in Relation to Job Attitudes and Job Behavior." *Psychological Bulletin*, 4: 23-51. (12)

Porter, L. W. & Lawler, E. E. (1968) *Managerial Attitude and Performance*. Homewood, Ill.: Richard D. Irwin. (12)

Porter, L. W. & Siegel, J. (1965) "Relationships of Tall and Flat Organization Structures to the Satisfaction of Foreign Managers." *Personnel Psychology*, 18: 379-392. (10)

Porter, Lyman W., Lawler, Edward E. & Hackman, J. Richard. (1975) *Behavior in Organizations*. N.Y.: McGraw-Hill. (12) (13)

Prince, Thomas R. (1966) *Information Systems for Management Planning and Control*. Homewood Ill.: Richard D. Irwin. (6)

Pritchard, R. D. & Karasick, B. W. (1973) "The Effects of Organizational Climate on Managerial Job Performance and Job Satisfaction." *Organizational Behavior and Human Performance*, 9: 126-146. (12)

Pyhrr, Peter A. (1970) "Zero-Based Budgeting." *Harvard Business Review*, 48(6) (November-December): 111-121. (7)

Pyke, Donald L. & North, Harper Q. (1969) "Probes of the Technological Future." *Harvard Business Review*, 47(3) (May-June): 68-82. (7)

Quinn, James B. (1967) "Technological Forecasting." *Harvard Business Review*, 45(2) (March-April): 89-106. (7)

Quinn, James B. (1979) "Technological Innovation, Entrepreneurship, and Strategy." *Sloan Management Review*, 20 (Spring): 19-30. (20)

Rappaport, Alfred. (1978) "Executive Incentives versus Corporate Growth." *Harvard Business Review*, 56(4) (July-August): 81-88. (6)

Read, W. H. (1962) "Upward Communication in Industrial Hierarchies." *Human Relations*, 15: 3-15. (15)

Reddin, W. J. (1970) *Managerial Effectiveness*. N.Y.: McGraw-Hill. (14)

Reif, William E., Monczka, Robert M. & Newstrom, John W. (1973) "Perceptions of the Formal and the Informal Organization: Objective Measurement through the Semantic Differential Technique." *Academy of Management Journal*, 16(3) (September): 389-463. (12)

Rice, A. K. (1963) *The Enterprise and Its Environment*. London: Tavistock Publications. (2)

Richman, Barry M. & Farmer, Richard N. (1975) *Management and Organizations*. N.Y.: Random House. (6)

Richmond, Samuel B. (1968) *Operations Research for Management Decisions*. N.Y.: The Ronald Press. (8)

Rim, Yeshayahu. (1965) "Social Attitudes and Risk Taking." *Human Relations*, 17(3) (August): 259-265. (8)

Robinson, Marshall A. (1966) "The Science of Organizations: A Pediatric Note." *Management International Review*, 6(4): 3. (1)

Robert L. Trewatha, Marvin Gene Newport, *Management: Functions and Behavior* (Dallas: Business Publications, 1976). (10)(11)(13)(15)(17)

Roethlisberger, F. R. & Dickson, W. J. (1939) *Management and the Worker*. Cambridge, Mass.: Harvard University Press. (2)

Sayles, Leonard R. (1957) "Research in Industrial Relations." *Industrial Relations Research Association*. N.Y.: Harper & Row. 131-145. (12)

Sayles, Leonard R. & Strauss, George. (1966) *Human Behavior in Organizations*. Englewood Cliffs, N.J.: Prentice-Hall. (12)

Schein, E. H. (1965) *Organization Psychology*. Englewood Cliffs, N.J.: Prentice-Hall. (12)

Schneider, B. & Bartlett, C. J. (1968) "Individual Differences and Organizational Climate: I. The Research Plan and Questionnaire Development." *Personnel Psychology*, 21: 323-333. (12)

Schneider, B. & Bartlett, C. J. (1970) "Individual Differences and Organizational Climate: II. Measurement of Organizational Climate by Multi-trait, Multi-rater Matrix." *Personnel Psychology*, 23: 493-512. (12)

Schumacher, Charles C. & Smith, Barnard E. (1965) "A Sample Survey of Industrial Operation Research Activities II." *Operations Research*, (November-December): 1025.

Schwab, Donald P. & Cummings, Larry L. (1970) "Theories of Performance and Satisfaction: A Review." *Industrial Relations*, 9: 408-430. (12)

Scott, William E. (1966) "Activation Theory and Task Design." *Organizational Behavior and Human Performance*, 1: 3-30. (13)

Scott, William G. & Mitchell, Terence R. (1972) *Organization Theory*. Homewood, Ill.: Richard D. Irwin. (12)

Seashore, S. E. & Tobor, T. D. (1975) "Job Satisfaction and their Correlation." *American Behavioral Scientist*, 18 (January-February): 333-368. (12)

Selby, Cecily C. (1978) "Better Performance from 'Nonprofits'." *Harvard Business Review*. 56(5) (September-October): 92-98. (19)

Selznick Philip. (1949) *TVA and the Gross Roots*. Berkeley, Calif.: University of California Press. (2)

Shapiro, Benson P. (1973) "Marketing for Nonprofit Organizations." *Harvard Business Review*. 51(1) (September-October). (19)

Sheppard, H. & Herrick, N. (1972) *Where Have All the Robots Gone?* N.Y.: The Free Press. (20)

Shetty, Y. K. & Carlisle, H. M. (1972) "A Contingency Model of Organizational Design." *California Management Review*, 15: 38-45. (11)

Simon, Herbert A. (1959) *Administrative Behavior* (2nd ed.). N.Y.: Macmillan. 21-26. (2)

Simon, Herbert A. (1960) "The Corporation: Will It Be Managed by Machines?" in Melvin Anshen and G. L. Bach (eds.), *Management and Corporations, 1985*. N.Y.: McGraw-Hill. 17-55.

Simon, Herbert A. (1960) *The New Science of Management Decision*. N.Y.: Harper & Row. 40-42. (2)

Simon, Herbert A. (1966) *Administrative Behavior: A Study of Decision-Making Processes in Organization*. N.Y.: The Free Press. 1-11, 61-109, 220-247. (8)

Soujanen, W. W. (1955) "The Span of Control-Fact or Fable?" *Advanced Management*, 20 (November): 5-13. (10)

Starbuck, W. H. (1965) "Organizational Growth and Development." in J. G. March (ed.), *Handbook of Organizations*. Chicago: Rand McNally. (17)

Steele, Lowell W. (1975) *Innovation in Big Business*. N.Y.: American Elsevier Publishing Co. (20)

Steiner, George A. (1969) *Top Management Planning*. N.Y.: Macmillan. 31-37. (4)

Steiner, George A. (1970) "Rise of the Corporate Planner." *Harvard Business Review*, 48(5) (September-October): 133-139. (4)

Stogdill, Ralph M. (1948) "Personal Factors Associated with Leadership." *Journal of Applied Psychology*, 25 (January): 35-71. (14)

Stogdill, Ralph M. & Coons, A. E. (eds.) (1957) *Leader Behavior, Its Description and Measurement*, No. 88. Columbus, Ohio: Bureau of Business Research, The Ohio State University. (14)

Stopford, John M. & Weels, Jr., Louis T. (1972) *Managing the Multinational Enterprise*. N.Y.: Basic Books. (18)

Streglitz, Harold. (1962) "Optimizing Span of Control." *Management Record*, 24: 25-29. (10)

Suver, James D. & Brown, Ray L. (1977) "Where Does Zero-Base Budgeting Work?" *Harvard Business Review*, 55(6) (November-December): 76-84. (7)

Swalm, Ralph O. (1966) "Utility Theory: Insights into Risk Taking." *Harvard Business Review*, 44(6) (November-December): 123-128. (8)

Symonds, Gifford H. (1957) "The Institute of Management, Science: Progress Report." *Management Science*, (January): 126. (2)

Taguri, Renato & Litwin G. H. (eds.) (1968) *Organizational Climate: Explorations of a Concept*. Boston: Graduate School of Business Administration, Harvard University. (12)

Tannenbaum, Robert & Schmidt, Warren H. (1958) "How to Choose a Leadership Pattern." *Harvard Business Review*, 36(2) (March-April): 95-101. (14)

Tannenbaum, Robert, Weschler, Irving R. & Fred Massarik. (1961) *Leadership and Organization: A Behavioral Science Approach*. N.Y.: McGraw-Hill. (2) (14) (16)

Taylor, D. W. (1965) "Decision Making and Problem Solving." in J. G. March (ed.), *Handbook of Organization*. Chicago: Rand McNally. 48-86. (8)

Taylor, Frederick W. (1947) *Scientific Management*. N.Y. Harper. (10)

Terpstra, Vern. (1978). *International Marketing* (2nd ed.). Hinsdale, Ill.: The Dryden Press. (18)

Terry, George R. (1960) *Principles of Management* (3rd ed.). Homewood, Ill.: Richard D. Irwin. (14)

Terry, George R. (1977) *Principles of Management* (7th ed.). Homewood, Ill.: Richard D. Irwin. (20)

Thackray, John. (1978) "General Electric's Planned Prognosis." *Management Today*, (August): 54-62.

Thompson, James D. (1967) *Organizations in Action*. N.Y.: McGraw-Hill. (2)

Thompson, Stewart. (1962) *How Company Plan*. N.Y.: American Management Association. (4)

Triandis, Harry. (1966) "Notes on the Design of Organizations." in James D. Thompson and Vernon E. Buck (eds.), *Approaches to Organizational Design*. Pittsburgh, Pa.: University of Pittsburgh Press. (10)

Trist, E. L. & Bamforth, K. W. (1951) "Some Social and Psychological Consequences of the Long-Wall Method of Coal-Getting." *Human Relations*, 4: 3-38. (17)

Truitt, J. F. (1977) "Regulation of Multinational Corporations: An Introduction." *Journal of Contemporary Business*, 6 (Autumn): 1-6. (18)

Trumbo, D. A. (1961) "Individual and Group Correlates of Attitudes toward Work-Related Change." *Journal Applied Psychology*, 45: 338-344. (17)

Turner, A. N. & Lawrence, P. R. (1965) *Industrial Jobs and the Workers*. Boston: Graduate School of Business Administration Harvard University. (13)

Vollmer, Howard. (1960) *Employment Rights and the Employee Relationship*. Berkeley, Calif.: University of California Press. (11)

Vroom, Victor. (1964) *Work and Motivation*. N.Y.: John Wiley & Sons. (12)

Vroom, Victor. (1965) *Motivation in Management*. N.Y.: American Foundation for Management Research. (12)

Walker, Charles R. & Guest, Robert H. (1952) *The Man on the Assembly Line*. Boston: Harvard University Press. (2) (13)

Walker, Charles R., Guest, Robert H. & Turner, A. N. (1956) *The Foreman on the Assembly Line*. Cambridge, Mass.: Harvard University Press. (2)

Walton, Richard E. & Dutton, John M. (1969) "The Management of Interdepartmental Conflict: A Model and Review." *Administrative Science Quarterly*. 14(1) (March): 73-84. (9)

Wanous, J. P. & Lawler, E. E. (1972) "Measurement and Meaning of Job Satisfaction." *Journal of Applied Psychology*, 56: 95-105. (12)

Wasmuth, W. J. (1970) "Human Resources Administration: Dilemmas of Growth." in W. J. Wasmuth, R. H. Simonds, R. L. Hilgert and H. C. Lee (eds.), *Human Resources Administration: Problems of Growth and Change.* Boston: Houghton-Mifflin. 1-103. (17)

Weber, Max. (1964) *The Theory of Social and Economic Organization.* Trans. by A. M. Henderson and Talcott Parsons. N.Y.: The Free Press of Glencoe.

Wherry, R. J. (1954) "An Orthogonal Rerotation of the Baehr and Ash Studies of the SRA Employee Inventory." *Personnel Psychology*, 7: 365-380. (12)

Whisler, T. L. (1964) "Measuring Centralization of Control in Business Organizations." in W. W. Cooper, H. J. Leavitt and M. W. Shelly (eds.), *New Perspectives in Organization Research.* N.Y.: John Wiley & Sons. 314-333. (11)

White, R. & Lippett, R. (1953) "Leader Behavior and Member Reaction in Three 'Social Climates'." in D. Cartwright and A. Zander (eds.), *Group Dynamics: Research and Theory.* N.Y.: Harper & Row. 385-611. (14)

Whyte, William. (1969) *Organizational Behavior.* Homewood, Ill.: Richard D. Irwin & Dorsey Press. (10)

Wikstrom, W. S. (1968) *Managing by-and with-Objectives.* N.Y.: Nat'l Industrial Conference Board, Personnel Policy Studies No. 212. (4) (5)

Wilson, Ian H. (1978) "The Future of the World of Work." *S. A. M. Advanced Management Journal*, (Autumn). (20).

Wollowick, H. B. & McNamara, W. J. (1969) "Relationship of the Components of an Assessment Center to Management Success." *Journal of Applied Psychology*, 53: 348-352. (16)

Woodward, Joan. (1965) *Industrial Organization: Theory and Practice.* London: Oxford University Press. (11)

Worthy, J. C. (1950) "Organizational Structure and Employee Morale." *American Sociological Review*, 15: 169-179. (10)

索　引

漢英索引

一畫

一個組織改變之管理模式　a model for the management of change　314

一般及工業管理　*Administration Industriélle et Générale*　24

一般常模　characteristic norm　239

一體遵行的例規　routine　363

二畫

人力資產會計　human asset accounting　94

人力資源會計　human resource accounting　94

人情　warmth　219

人群關係學派　human relations school　32

人與機器互動型態　man-machine interactive mode　157

人際關係所構成的系統　a system of interpersonal relationships　303

T 群訓練　T-group training　299

力量　power　249

三畫

三構面理論　three dimensional theory, 3-D theory　257

下向　downward　273

下向溝通　downward communication　280

上司與下屬間的關係　superior-subordinate relationship　178

上向　upward　273

上向溝通　upward communication　280

大批及大量生產方式者　large-batch and mass production　198

小型電算機　minicomputer　124

工作內的　intrinsic to work　208

工作外的　extrinsic to work　208

工作本身之需要理論　demand-of-the-job theory　212

工作行為　work behavior　207

工作特性理論　job characteristics theory　241

工作情況　job conditions　208

工作設計　job design　236

工作群體　work group　211

工作滿足　job satisfaction　207, 218

工作輪調　job rotation　238

工作選樣　work sampling　238

工作績效　work performance　226

工作擴大化　job enlargement　236, 240

工作簡化　work simplification　237

工作豐富化　job enrichment　236, 240

四畫

不充足之推理主義　the doctrine of insufficient reasoning　136
不好　bad　207
不連續性　discontinuity　112
不精確的科學　inexact science　19
不確定狀況下的決策　decision making under uncertain　132
中心目的　central purpose　59
中央處理單位　central processing unit, CPU　155
中期規劃　medium-range planning　61
互動理論　interaction theory　212
仁慈專制　benevolent autocracy　254
仁慈－權威　benevolent-authoritative　234
內在成本　internal costs　47
「內容性」或「實質性」模式　content or substantive models　205
內部一致性　internal consistency　67
內部記憶儲存　internal memory storage　155
內部審計制度　internal auditing　106
內部轉價　internal transfer pricing　340
公平　equity　209
公平理論　equity theory　209
公共財貨　public goods　349
公共管理者　public manager　369
分工問題　division of labor　167
分立者　separated　257
分享控制　sharing control　262
分析單位　unit of analysis　218
分股　stock payment　292
分紅　profit-sharing　292
分時系統　time-sharing system　157
分權　decentralization　189
友誼群體　friendship group　214
反效能的　dysfunctional　27
反饋，回饋（性）　feedback　8, 204, 242, 269
引發的　caused　204
心理上的國民生產毛額　psychological GNP　222
手段與目標的分析　means-end analysis　75
支持　support　219
文化限定　culture-bound　52
方向性　directional　82
方格訓練　grid training　301
比率分析　ratio analysis　105
比較開放　open-mindedness　142
比較管理學　comparative management　52
比較關閉　close-mindedness　142
水平　lateral　273
水平之溝通流向　horizontal communication flow　273

五畫

主動　initiative　252
主管控制限度指數　supervisory span of control index　177
以工作為中心的　job-centered　254
以員工為中心的　employee-centered　254

以電算機為基礎之管理資訊系統　computer-based management information system　150
功能　function　6
功能分化　functional differentiation　36
功能性職權　functional authority　181
功能原則　the functional principle　26
功能專業　functional specialization　27
可行性測定　feasibility testing　66
外生變項　exogenous variable　333
外向　outside　273
外在成本　external costs　47
外銷科　export department　340
平型結構　flat structure　177
平等主義　equalitarianism　329
未來性　futurity　68
末端機　terminal　156
正式組織　formal organization　164
正式群體　formal group　213
民主的，民主式　democratic　218, 252
生活品質　quality of life　48
生理活動　physiological activation　239
生理需求　physiological needs　206
生理學　physiology　164
生產排程　production scheduling　238
生產線平衡　line balancing　238
目標方程式　objective function　123
目標行動計畫　action plan of objectives　77
目標管理　management by objectives, MBO　74
目標導向　goal-directed　204

目標之相符　goal congruence　351
甘特圖　Gantt Chart　120

六畫

交友機會　friendship opportunities　242
交換關係　exchange relationships　209
任務重要性　task significance　243
任務群體　task group　213
任務導向　task-oriented　257
任務屬性　task attributes　242
任意性　discretionary　117
企管碩士　M. B. A.　34
先位　prepotency　206
全球性結構　global structure　340
全球導向　geocentric orientation　339
再凍結階段　refreezing　313
再規劃　replanning　60
向前整合　forward integration　366
向後整合　backward integration　366
合作性　dealing with others　242
因果　causation　226
回饋性　feedback　8, 204, 226, 242, 269
回饋的回饋　feedback on feedback　301
回饋循環　feedback loop　226
地主國　host countries　51
地位　status　214
在職訓練　on-the-job training, OJT　297
多向的　multi-directional　94
多國公司　multinational corporation　49

多樣性　variety　242
安全需求　safety needs　207
成本效益分析　cost-benefit analysis　33
成長　growth　306
成長經由合作　growth through collaboration　309
成長經由協調　growth through coordination　309
成長經由命令　growth through direction　307
成長經由授權　growth through delegation　308
成長經由創造力　growth through creativity　307
成就　achievement　206
成就需求　need for achievement, N Ach　209
成熟化　maturation　212
有利程度　favourableness　262
有志者事竟成　where there's a will, there's a way　328
有機模式　organic model　196
此時此地　here and now　300
自主，自主性　autonomy　206, 219, 242
自主性危機　crisis of autonomy　307
自我實現需求　self-actualization　207
自知能力　self-awareness　264
自信　self-assurance　252
自動化　automation　41
自然狀況　state of nature　134
自衛　defense　206
自衛　self-defense　301
行為性改變　behavioral change　312
行為模式理論　behavioral pattern theory　251

七畫

作業性之規劃　operational planning　65
作業研究　operations research　32
作業控制　operational control　62
作業控制資訊系統　operational-control information system　150
低層次需求　lower order needs　208
利益群體　interest group　213
利潤分權　profit decentralization　194
即時系統　real time system　125
即時命令　immediately command　157
即時控制　current or real-time control　93
含糊　ambiguity　301
均衡分析　break-even analysis　119
均衡點　break-even point　119
均衡點　equilibrium point　138
完整性，任務完整性　task identity　242
形式理論　formal theory　166
形象　image　264
抗拒改變　resistance to change　318
投入　input　35, 130, 155, 209
投資報酬率　rate of return on investment, ROI　191
投標價格　bidding pricing　238
改變階段　changing　313
攻擊　aggression　206, 226
沉入成本　sunk costs　104
決策　decision-making　128
決策包　decision packages　116
決策者　decision maker　132

決策單位　decision units　116
決策階梯　decision ladder　82
系統分析　systems analysis　33
系統使用者　systems users　154
系統效率　system efficiency　52
良好　good　207
角色　role　278
角色扮演　role-playing　298
身教　emulation　251
身體語言　body language　270

八畫

事件　events　121
事先決定之時間標準　predetermined time standards　238
事前控制　precontrol　93
事後控制　post control　93
事業部　divisionalization　165
事業部　divisions　71, 194, 195
事務機器革命　Business Machine Revolution　359
使命　mission　352
供應推動型　supply-push type　365
例外管理　management by exception　95
例行化　routinized　358
兩方一零數和　two-person zero-sum　137
兩因素理論　two-factor theory　208
兩構面理論　two-dimension theory　255
具有反饋控制功能之自動化　automation with feedback control　41

協調　coordination　25
協調性控制　coordinated control　191
協調原則　the coordinative principle　26
命令　command　25
命令式　directive　263
固定成本　fixed costs　104
奈根迪及艾斯塔芬模式　Negandhi and Estafen model　333, 347
委員會　committee　141
宗教人　the religious man　132
定規，定規的　initiating structure　255, 263
官僚化　bureaucratization　27
官僚模式　bureaucratic model　26
官樣文章　red tape　309
官樣文章危機　crisis of red tape　309
屈從　abasement　206
底特律自動化　Detroit automation　41
延後支付薪酬　deferred compensation　293
彼得原理　The Peter Principle　293
性　sex　206
放任式，放任的　laissez-faire　252
波特與勞勒模式　Porter and Lawler model　210
法統力量　legitimate power　249
直接成本法　direct costing　104
直接成群　direct group　175
直接單獨　direct single　175
直線與幕僚　line and staff　180
直線職權　line authority　181
知覺　perception　217, 219

知覺歪曲　perception distortion　226
社會人　the social man　132
社會子系統　social subsystem　37
社會互動　social interactions　268
社會化　socialization　217
社會地位　social status　278
社會技術系統　socio-technical system　36
社會性比較　social comparisons　209
社會責任　social responsibility　11, 48
社會需求　social needs　207
表面介入　surface interventions　298
長生產鏈　long-run　198
長期規劃　long-range planning　61
「門戶開放」政策　open-door policy　274
青年董事會　junior board of directors　233
非正式組織　informal organization　15, 164
非連續性自動化　discontinuous automation　41
非程式化決策　nonprogrammed decisions　133
非管理功能　non-executive function　304
非線型規劃　nonlinear programming　123
非導引式　nondirective　31

九畫

信息　message　268
侵略　aggression　206, 226
保健因素　hygiene factors　208
保險　insurance　293
前因　antecedents　224
前導時間　lead time　69

垂直之溝通流向　vertical communication flow　273
建立模式　model building　33
建議　suggestion　251
後果　consequences　224
按批處理系統　batch-processing system　156
指揮　direct　166
指揮統一　unity of command　178
指揮路線　chain of command　178
指數平滑　exponential smoothing　113
政治人　the political man　132
查訊　inquiry　156
查訊系統　inquiry system　156
活動　activity　116, 121
活動理論　activation theory　239
相似理論　similarity theory　212
相當　largely　207
相關　correlation　226
相關成本　relevant costs　104
相關性　relevancy　146
研究　research　321
研討式會議　seminar conference　297
科技　technology　40
科技子系統　technological subsystem　36
科技性改變　technological change　313
科技預測　technological forecasting, TF　113, 322
科學管理　scientific management　22
紅利　bonuses　292
要徑　critical path　121

要徑法　critical path method, CPM　121
計畫　plan　7, 56, 81
計畫　programs　115
計畫評核術　program evaluation and review technique, PERT　120
計畫預算　program budgeting　115
計算性冒險　calculated risk　219
負責　accountability　166
重複性　repetitiveness　61
限制條件　constraints　63
限度內理性　bounded rationality　131
風險狀況下的決策　decision making under risk　132
食物鏈　food chain　46
垂直整合　vertical integration　366

十畫

個人幕僚　personal staff　181
個人與環境配合　P-E fit　226
個人價值及規範　personal values and norms　215
個別性的　micro　218
剝削—權威　exploitive-authoritative　234
差強人意的　satisfying　131
差異化　differentiation　199
徑路—目標理論　path-goal theory　260
效用　utility　130
效果　effectiveness　130, 269
效率　efficiency　130
時間　time　61

時間分享　time-sharing　124
時間性　timing　57
時間研究　time study　238
時間標準　time standard　237
核心構面　core dimensions　242
消費者主義　consumerism　47
矩陣組織　matrix organization　165, 173
純粹　pure　321
脅迫力量　coercive power　250
訓練式會議　training conference　297
財務報告　financial reports　103
財務預算　financial budgeting　115
退休金　pension　293
退卻　withdrawal　226
馬表時間研究　stopwatch time studies　238
高型結構　tall structure　177
高層次需求　higher order needs　208
高層次需求強度　higher order need strength　243
高層管理團隊　top management team　369

十一畫

做決定　decision-making　128
偉人理論　great man theory　251
動作研究　motion study　237
動態報告　dynamic reports　103
動機　motives　206
動機引發之行為　motivated behavior　204
動機作用之期望模式　expectancy model of motivation　205

動機作用　motivation　204
動機潛力分數　motivation potential score, MPS　243
參考資料　reference data　291
參考構架　frame of reference　35
參與　participative　235
參與管理　management by participation　231
參與管理系統　participative management system　233
國際事業部　international division　340
基本研究　basic research　321, 363
基本薪資　basic salary　292
基要性　primacy　56
密切者　related　258
密語連鎖　gossip chain　277
專技力量　expert power　250
專制的　autocratic　263
專門化　specialization　237
專門職業專業，專業人員　professionals　14, 345
專案小組　project team　172
專案管理　project management　165
專業化　specialization　167
專業性　professional　193
專業幕僚　specialized staff　181
專業管理人（者）　professional manager　11, 368
專職　full-time activity　165
強制　coercion　251
情況診斷　situation diagnosis　152

情勢理論　situational theory　166
情感性反應　affective responses　222
情境　contingency　226
情境理論　contingency theory　197
情境理論　situational theory　166, 251
情境模式　contingency model　260
控制　control　25, 92
控制　controlling　8
控制危機　crisis of control　308
控制限度　span of control　175
接受訓練者　trainee　297
接受理論　acceptance theory　166
授權　delegation of authority　186
授權　licensing　366
採用　adoption　321
敏感訓練　sensitivity training　265, 299
斜角流向　diagonal flow　274
條件報償值　conditional payoffs　134
深度介入　in-depth intervention　298
深度略談　depth interview　31
理性　rationality　57, 129
「理性的」程序　rational process　131
「理性的」選擇　rational choice　131
理性與法規上的職權　rational-legal authority　27
理想型　ideal type　27
理論人　the theoretical man　132
現有科技　state-of-the-art　364
現值　present value　362

產出　output　35, 130, 168
產品—市場組合　product-market mix　84
移動平均　moving average　113
移動預算　moving budgeting　118
第一系統　system I　233
第二系統　system II　234
第三系統　system III　235
第四系統　system IV　233, 235
組織　organization　25
組織　organizing　7, 164
組織工程　organizational engineering　262
組織分析　organizational analysis　295
組織文化　organizational culture　316
組織地位　organizational status　278
組織改變　organizational change　232
組織系統圖　organizational chart　164
組織角色　organizational role　279
組織效果　organizational effectiveness　302
組織氣候　organizational climate　217
組織理論　organization theory　15
組織發展　organizational development, OD　298
組織績效　organizational performance　302
累計　post　157
規劃　planning　6, 7, 25
規劃性升遷　planned progression　293
規劃性的改變　planned change　310
規劃研究　planning studies　66
規劃缺口　planning gap　72
規劃假定　planning premises　67

規劃與控制系統　planning and control system　62
規範的，規範性　normative　33, 129
責任會計　responsibility accounting　103
「軟性」標準　soft criteria　78
通才　generalist　368
通路　channel　269
部分最佳化　suboptimum　339
部門化　departmentalization　168

十二畫

最大之「最大報償」準則　the maximax payoff criterion　135
最大之「最小報償」準則　the maximin payoff criterion　136
最小之「最大遺憾」準則　the minimax regret criterion　136
最適的　optimal　131
創造改變之程序　the process of creating change　360
創新　innovation　320
單一方向的　unidirectional　94
單方面控制　unilateral control　262
單位及小批產製方式者　unit and small-batch　198
報償矩陣　payoff matrix　134
尊敬需求　esteem needs　207
描述性　descriptive　33, 129
智力　intelligence　252
期待值　expected value, EV　135
無紙張之辦公室　paperless office　69

發明　invention　320
發明家　inventor　361
發展　development　363
發展研究　development research　321
發送者　sender　271
短期規劃　short-range planning　61
「硬性」標準　hard criteria　78
程式，計畫　program　155
程式化　programmability　132
程式化學習　programmed learning　296
程序　process　6, 164, 170
程序生產方式者　process production　198
程序性模式　process model　205
策略點　strategic points　93
結果　outcomes　209
結構　structure　164, 219
結構性改變　structural change　312
結構型態　structural shape　177
結構追（跟）隨策略　structure follows strategy　200, 312
開放性系統　open systems　35
集群連鎖　cluster chain　277
集權　centralization　189

十三畫

傳話　cross　175
傾聽　empathetic listening　280
感情力量　affection power　250
感覺　feelings　222

敬仰力量　respect power　250
業務功能　business functions　9
業務效率　operational efficiency　363
溝通　communication　146
溝通來源　communication source　268
溝通能力　ability to communicate　264
溝通接受者　communication receiver　269
溝通網　communication network　215
當期報告　current reports　103
經濟人　the economic man　132
經營功能　business function　6, 170
經營使命　business mission　59
經營疆界　business boundaries　51, 61
經驗式規劃，經驗式程式　heuristic programming　34, 133
群策群力以竟事功　getting thing done with and through others　17
群體　group　132
群體決策　group decision making　141
群體角色　group roles　214
群體動態　group dynamics　32
群體規範　group norm　215
群體領袖　group leader　214
群體凝聚力　group cohesiveness　216
群體壓力　group pressure　215
群體檢討及強制　group review and enforcement　215
葡萄藤　grapevine　276
解凍階段　unfreezing　313
解剖學　anatomy　164

索　引　407

解碼　decoding　269, 270
資料　data　146
資料庫　data bank　150, 156
資料基　data base　156
資料處理系統　data processing system　152
資訊投入　informational input　98
資訊科技　information technology　42
資訊過多　information overloading　148
資訊網　information network　36, 161
資源分配　resource allocation　122
過分控制　overcontrol　98
電算機　computer　32
電算機化　computerized　154
零基　zero base　116
零基預算　zero-base budgeting, ZBB　116
預期時間　expected time, t_e　122

十四畫

幕僚原則　the staff principle　26
摘要報告　summary reports　103
構念　construct　218
構面　dimensions　218, 255
盡職者　dedicated　258
監督能力　supervisory ability　252
磁鐵線　magnet wire　367
管理子系統　managerial subsystem　37
管理之普遍原理　universal principles of management　18
管理方格理論　managerial grid theory　256

管理功能　executive functions　304
管理功能　management functions　9
管理風格　style of management　63
管理原則　principles of management　25
管理哲學　management philosophy　333
管理效果　managerial effectiveness　302
管理效果　management effectiveness　333
管理情況　management situation　152
管理控制　management control　62
管理發展　management development　265
管理程序　management process　24
管理資訊系統　management information system, MIS　146
管理實務　management practices　333
管理績效　managerial performance　302
管理競賽　management games　297
算術／邏輯單位　arithmetic/logic unit　155
緊張　stresses　317
網狀分析，網路分析　network analysis　33, 120
認同　identity　219
認知失調　cognitive dissonance　210
認股權　stock option　292
說服　persuasion　251
需求　needs　206
需求缺陷　need deficiency　223
需求吸引型　demand-pull type　365
需求階層　needs hierarchy　206
領導　leadership　248
領導　leading　7

領導危機　crisis of leadership　307
領導者　leader　248
領導者屬性理論　trait theory　251
領導效能　leadership effectiveness　257
領導訓練　leadership training　265

十五畫

價值　valence　205
增強　reinforcement　80
寬裕時間　slack time　121
層級式結構　hierarchy　27
層級原則　the scalar principle　26
廢舊化　obsolescence　371
數值控制　numerically controlled　41
數理模式　mathematical model　133
數量分析　quantitative analysis　32
標準化　standardization　237
標準成本　standard costs　104
標準成本計算　standard costing　238
標準作業程序　Standard Operating Procedures, SOPs　89
模式　model　133
模擬　simulation　34, 138
獎酬　reward　219
獎酬力量　reward power　250
確定性　deterministic　124
確定狀況下的決策　decision making under certainty　132
線上更新　on line updating　157
線上系統　on line systems　157

線型規劃　linear programming, LP　122
複合企業　conglomerates　366
複式管理　multiple management　233
課程　curriculum　174
輪狀　wheel　272
範圍　scope　61

十六畫

凝聚力　cohesiveness　142
噪音　noise　270
導引式討論　directed discussion　297
導引式訪問　directed interview　31
導引需求　derived demand　289
戰術性　tactical　82
整合　integration　159
整合化　integration　199
整合者　integrated　258
整體滿足　overall satisfaction　223
整體管理資訊系統　totally integrated management information system　159
機能作用　mechanisms　311
機械模式　mechanic model　197
機遇連鎖　probability chain　277
機構性社會　society of institutions　3
激勵　incentives　206
激勵因素　motivators　208
興業家　entrepreneur　361
諮商　consultative　235
諮商管理　consultative management　233

賴普勒斯準則　the Laplace criterion　136
輸入　input　155
輸出　output　155
選擇性知覺　selective perception　140, 271
霍桑實驗　Hawthorne Experiment　30
靜態報告　static reports　103

十七畫

儲存　storage　155
應用　applied　321
應用決策理論　applied decision theory　32
應用系統　application system　150
應用研究　applied research　363
應變預測　contingency forecasting　112
檢核中心　assessment centers　291
檢核長　controller　102
檢複　retrieval　99, 146
營業報告　operating reports　103
環狀　circle　272
瞭解缺口　understanding gap　18
績效水準　performance level　76
績效性目標　performance targets　65
總策略　master strategy　84
總體性的　macro　218
聲望　prestige　278
謠言　rumors　274, 276
購併　acquisition　366
購股　stock purchase　292
隸屬　affiliation　206

隸屬群體　command group　213
隸屬需求　need for affiliation, N Affiliation　209
擴散　diffusion　321

十八畫

職位　office　166
職位　position　166
職責　responsibility　166
職權　authority　166, 249
雙向的　bidirectional　94

十九畫

藝術人　the aesthetic man　132
鏈狀　chain　272
關心人員　concern for people　256
關心生產　concern for production　256, 263
關係導向　relationships-oriented　257
關閉式系統　closed system　28, 35
關懷　consideration　219, 255

二十畫

競爭對手　opponents　137
競賽矩陣　game matrix　137
競賽理論　game theory　137
繼續性　continuity　57

二十二畫

權力需求　need for power, N power　209
權威的（式）　authoritarian　217, 252

隱含性政策　implicit policy　87

二十三畫
變動預算　variable budgeting　118
變異分析　variance analysis　104
變碼　encoding　268
邏輯　logic　363
觀念設計　concept design　152

英漢索引

A

a model for the management of change　一個組織改變之管理模式　314
a system of interpersonal relationships　人際關係所構成的系統　303
abasement　屈從　206
ability to communicate　溝通能力　264
acceptance theory　接受理論　166
accountability　負責　166
achievement　成就　206
acquisition　購併　366
action plan of objectives　目標行動計畫　77
activation theory　活動理論　239
activity　活動　116, 121
Administration Industriélle et Générale　一般及工業管理　24
adoption　採用　321
affection power　感情力量　250
affective responses　情感性反應　222
affiliation　隸屬　206
aggression　侵略，攻擊　206, 226
ambiguity　含糊　301
anatomy　解剖學　164
antecedents　前因　224
application system　應用系統　150
applied　應用　321
applied decision theory　應用決策理論　32
applied research　應用研究　363

arithmetic/logic unit　算術／邏輯單位　155
assessment centers　檢核中心　291
authoritarian　權威的，權威式　218, 252
authority　職權　166, 249
autocratic　專制的　263
automation　自動化　41
automation with feedback control　具有反饋控制功能之自動化　41
autonomy　自主，自主性　206, 219, 242

B

backward integration　向後整合　366
bad　不好　207
basic research　基本研究　321, 363
basic salary　基本薪資　292
batch-processing system　按批處理系統　156
behavioral change　行為性改變　312
behavioral pattern theory　行為模式理論　251
benevolent-authoritative　仁慈—權威　234
benevolent autocracy　仁慈專制　254
bidding pricing　投標價格　238
bidirectional　雙向的　94
body language　身體語言　270
bonuses　紅利　292
bounded rationality　限度內理性　131
break-even analysis　均衡分析　119
break-even point　均衡點　119
bureaucratic model　官僚模式　26
bureaucratization　官僚化　27

business boundaries　經營疆界　51, 61

business function(s)　業務功能，經營功能　6, 9, 170

Business Machine Revolution　事務機器革命　359

business mission　經營使命　59

C

calculated risk　計算性冒險　219

causation　因果　226

caused　引發的　204

central processing unit, CPU　中央處理單位　155

central purpose　中心目的　59

centralization　集權　189

chain　鏈狀　272

chain of command　指揮路線　178

changing　改變階段　313

channel　通路　269

characteristic norm　一般常模　239

circle　環狀　272

close-mindedness　比較關閉　142

closed system　關閉式系統　28, 35

cluster chain　集群連鎖　277

coercion　強制　251

coercive power　脅迫力量　250

cognitive dissonance　認知失調　210

cohesiveness　凝聚力　142

command　命令　25

command group　隸屬群體　213

committee　委員會　141

communication　溝通　146

communication network　溝通網　215

communication receiver　溝通接受者　269

communication source　溝通來源　268

comparative management　比較管理學　52

computer　電算機　32

computer-based management information system　以電算機為基礎之資訊管理系統　150

computerized　電算機化　154

concept design　觀念設計　152

concern for people　關心人員　256

concern for production　關心生產　256, 263

conditional payoffs　條件報償值　134

conglomerates　複合企業　366

consequences　後果　224

consideration　關懷　219, 255

constraints　限制條件　63

construct　構念　218

consultative　諮商　235

consultative management　諮商管理　233

consumerism　消費者主義　47

content or substantive models　「內容性」或「實質性」模式　205

contingency　情境　226

contingency forecasting　應變預測　112

contingency model　情境模式　260

contingency theory　情境理論　197

continuity　繼續性　57

control　控制　25, 92

controller　檢核長　102

controlling　控制　8

coordinated control　協調性控制　191

coordination　協調　25

core dimensions　核心構面　242

correlation　相關　226

cost-benefit analysis　成本效益分析　33

crisis of autonomy　自主性危機　307

crisis of control　控制危機　308

crisis of leadership　領導危機　307

crisis of red tape　官樣文章危機　309

critical path　要徑　121

critical path method, CPM　要徑法　121

cross　傳話　175

culture-bound　文化限定　52

current control　即時控制　93

current reports　當期報告　103

curriculum　課程　174

D

data　資料　146

data bank　資料庫　150, 156

data base　資料基　156

data processing system　資料處理系統　152

dealing with others　合作性　242

decentralization　分權　189

decision ladder　決策階梯　82

decision maker　決策者　132

decision-making　決策，做決定　128

decision making under certainty　確定狀況下的決策　132

decision making under risk　風險狀況下的決策　132

decision making under uncertain　不確定狀況下的決策　132

decision packages　決策包　116

decision units　決策單位　116

decoding　解碼　269, 270

dedicated　盡職者　258

defense　自衛　206

deferred compensation　延後支付薪酬　293

delegation of authority　授權　186

demand-of-the-job theory　工作本身之需要理論　212

demand-pull type　需求吸引型　365

democratic　民主的，民主式　218

departmentalization　部門化　168

depth interview　深度略談　31

derived demand　導引需求　289

descriptive　描述性　33, 129

deterministic　確定性　124

Detroit automation　底特律自動化　41

development　發展　363

development research　發展研究　321

diagonal flow　斜角流向　274

differentiation　差異化　199

diffusion　擴散　321

dimensions　構面　218, 255

direct　指揮　166

direct costing　直接成本法　104
direct group　直接成群　175
direct single　直接單獨　175
directed discussion　導引式討論　297
directed interview　導引式訪問　31
directional　方向性　82
directive　命令式　263
discontinuity　不連續性　112
discontinuous automation　非連續性自動化　41
discretionary　任意性　117
division of labor　分工問題　167
divisionalization　事業部　165
divisions　事業部　71, 194, 195
downward　下向　273
downward communication　下向溝通　280
dynamic reports　動態報告　103
dysfunctional　反效能的　27

E

effectiveness　效果　130, 269
efficiency　效率　130
empathetic listening　傾聽　280
employee-centered　以員工為中心的　254
emulation　身教　251
encoding　變碼　268
entrepreneur　興業家　361
equalitarianism　平等主義　329
equilibrium point　均衡點　138
equity　公平　209

equity theory　公平理論　209
esteem needs　尊敬需求　207
events　事件　121
exchange relationships　交換關係　209
executive functions　管理功能　304
exogenous variable　外生變項　333
expectancy model of motivation　動機作用之期望模式　205
expected time, t_e　預期時間　122
expected value, EV　期待值　135
expert power　專技力量　250
exploitive-authoritative　剝削─權威　234
exponential smoothing　指數平滑　113
export department　外銷科　340
external costs　外在成本　47
extrinstic to work　工作外的　208

F

favourableness　有利程度　262
feasibility testing　可行性測定　66
feeddback　反饋，回饋性　8, 242
feedback loop　回饋循環　226
feedback on feedback　回饋的回饋　301
feelings　感覺　222
financial budgeting　財務預算　115
financial reports　財務報告　103
fixed costs　固定成本　104
flat structure　平型結構　177
food chain　食物鏈　46

formal group　正式群體　213
formal organization　正式組織　27, 164
formal theory　形式理論　166
forward integration　向前整合　366
frame of reference　參考構架　35
friendship group　友誼群體　214
friendship opportunities　交友機會　242
full-time activity　專職　165
function　功能　6
functional authority　功能性職權　181
functional differentiation　功能分化　36
functional specialization　功能專業　27
futurity　未來性　68

G

game matrix　競賽矩陣　137
game theory　競賽理論　137
Gantt Chart　甘特圖　120
generalist　通才　368
geocentric orientation　全球導向　339
getting thing done with and through others　群策群力以竟事功　17
global structure　全球性結構　340
goal congruence　目標之相符　351
goal-directed　目標導向　204
good　良好　207
gossip chain　密語連鎖　277
grapevine　葡萄藤　276
great man theory　偉人理論　251

grid training　方格訓練　301
group　群體　132
group cohesiveness　群體凝聚力　216
group decision making　群體決策　141
group dynamics　群體動態　32
group leader　群體領袖　214
group norm　群體規範　215
group pressure　群體壓力　215
group review and enforcement　群體檢討及強制　215
group roles　群體角色　214
growth　成長　306
growth through direction　成長經由命令　307
growth through collaboration　成長經由合作　309
growth through coordination　成長經由協調　309
growth through creativity　成長經由創造力　307
growth through delegation　成長經由授權　308

H

hard criteria　「硬性」標準　78
Hawthorne Experiment　霍桑實驗　30
here and now　此時此地　300
heuristic programming　經驗式規劃，經驗式程式　34, 133
hierarchy　層級式結構　27
higher order needs　高層次需求　208
higher order need strength　高層次需求強度　243

horizontal communication flow　水平之溝通流向　273

host countries　地主國　51

human asset accounting　人力資產會計　94

human relations school　人群關係學派　32

human resource accounting　人力資源會計　94

hygiene factors　保健因素　208

I

ideal type　理想型　27

identity　認同　219

image　形象　264

immediately command　即時命令　157

implicit policy　隱含性政策　87

in-depth intervention　深度介入　298

incentives　激勵　206

inexact science　不精確的科學　19

informal organization　非正式組織　15, 164

information network　資訊網　36, 161

information overloading　資訊過多　148

information technology　資訊科技　42

informational input　資訊投入　98

initiating structure　定規，定規的　255, 263

initiative　主動　252

innovation　創新　320

input　投入，輸入　35, 130, 155, 209

inquiry　查訊　157

inquiry system　查訊系統　156

insurance　保險　293

integrated　整合者　258

integration　整合，整合化　159, 199

intelligence　智力　252

interaction theory　互動理論　212

interest group　利益群體　213

internal auditing　內部審計制度　106

internal consistency　內部一致性　67

internal costs　內在成本　47

internal memory storage　內部記憶儲存　155

internal transfer pricing　內部轉價　340

international division　國際事業部　340

intrinsic to work　工作內的　208

invention　發明　320

inventor　發明家　361

J

job-centered　以工作為中心的　254

job characteristics theory　工作特性理論　241

job conditions　工作情況　208

job design　工作設計　236

job enlargement　工作擴大化　236, 240

job enrichment　工作豐富化　236, 240

job rotation　工作輪調　238

job satisfaction　工作滿足　207, 218

junior board of directors　青年董事會　233

L

laissez-faire　放任的，放任式　252

large-batch and mass production 大批及大量生產方式者 198
largely 相當 207
lateral 水平 273
lead time 前導時間 69
leader 領導者 248
leadership 領導 248
leadership effectiveness 領導效能 257
leadership training 領導訓練 265
leading 領導 7
legitimate power 法統力量 249
licensing 授權 366
linear programming, LP 線型規劃 122
line and staff 直線與幕僚 180
line authority 直線職權 181
line balancing 生產線平衡 238
logic 邏輯 363
long-range planning 長期規劃 61
long-run 長生產鏈 198
lower order needs 低層次需求 208

M

M. B. A. 企管碩士 34
macro 總體性的 218
magnet wire 磁鐵線 367
man-machine interactive mode 人與機器互動型態 157
management by exception 例外管理 95
management by objectives, MBO 目標管理 74
management by participation 參與管理 231
management control 管理控制 62
management development 管理發展 265
management effectiveness 管理效果 333
management functions 管理功能 9
management games 管理競賽 297
management information system, MIS 管理資訊系統 146
management philosophy 管理哲學 333
management practices 管理實務 333
management process 管理程序 24
management situation 管理情況 152
managerial effectiveness 管理效果 302
managerial grid theory 管理方格理論 256
managerial performance 管理績效 302
managerial subsystem 管理子系統 37
master strategy 總策略 84
mathematical model 數理模式 133
matrix organization 矩陣組織 165, 173
maturation 成熟化 212
means-end analysis 手段與目標的分析 75
mechanic model 機械模式 197
mechanisms 機能作用 311
medium-range planning 中期規劃 61
message 信息 268
micro 個別性的 218
minicomputer 小型電算機 124
mission 使命 352
model 模式 131
model building 建立模式 33

motion study 動作研究 237
motivated behavior 動機引發之行為 204
motivation 動機作用 204
motivation potential score, MPS 動機潛力分數 243
motivators 激勵因素 208
motives 動機 206
moving average 移動平均 113
moving budgeting 移動預算 118
multi-directional 多向的 94
multinational corporation 多國公司 49
multiple management 複式管理 233

N

need deficiency 需求缺陷 223
need for achievement, N Ach 成就需求 209
need for affiliation, N Affiliation 隸屬需求 209
need for power, N Power 權力需求 209
needs 需求 206
needs hierarchy 需求階層 206
Negandhi and Estafen model 奈根迪及艾斯塔芬模式 333
network analysis 網路分析,網狀分析 33, 120
noise 噪音 270
nondirective 非導引式 31
non-executive function 非管理功能 304
nonlinear programming 非線型規劃 123
nonprogrammed decisions 非程式化決策 133
normative 規範性,規範的 33, 129
numerically controlled 數值控制 41

O

objective function 目標方程式 123
obsolescence 廢舊化 371
office 職位 166
on line systems 線上系統 157
on line updating 線上更新 157
on-the-job training, OTJ 在職訓練 297
open-door policy 「門戶開放」政策 274
open-mindedness 比較開放 142
open systems 開放性系統 35
operating reports 營業報告 103
operational control 作業控制 62
operational-control information system 作業控制資訊系統 150
operational efficiency 業務效率 363
operational planning 作業性之規劃 65
operations research 作業研究 32
opponents 競爭對手 137
optimal 最適的 131
organic model 有機模式 196
organization 組織 7, 25
organization theory 組織理論 15
organizational analysis 組織分析 295
organizational change 組織改變 232
organizational chart 組織系統圖 164
organizational climate 組織氣候 217
organizational culture 組織文化 316
organizational development, OD 組織發展 298
organizational effectiveness 組織效果 302

organizational engineering　組織工程　262
organizational performance　組織績效　302
organizational role　組織角色　279
organizational status　組織地位　278
organizing　組織　7, 164
outcomes　結果　209
output　產出，輸出　35, 130, 155, 168
outside　外向　273
overall satisfaction　整體滿足　223
overcontrol　過分控制　98

P

paperless office　無紙張之辦公室　69
participative　參與　235
participative management system　參與管理系統　233
path-goal theory　徑路—目標理論　260
payoff matrix　報償矩陣　134
P-E fit　個人與環境配合　226
pension　退休金　293
perception　知覺　217, 219
perception distortion　知覺歪曲　226
performance level　績效水準　76
performance targets　績效性目標　65
personal staff　個人幕僚　181
personal values and norms　個人價值及規範　215
persuasion　說服　251
physiological activation　生理活動　239
physiological needs　生理需求　206

physiology　生理學　164
plan　計畫　7, 56, 81
planned change　規劃性的改變　310
planned progression　規劃性升遷　293
planning　規劃　6, 7, 25
planning and control system　規劃與控制系統　62
planning gap　規劃缺口　72
planning premises　規劃假定　67
planning studies　規劃研究　66
Porter and Lawler model　波特與勞勒模式　210
position　職位　166
post　累計　157
post control　事後控制　93
power　力量　249
precontrol　事前控制　93
predetermined time standards　事先決定之時間標準　238
prepotency　先位　206
present value　現值　362
prestige　聲望　278
primacy　基要性　56
principles of management　管理原則　25
probability chain　機遇連鎖　277
process　程序　6, 164, 170
process model　程序性模式　205
process production　程序生產方式者　198
product-market mix　產品—市場組合　84
production scheduling　生產排程　238
professional　專業性　193

professional manager 專業管理人（者） 11, 368

professionals 專門職業，專業，專業人員 14, 345

profit decentralization 利潤分權 194

profit-sharing 分紅 292

program 程式，計畫 115, 155

program budgeting 計畫預算 115

program evaluation and review technique, PERT 計畫評核術 120

programmability 程式化 132

programmed learning 程式化學習 296

project management 專案管理 165

project team 專案小組 172

psychological GNP 心理上的國民生產毛額 222

public goods 公共財貨 349

pullic manager 公共管理者 369

pure 純粹 321

Q

quality of life 生活品質 48

quantitative analysis 數量分析 32

R

rate of return on investment, ROI 投資報酬率 191

ratio analysis 比率分析 105

rational choice 「理性的」選擇 131

rational-legal authority 理性與法規上的職權 27

rational process 「理性的」程序 131

rationality 理性 57, 129

real-time control 即時控制 93

real time system 即時系統 125

red tape 官樣文章 309

reference data 參考資料 291

refreezing 再凍結階段 313

reinforcement 增強 80

related 密切者 258

relationships-oriented 關係導向 257

relevancy 相關性 146

relevant costs 相關成本 104

repetitiveness 重複性 61

replanning 再規劃 60

research 研究 321

resistance to change 抗拒改變 318

resource allocation 資源分配 122

respect power 敬仰力量 250

responsibility 職責 166

responsibility accounting 責任會計 103

retrieval 檢複 99, 146

reward 獎酬 219

reward power 獎酬力量 250

role 角色 278

role-playing 角色扮演 298

routine 一體遵行的例規 363

routinized 例行化 358

rumors 謠言 274, 276

S

safety needs　安全需求　207
satisfying　差強人意的　131
scientific management　科學管理　22
scope　範圍　61
selective perception　選擇性知覺　140, 271
self-actualization　自我實現需求　207
self-defense　自衛　301
self-assurance　自信　252
self-awareness　自知能力　264
self-confidence　自信　264
seminar conference　研討式會議　297
sender　發送者　271
sensitivity training　敏感訓練　265, 299
separated　分立者　257
sex　性　206
sharing control　分享控制　262
short-range planning　短期規劃　61
similarity theory　相似理論　212
simulation　模擬　34, 138
situation diagnosis　情況診斷　152
situational theory　情勢理論　166, 251
slack time　寬裕時間　121
social comparisons　社會性比較　209
social interactions　社會互動　268
social needs　社會需求　207
social responsibility　社會責任　11, 48
social status　社會地位　278
social subsystem　社會子系統　37
socialization　社會化　217
society of institutions　機構性社會　3
socio-technical system　社會技術系統　36
soft criteria　「軟性」標準　78
span of control　控制限度　175
specialization　專業化，專門化　167, 237
specialized staff　專業幕僚　181
standard costing　標準成本計算　238
standard costs　標準成本　104
standardization　標準化　237
Standard Operating Procedures, SOPs　標準作業程序　89
state of nature　自然狀況　134
state-of-the-art　現有科技　364
static reports　靜態報告　103
status　地位　214
stock option　認股權　292
stock payment　分股　292
stock purchase　購股　292
stopwatch time studies　馬表時間研究　238
storage　儲存　155
strategic points　策略點　93
stresses　緊張　317
structural change　結構性改變　312
structural shape　結構型態　177
structure　結構　164, 219
structure follows strategy　結構追（跟）隨策略　200, 312
style of management　管理風格　63
suboptimum　部分最佳化　339

suggestion 建議 251

summary reports 摘要報告 103

sunk costs 沉入成本 104

superior-subordinate relationship 上司與下屬間的關係 178

supervisory ability 監督能力 252

supervisory span of control index 主管控制限度指數 177

supply-push type 供應推動型 365

support 支持 219

surface interventions 表面介入 298

system I 第一系統 234

system II 第二系統 234

system III 第三系統 235

system IV 第四系統 233, 235

system efficiency 系統效率 52

systems analysis 系統分析 33

systems users 系統使用者 154

T

T-group training T群訓練 299

tactical 戰術性 82

tall structure 高型結構 177

task attributes 任務屬性 242

task group 任務群體 213

task identity 完整性，任務完整性 242

task-oriented 任務導向 257

task significance 任務重要性 243

technological change 科技性改變 313

technological forecasting, TF 科技預測 113, 322

technological subsystem 科技子系統 36

technology 科技 40

terminal 末端機 156

the aesthetic man 藝術人 132

the coordinative principle 協調原則 26

the doctrine of insufficient reasoning 不充足之推理主義 136

the economic man 經濟人 132

the functional principle 功能原則 26

the Laplace criterion 賴普勒斯準則 136

the maximax payoff criterion 最大之「最大報償」準則 135

the maximin payoff criterion 最大之「最小報償」準則 136

the minimax regret criterion 最小之「最大遺憾」準則 136

The Peter Principle 彼得原理 293

the political man 政治人 132

the process of creating change 創造改變之程序 360

the religious man 宗教人 132

the scalar principle 層級原則 26

the social man 社會人 132

the staff principle 幕僚原則 26

the theoretical man 理論人 132

three dimensional theory, 3-D theory 三構面理論 257

time 時間 61

time standard 時間標準 237

time study　時間研究　238
time-sharing　時間分享　124
time-sharing system　分時系統　157
timing　時間性　57
top management team　高層管理團隊　369
totally integrated management information system　整體管理資訊系統　159
trainee　接受訓練者　297
training conference　訓練式會議　297
trait theory　領導者屬性理論　251
two-dimension theory　兩構面理論　255
two-person zero-sum　兩方一零數和　137
two-factor theory　兩因素理論　208

U

understanding gap　瞭解缺口　18
unfreezing　解凍階段　313
unidirectional　單一方向的　94
unilateral control　單方面控制　262
unit and small-batch　單位及小批產製方式者　198
unit of analysis　分析單位　218
unity of command　指揮統一　178
universal principles of management　管理之普遍原理　18
upward　上向　273
upward communication　上向溝通　280
utility　效用　130

V

valence　價值　205
variable budgeting　變動預算　118
variance analysis　變異分析　104
variety　多樣性　242
vertical communication flow　垂直之溝通流向　273
vertical integration　垂直整合　366

W

warmth　人情　219
wheel　輪狀　272
where there's a will, there's a way　有志者事竟成　328
withdrawal　退卻　226
work behavior　工作行為　207
work group　工作群體　211
work performance　工作績效　226
work sampling　工作選樣　238
work simplification　工作簡化　237

Z

zero base　零基　116
zero-base budgeting, ZBB　零基預算　116